煤炭高等教育“十四五”规划教材
江苏高校品牌专业建设工程资助项目

选煤厂电气设备与自动化

（第二版）

主　编　杨建国　董　良
副主编　孙　乾　王羽玲

中国矿业大学出版社
·徐州·

内容提要

本书以矿物加工学和电工学为基础，主要介绍了选煤厂电气设备及自动化方面的基本概念、系统构成与工作原理。全书共分为四个部分：第一部分，供配电系统及安全用电知识；第二部分，选煤厂集中启停车控制与保护；第三部分，选煤过程自动化；第四部分，选煤厂智能化。全书围绕选煤厂工艺设计和选煤生产管理工作的需要介绍了供电和自动化知识，重在系统的构成和仪器仪表的应用，尽量不涉及仪表内部复杂电路。

本书可作为以煤为主的矿物加工工程专业本科卓越工程师教材，也可作为煤炭高职高专院校及选煤厂技术人员的培训教材。

图书在版编目(CIP)数据

选煤厂电气设备与自动化 / 杨建国，董良主编. —2 版. —徐州：中国矿业大学出版社，2023.1

ISBN 978-7-5646-5314-9

Ⅰ. ①选… Ⅱ. ①杨… ②董… Ⅲ. ①选煤厂—电气设备②选煤厂—自动控制系统 Ⅳ. ①TD948.2

中国版本图书馆 CIP 数据核字(2022)第 034839 号

书　　名　选煤厂电气设备与自动化
主　　编　杨建国　董　良
责任编辑　褚建萍
出版发行　中国矿业大学出版社有限责任公司
　　　　　　(江苏省徐州市解放南路　邮编 221008)
营销热线　(0516)83884103　83885105
出版服务　(0516)83995789　83884920
网　　址　http://www.cumtp.com　**E-mail**：cumtpvip@cumtp.com
印　　刷　江苏淮阴新华印务有限公司
开　　本　787 mm×1092 mm　1/16　**印张** 19.75　**字数** 505 千字
版次印次　2023 年 1 月第 2 版　2023 年 1 月第 1 次印刷
定　　价　45.00 元

第二版前言

本书以矿物加工学和电工学为基础，主要介绍了选煤厂电气设备及自动化方面的基本概念、系统构成与工作原理。全书共分为四个部分：

第一部分，供配电系统及安全用电知识。介绍了选煤厂供电系统构成与接线方式、常用电机的分类与选择、负荷统计与变压器选型、常用供(配)电设备的结构与选择、用电经济和用电安全基础知识。

第二部分，选煤厂集中启停车控制与保护。介绍了选煤厂常用低压控制电器的结构与用途；从单电机启停控制，到继电器-接触器控制回路，再到全厂计算机集中控制，循序渐进介绍了选煤厂设备启停车控制系统的基本构成和工作原理。

第三部分，选煤过程自动化。介绍了选煤厂主要参数检测方法和检测仪表、过程参数控制系统基本构成及品质指标、选煤厂典型工艺过程参数控制系统。

第四部分，选煤厂智能化。介绍了与选煤厂智能化相关的背景知识、智能选煤系统的基本构成；并通过实例介绍了选煤厂典型工艺过程的智能化及全厂智能化应用概况。

本书参考了中国矿业大学2020版《〈选矿厂电气设备及自动化〉课程教学质量标准》及《矿物加工工程专业卓越工程师培养计划》的相关要求，围绕选煤厂工艺设计和选煤生产管理工作的需要，介绍了供电和自动化知识。以培养工程应用能力为目标，重在系统的构成和仪器仪表的应用，尽量不涉及仪表内部复杂电路。本书可作为以煤为主的矿物加工工程专业本科卓越工程师教材，也可作为煤炭高职高专院校以及选煤厂工程技术人员的培训教材。

本书第一版以陈纯等编写的《选煤厂电气设备与自动化》以及中国矿业大学杨建国的课程教案为初稿。第二、三、四章由华北科技学院张有东编写，第八章由河南能化永煤集团股份有限公司孙乾编写，第十章由中国矿业大学王羽玲编写，第十一章由中国矿业大学窦东阳编写，其余各章由杨建国编写。

本书第二版由中国矿业大学董良增编了选煤厂智能化相关知识作为第四部分。由杨建国、孙乾、王羽玲负责对前十二章内容进行了修订，研究生王克凡协助修改和重新绘制了部分电路图。全书由杨建国和董良共同负责统稿。

感谢中国矿业大学匡亚莉教授和代伟教授课题组提供了跳汰选煤和重介选煤智能化控制案例，感谢天津美腾科技股份有限公司提供了煤炭浮选智能化控制案例，感谢河南能化永煤集团陈四楼选煤厂、国家能源集团神东煤炭集团上湾选煤厂、山西焦煤西山煤电斜沟矿选煤厂为本教材提供了实际案例。

由于编者水平有限，书中不妥之处在所难免，恳请读者批评指正。

编　者

2022年8月

目 录

第一章 概 述

第一节 选煤生产的特点

煤炭是世界上储量最多、分布最广的常规能源，也是相对廉价的能源。中国是世界上最大的煤炭生产和消费国，也是世界上少数几个以煤为主要能源的国家之一。在我国探明的化石燃料储量中，煤炭占 94%，石油占 2%，天然气占 4%。在碳达峰和碳中和目标引领下的相当长一段时间内，中国煤炭的主体能源地位和兜底保障责任不会发生显著变化。

煤炭是一种不纯净的资源，由于大量直接燃用原煤，全国 70%的烟尘、90%的 SO_2、67%的 NO_x 以及 82%的酸雨来自燃煤。

选煤是煤炭生产的重要环节。对煤炭进行精选加工，可以优化产品结构，增加产品附加值和煤炭企业经济效益；排除杂质，减少不必要的运输，使产品质量更适合用户需要；脱除 60%～70%的成灰矿物和 50%～60%的黄铁矿，可以显著减少燃煤污染。

选煤厂是煤矿生产的重要环节和相对独立的核算单位，作为电力用户具有下列特点：

(1) 选煤生产连续性强

从原煤进厂、筛分、破碎开始，到精煤、中煤、矸石等各种产品出厂装运为止，每个环节都是紧密联系的，任何一个环节停顿，都会造成局部系统或全厂停产。同时，作为大宗散粒物料的分选，其流态化的分选环境构建需要一个过程，每次停顿都会导致部分物料未经有效分选直接进入产品中。而矿井型选煤厂往往还制约着整个矿井生产的连续性。

(2) 用电设备相对集中

生产机械往往集中在原煤准备、重选、浮选、浓缩等几个车间，多数生产机械都安装在一两个厂房中，厂区范围有限，因此，供电和控制都比较方便。

(3) 选煤厂是煤矿的主要盈利单位

正是因为选煤过程可以优化产品结构、增加产品附加值、减少运输费用和用煤企业后续处理成本，在市场经济条件下，可以为煤炭企业带来显著的经济效益。因此，尽管选煤厂的停电不会像矿井停电那样可能导致人身伤害和设备损坏，但选煤厂运行正常与否以及分选处理效果的好坏，往往对煤炭企业整体经济效益有着直接的影响。

(4) 选煤过程便于实现操作控制自动化

选煤生产过程通常包括筛分、重选、浮选、脱水等环节，设备之间的制约关系明显，选煤设备易于实现自动启停控制。选煤厂物位、压力、流量等主要工艺参数能方便地实现自动测控。随着智能化在生产领域的快速发展，易于进行自动化操作控制且工艺过程动力学原理相对明晰的选煤过程也走在了煤炭生产过程智能化的前列。

第二节　选煤厂对供电系统的要求

电力用户对电源及供配电系统的要求主要表现为供电可靠性、电能质量、供电安全性、供电系统的灵活性和经济性等几个方面。

一、供电可靠性

供电可靠性是指工矿企业供电的不间断性。

为了适应不同负荷的要求、合理选择供电方案，我国将电力负荷按其对供电可靠性的要求及中断供电在政治上、经济上造成的损失或影响的程度划分为三级。

1. 一级负荷

一级负荷是指突然中断供电将造成人身伤亡，或造成重大设备损坏且难以修复，或给国民经济带来极大损失的用电负荷，也称为特别重要负荷。

国家重大庆典、奥运会等国际重大赛事一旦中途停电往往会造成秩序混乱，产生重大政治影响；有些系统突然停电会造成重大设备损坏，国民经济中重点企业的连续性生产过程被打乱，需要长时间恢复，如钢铁厂的电炉停电会使钢水凝固在炉中；有些系统一旦中断供电将发生中毒、爆炸和火灾等情况，如煤矿主要通风机的停电可能导致瓦斯爆炸，井下主排水设备的长时间停电会造成矿井被淹，医院停电可能导致手术失败、病人死亡等。

一级负荷绝对不允许停电，因此必须保证有两个独立电源供电。

当采用两个电源向工厂供电时，如果任一电源因故障而停止供电，另一电源不受影响，能继续供电，那么这两个电源的每一个都称为独立电源。凡同时具备下列两个条件的发电厂、变电站的不同母线均属独立电源：

① 每段母线的电源来自不同的发电机；

② 母线段之间无联系，或虽有联系，但当其中一段母线发生故障时，能自动断开联系，不影响其余母线段继续供电。

特别重要的一级负荷通常又叫作保安负荷。对保安负荷必须备有应急使用的可靠电源，以便当工作电源突然中断时，保证工厂安全停产。这种为安全停产而应急使用的电源称为保安电源。例如，为保证核电站燃料棒冷却用循环水泵的可靠运行，就必须备有保安电源。日本福岛核事故就是故障情况下未能启动保安电源导致的。

2. 二级负荷

二级负荷是指突然停电会造成产量显著下降，或产生大量废品，或使企业内运输停顿等，在经济上造成较大损失的电力负荷。如大型矿井运输提升设备、承担露天矿装载及矿井采煤机供电任务的采区变电所等。

二级负荷只允许短时停电，应由两回线路供电，且应来自上一级变电所的不同变压器或母线段，当采用双回路电源供电有困难时，允许采用单回路专用架空线路（6 kV 及以上）供电。

3. 三级负荷

凡是不属于一级和二级负荷的电能用户均属于三级负荷。

对一些非连续性生产的中、小型企业，停电仅影响产量或造成少量产品报废，这类企业就属于三级负荷，此外，学校、民间团体办公设施、商业企业、一般民用建筑的用电负荷等也均属三级负荷。

三级负荷对供电电源没有特殊要求，一般由单回路电力线路供电。

在一、二级负荷点的比例较大（占 60%～80%）的工厂中，短时停电造成的经济损失一般也都很可观。按照工厂的负荷分级及其对供电可靠性的要求，在设计新建或改造工厂的供电系统时，应按照实际情况进行方案的拟定和分析比较，以提高最终供电方案的技术、经济合理性。

停电或电源方面出故障是影响选煤厂正常运行的原因之一。作为煤炭企业的主要盈利单位，选煤厂供电的不间断性可以保证选煤计划任务及盈利指标的完成。因此，选煤厂属于二级负荷。为了避免停电影响生产，《煤炭洗选工程设计规范》(GB 50359—2016)规定，大型选煤厂应采用双回路供电或双电源供电。

二、电能质量

电能质量是指电源电压 U、电源频率 f、电压波形的稳定性以及三相交流电的对称性。

1. 电源电压

理想的供电电压应该是幅值恒为额定值的三相对称正弦电压。由于供电系统存在阻抗、用电负荷的变化以及冲击性负荷、非线性负荷等因素的影响，用电设备在工作过程中的电压接入值与额定电压总有一定的差值，两者之差称为电压偏移。按其变化率的快慢，电压偏移分为电压偏差和电压波动。

(1) 电压偏差

供电系统总负荷或部分负荷的正常改变导致供电电压偏离额定电压的缓慢变动，通常称为电压偏差，以电压实际值与额定值之差或其百分比值来表示，即

$$\Delta U = U - U_N$$

或

$$\Delta U\% = \frac{U - U_N}{U_N} \times 100\%$$

式中 U——检测点电网电压实际值，V；

U_N——检测点电网电压额定值，V。

电网的电压偏差过大时，不仅影响电力系统的正常运行，而且对用电设备的危害很大。

过高和过低电压都会导致电动机烧毁。

在交流电网中，异步电动机的转矩 M 正比于电源电压 U 的平方，即

$$M \propto U^2$$

当电压降低时，转矩急剧减小，以致转差增大，从而使定子、转子电流都显著增大，引起温升增加，绝缘迅速老化，甚至烧毁电动机。同时，电动机转速降低甚至停转，导致工厂物料转运关系混乱，产品质量显著下降，甚至导致重大事故。

例如，当电压降低 20%，转矩将降低到额定值的 64%，在负荷一定的情况下电流增加 30%～35%，电动机温度升高 12%～15%。

电压过高则有可能会导致线圈绝缘击穿。

《电能质量 供电电压偏差》(GB/T 12325—2008) 规定，供电电压偏差的极限值为：35 kV 及以上供电电压正、负偏差的绝对值之和不超过额定电压的 10%；20 kV 及以下三相供电电压偏差为标称电压的±7%；220 V 单相供电电压偏差为标称电压的+7%，−10%；

对供电点短路容量较小、供电距离较长以及对供电电压偏差有特殊要求的用户，由供、用电双方协议确定。

(2) 电压波动

在某一时段内，电压急剧变化而偏离额定值的现象称为电压波动。电压波动的程度以电压在急剧变化的过程中相继出现的电压最大值与最小值之差与系统标称电压的百分数表示。即

$$d\%=\frac{U_{\max}-U_{\min}}{U_{\mathrm{N}}}\times 100\%$$

电压波动的限值和电压变动频度及电压等级有关。《电能质量 电压波动和闪变》(GB/T 12326—2008)规定，公共供电电压波动允许值如表 1-1 所示。

表 1-1 电压波动限值

r/(次/h)	d/%	
	≤35 kV	>35 kV
$r\leqslant 1$	4	3
$1<r\leqslant 10$	3	2.5
$10<r\leqslant 100$	2	1.5
$100<r\leqslant 1\ 000$	1.25	1

2. 电源频率

我国工业标准电源频率为 50 Hz，一般用频率偏差来评估电源频率的稳定性。

以系统实际频率与标称频率之差或其百分比来表示，即

$$\Delta f=f-f_{\mathrm{N}}$$

或

$$\Delta f\%=\frac{f-f_{\mathrm{N}}}{f_{\mathrm{N}}}\times 100\%$$

运行频率偏差对电力系统及其设备会带来一系列危害，对交流电动机而言，其转速 n 正比于电源频率 f，即

$$n\propto f$$

例如频率降至 48 Hz 时，电动机转速降低 4%。

电源频率变化的影响或危害取决于偏离值的大小和持续时间。一般来说，频率偏离值 Δf 在±0.5 Hz 之内主要是经济问题，即引起设备的效率降低，损耗增加。若频率偏离值 Δf 超过±0.5 Hz，则会危及设备的安全，轻则引起不可逆转的累积性损伤，重则立即损坏设备，导致系统瓦解，甚至崩溃。

在系统稳态运行的情况下，频率值决定于发电机组的转速。因此，频率指标由电力部门来保证，不受电力用户影响。对于使用自备电厂的选煤厂，应适当注意频率波动的影响。

各国对频率偏差都有严格规定。我国《电能质量 电力系统频率偏差》(GB/T 15945—2008)规定，电力系统正常运行条件下频率偏差限值为±0.2 Hz；当系统容量较小时，偏差限值可以放宽到±0.5 Hz。

电源频率和电动机转速之间的相关关系有时也被用于电动机调速，以提高生产效率。

如选煤厂通过变频调速调整泵的工况点，大型流水作业的装配车间采用频率为175～180 Hz的高频工具等。

3. 电压波形的稳定性

在理想情况下，电网电压波形应是完整的正弦波，但由于电力系统中存在大量非线性电抗特性的电气设备，实际的电压波形偏离了正弦波，这种现象称为正弦波畸变，用电压正弦波畸变率来衡量，也称为电压谐波畸变率。

变形的正弦波可以分解为标准正弦波与多种高频波的叠加。

对周期性交流量进行傅立叶级数分解，得到的频率与工频相同的分量称为基波分量，而频率为基波频率大于1的整数倍的分量为谐波分量；频率不等于基波频率整数倍的分量称为间谐波分量。间谐波与基波的频率差称为拍频。

电压谐波畸变率（DFU）以各次谐波的均方根与基波电压有效值之比的百分值来表示，即

$$DFU=\frac{\sqrt{\sum_{n=2}^{\infty}(U_n)^2}}{U_1}\times 100\%$$

谐波分量的方均根值与基波分量的方均根值之比，称为谐波含有率。间谐波分量的方均根值与基波分量的方均根值之比，称为间谐波含有率。

《电能质量 公用电网谐波》(GB/T 14549—1993)规定了谐波电压限值和谐波电流允许值，如表1-2所示。

表1-2 公用电网谐波电压(相电压)限值

电网标称电压/kV	电压总谐波畸变率/%	各次谐波电压含有率/%	
		奇次	偶次
0.38	5.0	4.0	2.0
6、10	4.0	3.2	1.6
35、66	3.0	2.4	1.2
110	2.0	1.6	0.8

《电能质量 公用电网间谐波》(GB/T 24337—2009)规定，对低压交流电，100 Hz以下的间谐波含有率不得超过0.2%，100 Hz以上的间谐波含有率不得超过0.5%；对高压交流电，100 Hz以下的间谐波含有率不得超过0.16%，100 Hz以上的间谐波含有率不得超过0.4%。

谐波电流的存在不仅会增加电网的能量损耗，降低旋转电动机、变压器、电线等电气元件的寿命，还将影响电子设备的正常工作，使参数检测、过程自动化、通信都受到干扰。由于谐波电流放大或谐振过电压烧坏变电所中无功补偿电容器的事故时有发生。

为确保电力系统供电电压（或电流）的波形为正弦波，首先，要求发电机发出符合标准的正弦波电压；其次，在电能变换、输送和分配过程中不应使波形发生畸变，例如当变压器或电抗器铁芯饱和时，都可能导致波形畸变；再次，还应注意消除电力系统中由于具有非线性特性的用电设备产生的谐波，例如整流装置（特别是交-直-交变频调速）、电焊和电弧炉等产生的谐波电流。

事实上，在发电机、变压器等的设计、制造时都已经考虑并采取了相应的措施。因此，主要的谐波来自电力负荷。

减少电压波形畸变的方法是限制谐波源注入电网的谐波含量，包括减少谐波的产生和在谐波源处安装滤波器，就近吸收谐波电流。当然，要求限制电力系统谐波绝对为零也是不现实的，这会造成很大的投资负担。

4. 三相交流电的对称性

对于三相系统来说，三相电压与电流的不对称也影响电能质量。这种不对称运行对发电设备、用电设备、自动控制及保护系统、通信信号等都会产生不良影响。低压供电系统发生三相不对称会造成中性点偏移，甚至危及人身及设备安全。

三相电压在幅值上不同或相位不是 120°，或兼而有之，称为电压不平衡。《电能质量 三相电压不平衡》(GB/T 15543—2008)对电源电压和因用户引起的三相电压不平衡进行了相应的规定。

作为普通电力用户，选煤厂电压的三相不平衡主要来自三相设备的断相和大功率单相设备的使用。前者可以采用断相保护来防止，后者则通过将各大功率单相设备相对均匀地分散布置来弥补。

三、供电安全性

供电安全性既包括人员的安全，也包括供电系统及其拖动机械的设备安全；既包括正常情况下的安全工作，也包括事故状态下的处理机制，能够将供电方面对社会以及公众所造成的风险降到最低值。为了避免事故，保证生产的顺利进行，选煤厂供电系统应尽可能采用防触电、过负荷及过电流保护等一系列技术措施和相应的管理制度，以保证供电安全性。

四、供电系统的灵活性与经济性

除满足供电的高质量、可靠性和安全性要求以外，选煤厂供电系统应力求系统结构简单、运行灵活、操作方便、建设投资和年运行维护费用低。

为了保证供电系统的灵活性，往往意味着需要更多的开关、更长更复杂的线路、更久的建设周期以及更高的折旧和维修费用，这与提高系统的经济性是相矛盾的。在实际设计和建设中要注意两者的权衡。

复习思考题

1. 作为电力用户，选煤厂有哪些特点？

2. 选煤厂对供电系统有哪几方面的要求？

3. 什么是供电的可靠性？我国将电力负荷按其对供电可靠性分为哪几级？选煤厂属于几级用户？

4. 电能质量包括哪些指标？这些指标对实际生产各有什么影响？

第二章　选煤厂供电系统

第一节　电力系统基本知识

一、电力系统

人们通常把发电厂、变电站(所)、输电线路、负载(电能用户)组成的整体称为电力系统。图 2-1 为电力系统构成。图 2-2 为电力系统示意图。

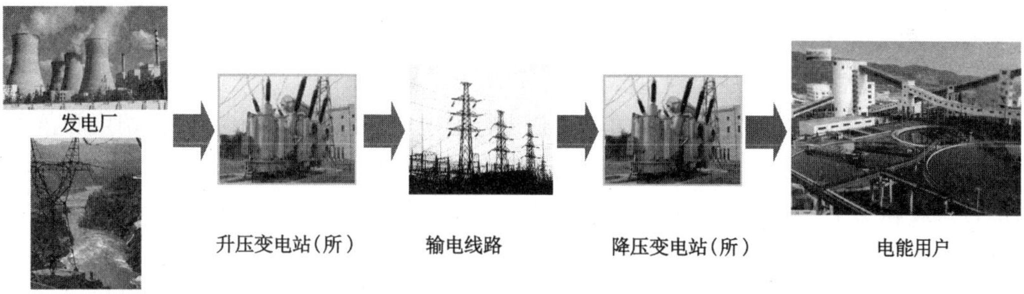

图 2-1　电力系统构成

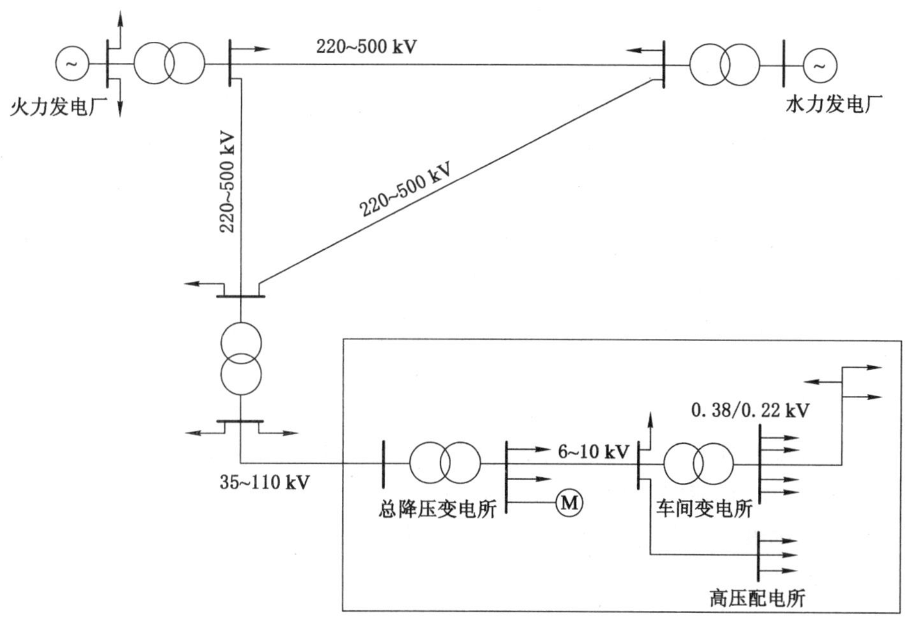

图 2-2　电力系统示意图

由于交流电网在正常情况下三相是对称的，为了简化图纸，通常以单线代表三相系统。因此，图 2-2 也称为电力系统单线示意图。图中为了突出不同电压等级的系统间的关系，简化了次要部分，没有画出开关设备，只表示出发电、变电设备，输电线路（用细实线表示）与母线（用粗实线表示）。电力系统图只表明各级电压之间的彼此联系，不按实际尺寸比例绘制。例如，变电所中母线长度不过十余米；输电线路长度可达数千米。而图上所表示出的尺寸相差并不悬殊。

1. 变电所、配电所

变电所也称变电站，其功能是接收电能、变换电压和分配电能。变电所主要由变压器、母线及开关设备等组成。根据性质和作用的不同，它可以分为升压变电所、枢纽变电所、区域变电所、用户变电所及车间变电所等。

升压变电所多设在发电厂内，集中各发电机的电能，并转换为高电压以便远距离传送。

枢纽变电所位于电力系统的枢纽点，电压等级一般为 330 kV 及以上，联系多个电源，出线回路多，变电容量大；全站停电后将造成大面积停电，或系统瓦解。枢纽变电所对电力系统运行的稳定性和可靠性起到重要作用。

区域变电所（也称一级变电所）的作用是进行输电电压的变换，同时指挥、调度和监视某一大片区域的电力运行，进行必要的保护，并能有效地控制事故的蔓延，以确保整个区域电网运行稳定和安全。在电力网最高电压的变电所中，除少数地区为枢纽变电所外，其余均为区域变电所。

较大的电力用户都设有用户变电所。大型用电单位，如大型选煤厂，还设有单位总变电所和若干个车间变电所，用来进行配电电压的变换和内部电能的分配。电力用户往往还设有多个配电所。配电所的功能是接收电能和分配电能，不改变电压。

2. 电力线路与电网

发电厂生产的电能除了满足内部用电和直接分配给附近电力用户外，大部分需要经过升压变电站（所）转换成高压电能，进行远距离输送。电力线路将发电厂、变电所和电能用户连接起来，完成输电和配电的任务。

电力系统中，各级变电站（所）和连接其间的输电线路称为电力网或电网。但习惯上，电网或系统往往以电压等级来区分，如 10 kV 电网或 10 kV 系统。这里所指的电网或系统，实际上指某一电压等级相互联系的整个电力线路。

电网可以分为输电电网和配电电网两类。输电电网承担电能的远距离输送任务，我国输电电网电压通常在 220～500 kV。

配电是指对电能的分配，包括电力系统对电能用户的电能分配和各用户内部对用电设备进行的电能分配两种。配电线路上的电压称为配电电压。配电电压的高低通常取决于用户的分布、用电性质、负荷密度和特殊要求等情况。

配电电网根据电压的不同又分为高压配电电网（110 kV）、中压配电电网（35～6 kV）以及低压配电电网（380/220 V）。

二、用户供配电系统

用户供配电系统由用户变电所、输电线路、开关柜、电动机构成，也称电力拖动系统。

图 2-3 是双电源用户供配电系统结构框图。

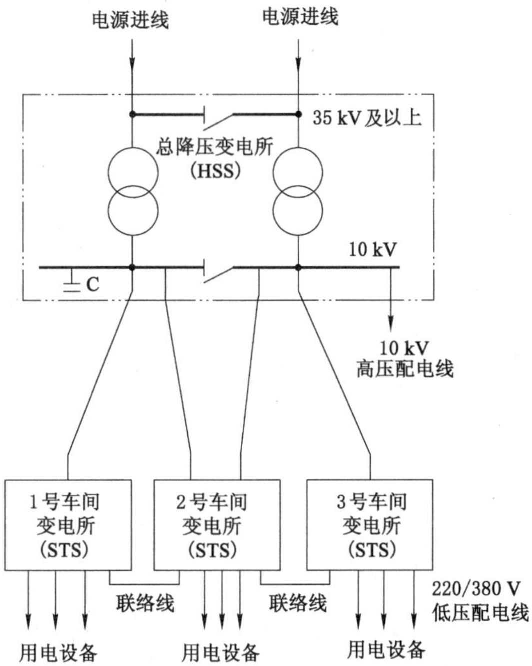

图 2-3　双电源用户供配电系统结构

工厂总降压变电所(Head Step-down Substation，HSS)，是企业内部输送电能的中心枢纽。大型选煤厂作为二级用户，为了保证供电的可靠性，大多设置两台主变压器，将 35 kV 电源电压降为 10(6) kV，分配给各车间变电所。

在大型企业，10(6) kV 变电所通常设在车间级，称为车间变电所(Shop Transformer Substation，STS)。选煤厂车间变电所通常由高压配电室、变压器室、低压配电室三部分组成。高压配电室接收工厂主降压变压器提供的电能，分配给车间变压器和车间内的各高压设备；低压配电室将 380/220 V 分配给车间各用电设备。

车间变电所的供电范围通常在 500 m 以内。几个相邻且用电量都不大的车间，可以共同设立一个车间变电所。车间变电所的位置可以选择在这几个车间的负荷中心附近，也可以选择在其中用电量最大的车间内。

车间变电所一般设 1 到 2 台变压器，单台变压器的容量通常为 1 000 kV・A 及以下，最大不宜超过 2 000 kV・A。

车间变电所的种类很多，按变压器所处的位置来划分有下列几种类型：

① 户外变电所。变压器安装于户外露天地面上，不需要建设房屋，通风良好，造价低。采用钢架结构的“装配式”选煤厂常采用户外变电所。为确保安全，选煤厂户外设置的变压器通常在其周围设置围墙或高大护栏进行防护。

② 附设变电所。利用车间的一面或几面墙壁，在车间墙内或墙外设置的变电所。附设在车间墙内的变电所叫内附式；附设在车间墙外的变电所叫外附式。附设变电所大门向车间一侧开启。变电所不占车间生产面积或是只占车间边角的一部分，不妨碍生产流程变动时调整设备布局。这种变电所具有与户外变电所类似的不受车间振动及水汽影

响、进出线方便、供电可靠性高等特点，但造价比户外变电所略高，在选煤厂设计中得到了广泛的应用。

③ 车间内变电所。对于设备布局稳定、负荷大且集中的大型车间(如选煤厂主厂房)，变电所设置在车间内，门向车间内开，由车间进入变电所。这种变电所突出的优点是接近负荷中心，可以节省大量的有色金属，减少功率损耗，保证电压稳定；缺点是需要较复杂的防尘、抗振措施，更换变压器也很困难。目前国内仅少数选煤厂采用，如兖矿集团兴隆庄选煤厂。

④ 独立变电所。变压器及所属配电室设置在离车间有一定距离的单独建筑物内。如大型选煤厂的厂区运输与照明系统，有时就利用皮带走廊下等位置设置独立变电所供电。

除此之外，一些企业还采用杆上变电所或箱式变电所给距离较远的家属区及道路照明供电。

中、小型工厂全厂仅设一个 6～10 kV 变电所，通过一个或多个低压配电室直接给设备供电。个别矿井型选煤厂还采用采区变电所向选煤厂供电。

第二节　电力系统的额定电压

一、额定电压

额定电压通常是指电气设备(电动机、发电机、变压器等)能够正常运行，且具有最佳经济效果时的电压。在设计时，应选择最合适的额定电压等级。

火电和水电发电机输出的额定电压多为 6～20 kV，经升压变压器升至 220～500 kV 的超高压，由输电网络送到远离发电厂的城市和工业集中地区。在城市近郊或工业区的负荷中心，建立区域变电站(所)，将 220～500 kV 的超高压降为 35～110 kV，分送至附近各工矿企业变电站(所)；最后由企业变电所进行内部变压和电能分配。

为了使电气设备实现标准化和系列化，参照 IEC 标准并结合我国国民经济发展的需要，国家标准化管理委员会颁布了《标准电压》(GB/T 156—2017)。表 2-1 列出了各电压等级标准。

表 2-1　电力系统额定电压等级　　单位:kV

类型	电网和用电设备的额定电压	供电设备的额定电压	变压器的额定电压	
			原绕组	副绕组
直流	0.11	0.115		
	0.22	0.23		
	0.25	0.275		
	0.44	0.46		
	0.55	0.6		
	0.75	0.825		
	1.5	1.65		

表 2-1(续)

类型	电网和用电设备的额定电压	供电设备的额定电压	变压器的额定电压	
			原绕组	副绕组
交流	(0.127)	(0.133)	(0.127)	(0.133)
	0.22	0.23	0.22	0.23
	0.38	0.40	0.38	0.40
	(0.66)	(0.693)	(0.66)	(0.693)
	(1.14)	(1.2)	(1.14)	(1.2)
	3	3.15	3,3.15	3.15,3.3
	(3.3)	(3.4)	(3.3)	(3.4)
	6	6.3	6,6.3	6.3,6.6
	10	10.5	10,10.5	10.5,11
		13.8*	13.8	
		17.5*	17.5	
		18*	18	
		20*	20	
	35		35	38.5
	110		110	121
	220		220	242
	330		330	363
	500		500	550

注:(1) 直流 0.25 kV、0.55 kV、0.75 kV、1.5 kV 电压用于矿山牵引电网。其中,0.75 kV、1.5 kV 只用于露天矿牵引电网。

(2) 括号内的交流电压值只用于矿井井下。

(3) 带“*”号电压值只用于发电机。

(4) 原绕组电压为 3.15 kV、6.3 kV、10.5 kV 的变压器,适用于直接接于发电机出线上;副绕组电压为 3.3 kV、5.6 kV、11 kV 的变压器,适用于供电半径大的场合。

电力系统的额定电压等级中,220 kV、330 kV、500 kV、750 kV 多用于大型电力系统的骨干电力网远距离输送电能;110 kV 既用于中、小型电力系统的基础电力网,也用于大型电力系统的二次网络;35 kV 用于中、小城市或大型工业企业内部电力网;10 kV 则是常用的配电电压,当用电负荷中高压电动机的比重较大时,也可以考虑采用 6 kV 配电方案。

1. 电网的额定电压

由于线路在运行时有电压损失,一般电力线路的首末两端电压有所不同。把首末两端电压的平均值作为电网的额定电压。我国规定,用电设备允许电压偏移±5%,沿线的电压总压降为 10%,如图 2-4 所示,也就是说,要求线路始端电压为额定值的 105%,以保证其末端电压不低于额定值的 95%。

2. 发电机的额定电压

发电机往往接于线路始端,由图 2-4 可看出,为满足线路损耗,发电机的额定电压高于

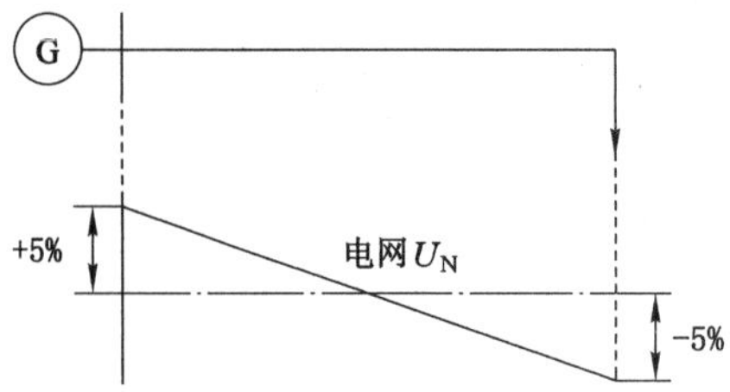

图 2-4　输电线路上的电压变化

同级电网额定电压5%。在实际工程设计中,发电机的额定电压通常根据其容量来选择,一般规律如下:

1 kV 及以下的电压适用于小容量发电机;3.15 kV 电压适用于 3 MW 及以下的发电机;6.3 kV 电压通用于 1.5～50 MW 的发电机;10.5 kV 电压适用于 12～100 MW 的发电机;15.75 kV 电压适用于 125～200 MW 的发电机;18 kV 电压适用于 300 MW 及以上的发电机;20 kV 电压适用于 600 MW 及以上的发电机。

3. 用电设备的额定电压

用电设备上标称的额定电压是按电网额定电压来制定的,即用电设备的额定电压与同级电网的额定电压相等。由图 2-4 可知,用电设备应确保在电压低于额定电压不超过5%的情况下能够正常运行。

4. 电力变压器额定电压

变压器一次绕组是接收电能的,相当于用电设备,额定电压与同级电网额定电压相等;而变压器二次绕组是发送电能的,相当于发电机,其额定电压要高于电网额定电压5%。

事实上,由于线路长短及负荷电流大小的变化,以及变压器本身的损耗,实际运行过程中的用电设备输入电压往往并不等于其额定电压。当用电设备的输入电压不能达到相应质量要求时,通常采用可调压变压器对变比进行小范围调整,以保证输出电压能达到并稳定在一定的等级值。

二、供电电压的选择

1. 供电电压选择的一般原则

工矿企业供电电压的选择,取决于企业附近电源的电压等级、用电设备的电压、容量及供电距离。

供电线路负荷电流可用下式表示:

$$I=\frac{P\times 10^3}{\sqrt{3}U_e\cos\varphi}\quad (\mathrm{A}) \tag{2-1}$$

式中　P——三相线路所输送的有功功率,kW;

U_e——线路额定电压,V;

$\cos\varphi$——线路负荷的功率因数。

供电线路损耗的有功功率为:

$$\Delta P=I^2R=\frac{\rho P^2L\times 10^6}{3U_e^2S\cos^2\varphi} \tag{2-2}$$

式中　ΔP——供电线路消耗的有功功率,kW;

R——线路总电阻，Ω；

L——供电线路总长度，m；

S——供电线路截面积，m^2。

由式(2-1)及式(2-2)可以看出，在输送功率 P 一定的情况下，U_e提高，负荷电流 I 减小，线路能量损耗 ΔP 也就减小，从而降低了运行成本。尽管由于线路通过电流与线路截面积呈正相关关系，小电流可以使用较小截面的导线，但随着 U_e的升高，包括杆塔和绝缘子在内的绝缘防护费用加大，表现为基建成本的提高。前者是经常起作用的，后者是初期一次投资，并分担在每年的折旧费中。因此具体选择多高的电压最经济合理，应进行方案比较。一般远距离输送大功率适宜选择较高的电压。

一般各级电压输电线路的输送容量及输送距离的大致范围如表 2-2 所示。

表 2-2　线路输送容量及输送距离表

额定电压/kV	线路结构	输送功率/kW	输送距离/km
0.38	电缆线	175 以下	0.35 以下
6	电缆线	3 000 以下	8 以下
10	电缆线	5 000 以下	10 以下
35	架空线	2 000～10 000	20～50
110	架空线	10 000～50 000	50～150
220	架空线	100 000～150 000	200～300
330	架空线	200 000～1 000 000	200～600
500	架空线	1 000 000～1 500 000	250～850
750	架空线	2 000 000～2 500 000	500 以上

通常按下述规则选择线路电压等级：

① 低压动力和照明采用 380/220 V 供电，以便动力、照明可以共用变压器。

② 关于 6 kV 和 10 kV 两种电压的选择，如果不涉及高压电动机一般采用 10 kV，但在负荷中有 6 kV 高压电动机时，应考虑采用 6 kV 供电。

③ 两个不同电压方案的经济指标相差不多时，一般优先采用较高电压的方案，因为长期运行较经济并有利于发展。

2. 选煤厂额定电压的选择

选煤厂用电一般由自设的厂主变电所降压后供给。大型选煤厂主变电所的电源往往来自矿区变电所，一些矿属选煤厂的变电所则是由本矿的矿井地面变电所供电。

《煤炭洗选工程设计规范》(GB 50359—2016)建议，选煤厂供电电源宜采用 10 kV 或 6 kV；当用电负荷较大或供电距离较远时，可采用 35 kV 或更高等级的电压供电，主变电所首先将电压变为 6 kV 或者 3 kV，车间变电所再变为 0.38 kV，选煤厂三相交流电动机主要采用 0.38 kV 供电。对于 200 kW 以上大功率电动机，通常采用 6(3) kV 直接供电，以减少线路损失，同时减少大功率电动机启停时车间变压器负荷的变化。也就是说，选煤厂合格介质泵、循环水泵、火力干燥系统主要通风机等大功率用电设备常采用 6 kV 或者 3 kV 高压电动机拖动。

个别由矿井采区变电所供电的选煤厂也采用三相 0.66 kV 供电。

1 kV 以上的高压供电采用三相三线制，车间变电所 0.38 kV 母线通常采用四线制，以获得 220 V 相电压作为控制和照明电源。

第三节 供电系统的接线方式

一、电气主接线及其基本要求

电气主接线是指由高压电器通过连接线，按其功能要求组成接收和分配电能的电路，形成传输强电流、高电压的网络，故又称为一次接线或电气主系统。用规定的设备文字和图形符号并按工作顺序排列，详细表示电气设备或成套装置的全部基本组成和连接关系的单线接线图，称为主接线电路图。电气主接线是变电所电气设计的首要部分，也是构成电力系统的首要环节。电气主接线应力求保证电力系统整体及变电所本身运行的安全性、可靠性、灵活性和经济性。

1. 安全性

电气主接线应符合有关国家标准和技术规范的要求，必须保证在任何可能的运行方式及检修方式下运行人员与设备的安全。

2. 可靠性

供电可靠性是电力生产和分配的最基本要求。停电会对国民经济各部门带来巨大的损失，导致产品报废、设备损坏、人身伤亡，也可能导致企事业单位内部运行停顿、经济效益显著降低。不同重要性用户的主接线需要采用不同的接线形式来保证供电的可靠性。因事故被迫中断供电的机会越小、影响范围越小、停电时间越短，主接线的可靠程度就越高。

3. 灵活性

电气主接线应能适应各种运行状态，并能灵活地进行运行方式的转换，不仅正常运行时能安全可靠地供电，而且在系统故障或电气设备检修及故障时，也能适应调度的要求，灵活、简便、迅速地倒换运行方式，使停电时间最短，影响范围最小。同时设计主接线时应留有发展扩建的余地。对灵活性的要求如下：

① 调度时，可以灵活地投入和切除变压器和线路，调配电源和负荷，满足系统在事故运行方式、检修运行方式以及特殊运行方式下的系统调度要求。

② 检修时，可以方便地停运断路器、母线及其继电保护设备，进行安全检修而不致影响电力网的运行和对用户的供电。

③ 扩建时，可以容易地从初期接线过渡到最终接线。在不影响连续供电或停电时间最短的情况下，投入变压器或线路而不互相干扰，并对一次和二次部分的改建工作量最少。

4. 经济性

在设计主接线时，主要矛盾往往发生在可靠性与经济性之间。欲使主接线可靠、灵活，必然要选高质量的设备和现代化的自动装置，从而导致投资的增加。因此，主接线的设计应在满足可靠性和灵活性的前提下做到经济合理。一般从以下方面考虑：

① 投资省。主接线应简单清楚，节省断路器、隔离开关、电流互感器、电压互感器、避雷器等一次设备；使继电保护和二次回路不过于复杂，节省二次设备和控制电缆；限制短路电

流，以便于选择价廉的电气设备或轻型电器；如能满足系统安全运行及继电保护要求，35 kV及以下终端或分支变电所可采用简易电器。

② 占地面积小。主接线设计要为配电装置布置创造条件，尽量使占地面积减少。

③ 电能损失少。在变电所中，正常运行时，电能损耗主要来自变压器，应经济合理地选择变压器的型式、容量和台数，尽量避免两次变压而增加电能损耗。

此外，在系统规划设计中，要避免建立复杂的操作枢纽，为简化主接线，变电所接入系统的电压等级一般不超过两种。

二、电力系统的接线方式

用户变电所常用的主接线方式主要有单母线接线、双路桥式接线和双母线接线等。

1. 单母线接线

如图2-5所示，单母线接线的特点是整个配电装置只有一组母线，每个电源线和引出线都经过开关电器接到同一组母线上。

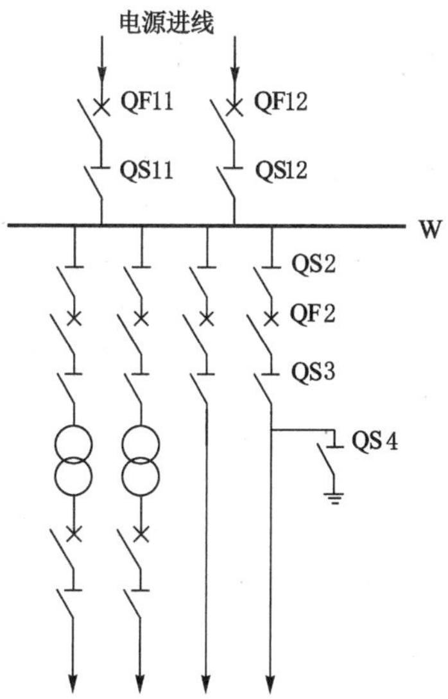

图2-5　单母线(不分段)接线

供电电源是上一级变压器或高压进线回路。母线既可以保证电源并列工作，又能使任一条出线回路都可以从电源1或2获得电能。每条引出线回路中都装有断路器和隔离开关，靠近母线侧的隔离开关QS2称作母线隔离开关，靠近线路侧的隔离开关QS3称为线路隔离开关。

(1) 单母线不分段接线

为区别于后来的改进型单母线分段接线，传统的单母线接线也称作单母线不分段接线。

单母线不分段接线具有接线简单清晰、设备少、操作方便、便于扩建和采用成套配电装置等优点。其缺点在于：灵活性和可靠性相对较差，当母线或母线隔离开关故障或检修时，必须断开它所连接的电源，与之相连的所有电力装置在整个检修期间均需停止工作。此外，在出线断路器检修期间，必须停止该回路的供电。

线路-变压器(组)接线方式是单母线不分段接线的形式之一。外来的架空线通过母线或直接接入变压器进行供电。

单母线不分段接线一般用于小型选煤厂一台主变压器供电以及大型选煤厂辅助车间供配电的情形。

(2) 单母线分段接线

为了克服单母线不分段接线存在的缺点，提高它的供电可靠性和灵活性，可以把单母线分成几段，在每段母线之间装设一个分段断路器和两个隔离开关。每段母线上均接有电源和出线回路，便成为单母线分段接线，如图 2-6 所示。

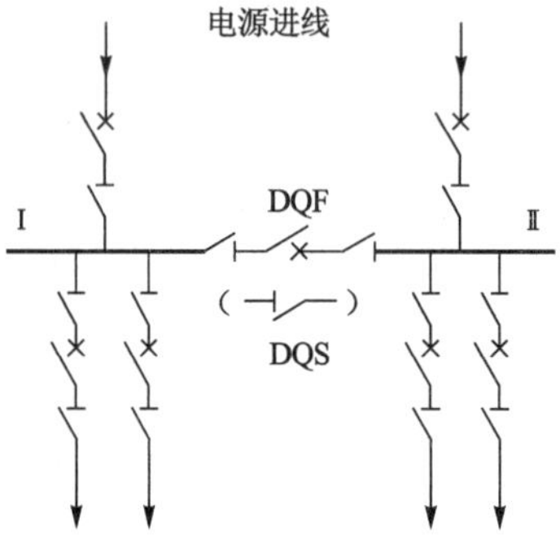

图 2-6　单母线分段接线

用断路器把母线分段后，对重要用户可以从不同段引出两个回路，由两个电源供电；当一段母线发生故障，分段断路器自动将故障段切除，保证正常段母线不间断供电和不致使大面积停电。其不足点在于：当一段母线或母线隔离开关故障或检修时，该段母线的回路都要在检修期间内停电；当出线为双回路时，常使架空线路出现交叉跨越；扩建时需向两个方向均衡扩建。

《煤炭洗选工程设计规范》(GB 50359—2016)建议，选煤厂变电所 10(6) kV 侧的主接线宜采用单母线分段接线，同时给高压电动机和车间变压器供电。

2. 双路桥式接线

双路桥式接线也称双路桥形接线，是双电源供电系统中最常用的接线方式。双路桥式接线结构简单，投资较小，在 6～220 kV 电压级电气主接线中广泛采用。

双路桥式接线按连接桥断路器的位置，可分为内桥接线、外桥接线和全桥接线三种方式。

(1) 内桥接线

如图 2-7(a)所示，内桥接线的连接桥断路器设置在内侧，其余两台断路器接在线路上。因此，线路的切除和投入比较方便，并且当线路发生短路故障时，仅故障线路的断路器断开，不影响其他回路运行。但变压器故障时，则与该变压器连接的两台断路器都要断开，从而影响了一路未故障线路的运行。此外，变压器切除和投入的操作比较复杂，需切除和投入与该变压器连接的两台断路器，也影响了一路未故障线路的运行。连接桥断路器检修时，两个回路需解列运行。当输电线路较长、故障概率较大、变压器又不需经常切除时，采用内桥接线比较合适。

(2) 外桥接线

如图 2-7(b)所示，外桥接线的特点与内桥接线正好相反。连接桥断路器设置在外侧，其他两台断路器接在变压器回路中，线路故障和进行切除与投入操作时，需动作与之相连的两台断路器并影响一台未故障变压器的运行。但变压器切除和投入时，不影响其他回路运行。当出线路较短且变压器随经济运行的要求需经常切换时，采用外桥接线的方式比较合适。此外，当电网有穿越性功率经过变电所时，也可采用外桥接线。这时，穿越性功率仅经过连接桥上的 1 台断路器，而不致像采用内桥接线时那样，要经过 3 台断路器，当其中任一台断路器故障或检修时都将影响穿越功率的传送。

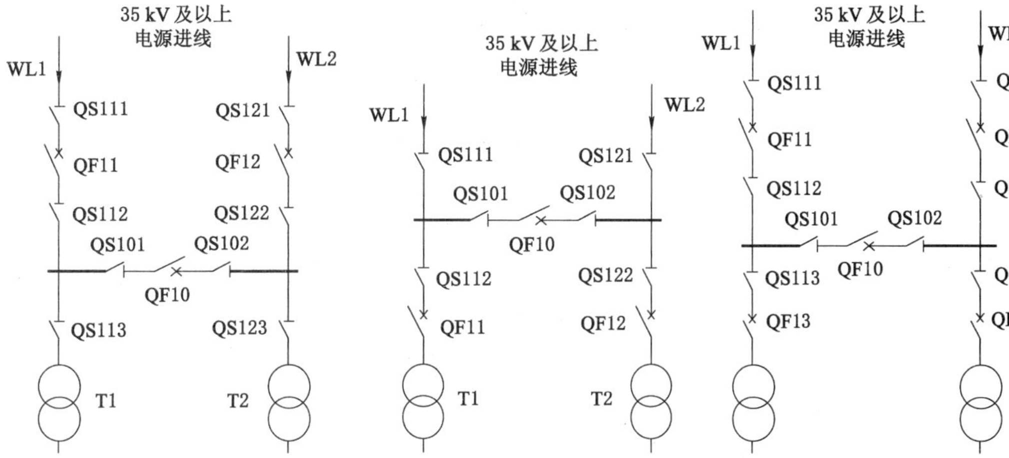

(a) 内桥接线　　(b) 外桥接线　　(c) 全桥接线

图 2-7　双路桥式接线

(3) 全桥接线

如图 2-7(c)所示，全桥接线是内桥接线和外桥接线的综合接线形式，这种接线具有内桥接线和外桥接线方式的共同优点。它适用性强、运行灵活、易于扩展成单母线分段式的中间变电所。这种接线克服了内桥接线和外桥接线中改变变压器和线路运行方式时所造成的短时停电现象。全桥接线的主要缺点是所用设备多、占地面积大、投资大。

3. 双母线接线

为了避免单母线分段接线在母线或母线隔离开关故障或检修时，连接在该段母线上的回路都要在检修期间长时间停电而发展了双母线接线，如图 2-8 所示。这种接线方式具有两组母线 W1、W2。每回线路都经一台断路器和两组隔离开关分别与两组母线连接，母线之间通过母线联络(简称母联)断路器 QF 连接。

通过两组母线隔离开关的倒换操作，可以轮流检修一组母线而不致使供电中断；一组母线故障后，能迅速恢复供电。各个电源和各个回路负荷可以任意分配到某一组母线上，能灵活地适应电力系统中各种运行方式调度和潮流变化的需要。通过倒闸操作可以组成各种运行方式。例如：当母联断路器闭合，进出线分别接在两组母线上，即相当于单母线分段运行；当母联断路器断开，一组母线运行，另一组母线备用，全部进出线均接在运行母线上，即相当于单母线不分段运行。两组母线同时工作，并且通过母联断路器并联运行，电源与负荷平均分配在两组母线上。向双母线左右任何方向扩建，均不会影响两组母线的电源和负荷自由组合分配，在施工中也不会造成原有回路停电。当个别回路需要单独进行试验时，可将该回路分开，单独接至一组母线上。

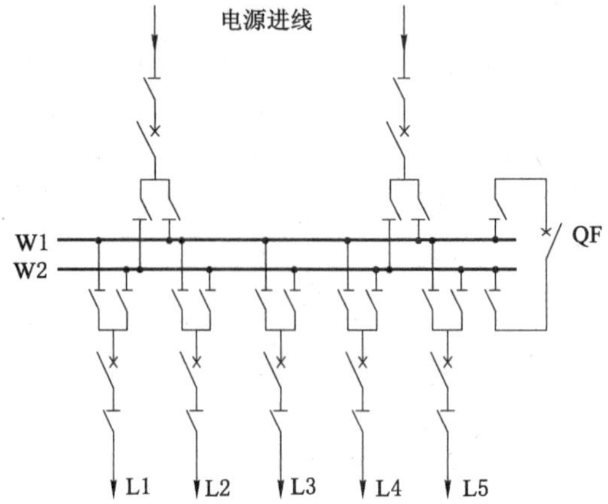

图 2-8　双母线接线

双母线接线具有供电可靠、调度灵活、扩建方便、便于试验等优点，其缺点主要是增加了电气设备的投资。双母线接线适用于母线回路数或母线上电源较多、输送和穿越功率较大、母线故障后要求迅速恢复供电、母线或母线设备检修时不允许影响对用户的供电、系统运行调度对接线的灵活性有一定要求等情形。

有条件的选煤厂可以在原煤储运等重要负荷供电系统采用双母线接线。

第四节　选煤厂典型供配电系统及变电所位置选择

一、选煤厂典型供配电系统

1. 大型选煤厂供配电系统

图 2-9 为大型选煤厂的典型供电系统图。其电源来自 35 kV 电力网，并通过两趟架空线送到选煤厂。这两路电源可以来自同一个变电所的不同母线，也可以来自不同的变电所，以保证供电可靠性。

35 kV 主接线采用外桥接线，6 kV 采用单母线分段接线。厂内重要负荷由接于不同母线段的两条回路馈电，以保证供电可靠性。

各段母线均装设避雷器，用于防止电气设备遭受感应雷过电压的危害。35 kV 母线等室外设备应在避雷接地线与避雷针的保护范围内，以免遭受直接雷击的危害。图 2-9 中虚线框内为室内高压配电柜组，因其进线来自室外架空线，也应装设避雷器。

各段母线设置的电压互感器用于检测母线电压，是测量仪表和保护装置的信号源。电压互感器初级串联熔断器 FU，作为互感器短路保护。所用变压器二次侧采用三相四线制，线电压为 380 V，相电压为 220 V，作为变电所内低压动力及照明电源。

2. 中、小型选煤厂供配电系统

图 2-10 是中、小型选煤厂供配电系统图，图上部为 6 kV 配电室，其电源由矿井地面变电所引入，一般都设两路电源供电，采用单母线分段接线方式。

高压配电室由不同一次方案编号的高压开关柜组成。为了防雷和改善功率因数，在母线上接有避雷器和电力电容器。车间变压器降压后向各低压配电室供电。如 1 号变压器向

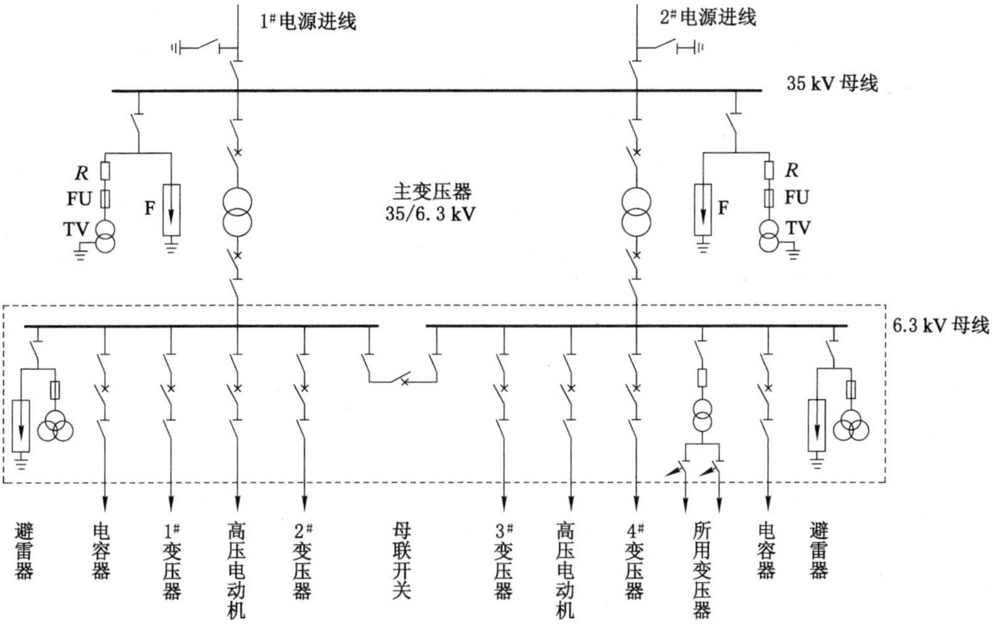

图 2-9　大型选煤厂的典型供电系统图

原煤准备车间配电室和原煤储存仓配电室供电；2 号变压器向主厂房一层、二层、三层配电室供电；等等。

各低压配电室由不同一次方案编号的低压配电柜(屏)和动力箱组成，邻近的低压配电室母线可以互相联络。各低压配电柜(屏)和动力箱分别向各生产机械或照明供电。在 0.4 kV 母线中，使用了大量具有过流保护功能的空气断路器作为用电设备和系统的电源开关。

为获得 220 V 照明电源，各车间变压器次级采用星形接线，引出中性线并将中性点接地。

二、选煤厂变(配)电系统的位置选择与设备布置原则

供电系统确定后，在布置全厂平面图时，应考虑变电所、配电室的合理位置。

1. 厂变电所选址注意事项

选煤厂主变电所应设在污染源的上风方向、地势高、环境好的位置，且尽可能接近负荷中心，并方便进出线。主变压器露天安装时，应设安全围墙或护网。变电所设计时应注意预留一定的扩建发展余地；同时，高压配电室应预留开关柜总安装数 10%～25%的备用位置。

2. 车间变电所选址注意事项

负荷较大的车间应设置车间变电所。车间变电所通常设在厂房一层，由高压配电室、低压配电室、变压器室三部分组成。选择车间变电所位置时，应尽可能方便电源进线及二次出线，尽可能远离水池及粉尘，防止西晒等。

车间变电所变压器安装在室内的，变压器室应有足够的通风高度和维修通道。变压器室至低压配电室，以及低压配电室之间联络的母线一般不能进入生产车间(特殊情况下应设置安全护网)。

影响矿区生产的原煤系统、装车系统、浓缩机和压风机(影响原煤系统、装车系统的)应

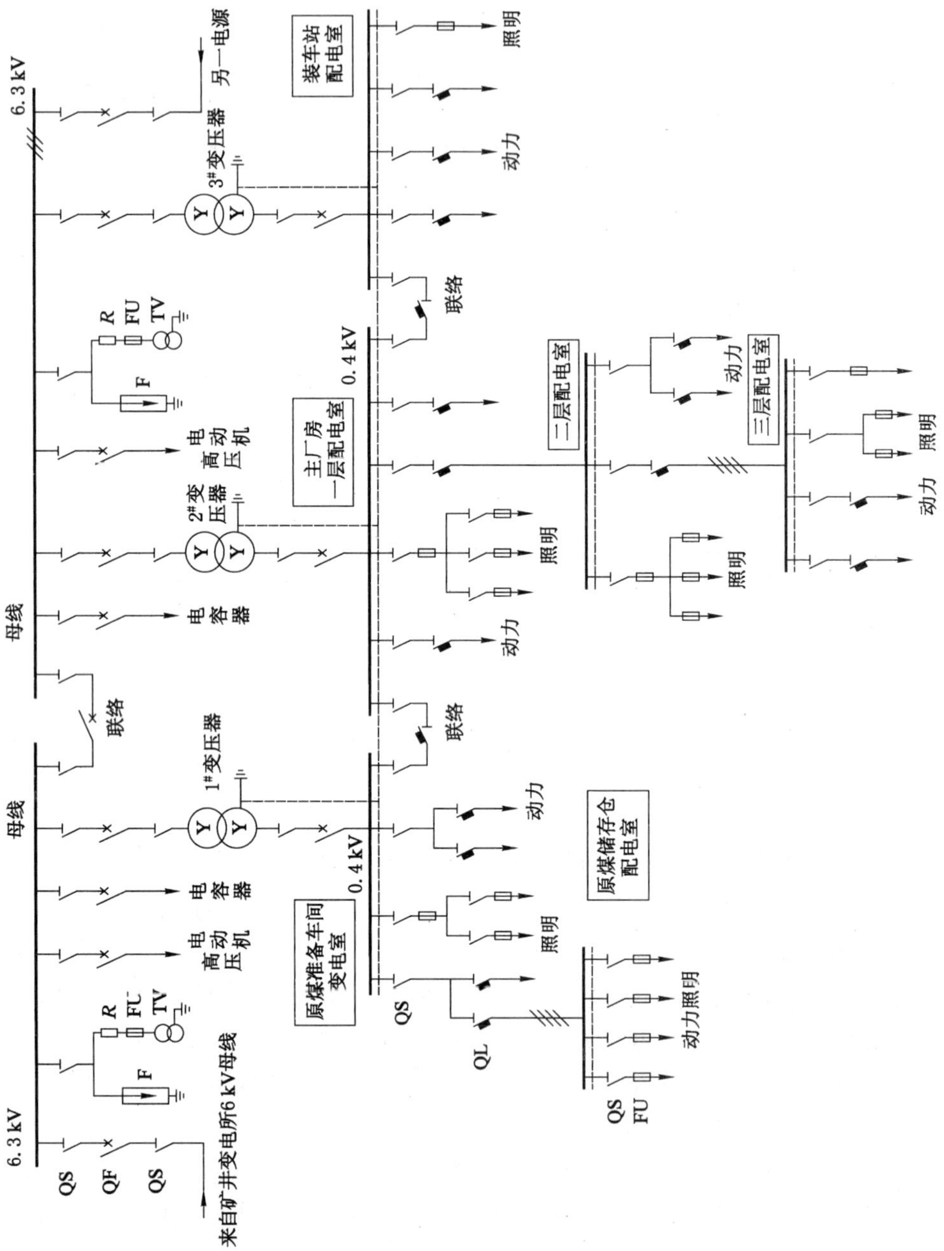

图2-10 中、小型选煤厂供配电系统图

另设一回路联络电源。

选煤厂各车间照明和动力可由同一台变压器供电，线路分开。选煤生产一线各主要厂房的照明灯具宜由两个独立照明网络交叉供电，两个独立网络的电源取自不同的变压器，或者一个照明网络采用两电源自动互投方式供电。

3. 低压配电室

主要生产车间每层设置1～2个低压配电室，也可全车间集中为一个或几个电动机控制中心（Motor Control Center，MCC）。生产车间内设置配电室时，应注意选择进出线方便、通风良好的位置。尽可能避开西晒，以免夏天散热条件恶化；尽量远离振动源，以免振动造成导线连接螺丝松动；尽量远离潮湿区域，不应和厕所毗邻，不应有非电管道通过。有条件时可为主要配电室设置专门的通风降尘系统。

配电室在同一层内原则上不跨越沉降缝设置；上下各层配电室应尽量设在同一跨内，以便母线布置；不在同一跨间的配电室之间采用电缆连接。

各配电回路应分别预留10％～25％的容量，并留1～2盘（柜）位置。各配电室和厂房的主要通道应设应急灯。

在实际工程设计过程中，有时设计任务书已经规定了变电所的位置、类型、系统供电方式、供电电压以及主变压器容量等。在此情况下，还要求设计人员必须深入现场，会同供电部门一起进行实地调查并一起讨论确定一些原则问题，如：按所选条件审定变电所地址是否合理；变电所的供电电压是否合理，是否符合电力网络发展规划；变压器容量及进出线数目是否正确；变电所扩建的可能性，分期建设和年限；生产运行上有哪些要求；设备的选择以及货源；等等。

复习思考题

1. 什么是电力系统？什么是电力拖动系统？

2. 供电系统包括哪些范围？变电所和配电所的任务有什么不同？

3. 车间变电所有哪些种类？

4. 电网电压的高低如何划分？

5. 选煤厂额定电压如何选择？

6. 电力变压器的额定一次电压和二次电压是如何确定的？

7. 电力系统的接线方式有哪几种？在什么情况下使用双路桥式接线？双路桥式接线三种结构各有什么优缺点？

8. 单母线分段接线的优点是什么？

9. 简述选煤厂总变电所位置选择的一般原则。

10. 选煤厂车间变电所通常由哪三个部分组成？选址应注意哪些事项？

11. 生产车间设置配电室时应注意哪些事项？

第三章　电动机的分类与选择

第一节　电动机的种类、工作原理及结构

一、电动机的种类

电动机的功能是将电能转换为机械能。电动机作为拖动各种生产机械的动力，是国民经济各部门应用最多的动力机械，也是最主要的用电设备。电动机所消耗的电能占全国总发电量的 60%以上，在选煤厂，电动机耗电占总耗电量的 85%以上。

电动机的数量和种类很多，也有多种分类方法。

1. 按工作电源分类

电动机按工作电源的不同可分为直流电动机和交流电动机。其中交流电动机分为单相电动机和三相电动机；直流电动机分为普通直流电动机和步进电动机。

2. 按结构及工作原理分类

电动机按结构及工作原理可分为直流电动机、异步电动机和同步电动机。

直流电动机按结构及工作原理可分为无刷直流电动机和有刷直流电动机。有刷直流电动机可分为永磁直流电动机和电磁直流电动机。电磁直流电动机又分为串励直流电动机、并励直流电动机、他励直流电动机和复励直流电动机。永磁直流电动机又分为稀土永磁直流电动机、铁氧体永磁直流电动机和铝镍钴永磁直流电动机。

异步电动机可分为感应电动机和交流换向器电动机。感应电动机又分为三相异步电动机、单相异步电动机和罩极异步电动机等。三相异步电动机又分为鼠笼式异步电动机和绕线式异步电动机。交流换向器电动机又分为单相串励电动机、交直流两用电动机和推斥电动机。

同步电动机可分为永磁同步电动机、磁阻同步电动机和磁滞同步电动机。

3. 按启动与运行方式分类

单相电动机按启动与运行方式可分为电容启动式单相异步电动机、电容运转式单相异步电动机、电容启动运转式单相异步电动机和分相式单相异步电动机。

4. 按用途分类

电动机按用途可分为驱动用电动机和控制用电动机。驱动用电动机用于驱动各类设备，如泵、风机、运输机等。选煤厂用途最广的驱动电动机（选型默认类型）为三相交流鼠笼式异步电动机。控制用电动机用于电动执行机构的动力源，也称伺服电机。

选煤厂常用电动机的分类和主要用途如图 3-1 所示。

二、直流电动机的工作原理与结构

直流电动机具有优良的调速特性，调速平滑、方便，调速范围广；过载能力大，能快速启动、制动和逆向运转；能满足生产过程自动化系统各种不同的特殊运行要求。虽然其制造成

- 电动机
  - 直流电动机
    - 普通直流电动机：良好的调速性能。汽车发动机
    - 步进电动机：小容量，精确定位。计算机外设驱动
  - 交流电动机
    - 异步电动机
      - 鼠笼式：结构简单，价格便宜，运行可靠。常用电动机
      - 绕线式：具有较大的启动转矩。阀门驱动器，提升机
    - 同步电动机：功率因数高，结构复杂，使用较少

图 3-1　电动机简明分类与主要用途

本和维护费用比交流电动机高，但在对电动机的调速性能和启动性能要求高的生产机械上仍得到广泛的应用，例如需要进行调速的斜井客货两用胶带运输机有时就采用直流电动机驱动。某些电力牵引和起重设备、电车和电力机车也以直流电动机为动力设备。

1. 直流电动机的工作原理

图 3-2 是直流电动机的结构原理图。图中 N 和 S 是一对固定不动的磁极，用以产生所需要的磁场。除容量很小的电动机是用永磁磁铁做成磁极之外，容量较大一些的电动机，磁场都是由直流励磁电流通过绕在磁极铁芯上的励磁绕组产生的。为了使图面清晰，图中只画出了磁极铁芯，没有画出励磁绕组。

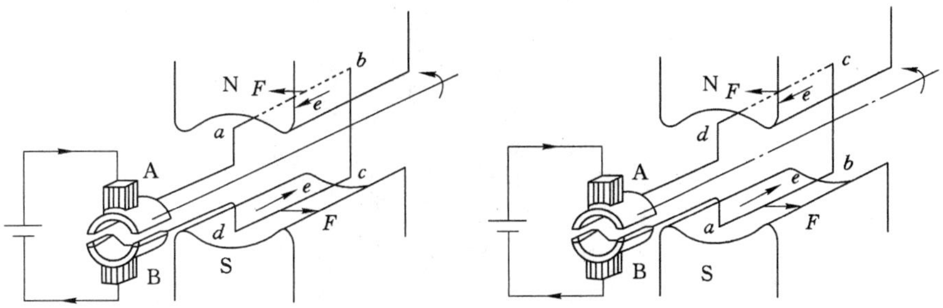

(a) ab 边在 N 极下时　　(b) ab 边在 S 极下时

图 3-2　直流电动机的结构原理图

在 N 极和 S 极之间有一个可以绕轴旋转的绕组。直流电动机的这一部分称为电枢。实际电动机中的电枢绕组嵌放在铁芯槽内，电枢绕组中的电流称为电枢电流。图中只画出了代表电枢绕组的一个线圈，没有画出电枢铁芯。线圈两端分别与两个彼此绝缘而且与线圈同轴旋转的铜片连接，铜片上又压着一个固定不动的电刷。

如图 3-2 所示，将电枢绕组通过电刷接到直流电源上，绕组的转轴与机械负载相连，这时便有电流从电源的正极流出，经过电刷 A 流入电枢绕组，然后经电刷 B 流回电源的负极。在图 3-2(a)所示位置时，线圈的 ab 边在 N 极下，cd 边在 S 极下，电枢绕组中的电流沿着 $a\rightarrow b\rightarrow c\rightarrow d$ 的方向流动。电枢电流与磁场相互作用产生电磁力 F，其方向可用左手定则来判断。这一对电磁力所形成的电磁转矩使电动机逆时针旋转。

当电枢绕组的 ab 边转到 S 极下，cd 边转到 N 极下，如果线圈中电流的方向仍然不改变，那么作用在这两个线圈上的电磁力和电磁转矩的方向就会与原来的方向相反，电动机便无法旋转。为此，必改变电枢绕组中电流的方向。这一任务由连接在线圈两端的铜片和电刷来完成。从图 3-2(b)中可以看到，由于原来与电刷 A 接触的线圈 a 端的铜片现在已改成与电刷 B 接触，而原来与电刷 B 接触的线圈 d 端的铜片现在已改成与电刷 A 接触，因而电枢绕组中的电流便沿 $d\rightarrow c\rightarrow b\rightarrow a$ 的方向流动。利用左手定则判断出：电磁力及电磁转矩的

方向仍然使电动机逆时针旋转。

由此可见，在直流电动机中，为了产生方向始终如一的电磁转矩，外部电路中的直流电流必须改变成电动机内部的交流电流，这一过程称为电流的换向。换向用的铜片称为换向片。互相绝缘的换向片组合的总体称为换向器。

在电磁转矩的作用下，电机拖动生产机械沿着与电磁转矩相同的方向旋转，电机向负载输出机械功率。与此同时，由于电枢绕组旋转，线圈 ab 和 cd 边切割磁感应线产生了感应电动势 e。根据右手定则，其方向与电枢电流方向相反，故称反电动势。电源只有克服这一反电动势才能向电机输出电流。因此，电机向机械负载输出机械功率的同时，电源却向电机输出电功率。可见，在这种情况下，电机起着将电能转换成机械能的作用。也就是说，电机作电动机运行。

2. 直流电动机的主要结构

直流电动机有可旋转部分和静止部分，可旋转部分称为转子，静止部分称为定子。直流电动机的结构如图 3-3 所示。

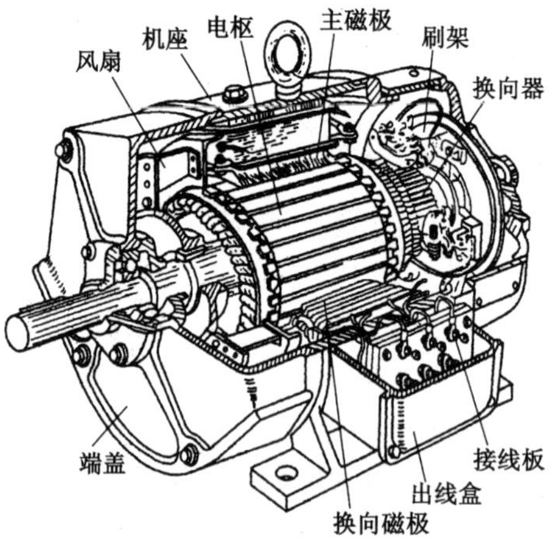

图 3-3　直流电动机的结构

(1) 定子部分

直流电动机的定子由主磁极、电刷装置、机座等组成。

主磁极的作用是产生主磁场。主磁极由主磁极铁芯和套在铁芯上的励磁绕组构成，如图 3-4 所示。当励磁绕组中通有直流励磁电流时，空气隙中会形成一个恒定的主磁场。图中铁芯下面截面较大的部分称为极靴，极靴表面沿圆周的长度称为极弧，极弧与相应的极距之比称为极弧系数，通常为0.6～0.7。极弧的形状对电动机运行性能有一定影响，它能使空气隙中磁通密度按一定规律分布。为了减少电枢旋转时齿、槽依次掠过极靴表面而形成磁密变化造成铁芯涡流损耗，主磁极铁芯通常用 1～1.5 mm 厚的导磁钢片(硅钢片)叠堆而成，然后再固定在磁轭上。各主磁极铁芯上套有励磁绕组，励磁绕组之间可串联，也可并联。主磁极成对出现，沿圆周 N、S 极交替排列。

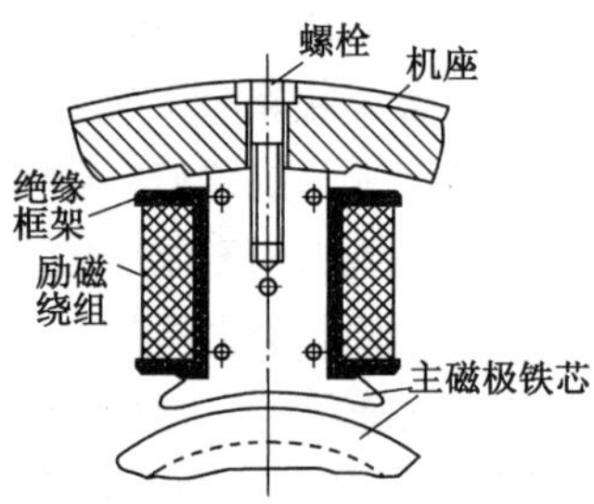

图 3-4　直流电动机的主磁极

容量较大的直流电动机还有换向极(位于两个主磁极之间的较小磁极),常用厚钢板或整块钢制成,极上装有换向极绕组,换向极下的空气隙较主磁极下的空气隙大。换向极数目一般与主磁极相同。但是小功率直流电动机中,换向极的数目可以少于主磁极,甚至不装换向极。

一般直流电动机的机座既是电动机的机械支撑,又是磁极外围磁路闭合的部分,即磁轭,因此用导磁性能较好的钢板焊接而成,或用铸钢制成。机座两端装有带轴承的端盖。电刷固定在机座或端盖上。一般电刷数等于主磁极数。电刷装置由电刷、刷握、刷杆、弹簧压板和汇流条等组成,如图 3-5 所示。电刷一般用碳石墨制成,装于刷握中,并有弹簧压板压住,保证电枢转动时电刷与换向器表面有良好的接触。电刷装置将电枢电流由旋转的换向器通过静止的电刷与外部驱动电路接通。

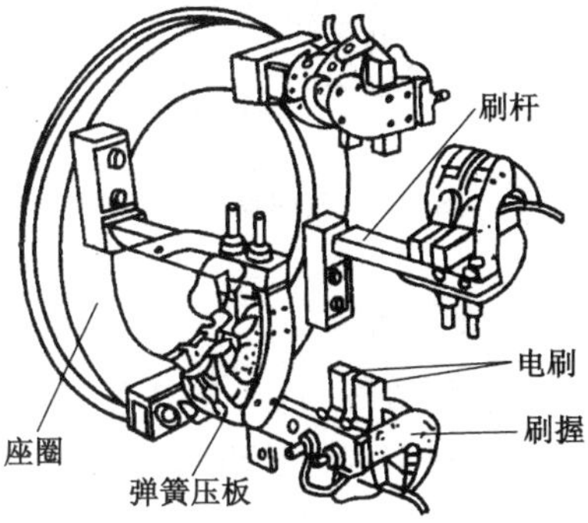

图 3-5　电刷装置

(2) 转子部分

转子由电枢铁芯、电枢绕组和换向器组成。电枢铁芯是主磁路的组成部分,为了减少电枢旋转时铁芯中磁通方向不断变化而产生的涡流和磁滞损耗,电枢铁芯通常用 0.5 mm 厚的硅钢片叠压而成,叠片间有一层绝缘漆,如图 3-6 所示。较大的电动机还有轴向通风道和径向通风系统,即将铁芯分为几段,段与段之间留有通风槽。电枢铁芯的外缘均匀地冲有齿和槽,一般为平行矩形槽。

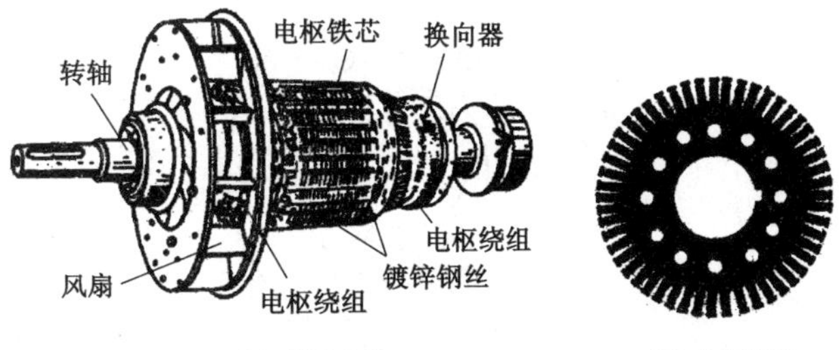

(a) 转子主体　　(b) 电枢钢片

图 3-6　直流电动机的转子

电枢绕组由绝缘导体绕成线圈嵌放在电枢铁芯槽内按一定的规律连接而成。每一线圈有两个端头,按一定规律连接到相应的换向片上,全部线圈组成一个电路。电枢绕组是直流电动机的功率电路部分,也是产生感应电动势、电磁转矩和进行机电能量转换的核心部件,电枢绕组的构成与电动机的性能关系密切。其具体连接方法和功能将在下一节中讨论。

换向器由许多彼此绝缘的换向片组合而成，如图 3-7 所示。它的作用是将电枢绕组中的交流电动势用机械换向的方法转变为电刷间的直流电动势，或反之。换向片可以为燕尾形，升高部分分别焊入不同线圈两个端点引线，片间用云母片绝缘，排成一个圆筒形，目前小型直流电动机改用塑料热压成形，简化了工艺，节省了材料。

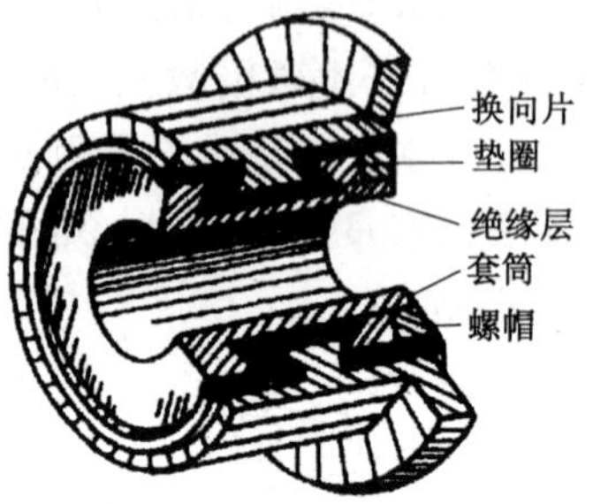

图 3-7　换向器的构造

三、三相异步电动机的工作原理与结构

三相异步电动机又叫感应电动机，俗称马达，它具有结构简单、价格低廉、坚固耐用、使用和维修方便等优点。据初步统计，在全国电动机总量中 85%以上是三相异步电动机。三相异步电动机的缺点是功率因数低，调速性能差。随着交流变频调速技术的发展，目前其调速性能有了极大的改观。

1. 三相异步电动机的极数与转速

图 3-8 是三相异步电动机的工作原理。为了简明起见，在定子上嵌放一组对称电枢绕组 U_1—U_2、V_1—V_2、W_1—W_2，三相绕组的匝数相同，空间位置互差 120°。当定子绕组通入对称的三相交流电流时，定子绕组产生的合成旋转磁场是一个空间旋转的磁场。在这两个磁极相对的空间里装有一个能够转动的圆柱形铁芯，在铁芯外圆内嵌放有导体，导体两端各用一圆环把它们接成一个整体。

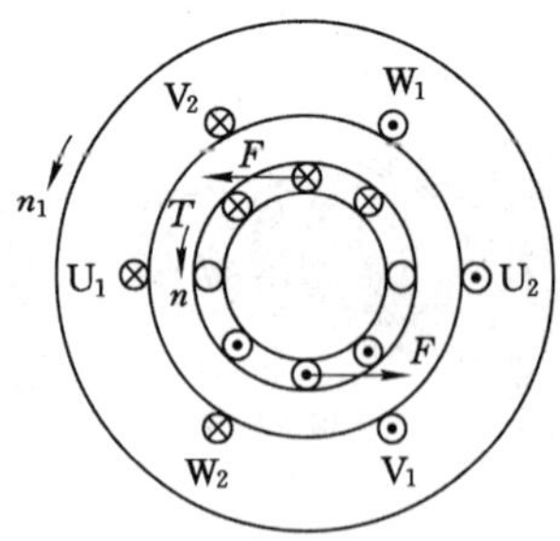

图 3-8　三相异步电动机的工作原理

当磁场以 n_1 的速度逆时针方向旋转时，转子导体就会切割磁力线而产生感应电动势 e。用右手定则可以判定，在转子上半部的导体中感应电动势的方向为⊕，下半部的导体中感应电动势的方向为⊙，在感应电动势的作用下，导体中就有电流 i，若不计电动势与电流的相

位差，则电流 i 与电动势同方向。载流导体在磁场中将受到电磁力的作用，由左手定则可以判定电磁力的方向。由电磁力 F 所形成的电磁转矩 T 使转子以 n 的速度旋转，旋转方向与磁场的旋转方向相同，这就是三相异步电动机的工作原理。

在图 3-8 中，三相绕组中每相各有一进一出共两组接线端，而图 3-9(a)中，有两组进两组出共四组 12 个接线端。前者称为两极电动机，后者称为四极电动机，以此类推。

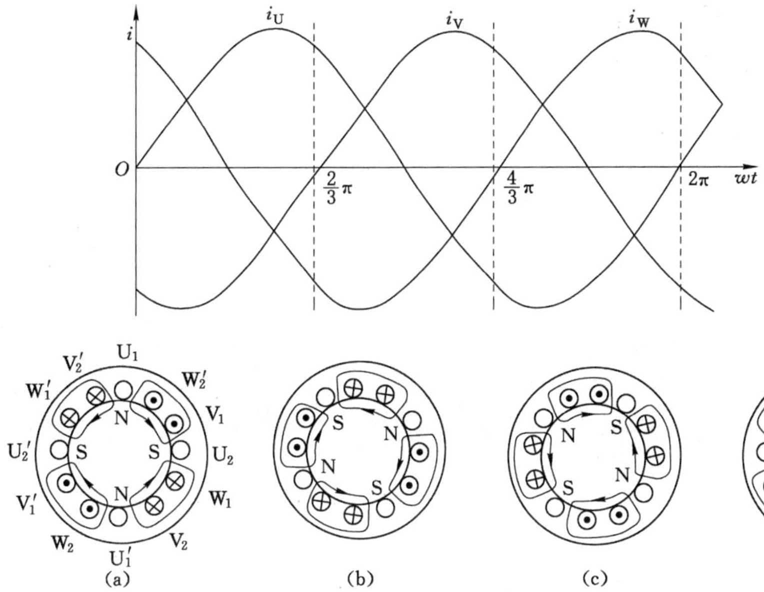

图 3-9　四极三相异步电动机内磁场的旋转

由图 3-9 可以看出，对四极三相异步电动机，当正弦交流电变化一周，合成磁场在空间正好旋转了半周 180°。由此可见，磁场的旋转速度不仅与交流电的频率有关，还与电动机的极数有关，即

$$\text{磁场的旋转速度 } n_1 = \frac{60 \times \text{电源频率 } f}{\text{极数}/2} \tag{3-1}$$

式中，“极数/2”也称为极对数。磁场的旋转速度 n_1 称为同步转速。由于转子转动的方向与磁场的旋转方向是一致的，所以如果 $n = n_1$，则磁场和转子之间没有相对运动，它们之间就不存在电磁感应关系，也就不能在转子导体中感应电动势、产生电流，也就不能产生电磁转矩。所以，感应电动机的转子转速不可能等于磁场的旋转速度，因此，这种电动机一般称为异步电动机。

转子转速 n 与磁场转速 n_1 之差称为转差 Δn，转差与磁场转速 n_1 之比，称为转差率 s，即

$$s = \frac{n_1 - n}{n_1} \times 100\% \tag{3-2}$$

异步电动机转差率 s 是决定其运行情况的一个基本数据，也是异步电动机一个很重要的参数。转差率 s 并不是一个常数，与电源电压及电动机负荷系数等因素有关。异步电动机标称的额定转速(表 3-1)是在额定载荷下的平均值。

表 3-1　常用三相异步电动机的极数与转速

电动机极数	2 极	4 极	6 极	8 极	10 极
同步转速/(r/min)	3 000	1 500	1 000	750	600
异步转速/(r/min)	2 960	1 460	980	730	580

2. 三相异步电动机的结构

异步电动机是由固定部分、定子和转动部分、转子组成的。定子与转子之间留有相对运动所需要的空气隙，如图 3-10 所示。

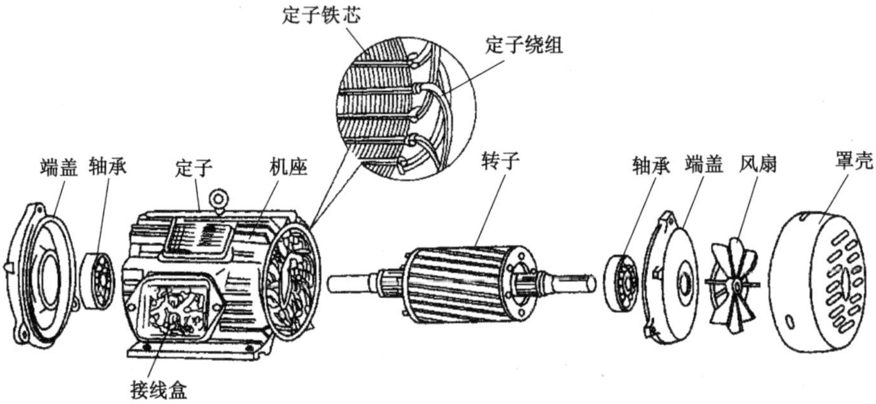

图 3-10　异步电动机的结构

固定部分又叫定子，主要由机座、铁芯和三相绕组组成。机座是电动机的支撑部分，通常由铸铁或铸钢制成。定子铁芯由硅钢片(图 3-11)叠压成圆筒状压入机座里构成。硅钢片形成的齿槽均匀分布在铁芯内圆表面，并与轴平行。槽内放置三相定子绕组，根据供电电压不同，三相定子绕组可以接成星形，也可以接成三角形。

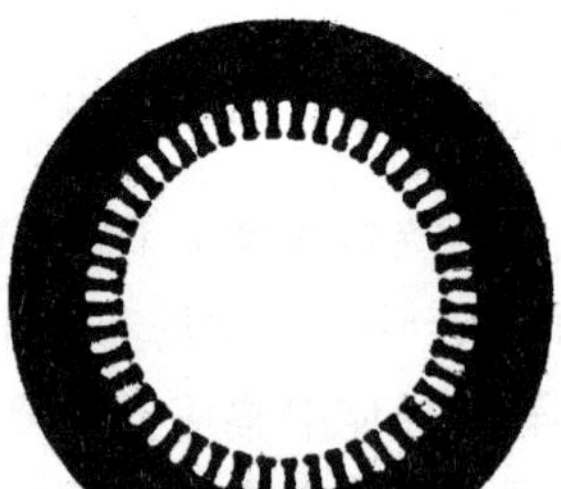

图 3-11　异步电动机的定子冲片

定子绕组是三相电动机的电路部分，三相电动机有三相绕组，通入三相对称电流时，就会产生旋转磁场。三相绕组由三个彼此独立的绕组组成，且每个绕组又由若干线圈连接而成。每个绕组即为一相，每个绕组在空间相差 120°/极对数(极对数＝极数/2)。线圈由绝缘铜导线或绝缘铝导线绕制。中、小型三相电动机多采用圆漆包线，大、中型三相电动机的定子线圈则用较大截面的绝缘扁铜线或扁铝线绕制后，再按一定规律嵌入定子铁芯槽内。定子三相绕组的六个出线端都引至接线盒上，首端分别标为 U_1，V_1，W_1，末端分别标为 U_2，V_2，W_2［图 3-12(b)］。

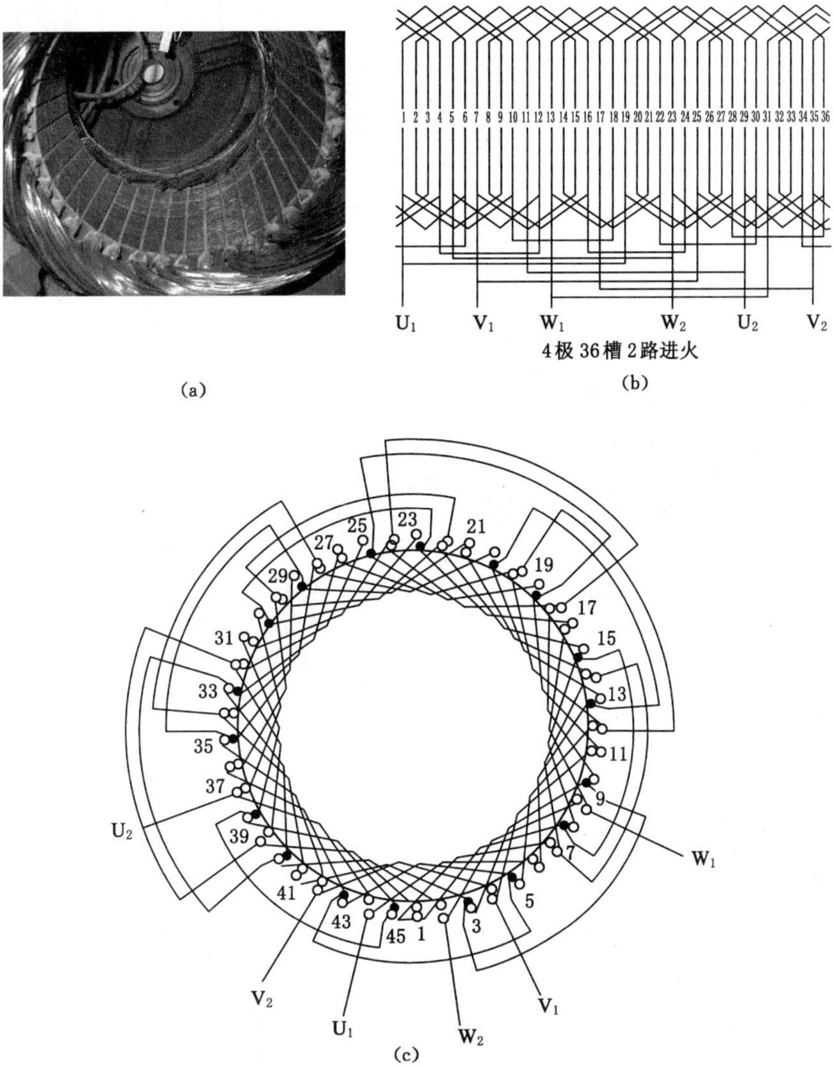

图 3-12　交流三相电动机的定子绕组

转动部分又叫转子。转子由转轴和装在转轴上的圆柱形转子铁芯以及转子绕组组成。转轴由碳钢制成，两端支撑在轴承上，转子铁芯用已冲槽的硅钢片叠成，槽内放置转子绕组。

根据转子绕组的不同又可分为鼠笼式和绕线式两类。

鼠笼式转子绕组是由安放在转子槽内的裸导体和短路环连接而成；如果把转子铁芯去掉，可以看出，裸导体的形状就好像一个鼠笼，故称鼠笼式转子或笼型转子。小型鼠笼式转子的导体，一般采用铸铝与冷却用的风扇叶片一次浇铸成形，如图 3-13(b)所示。

绕线式转子的铁芯和鼠笼式转子的铁芯相同，但它的绕组与鼠笼式转子不同，而与定子绕组一样，也是三相绕组，一般接成星形。它的三个出线端从转子轴中引出，固定在轴上的

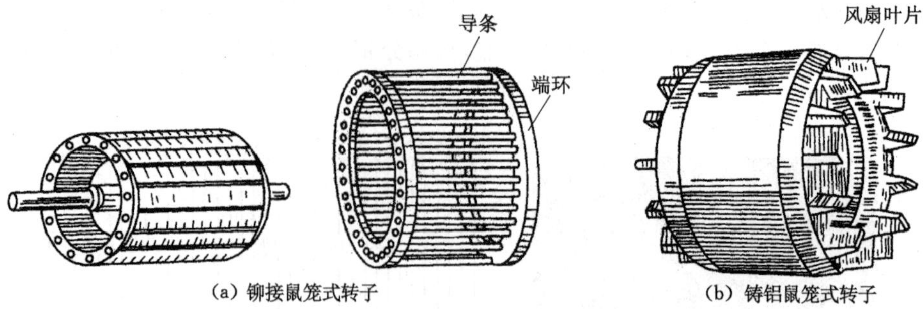

图 3-13　鼠笼式转子

三个互相绝缘的滑环上，然后经过电刷的滑动接触与外加变阻器相接。改变变阻器手柄的位置，可使绕线式三相绕组串联接入变阻器或使之短路。如图 3-14 所示。

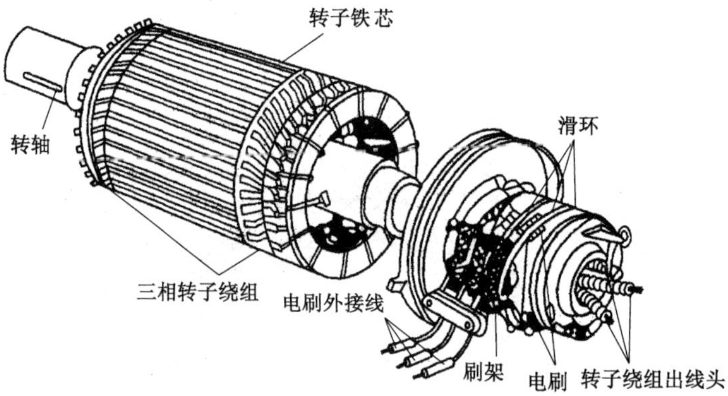

图 3-14　绕线式转子

绕线式异步电动机的转子结构较复杂，价格较贵，一般适用于对启动和调速性能有较高要求的场合。

上述两类异步电动机，尽管转子结构不同，但它们的基本原理则是相同的。定子铁芯和转子之间留有一定的空气隙。中、小型电动机的空气隙为 0.2～1.0 mm。

3. 三相异步电动机的优缺点

三相异步电动机是选煤厂作为动力源最广泛采用的一种电动机，其主要优点有：容易获得电源；结构简单可靠；没有电刷、励磁装置，便于维护；价格低廉。其缺点主要有：定子绕组吸收滞后的励磁电流，降低了功率因数；由于磁场的电枢不是独立分开的，所以难以进行调速控制。

四、同步电动机的工作原理与结构

同步电动机是转子转速与磁场旋转速度同步的电动机。

1. 同步电动机的工作原理

同步电动机的工作原理如图 3-15 所示。当定子三相交流绕组通以三相交流电流后，空气隙便产生三相旋转磁场，其旋转速度为同步转速 n_1。旋转的定子磁场和转子磁场相互作用，使转子磁极与定子合成等效磁极相互吸引，同速旋转。

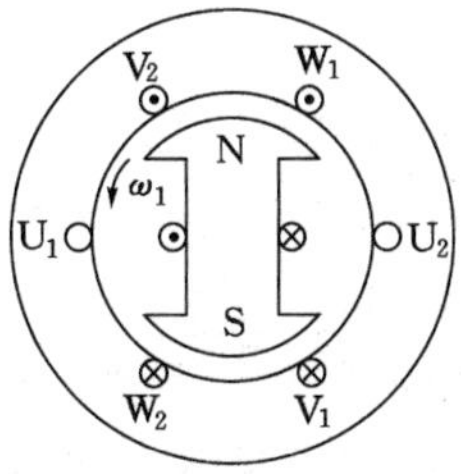

图 3-15　同步电动机工作原理

2. 同步电动机的结构

同步电动机与直流电动机、异步电动机一样，也是由定子和转子两大部分组成。

(1) 定子

同步电动机的定子与异步电动机的结构相同，由于尺寸太大，硅钢片常制成扇形，然后对成圆形。

(2) 转子

同步电动机按照转子产生磁极方式的不同分为永磁同步电动机和电励磁同步电动机。永磁同步电动机的转子由镶嵌永磁材料的导磁体组成，结构简单，一般用于小功率电动机。

电励磁同步电动机的转子由磁极、转轴、阻尼绕组、滑环、电刷等组成，在电刷和滑环通入直流电励磁，产生固定磁极。根据容量大小和转速高低，转子可分为凸极和隐极两种(图 3-16)。

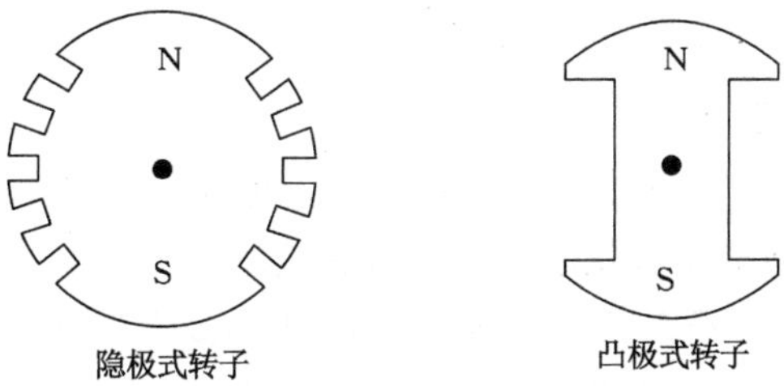

图 3-16　电励磁同步电动机的转子结构

为了解决同步电动机的启动问题，在其转子上一般装有启动绕组。启动绕组还可以在运行中抑制振荡，故又称阻尼绕组。如图 3-17 所示。

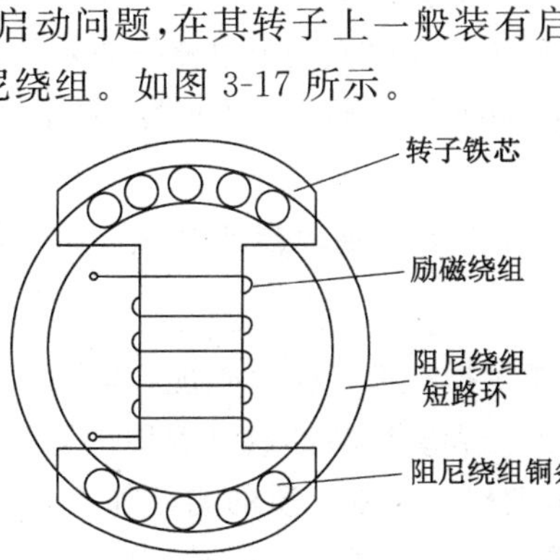

图 3-17　电励磁同步电动机的启动(阻尼)绕组

3. 同步电动机的特点与用途

由于同步电动机可以通过调节励磁电流使它在超前功率因数下运行，有利于改善电网的功率因数，因此，大型设备，如大型鼓风机、水泵、球磨机、压缩机、轧钢机等，常用同步电动机驱动。低速的大型设备采用同步电动机时，这一优点尤为突出。

同步电动机的转速完全决定于电源频率。频率一定时，电动机的转速也就一定，它不随负载而变。这一特点在某些传动系统，特别是多机同步传动系统和精密调速稳速系统中具有重要意义。

同步电动机的运行稳定性较高。同步电动机一般是在过励状态下运行的，其过载能力比相应的异步电动机大。异步电动机的转矩与电压平方成正比，而同步电动机的转矩决定于电压和励磁电流所产生的内电动势的乘积，即仅与电压的一次方成比例。当电网电压突然下降到额定值的80%左右时，异步电动机转矩往往下降为64%左右，并因带不动负载而停止运转；而同步电动机的转矩却下降不多，还可以通过强行励磁来保证电动机的稳定运行。

第二节 电动机的发热与冷却

制约电动机功率提高的因素是其温升。在负荷一定的情况下，电动机容量的选择，实际上就是校核电动机运行时的温升是否超过允许值。

电动机的温升取决于：线圈通过电流时的热效应和轴承摩擦发热；电动机向环境散热效果；电动机的工作时制，即运行与停止时间。

一、电动机的热源及其分布

电动机的各种损耗是电动机发热的内在因素。电动机的损耗可分为以下几大类。

① 铁损耗。主要是指电动机铁芯中因磁滞涡流发热所产生的损耗，分为基本铁损耗和附加损耗。附加损耗包括转子表面损耗、转子磁场中的高次谐波在定子上产生的附加损耗、齿内的脉振损耗、定子的谐波磁势磁通在转子表面上产生的损耗以及定子端部的附加损耗(这是定子端部的漏磁通在附近各部件中产生的涡流损耗)。

② 铜损耗。是指电流通过导线引起发热所产生的损耗，包括绕组导线中的铜损耗(常称为基本损耗)和槽内横向漏磁通使导线截面上电流分布不均匀所增加的附加铜损耗。

③ 励磁损耗。是指维持电动机励磁所产生的损耗，主要包括励磁绕组中的铜耗和励磁回路中元件损耗。

④ 机械损耗。主要包括轴承损耗和通风损耗(包括风摩损耗)及炭刷损耗。

二、电动机的发热过程

电动机运行时，其内部的能量损耗都转化为热能，其中一部分被电动机吸收，使电动机温度升高，另一部分通过铁芯外壳和绕组端部散发到周围介质中去。随电动机运行时间增长，电动机的温度逐渐升高，电动机与周围介质的温差加大，散到周围介质中的热量也逐渐增多。当电动机和周围介质的温差达到某一数值时，电动机内部产生的热量和散到周围介质中的热量相等时，电动机温度不再升高，此时电动机和周围介质之间达到了热平衡。电动机在运行中各部件产生的热量、散热量和升温是不同的，为了分析方便，常做如下假设：

① 设电动机为一均匀物体，其上各处的温度都相同。

② 电动机各部分的热容量和散热系数相同，并且均为常数。

③ 电动机散到周围介质中的热量为 $Q\mathrm{d}t$，其中被电动机吸收的热量为 $C\mathrm{d}\theta$，散到周围介质中的热量为 $A\theta\mathrm{d}t$。

根据能量守恒原理，在 $\mathrm{d}t$ 时间内电动机产生的热量等于电动机吸收的热量与散发到周围介质中的热量之和。据此可写出电动机热量平衡方程：

$$C\mathrm{d}\theta+A\theta\mathrm{d}t=Q\mathrm{d}t \tag{3-3}$$

式中　Q——电动机在单位时间所产生的热量，J/s；

A——电动机散热率，即当电动机温度高于周围介质 1 ℃时，每秒钟散到周围介质中的热量，W/℃；

θ——电动机的温升，即电动机的温度高出周围介质的温度，℃；

C——电动机的热容量，即电动机温度升高 1 ℃时吸收的热量，J/℃；

$\mathrm{d}\theta$——在 $\mathrm{d}t$ 时间内温升 θ 的增量。

将式(3-3)除以 $A\mathrm{d}t$，整理后可得

$$\frac{C}{A}\frac{\mathrm{d}\theta}{\mathrm{d}t}+\theta=\frac{Q}{A} \tag{3-4}$$

这是一阶线性非齐次常微分方程式。解微分方程式求得电动机的温升随时间变化的规律为

$$\theta=\theta_s+(\theta_i-\theta_s)e^{-\frac{t}{\tau}} \tag{3-5}$$

式中，θ_i 为电动机的初始温升(即研究起始时刻，电动机温度与周围环境温度的差值)；$\theta_s=\frac{Q}{A}$为电动机的稳定温升，其值取决于负载的大小；$\tau=\frac{C}{A}$是电动机的发热和冷却时间常数。

当 $\theta_s>\theta_i$ 时，称为电动机发热过程，温升 θ 随时间 t 变化规律如图 3-18 所示。其中曲线 1 是对应 $\theta_i\neq0$ 的情况，曲线 2 是对应 $\theta_i=0$ 的情况，即以室温为起始温度时的情况。

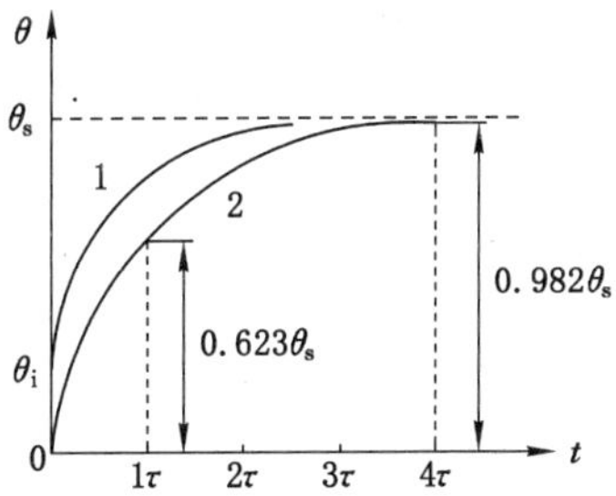

图 3-18　电动机发热过程温升曲线

由温升曲线可见，发热过程开始时，由于温升较小，发散到周围介质中的热量也小，大部分热量被电动机吸收，因而电动机温升 θ 增长较快。随着温度的升高，电动机与周围介质的温差加大，扩散到周围介质中的热量不断增加。由于电动机负载视为恒定，电动机产生热量维持不变，因此电动机吸收的热量就不断下降，温升曲线趋于平缓。当电动机产生的热量与散到周围介质中的热量相等时，电动机的温度不再升高，温升达到稳定温升 θ_s。

电动机发热时间常数 τ 是描述电动机热惯性的一个物理量，它反映了发热量对电动机温度升高快慢的影响。τ 值大(热容量 C 较大)时，电动机温升变化慢，上升到稳定温升时间较长；反之，τ 值小(散热率 A 较大)时，电动机上升到稳定温升所用时间较短。一般小容量封闭式电动机发热时间常数 $\tau=20\sim30$ min，而大容量电动机可达数小时之多。

三、电动机的冷却过程

式(3-5)中当 $\theta_s<\theta_i$ 时，称为电动机冷却过程。

电动机的冷却过程有两种情况：

（1）电动机负载减小时的冷却过程

此时微分方程的解表现为

$$\theta=\theta'_{s}+(\theta_{i}-\theta'_{s})e^{-\frac{t}{\tau}} \tag{3-6}$$

式中 $\theta'_{s}=\frac{Q'}{A}$——电动机新的稳定温升。

（2）电动机脱离电源时的冷却过程

电动机脱离电源时，内部损耗为零，产生热量也为零，电动机温升逐渐下降，直到与周围介质温度相同为止。由于此时 $Q'=0$，$\theta'_{s}=\frac{Q'}{A}=0$，故此时温升方程为

$$\theta=\theta_{s}e^{-\frac{t}{\tau'}} \tag{3-7}$$

式中 $\tau'=\frac{C}{A'}$——电动机脱离电源时的冷却时间常数。

电动机脱离电源时，冷却时间常数 τ' 与电动机通电时的时间常数 τ 不同，因为自电动机从电网断开停转后，采用带风扇的自冷电动机，风扇停转散热系数由 A 下降为 A'，使时间常数增大为 τ'，τ' 可达 $(2\sim3)\tau$。

电动机冷却过程温升 θ 随时间 t 变化的规律如图 3-19 所示，曲线 1 对应于式(3-6)，曲线 2 对应于式(3-7)，都是指数曲线。

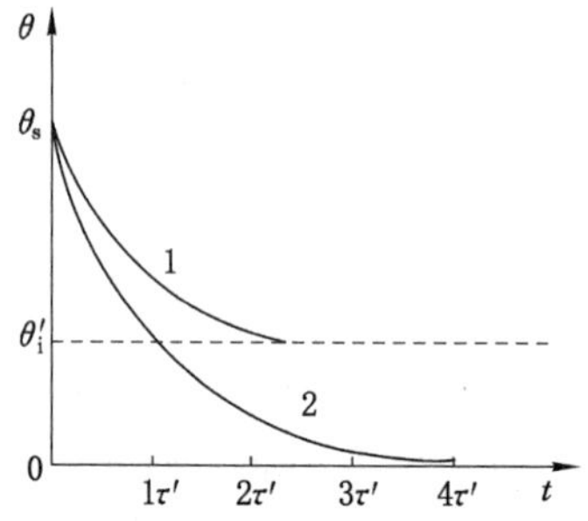

图 3-19 电动机冷却过程曲线

由图 3-19 可以看出，电动机冷却开始时，由于电动机和周围介质的温差大，散热快，温升下降也快。随着温升的不断下降，散热量越来越小，电动机温升下降变得缓慢，最后温升趋于新的稳定温升 θ'_{s} 或零。

四、电动机的冷却方式与温升

电动机的温升取决于电动机各部分的发热和散热的平衡。电动机的热量向外发散时主要依靠对流，其次是辐射作用。电动机冷却方式直接影响到电动机的散热，所以改善电动机的冷却方式可以降低温升，提高电动机的使用寿命。

通风冷却（又称表面冷却）是冷却介质通过机壳、铁芯、绕组的绝缘表面，间接将热量带走的冷却方式。这种冷却方法简单，故被广泛采用，特别是中、小型电动机普遍采用此法。通风冷却又可分为：

① 自冷式。电动机没有任何特殊的冷却装置，只依靠表面的辐射和空气的自然对流进

行冷却。这种方法仅适用于数十瓦的微型电动机。

② 自扇冷却。内部自扇式电动机在转子轴上安装有风扇设置，风扇随转子转动，驱使气流吹拂电枢表面从轴向和径向的通风槽中通过，这种方式适用于开启式电动机。另一种外部自扇式电动机装有内外两层风扇，除了在转轴上装有风扇外，在轴身的一段装有外风扇，借助外风扇作用将机壳上的热量散发到周围空气中去，这种方式适用于封闭式电动机，如图 3-20 所示。

自扇冷却的显著优点是结构上最简单、费用最低廉、维护最方便，因此在一般电动机中使用最广泛。

③ 外扇冷式（也称它扇冷式）。电动机用以冷却空气的风扇不是由电动机本身驱动的，而是由另外动力装置独立驱动的（图 3-21）。如果冷空气直接取自外界，在通过电动机后复行放出，则为开启式通风系统；如以一定量的气流在封闭系统中循环，使这一循环气流依次通过电动机和冷却器，把电动机内部发出的热量传至冷却器而被之带走，则为封闭式系统。

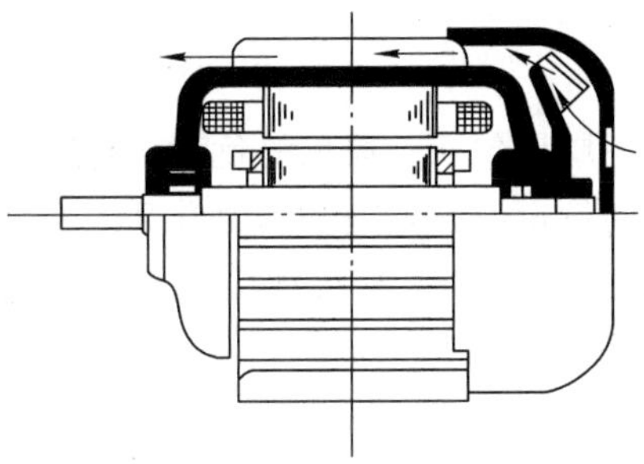

图 3-20 外部自扇冷却式电动机

图 3-21 外扇冷式电动机

第三节 电动机的工作制

电动机的发热和冷却情况既与负载的大小有关，也与负载持续时间的长短有关。为了适应于不同的负载要求，按负载持续时间的不同，我国国家相关标准规定了电动机的九种工作制。其中前三种为基本的工作制，后六种为特殊工作制。

一、连续工作制（S_1 工作制）

这种电动机在恒定负载下运行的时间很长，足以使其温升达到稳定，其负载和温升曲线如图 3-22 所示。图中 P_L 表示负载功率，θ_s 表示连续运行时的稳定温升。胶带运输机、介质泵、筛分机、离心机等生产机械中的电动机的工作方式与这种工作制基本相同，一般选用连续工作制电动机。

二、短时工作制（S_2 工作制）

这种电动机在恒定负载下按给定的时间运行，该时间不足以使电动机达到稳定的温升。随之断电停转足够的时间，使电动机再度冷却到周围的环境温度。其负载曲线和温升曲线如图 3-23 所示，图中 θ_M 是电动机在负载运行时达到的最高温升，它小于该负载下的稳定温升 θ_s。

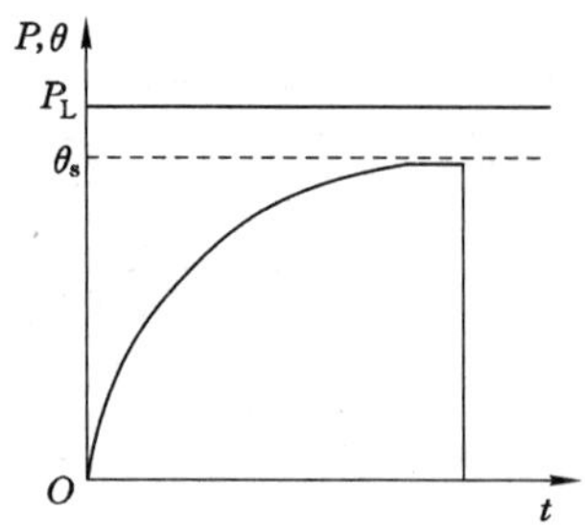

图 3-22　连续工作制电动机温升曲线

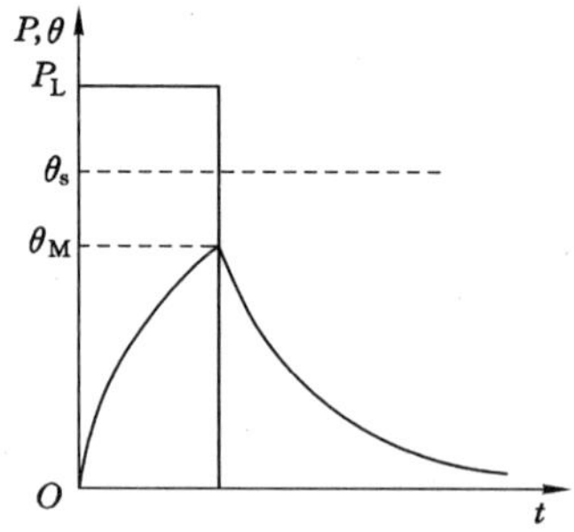

图 3-23　短时工作制电动机温升曲线

短时工作制电动机给定的标准运行时间有 15 min、30 min、60 min 和 90 min 四种。

选煤厂扫地泵、起重机械的工作方式基本上属于这种工作制，可以选用短时工作制的电动机。

三、断续周期工作制(S_3工作制)

这种电动机按一系列相同的工作周期运行。每一周期包括一段恒等负载运行时间和一段断电停转时间。但时间都很短，负载时，温升未达到稳定温升，停转时，温升又未降到室温 2 K 以内。在长期运行期间，温升一直在某一范围内上下波动。其负载曲线和温升曲线如图 3-24 所示。图中 t_W 为负载运行时间；t_S 为停转时间；θ_H 为每个周期内的上限温升，它小于该负载下的稳定温升 θ_s；θ_L 为每个周期内的下限温升，它大于 2 K。

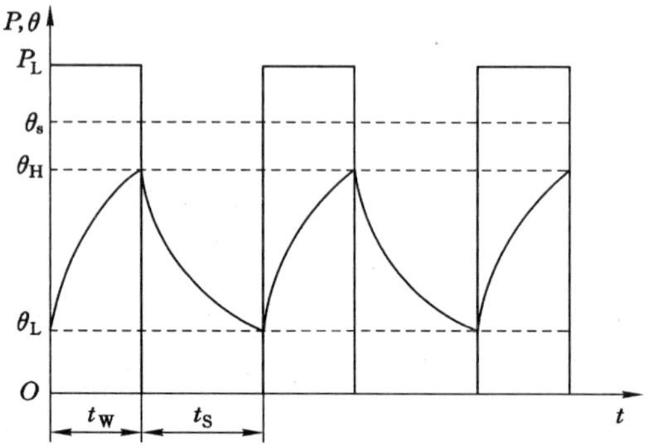

图 3-24　断续周期工作制电动机温升曲线

在断续周期工作制中，电动机的负载运行时间 t_W 与整个周期 t_W+t_S 的百分比称为负载持续率，即

$$FC=\frac{t_W}{t_W+t_S}\times 100\% \tag{3-8}$$

国家相关标准规定的标准持续率有 15%、25%、40%和 60%四种，而且一个周期不得超过 10 min，即 $t_W+t_S\leqslant 10$ min。

起重机、电梯等机械中的电动机的工作方式属于这种工作制，可选用断续周期工作制的电动机。

四、包括启动的断续周期工作制（S_4工作制）

这种电动机按一系列相同的工作周期运行，每周期包括一段对温升有显著影响的启动时间、一段恒定负载运行时间和一段断电停转时间，每周期持续的时间都很短，不足以使电动机达到热稳定。阀门驱动器的工作过程与此相近，此类电动机也称为伺服电机。

五、包括电制动的断续周期工作制（S_5工作制）

这种电动机按一系列相同的工作周期运行，每周期包括一段启动时间、一段恒定负载运行时间、一段快速电制动时间和一段断电停转时间，每周期持续的时间都很短，不足以使电动机达到热稳定。选煤厂部分起重机的工作过程与此相近。

六、连续周期工作制（S_6工作制）

这种电动机按一系列相同的工作周期运行，每周期包括一段恒定负载运行时间和一段空载运行时间，但无断电停转时间，每周期持续的时间都很短，不足以使电动机达到热稳定。板框压滤机的拉板电动机具有类似的输出特征。

七、包括电制动的连续周期工作制（S_7工作制）

这种电动机按一系列相同的工作周期运行，每周期包括一段启动时间、一段恒定负载运行时间和一段电制动时间，但无断电停转时间，每周期持续的时间都很短，不足以使电动机达到热稳定。选煤厂部分电梯的工作过程与此相近。

八、包括变速、变负载的连续周期工作制（S_8工作制）

这种电动机按一系列相同的工作周期运行，每周期包括一段在预定转速下恒定负载运行时间和一段或几段在不同转速下以其他恒定负载运行的时间（例如变极多速异步电动机），但无断电停转时间，每周期持续的时间都很短，不足以使电动机达到热稳定。选煤厂这种工作方式很少。

九、负载和转速非周期变化工作制（S_9工作制）

这种工作制是负载和转速在允许的范围内变化的非周期工作制。这种工作制经常过载，其值远远超过满载。选煤厂化验室制样粉碎机有时采用这种工作方式。在实际使用过程中要特别注意观察电动机的温升情况，必要时人为延长冷却时间。

第四节　电动机的选择和容量计算

为电力拖动系统选配合适的电动机，才能保证系统经济可靠运行。本节介绍选煤厂设计过程中电动机选择时要决定的主要技术项目及基本原则以及电动机容量选择的一般步骤及影响因素。

一、电动机选择的基本内容

1. 类型的选择

选择哪种类型的电动机，首先要根据生产机械对电动机的机械特性、启动性能、调速性能、制动方法和过载能力等方面的要求，对各种类型的电动机进行分析比较；其次，在满足上述要求的前提下，还要从节省初期投资、减少运行费用等经济方面进行综合分析；最后将电动机的类型确定下来。在对启动、调速等性能没有特殊要求的情况下，优先选用三相鼠笼式异步电动机。

电动机的类型用系列号表示。国产电动机为了满足生产机械的不同需要，做成许多结构形式、应用范围、性能水平等各异且功率按一定比例递增并成批生产的系列产品，并冠以规定的产品型号。它们的特点和数据可以从电动机产品目录中查到。例如Y系列电动机是我国20世纪80年代设计的封闭性笼型三相异步电动机，YR系列为绕线型三相异步电动机；YD系列为三相多速异步电动机；YB系列为防爆型三相异步电动机；T系列为三相同步电动机；Z系列为直流电动机；等等。型号选定后，便可按所选型号进行订货和采购。订货时，对安装形式等在型号中未反映的内容应附加说明。

2. 电压的选择

电力用户需要根据电动机的额定功率和供电电压的情况选择电动机的额定电压。对于三相异步电动机，当额定功率 $P_N \leqslant 200$ kW 时，通常选用 380 V 电动机；当额定功率 $P_N>$ 200 kW 时，如大型选煤厂的介质循环泵、循环水泵、干燥车间主要通风机等，一般选用 6 kV 电动机。三相同步电动机的额定电压选择方法与三相异步电动机基本相同。

中、小型直流电动机的额定电压目前主要有 110 V、220 V 和 160 V、440 V 等几种，后两种分别适用于由 220 V 单相桥式整流器供电和 380 V 三相全控桥式整流器供电的场合，额定励磁电压为 180 V。

3. 转速的选择

工矿企业一般根据生产机械的转速和传动方式，通过经济技术比较后确定电动机的额定转速。

对三相异步电动机而言，在额定功率相同的情况下，高转速电动机比低转速电动机结构简单，重量轻，体积小，价格低，效率和功率因数也比较高。但在生产机械的转速比较低的情况下，需要配套更大变速比的传动机构，传动效率也会降低，传动机构成本和维修费用增加。因此，应综合分析电动机和生产机械两方面的因素最后确定电动机的额定转速。

选煤厂转速较低的胶带运输机、刮板运输机，通常选择四极电动机（同步转速 1 500 r/min，异步转速 1 460 r/min）配减速机驱动；转速相对较高的泵类、离心机、筛分机，通常选择适宜转速（四极、六极或八极）的电动机通过三角带或联轴节直接驱动。

4. 防护形式的选择

《外壳防护等级（IP代码）》（GB/T 4208—2017）规定了电动机外壳防护等级编码。采用 IEC60529:2013 国际标准 IP（INTERNATIONAL PROTECTION）代码进行分类。IP 代码由两个数字组成。

第 1 个数字表示防尘、防止外物侵入的等级。

0：无防护，没有专门的防护措施。

1：防护大于 50 mm 的固体，能防止人体的某一大面积部分（如手）偶然或意外地触及壳内带电或运动部分，但不能防止有意识地接近这些部分。

2：防护大于 12 mm 的固体，能防止手指触及壳内带电或运动部分。

3：防护大于 2.5 mm 的固体，能防止厚度或直径大于 2.5 mm 的工具、金属线等触及壳内带电或运动部分。

4:防护大于 1 mm 的固体,能防止直径或厚度大于 1 mm 的导线或片条触及壳内带电或运动部分。

5:防尘,完全防止触及壳内带电或运动部分,并能防止灰尘进入量达到影响产品正常运行的程度。

6:尘密,完全防止触及壳内带电或运动部分,并能完全防止灰尘进入壳内。

第 2 个数字表示电动机防湿气、防水侵入的密闭程度。

0:无防护,没有专门的水气防护措施。

1:防滴,垂直的滴水应不能直接进入电动机内部。

2:15°防滴,与铅垂线成 15°角范围内的滴水,应不能直接进入电动机内部。

3:防淋水,与铅垂线成 60°角范围内的淋水,应不能直接进入电动机内部。

4:防溅,任何方向的溅水对电动机应无有害的影响。

5:防喷水,任何方向的喷水对电动机应无有害的影响。

6:防海浪或强力喷水,猛烈的海浪或强力的喷水对电动机应无有害影响。

7:浸水,电动机在规定的压力和时间下浸在水中,其进水量应无有害影响。

8:潜水,电动机在规定的压力下长时间浸在水中,其进水量应无有害影响。

9:防高温/高压喷水。

选煤厂常用电动机的防护等级有 IP44、IP54、IP55 等。

5. 安装型式的选择

按照《旋转电机结构型式、安装型式及接线盒位置的分类(IM 代码)》(GB/T 997—2008)(等同国际标准 IEC 60034:2001)的规定,旋转电动机的结构及安装型式采用 IM(International Mounting)代码表示,有两种表示方法:字母数字代码和纯数字代码。常用电动机(即所谓具有端盖式轴承和一个轴伸的电动机)采用字母数字代码,而全数字代码则包含了一些特殊结构的专用电动机。这里主要介绍电动机的字母数字代码。

字母数字代码方式中字母 B 和 V 分别表示“卧式”和“立式”电动机,即电动机主轴在工作时处于水平方向还是铅垂方向;字母后面的数字表示与安装相关的细节特征。

卧式电动机的型号主要有:IM B3、IM B5、IM B6、IM B7、IM B8、IM B9、IM B10、IM B14、IM B15、IM B20、IM B25、IM B30、IM B34、IM B35(表 3-2)。

表 3-2　卧式安装电动机代号

代号	示意图	结构型式				安装型式(卧式)
		端盖式轴承数	底脚	凸缘	其他细节	
IM B3	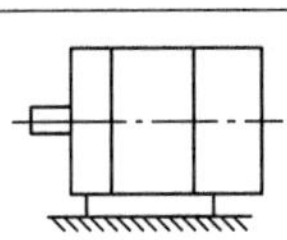	2	有底脚	—	—	借底脚安装,底脚在下
IM B5	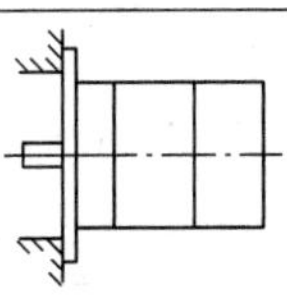	2	—	有凸缘	端盖上带凸缘,凸缘有通孔,凸缘在 D 端	借 D 端凸缘面安装

表 3-2(续)

代号	示意图	结构型式				安装型式（卧式）
		端盖式轴承数	底脚	凸缘	其他细节	
IM B6	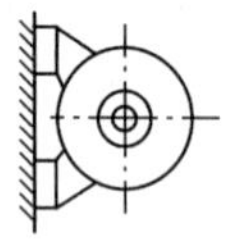	2	有底脚	—	—	借底脚安装，从 D 端看底脚在左边
IM B7	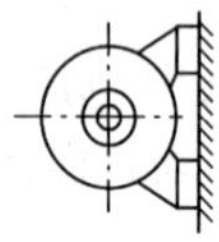	2	有底脚	—	—	借底脚安装，从 D 端看底脚在右边
IM B8	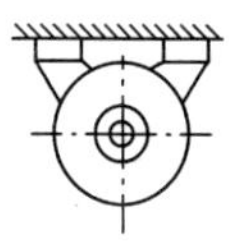	2	有底脚	—	—	借底脚安装，底脚在上
IM B9	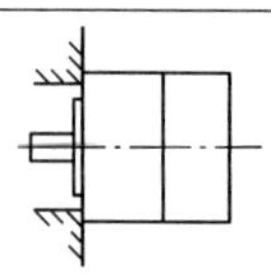	1	—	—	D 端无端盖或轴承	借 D 端的机座面安装
IM B10	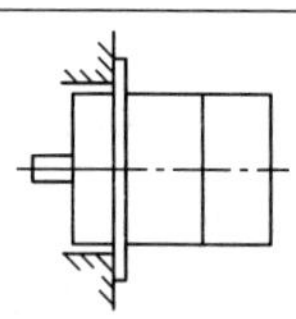	2	—	有凸缘	D 端有特殊的凸缘	借 D 端的凸缘面安装
IM B14	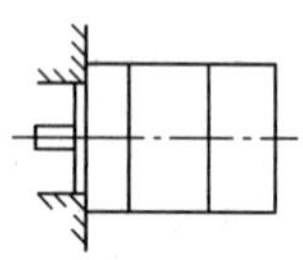	2	—	有凸缘	端盖有止口，无通孔，凸缘在 D 端	借 D 端的凸缘面安装
IM B15	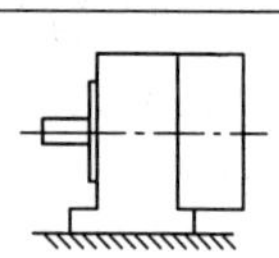	1	有底脚	—	D 端无端盖或轴承，机座的 D 端用作附加安装	借底脚安装，底脚在下，用机座端面作附加安装
IM B20	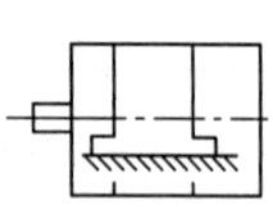	2	有抬高的底脚	—	—	借底脚安装，底脚在下
IM B25	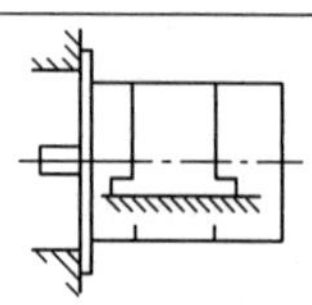	2	有抬高的底脚	有凸缘	端盖凸缘在 D 端，凸缘上有通孔	借底脚安装，底脚在下，用凸缘作附加安装
IM B30	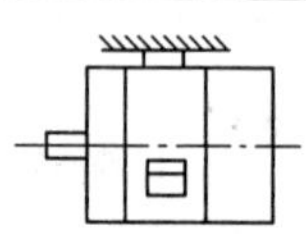	2	—	—	在端盖或机座上有 3 只或 4 只搭子	借搭子安装

表 3-2(续)

代号	示意图	结构型式				安装型式 (卧式)
		端盖式轴承数	底脚	凸缘	其他细节	
IM B34	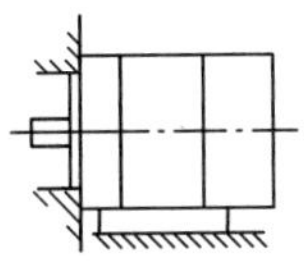	2	有底脚	有凸缘	端盖有止口,无通孔,凸缘在 D 端	借底脚安装,底脚在下,用 D 端的凸缘面作附加安装
IM B35	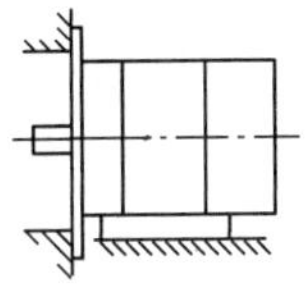	2	有底脚	有凸缘	端盖上带凸缘,凸缘有通孔,凸缘在 D 端	借底脚安装,底脚在下,用 D 端的凸缘面作附加安装

立式电动机的型号主要有:IM V1、IM V2、IM V3、IM V4、IM V5、IM V6、IM V8、IM V9、IM V10、IM V14、IM V15、IM V16、IM V18、IM V19、IM V30、IM V31、IM V36(表 3-3)。

表 3-3　立式安装电动机代号

代号	示意图	结构型式				安装型式 (立式)
		端盖式轴承数	底脚	凸缘	其他细节	
IM V1	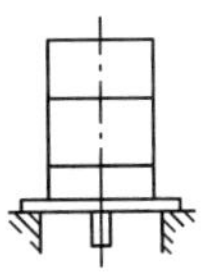	2	—	有凸缘	端盖上带凸缘,凸缘有通孔,凸缘在 D 端	借 D 端凸缘面安装,D 端向下
IM V2	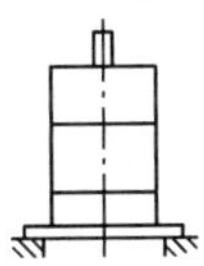	2	—	有凸缘	端盖上带凸缘,凸缘有通孔,凸缘在 N 端	借 N 端凸缘面安装,D 端向上
IM V3	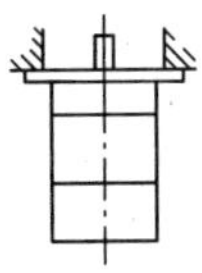	2	—	有凸缘	端盖上带凸缘,凸缘有通孔,凸缘在 D 端	借 D 端凸缘面安装,D 端向上
IM V4	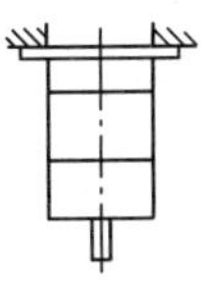	2	—	有凸缘	端盖上带凸缘,凸缘有通孔,凸缘在 N 端	借 N 端凸缘面安装,D 端向下
IM V5	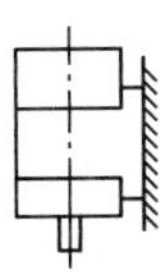	2	有底脚	—	—	借底脚安装,D 端向下

表 3-3(续)

代号	示意图	结构型式				安装型式 (立式)
		端盖式 轴承数	底脚	凸缘	其他细节	
IM V6	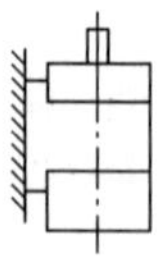	2	有底脚	—	—	借底脚安装,D端向上
IM V8	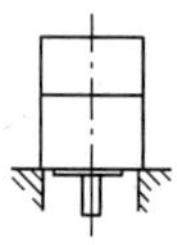	1	—		D端无端盖或轴承	借D端机座端面安装,D端向下
IM V9	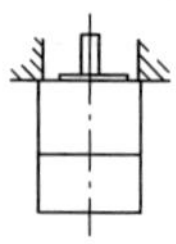	1	—		D端无端盖或轴承	借D端机座端面安装,D端向上
IM V10	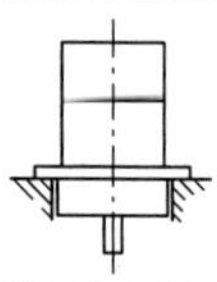	2	—	有凸缘	D端有特殊的凸缘	借D端凸缘面安装,D端向下
IM V14	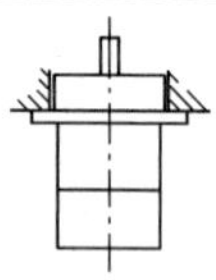	2	—	有凸缘	D端有特殊的凸缘	借D端凸缘面安装,D端向上
IM V15	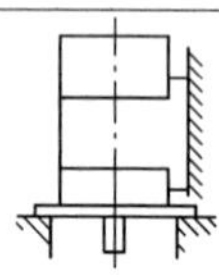 或 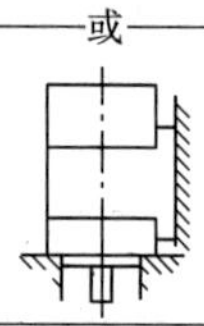	2	有底脚	有凸缘	D端端盖上带凸缘,凸缘有通孔 或 端盖上带止口,无通孔,凸缘在D端	借底脚安装,用D端的凸缘面作附加安装,D端向下
IM V16	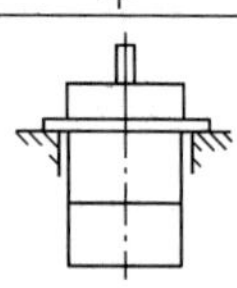	2	—	有凸缘	D端有特殊的凸缘	借D端凸缘面安装,D端向上
IM V18	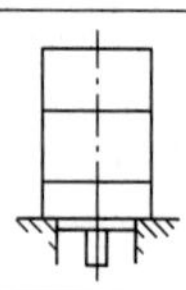	2	—	有凸缘	端盖上带止口,无通孔,凸缘在D端	借D端凸缘面安装,D端向下
IM V19	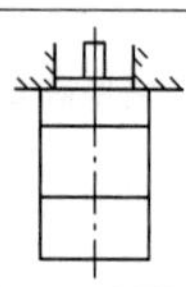	2	—	有凸缘	端盖上带止口,无通孔,凸缘在D端	借D端凸缘面安装,D端向上

表 3-3(续)

代号	示意图	结构型式				安装型式(立式)
		端盖式轴承数	底脚	凸缘	其他细节	
IM V30	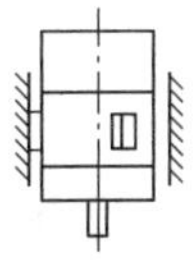	2	—	—	在端盖或机座上有 3 只或 4 只搭子	借搭子安装,D 端向下
IM V31	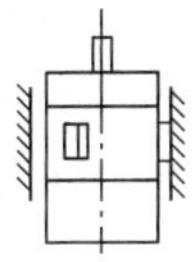	2	—	—	在端盖或机座上有 3 只或 4 只搭子	借搭子安装,D 端向上
IM V36	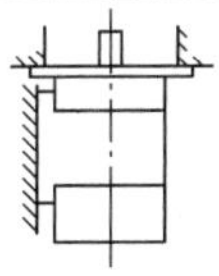 或 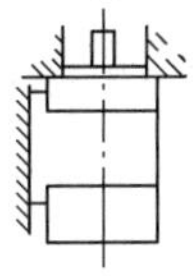	2	有底脚	有凸缘	端盖上带凸缘,凸缘在 D 端,有通孔 或 端盖上带止口,无通孔,凸缘在 D 端	借底脚安装,用 D 端凸缘面作附加安装,D 端向上

6. 工作制的选择

根据电动机的工作方式选择电动机的工作制。国产电动机按发热和冷却情况的不同,分为九种工作制,如连续工作制、短时工作制、断续周期工作制等(参见本章第三节)。选择工作制与实际工作方式相当的电动机比较经济。

二、电动机容量的选择

正确地选择电动机的额定功率非常重要,额定功率选择得过大,电动机长期在欠载状态下运行,不仅增加了投资,还会降低其功率因数(对异步电动机而言)等指标,增加了运行费用;额定功率选择得太小,电动机长期在过载状态下运行,会使电动机过热而降低使用寿命,甚至拖动不了生产机械。因此,应使所选电动机的额定功率等于或稍大于生产机械所需的功率。具体方法有以下几种:

① 类比法。通过调研,参照同类生产机械来决定电动机的额定功率。

② 统计法。经统计分析从中找出电动机的额定功率与生产机械主要参数之间的计算公式,按此公式计算出电动机的额定功率。

③ 实验法。用一台同类或相近似类型的生产机械进行实验,测出所需功率的大小。

①、②、③三种方法也可以结合使用。

④ 计算法。根据电动机的负载情况,从电动机的发热、过载能力和启动能力等方面考虑,通过计算求出所需的额定功率。

电动机运行时,若其实际的最高温度等于允许的最高温度,则此时的输出功率就是电动机允许的输出功率。它与电动机的工作条件有关。额定功率只是在额定工作条件下的允许输出功率,工作条件变化时,电动机的允许输出功率也会发生变化。

1. 电动机容量选择的一般步骤及影响因素

(1) 电动机容量的确定

各种电动机铭牌上标示的额定功率都是在规定的工作制和额定状态下运行时,温升达到额定温升时的输入功率,也称为电动机的容量。

额定温升等于电动机允许的最高温度减去额定的环境温度。

我国幅员辽阔,全国各地和各个季节环境温度相差很大,为制造出能在全国各地适用的电动机,国家标准规定,海拔高度在 1 000 m 以下时,额定环境温度为 40 ℃。

电动机允许的最高温度主要取决于绝缘材料,这是电动机中耐热能力最差的部分。电动机中所用的绝缘材料按允许的最高温度的不同可分为以下几个等级,见表 3-4。

表 3-4 电动机绝缘等级

绝缘等级	A	E	B	F	H	C
允许最高温度 θ/℃	105	120	130	155	180	>180

额定功率、额定电压和额定转速相同的电动机采用的绝缘材料等级越高,即允许的最高温度越高,额定温升就越大,电动机的体积和重量就越小。因而目前的发展趋势是采用 F 级和 H 级绝缘材料。

由此可见,对于一台给定的电动机,其额定功率就是在规定的工作中、规定的额定环境温度和海拔高度下,在额定状态下运行时所允许的输出功率,这时的电动机温升正好等于额定温升。

(2) 工作制的影响

连续工作制(S_1 工作制)电动机的额定功率是指在额定状态下运行时,其稳态温升 θ_s 等于额定温升 θ_N 时的输出功率。

短时工作制(S_2 工作制)电动机的额定功率是指在额定状态下运行时,其最高温升 θ_M 等于额定温升 θ_N 时的输出功率。

断续周期工作制(S_3 工作制)电动机的额定功率是指在额定状态下运行时,其上限温升 θ_H 等于额定温升 θ_N 时的输出功率。

同一台电动机的工作制不同,它所允许输出的功率也不同,例如按连续工作制设计的电动机用作短时运行或断续周期运行,若仍保持输出功率不变,则该电动机的最高温升或上限温升将小于稳定温升,即小于该电动机的额定温升,该电动机未能充分发挥作用。因而它允许输出的功率可以增加,一直增加到短时运行时的最高温升等于额定温升或断续周期运行时的上限温升等于额定温升为止。反之,按短时工作制或断续周期工作制设计的电动机改为连续运行,则其允许输出的功率将减小。

(3) 环境稳定的影响

如前所述,电动机的额定功率是对应于额定环境温度 40 ℃时的允许输出功率,因此,当环境温度低于或高于 40 ℃时,电动机允许输出的功率可适当增加或减小。增减后的允许输出功率 P_2 可用下式计算,即

$$P_2 = P_N \sqrt{1+(1+\alpha)\frac{40-\theta}{\theta_N}} \tag{3-9}$$

式中，θ 为实际环境温度；θ_N 为额定温升；α 为满载时的不变损耗 P_F（包括铁损耗、机械损耗和附加损耗）与可变损耗 P_V（铜损耗）之比，即

$$\alpha = \frac{P_F}{P_V} \tag{3-10}$$

该值与电动机的类型有关。三相鼠笼式异步电动机一般取 $\alpha=0.5\sim0.7$，三相绕线式异步电动机一般取 $\alpha=0.4\sim0.6$，直流电动机一般取 $\alpha=1\sim1.5$。工程上亦按表 3-5 对 P_2 进行粗略的估算。

表 3-5　电动机允许的输出功率

实际环境温度 θ/℃	30	35	40	45	50	55
电动机允许输出功率增减的百分数	+8%	+5%	0	−5%	−12.5%	−25%

（4）海拔高度的影响

按海拔高度不超过 1 000 m 设计的电动机，在海拔高度超过 1 000 m 的地区使用时，允许输出的功率应适当降低。因为海拔高度越高，空气越稀薄，散热越困难。所以，国家有关标准规定：工作地点在海拔 4 000 m 以下时，以 1 000 m 为基准，每超过 100 m，θ_N 降低 1%。粗略估计，P_2 约降低 0.5%。超过 4 000 m 以上时，θ_N 和 P_2 值由用户与制造厂协商确定。

2. 连续运行的电动机容量选择计算

这种情况下选择电动机额定功率的步骤如下：

① 选择工作制为 S_1 的电动机。

② 求出电动机的负载功率 P_L。

$$P_L = \frac{P_m}{\eta_m \eta_t} \tag{3-11}$$

式中　P_m——生产机械的输出功率；

η_m——生产机械的效率；

η_t——电动机与生产机械之间的传动机构的效率。

③ 选择额定功率 P_N 等于或稍大于 P_L 的电动机。

④ 校验启动能力。

采用三相鼠笼式异步电动机和三相同步电动机拖动，且对启动转矩有一定要求时，应进行启动能力的校验。

【例 3-1】　有一台由电动机直接拖动的离心式水泵，流量 $Q=0.04\ m^3/s$，扬程 $H=8\ m$，效率 $\eta_m=0.58$，转速 $n=1\ 440\ r/min$。试选择电动机的额定功率。

解：① 该电动机属恒定负载连续运行工作方式，故选择工作制为 S_1 的电动机。

② 由水泵设计手册查到泵类负载的输出功率的计算公式为

$$P_m = \frac{Q\rho H}{102}$$

式中，水的密度为 $\rho=1\ 000\ kg/m^3$，由此可以求得

$$P_m = \frac{0.04 \times 1\,000 \times 8}{102} = 3.14(\text{kW})$$

由于直接拖动的传动效率 $\eta_t = 1$，故

$$P_L = \frac{P_m}{\eta_m \eta_t} = \frac{3.14}{0.58 \times 1} = 5.41\ (\text{kW})$$

③ 选择 $P_N \geqslant P_L = 5.41$ kW 的电动机，例如选择 $P_N = 5.5$ kW，$n_N = 1\,440$ r/min 的 Y 系列三相鼠笼式异步电动机。

④ 启动能力分析：水泵为通风机类负载的生产机械，启动能力不会有问题。

3. 短时运行的电动机容量选择计算

这种情况下应优先选择工作制为 S_2 的电动机。若有困难亦可选用工作制为 S_3 和 S_1 的电动机，下面分以上三种情况来讨论其额定功率的选择。

(1) 选用工作制为 S_2 的电动机步骤

① 选择标准运行时间与实际运行时间相同或相似的 S_2 工作制电动机。

② 求出电动机的负载功率 P_L。

③ 将负载功率 P_L 换算成标准运行时间的负载功率。换算公式为

$$P_{LN} = \frac{P_L}{\sqrt{\frac{t_{WN}}{t_W} - \alpha\left(\frac{t_{WN}}{t_W} - 1\right)}} \tag{3-12}$$

式中，t_{WN}为标准运行时间；t_W 为实际运行时间。当 t_{WN}与 t_W 相差不大时，上式可简化为

$$P_{LN} = P_L\sqrt{\frac{t_W}{t_{WN}}} \tag{3-13}$$

④ 选择额定功率 $P_N \geqslant P_{LN}$的电动机。

⑤ 校验启动能力(对三相鼠笼式异步电动机而言)。

(2) 选用工作制为 S_3 的电动机步骤

① 首先将 S_3 工作制的电动机的负载持续率 FC_N 换算成对应的 S_2 工作制的标准运行时间 t_{WN}。它们之间的对应关系为：

$$FC_N = 15\% - t_{WN} = 30\ \text{min}$$
$$FC_N = 25\% - t_{WN} = 60\ \text{min}$$
$$FC_N = 40\% - t_{WN} = 90\ \text{min}$$

② 然后按(1)中的步骤进行计算。

专为 S_1 工作制设计的电动机用作短时运行时，由于各部件的发热时间常数存在差异，因而在拖动负载工作后彼此之间温升快慢会有偏差，可变损耗增大，效率较低。但如果没有合适的专用电动机或因初期投资过大，也可以选用工作制为 S_1 的电动机。

(3) 选用工作制为 S_1 的电动机步骤

① 求出电动机的负载功率 P_L。

② 将负载功率 P_L 换算成 S_1 工作制时的负载功率 P_{LN}，换算公式为

$$P_{LN} = P_L\sqrt{\frac{1 - e^{-\frac{t_W}{\tau}}}{1 + \alpha e^{-\frac{t_W}{\tau}}}} \tag{3-14}$$

式中，τ 为电动机的发热时间常数；t_W 为短时运行时间。

③ 选择额定功率 $P_N \geqslant P_{LN}$ 的电动机。

④ 校验启动能力和过载能力。

由于异步电动机的启动转矩和最大转矩与定子电压的平方成正比，校验时要考虑供电电压波动的影响。

倘若 $t_W<(0.3\sim0.4)\tau$ 时，按式(3-14)求得的 P_{LN} 将远小于 P_L。发热问题不大。这时决定电动机额定功率的主要因素是电动机的过载能力和启动能力(对鼠笼式异步电动机而言)，因此可以直接由过载能力和启动能力选择电动机的额定功率 P_N。

【例 3-2】 某生产机械为短时运行，每次工作时间 12 min，休息时间足够长，输出功率 $P_m=20$ kW，效率 $\eta_m=0.833$，传动机构效率 $\eta_t=0.8$，采用 S_2 工作制的直流电动机拖动。试问电动机的额定功率应为多少？

解：① 电动机的负载功率为

$$P_L=\frac{P_m}{\eta_m\eta_t}=\frac{20}{0.833\times0.8}=30\ (\text{kW})$$

② 选择标准运行时间为 15 min 的 S_2 工作制电动机，其等效负载功率为

$$P_{LN}=P_L\sqrt{\frac{t_W}{t_{WN}}}=30\sqrt{\frac{12}{15}}=26.83\ (\text{kW})$$

③ 电动机的额定功率 $P_N\geqslant 26.83$ kW。

4. 断续周期运行电动机的容量选择计算

断续周期运行电动机的容量选择计算步骤如下：

① 选择标准负载持续率 FC_N 与实际负载持续率 FC 相同或相近的 S_3 工作制电动机。

② 求出电动机的负载功率 P_L。

如果生产厂家能提供 S_3 工作制各种不同规格电动机的 $P_L=f(FC)$ 曲线，则可以很方便地由 P_L 选定合适的电动机，否则按以下步骤继续进行。

③ 将负载功率 P_L 换算成标准负载持续率的负载功率 P_{LN}，换算公式为

$$P_{LN}=\frac{P_L}{\sqrt{\frac{FC_N}{FC}-\alpha\left(\frac{FC_N}{FC}-1\right)}} \tag{3-15}$$

当 FC_N 与 FC 非常接近时，上式可化简为

$$P_{LN}=P_L\sqrt{\frac{FC}{FC_N}} \tag{3-16}$$

④ 选择额定功率 $P_N\geqslant P_{LN}$ 的电动机。

⑤ 校验启动能力(对三相鼠笼式异步电动机而言)。

若实际负载持续率 $FC<10\%$，可按短时运行选择电动机；若实际负载持续率 $FC>70\%$，可按连续运行选择电动机。

【例 3-3】 有一断续周期工作的生产机械，平均运行时间 $t_W=90$ min，平均停机时间 $t_S=240$ min，需要转速 $n=700$ r/min 左右的三相绕线式异步电动机，电动机的负载转矩 $T_L=275$ N·m，试选择电动机的额定功率。

解：① 求出电动机的实际负载持续率

$$FC=\frac{t_W}{t_W+t_S}\times100\%=\frac{90}{90+240}\times100\%=27.27\%$$

② 选择标准负载持续率的负载 $FC=25\%$ 的 S_3 工作制绕线式异步电动机

③ 求出电动机的负载功率

$$P_{\mathrm{L}}=\frac{2\pi}{60}T_{\mathrm{L}}n=\frac{2\times 3.14}{60}\times 275\times 700\div 1\,000=20.15\ (\mathrm{kW})$$

换算到标准负载持续率时的负载功率

$$P_{\mathrm{LN}}=P_{\mathrm{L}}\sqrt{\frac{FC}{FC_{\mathrm{N}}}}=20.15\sqrt{\frac{0.272\,7}{0.25}}=21\ (\mathrm{kW})$$

④ 选择额定功率 $P_{\mathrm{N}}\geqslant 21$ kW 的电动机。

三、电动机的型号表述

在设计文件中，电动机产品型号由产品代码、规格代号、特殊环境代号和补充代号等四个部分组成，并按下列顺序排列：

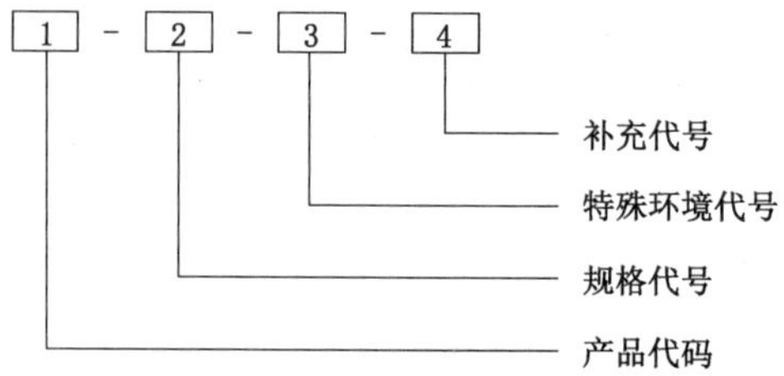

1. 产品代码

电动机产品代码由电动机类型代号、电动机特点代号、设计序号和励磁方式代号四个小节顺序组成。

电动机类型代号用汉语拼音字母表征，如表 3-6 所示。

表 3-6　电动机类型代号

序号	电动机类型	代号
1	异步电动机(鼠笼式及绕线式)	Y
2	同步电动机	T
3	直流电动机	Z
4	测功机	C
5	交流换向器电动机	H
6	潜水电泵	Q
7	纺织用电动机	F

电动机特点代号用汉语拼音字母表征电动机的性能、结构或用途。如，紧接在电动机类型代号后面标注的字母 A(增安型)、B(隔爆型)、ZY(正压型)代表防爆类型电动机。

设计序号表征电动机产品的设计顺序，用阿拉伯数字表示。第一次设计的产品，不标注设计序号。

励磁方式代号分别用字母 S 表示 3 次谐波励磁、J 表示晶闸管励磁、X 表示相复励磁。

2. 规格代号

电动机的规格代号用中心高、铁芯外径、机座号、机壳外径、轴伸直径、凸缘代号、机座长度、铁芯长度、功率、电流等级、转速或极数等来表示(表 3-7)。

表 3-7 主要系列电动机规格代号

序号	系列产品	规格代号
1	小型异步电动机	中心高(mm)-机座长度(字母代号)-铁芯长度(数字代号)-极数
2	大中型异步电动机	中心高(mm)-铁芯长度(数字代号)-极数
3	小型同步电动机	中心高(mm)-机座长度(字母代号)-铁芯长度(数字代号)-极数
4	大中型同步电动机	中心高(mm)-铁芯长度(数字代号)-极数
5	小型直流电动机	中心高(mm)-机座长度(字母代号)
6	中型直流电动机	中心高(mm)或机座号(数字代号)-铁芯长度(数字代号)-电流等级(数字代号)
7	大型直流电动机	电枢铁芯外径(mm)-铁芯长度
8	测功机	功率(kW)-转速(仅对直流测功机)
9	分马力电动机(小功率电动机)	中心高或机壳外径(mm)-(或/)机座长度(字母代号)-铁芯长度、电压、转速(均用数字代号)
10	交流换向器电动机	中心高或机壳外径(mm)-(或/)铁芯长度、转速(均用数字代号)

机座长度采用国际通用字母符号来表示,S 表示短机座,M 表示中机座,L 表示长机座。铁芯长度按由短至长顺序用数字 1、2、3…表示。凸缘代号采用国际通用字母符号 FF(凸缘上带通孔)或 FT(凸缘上带螺孔)连同凸缘固定孔中心基圆直径的数值来表示。

3. 特殊环境代号

电动机的特殊环境代号为:G 表示高原用,H 表示船(海)用,W 表示户外用,F 表示化工防腐用,T 表示热带用,TH 表示湿热带用,TA 表示干热带用。

4. 补充代号

电动机的补充代号仅存在于极少数特殊用途的电动机上,通常由厂商在产品标准说明中加以定义。

5. 电动机型号示例

(1) 小型异步电动机

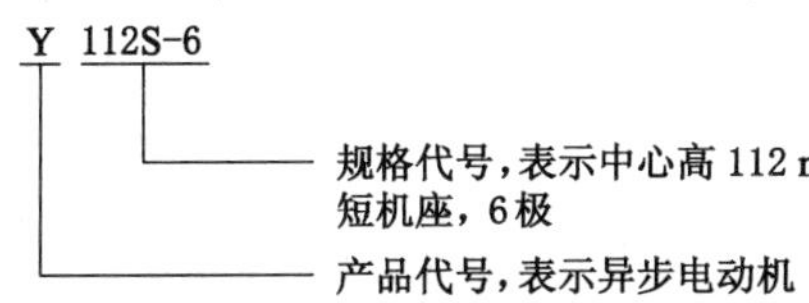

(2) 中型异步电动机

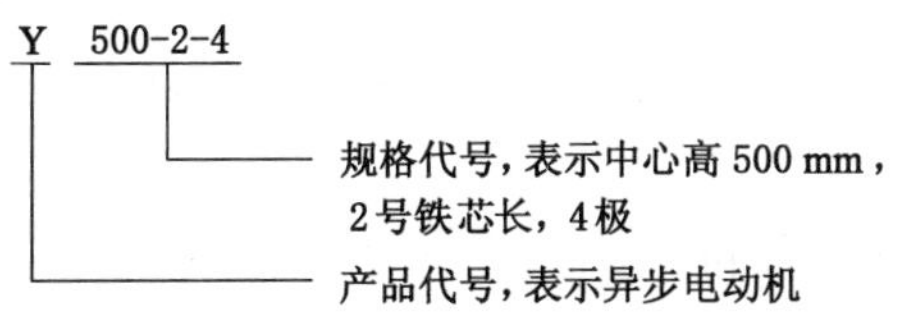

(3) 大型同步电动机

T 900-2-12

- 900-2-12：规格代号，表示中心高 900 mm，2 号铁芯长，12 极
- T：产品代号，表示同步电动机

(4) 湿热带用小型直流电动机

Z 132L - TH

- TH：特殊环境代号，表示湿热带
- 132L：规格代号，表示中心高 132 mm，长机座
- Z：产品代号，表示直流电动机

(5) 户外化工防腐用小型隔爆异步电动机

YB 160M-4 WF

- WF：特殊环境代号，W 表示户外用，F 表示化工防腐用
- 160M-4：规格代号，表示中心高 160 mm，中机座，4 极
- YB：产品代号，表示隔爆型异步电动机

复习思考题

1. 电动机的种类有哪些？
2. 简述直流电动机的工作原理及结构组成。
3. 简述交流异步电动机的工作原理及结构组成。
4. 同步电动机是如何工作的？
5. 电动机常用的冷却方式有哪些？
6. 电动机有几种工作制？最常用的是哪些？
7. 电动机的外壳有哪些防护形式？

8. 一台为平原地区设计的电动机，额定功率为 $P_N=30$ kW，额定温升 $\theta_N=80°$，满载时的铁损耗与铜损耗之比 $\alpha=0.6$。若将该电动机用于海拔高度为 3 000 m、环境温度为 10 ℃的地区，试问该电动机允许输出的功率是多少？

9. 现有一台额定功率为 $P_N=55$ kW、额定转速 $n_N=980$ r/min 的电动机，欲用它直接拖动离心式水泵，水泵流量 $Q=0.2\ m^3/s$，扬程 $H=21$ m，效率 $\eta_m=78\%$，转速 $n=1\ 000$ r/min，试问该电动机能否适用？

10. 某电力拖动系统中的直流电动机，短时运行时间 $t_W=45$ min，负载功率 $P_L=70$ kW，满载时的损耗比 $\alpha=0.6$，发热时间常数 $\tau=60$ min。不考虑过载能力和启动能力的情况下，求采用下述三种工作制的电动机时，额定功率不应小于多少？(1) S_1 工作制的电动机；(2) 标准运行时间 $t_{WN}=30$ min 的 S_2 工作制电动机；(3) 标准负载持续率 $FC_N=25\%$ 的 S_3 工作制电动机。

11. 某三相鼠笼式异步电动机，$P_N=15$ kW，$n_N=970$ r/min，$\alpha_{MT}=2.0$，$\alpha_{ST}=2.0$。先欲用它直接拖动恒定负载作短时运行，负载功率 $P_L=20$ kW，运行时间 $t_W=10$ min，电动机的

发热时间常数 $\tau=45$ min。试问该电动机能否适用？

12. 某生产机械由一台 S_3 工作制的三相绕线式异步电动机拖动。运行时间 $t_W=120$ s，停机时间 $t_W=360$ s，电动机的负载功率 $P_L=12$ kW。试选择电动机的额定功率。

13. 某 S_3 工作制的电动机，满载损耗比 $\alpha=0.8$，负载持续率为 25%时，它的额定功率为 42 kW。求负载持续率分别为 15%、40%和 60%时，该电动机允许输出的功率。

第四章　负荷统计与变压器选择

第一节　负荷曲线与负荷统计

变电所的负荷大小与分布是进行供电设计的依据。在介绍负荷统计方法之前，先介绍几个基本概念。

一、负荷曲线

负荷曲线是表征电力负荷随时间变动情况的一种图形，反映了用户用电的特点和规律。负荷曲线通常绘制在直角坐标上，纵坐标表示负荷大小 P(kW 或 kvar)，横坐标表示对应的时间。

负荷曲线按负荷的功率性质不同，分为有功负荷曲线、无功负荷曲线和视在功率曲线；按时间单位不同，分为工作班负荷曲线、日负荷曲线、月负荷曲线和年负荷曲线；按负荷对象不同，分为全厂的、车间的或某类设备的负荷曲线；按绘制方式不同，分为依点连成的负荷曲线和梯形的负荷曲线。

1. 日有功负荷曲线

日有功负荷曲线代表负荷在一昼夜(0:00～24:00)变化情况，如图 4-1 所示。

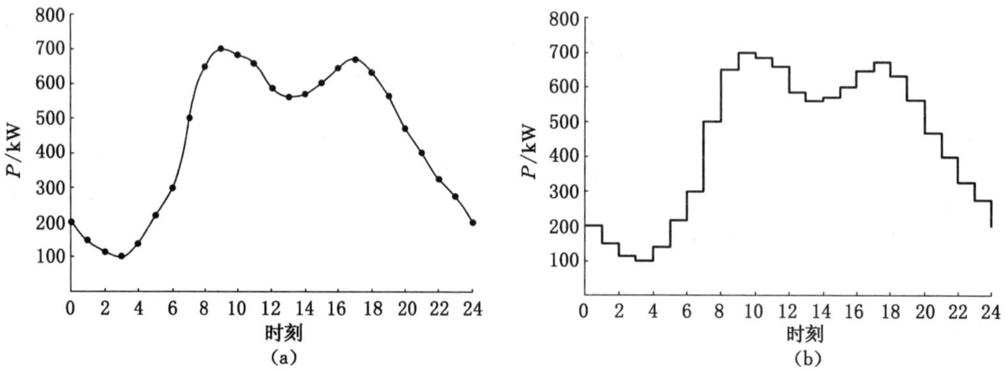

图 4-1　日有功负荷曲线

日有功负荷曲线可用测量的方法绘制：通过接在供电线路上的有功功率表，每隔一定的时间间隔将仪表读数的平均值记录下来；再依次将这些点描绘在坐标上。这些点连成折线形状的是折线形，如图 4-1(a)所示；连成阶梯状的是阶梯形，如图 4-1(b)所示。为计算方便，早期的负荷曲线多绘成阶梯形。随着自动检测记录仪表的普及，目前主要表现为连续的光滑曲线。

日有功负荷曲线与横坐标所包围的面积代表全日所消耗的电能。

2. 年持续负荷曲线

年负荷曲线反映负荷全年(8 760 h)变动情况,如图 4-2 所示。

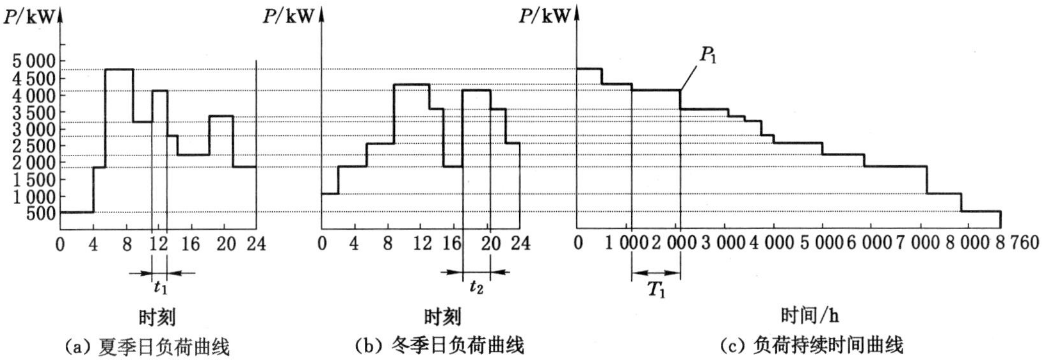

图 4-2　年负荷持续时间曲线的绘制

年负荷曲线又分为年运行负荷曲线和年持续负荷曲线。年运行负荷曲线可根据全年日负荷曲线间接制成;年持续负荷曲线的绘制要借助一年中有代表性的冬季日负荷曲线和夏季日负荷曲线。通常用年持续负荷曲线来表示年负荷曲线。绘制方法如图 4-2 所示。其中夏季和冬季在全年中占的天数视地理位置和气温情况而定。一般在北方,近似认为冬季 200 d,夏季 165 d;在南方,近似认为冬季 165 d,夏季 200 d。图 4-2 是南方某厂的年负荷曲线,图中 P_1 在年负荷曲线上所占的时间计算为 $T_1=200t_1+165t_2$。

注意:日负荷曲线是按时间的先后绘制的,而年负荷曲线是按负荷的大小排列的。

3. 负荷曲线的有关物理量

分析负荷曲线可以了解负荷变动的规律,对工厂供电设计人员来说,可从中获得一些对设计有用的资料;对工厂运行来说,可合理地、有计划地安排车间、班次或大容量设备的用电时间,降低负荷高峰,填补负荷低谷,这种"削峰填谷"的办法可使负荷曲线比较平坦,从而达到节电效果。

从负荷曲线上可求得以下一些参数。

(1) 年最大负荷 P_{max}

年最大负荷是指全年中负荷最大的工作班内(为防偶然性,这样的工作班至少要在负荷最大的月份出现 2～3 次)30 min 平均功率的最大值。因此年最大负荷有时也称为 30 min 最大负荷 P_{30}。

(2) 年最大负荷利用小时 T_{max}

年最大负荷利用小时是指以年最大负荷 P_{max} 持续运行一段时间后,消耗的电能恰好等于该电力负荷全年实际消耗的电能,这段时间就是年最大负荷利用小时。如图 4-3 所示,阴影部分即为全年实际消耗的电能。如果以 W_a 表示全年实际消耗的电能,则有:

$$T_{max}=\frac{W_a}{P_{max}}$$

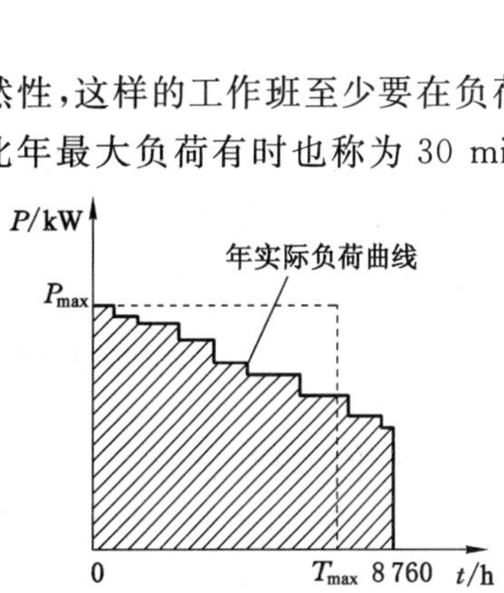

图 4-3　年最大负荷与年最大负荷利用小时

T_{max}是反映工厂负荷是否均匀的一个重要参数。该值越大，则负荷越平稳。如果年最大负荷利用小时数为 8 760，说明负荷常年不变(实际不太可能)。T_{max}与工厂的生产班制也有较大的关系，例如一班制工厂，T_{max}为 1 800～3 000 h；两班制工厂，T_{max}为 3 500～4 800 h；三班制工厂，T_{max}为 5 000～7 000 h。

(3) 平均负荷 P_{av}

平均负荷就是指电力负荷在一定时间内消耗功率的平均值。如在 t 这段时间内消耗的电能为 W_t，则 t 时间的平均负荷为：

$$P_{av}=\frac{W_t}{t} \tag{4-1}$$

年平均负荷是指电力负荷在一年内消耗功率的平均值。如用 W_a 表示全年实际消耗的电能，则年平均负荷为：

$$P_{av}=\frac{W_a}{8\,760} \tag{4-2}$$

图 4-4 用以说明年平均负荷，阴影部分表示全年实际消耗的电能 W_a，年平均负荷 P_{av} 的横线与两坐标轴所包围的矩形面积恰好与之相等。

(4) 负荷系数 K_L

负荷系数是指平均负荷与最大负荷的比值，即

$$K_L=\frac{P_{av}}{P_{max}} \tag{4-3}$$

负荷系数又称负荷率或负荷填充系数，用来表征负荷曲线不平坦的程度。负荷系数越接近 1，负荷越平坦。所以对工厂来说，应尽量提高负荷系数，从而充分发挥供电设备的供电能力、提高供电效率。有时也用 α 表示有功负荷系数，用 β 表示无功负荷系数。一般工厂 α=0.7～0.75，β=0.76～0.82。

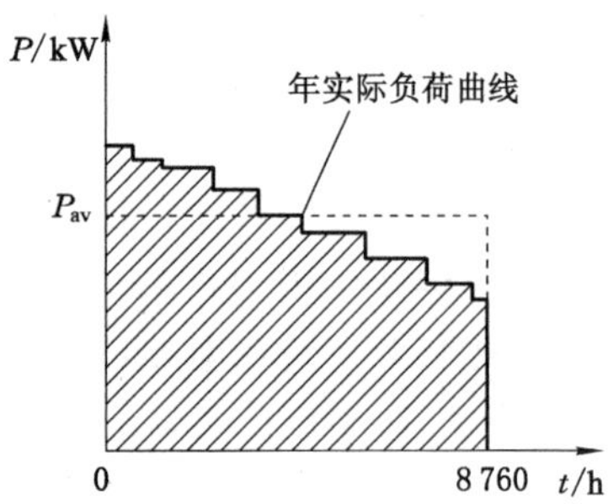

图 4-4　年平均负荷

对于单个用电设备或用电设备组，负荷系数是指设备的输出功率 P 和设备额定容量 P_N之比值，即

$$K_L=\frac{P}{P_N} \tag{4-4}$$

其表征该设备或设备组的容量是否被充分利用。

【例 4-1】 某选煤生产车间 380 V 线路上接有电动机驱动生产设备 20 台(其中 10.5 kW 4 台，7.5 kW 8 台，5 kW 8 台)，车间有 380 V 电焊机 2 台(每台容量 20 kV·A，ε_N=65%，$\cos\varphi_N$=0.5)，车间有行车 1 台(11 kW，ε_N=25%)，试计算此车间的设备总容量。

解：

(1) 生产设备容量

选煤生产设备属于长期连续工作制设备，所以 20 台生产设备的总容量为：

$$P_{e1}=\sum P_{ei}=4\times 10.5+8\times 7.5+8\times 5=142(\text{kW})$$

(2) 电焊机的设备容量

电焊机属于反复短时工作制设备，它的设备容量应统一换算到 ε=100%，所以 2 台电

焊机的设备容量为：

$$P_{e2}=2S_N\sqrt{\varepsilon_N}\cos\varphi_N==2\times20\times\sqrt{0.65}\times0.5=16(\text{kW})$$

（3）行车的设备容量

行车属于反复短时工作制设备，它的设备容量应统一换算到负载持续率为25%（ε_{25}），所以1台行车的容量为：

$$P_{e3}=P_N\sqrt{\frac{\varepsilon_N}{\varepsilon_{25}}}=P_N=11(\text{kW})$$

（4）车间的设备总容量

$$P_e=142+16+11=169(\text{kW})$$

二、负荷计算方法

上述统计中，所有设备都是按额定容量计算的，但在实际生产过程中，由于生产过程的波动以及设计时预留的备用余量等原因，各生产设备往往都在小于额定容量下运行，而且，生产系统中有时还配置有一些备用设备，因此，实际通过导体和变压器的电流就要小得多，实际每年消耗的电能也不能按此计算。为此，需要一个能够反映实际用电情况的参数——计算负荷。

计算负荷是指导体中通过一个等效负荷时，导体的最高温升正好与通过实际变动负荷时产生的最高温升相等，该等效负荷就称为计算负荷。导体通过电流达到稳定温升的时间为（3～4）τ，τ为发热时间常数。对中、小截面（35 mm^2以下）的导体，其τ约为10 min，故载流导体约经30 min后可达到稳定温升值。由此可见，计算负荷实际上与30 min最大负荷（亦即年最大负荷）基本是相当的。

对于35 mm^2以上大截面的导体，发热时间常数往往大于10 min。30 min后还不能达到稳定温升，允许通过的短时最大负荷可以比计算负荷稍大一些。

计算负荷是供电设计计算的基本依据。负荷计算是否合理，将直接影响电气设备和电线电缆的选择是否经济，技术经济评估是否合理。工程上依据不同的计算目的，针对不同类型的工厂和不同类型的负荷，总结出了各种负荷的计算方法，例如需用系数法、二项式法和单相负荷计算等。

1. 需用系数法

在所计算的范围内（如一条干线、一段母线或一台变压器），将用电设备按其设备性质不同分成若干组，对每一组选用合适的需用系数，算出每组用电设备的计算负荷，然后由各级计算负荷求总的计算负荷，这种方法称为需用系数法（也称需要系数法）。所以需用系数法一般用来求多台三相用电设备的计算负荷。

用电设备的额定容量是指输出容量，它与输入容量之间有一个平均效率η_e；用电设备不一定满负荷运行，因此引入负荷系数K_L；用电设备本身以及配电线路有功率损耗，所以引入一个线路平均效率η_{WL}；用电设备组的所有设备不一定同时运行，故引入一个同时系数K_Σ。用电设备组的计算有功负荷应为：

$$P_c=\frac{K_\Sigma K_L}{\eta_e\eta_{WL}}P_e \tag{4-5}$$

式中，P_e 为设备容量(不含备用设备容量)，令 $K_d = \frac{K_{\sum} K_L}{\eta_e \eta_{WL}}$，$K_d$ 就称为需用系数。

对于单台三相异步电动机，$K_d = \frac{1}{\eta_e}$，则：

$$P_c = \frac{P_e}{\eta_e} = \frac{P_N}{\eta_e} \tag{4-6}$$

式中，P_N 为设备铭牌标识容量。

由此可见，需用系数不仅与设备本身的效率、线路效率、总体设备的负荷率等因素有关，还与所采用的流程、操作人员的技能及生产等多种因素相关。

(1) 单组负荷计算

对于同一车间的设备，在求出有功计算负荷 P_c后，可按下列各式分别求出其余的计算负荷值。

无功计算负荷为：

$$Q_c = P_c \tan\varphi (\text{kvar}) \tag{4-7}$$

式中，$\tan\varphi$ 为对应于用电设备组相位差 φ 的正切值。

视在计算负荷为：

$$S_c = \frac{P_c}{\cos\varphi} (\text{kV} \cdot \text{A}) \tag{4-8}$$

式中，$\cos\varphi$ 为用电设备组的平均功率因数。

计算电流为

$$I_c = \frac{S_c}{\sqrt{3} U_N} \ (\text{A}) \tag{4-9}$$

式中，U_N 为用电设备组的额定电压。

(2) 全厂负荷计算

全厂计算负荷由车间计算负荷直接相加来计算，并取同时系数：

$$K_{\sum p} = 0.90 \sim 0.95, K_{\sum q} = 0.93 \sim 0.97$$

总的有功计算负荷为：

$$P_c = K_{\sum p} \sum P_{ci} \tag{4-10}$$

总的无功计算负荷为：

$$Q_c = K_{\sum q} \sum Q_{ci} \tag{4-11}$$

以上两式中 $\sum P_{ci}$ 和 $\sum Q_{ci}$ 分别为各组设备有功计算负荷和无功计算负荷。

总的视在计算负荷为：

$$S_c = \sqrt{P_c^2 + Q_c^2} \tag{4-12}$$

总的计算电流为：

$$I_c = \frac{S_c}{\sqrt{3} U_N} \tag{4-13}$$

用需用系数法来求计算负荷，其特点是简单方便，计算结果比较符合实际，因此是世界各国均普遍采用的基本方法。《煤炭洗选工程设计规范》(GB 50359—2016)规定，选煤厂电力负荷计算宜采用需用系数法。需用系数应符合表 4-1 的规定。

表 4-1　选煤厂主要生产系统需用系数与功率因数

设备或系统名称	K_d	$\cos\varphi$
受煤系统	0.55	0.70
原煤筛分破碎系统	0.60	0.70
重选、脱水、装车系统	0.60～0.65	0.72
浮选系统	0.70～0.75	0.75
干燥系统	0.60～0.65	0.72
风机、水泵、空气压缩机	0.70～0.80	0.80
铁路装车系统	0.45	0.72
压滤系统	0.55	0.72
煤样室设备	0.40	0.75
化验室设备	0.35	0.85
翻车机	0.30	0.50
起重机	0.35	0.50
机修车间	0.25	0.50
空调	0.45	0.80
照明	0.85	0.90

实践表明，只有当设备台数较多、总容量足够大、没有特大型用电设备时，表中的需用系数的值才较符合实际。因此，需用系数法普遍应用于求全厂和大型车间变电所的计算负荷。

需要特别指出的是，选煤厂各车间用电设备的 K_d 和 $\cos\varphi$ 值与所选设备、电动机容量冗余量等诸多因素有关。不同设计院设计的系统，以及同一设计院不同时期设计的系统都可能有所不同。表中数据主要通过设计院设计回访等方式，在实践中积累。

在设备台数较少且容量差别很大的分支干线的选型和熔断器电流选择时，需用系数法的计算结果就不能很好地反映实际。为此需要采用另一种方法——二项式法。

2. 二项式法

用二项式法进行负荷计算时，既要考虑用电设备组的设备总容量，又要考虑几台最大用电设备引起的大于平均负荷的附加负荷。下面根据不同情况分别介绍其计算公式。

(1) 单组用电设备组的计算负荷

$$P_{30}=bP_e+cP_x \tag{4-14}$$

式中，b，c 为二项式系数；P_e 为该组用电设备的设备总容量；P_x 为 x 台最大设备的总容量（b，c，x 的值可查相关参考书籍）。

其余的计算负荷的计算与需用系数法计算相同。

(2) 多组用电设备组的计算负荷

同样要考虑各组用电设备的最大负荷不同时出现的因素，因此在确定总计算负荷时，只能在各组用电设备中取一组最大的附加负荷，再加上各组用电设备的平均负荷，即

$$P_{30}=\sum(bP_e)_i+(cP_x)_{max} \tag{4-15}$$

式中，bP_e 为各组平均负荷；$(cP_x)_{max}$ 为各组用电设备中最大的附加负荷。

总的无功计算负荷为

$$Q_{30} = \sum (bP_e \tan\varphi)_i + (cP_x)_{max} \tan\varphi_{max} \tag{4-16}$$

式中，$\tan\varphi_{max}$为最大附加负荷$(cP_x)_{max}$的设备组的平均功率因数角的正切值。

3. 单相负荷计算

在工厂中，除了广泛使用三相用电设备外，还有一些单相设备，如照明、电热、电焊等设备。单相设备应尽可能地均匀分布在三相上，以使三相负荷保持平衡。因此，单相负荷的计算如下：

① 当三相线路中单相设备的总容量不超过三相总容量的15%时，单相设备可按三相负荷平衡计算。

② 当三相线路中单相设备的总容量超过三相总容量的15%时，应把单相设备容量换算为等效三相设备容量，再与三相设备容量相加。

三、供配电系统的功率损耗

电流流过工厂供配电线路和变压器时，势必要引起功率损耗。在进行全厂负荷计算时，应计入这部分损耗。

1. 线路的功率损耗

因线路具有电阻和电抗，所以其功率损耗包括有功和无功两部分。

(1) 有功功率损耗

有功功率损耗是电流流过线路电阻所引起的，其计算公式为

$$\Delta P_{WL} = 3I_c^2 R_{WL} \tag{4-17}$$

式中 I_c——线路的计算电流；

R_{WL}——线路每相的电阻，$R_{WL} = R_0 L$；

R_0——线路单位长度的电阻值；

L——线路的计算长度。

(2) 无功功率损耗

无功功率损耗是电流流过线路电抗所引起的，其计算公式为

$$\Delta Q_{WL} = 3I_c^2 X_{WL} \tag{4-18}$$

式中 I_c——线路的计算电流；

X_{WL}——线路每相的电抗，$X_{WL} = X_0 L$；

X_0——线路单位长度的电抗值；

L——线路的计算长度。

对一般架空线路，X_0 为 0.4 Ω/km 左右，对电缆线路，其值为 0.08 Ω/km 左右。

(3) 供电线路功率损耗计算方法

选煤厂有成百、上千条供电线路，它们的长度、截面、材料等各不相同，必须逐条计算后再相加，比较烦琐。为了简化计算，一般可采用如下公式：

$$\Delta W_x = \Delta P_x \cdot \tau \tag{4-19}$$

式中，ΔW_x 为三相线路上总的有功电能损耗；

$$\Delta P_x = 3I_{max}^2 R \times 10^{-3}\ (\text{kW}) \tag{4-20}$$

$$I_{max}=\frac{P_{max}}{\sqrt{3}U_N\cos\varphi}\quad(kA)\tag{4-21}$$

式中　I_{max}——通过线路的年平均最大负荷电流，kA；

U_N——供电线路的额定电压，V；

$\cos\varphi$——线路的功率因数；

P_{max}——全厂总的计算负荷中的有功功率 $P_{max}=P_{30}$，kW；

R——供电导线的直流电阻，它与电阻率 ρ、导线长度 l 及横截面积 S 有关；

τ——最大负荷损耗小时数，h。

公式中的 τ 也是为简化计算引入的一个假定时间，它的物理意义是“线路中最大负荷(P_{30})持续运行 τ，线路上电能损耗等于实际变动负荷一年中在线路上的电能损耗”。

最大负荷损耗小时数 τ 的值与 T_{max} 以及 $\cos\varphi$ 有关。它可以从图 4-5 中的曲线查得。例如：已知 $\cos\varphi=0.9$，$T_{max}=4\ 500$ h，则从曲线中查出 $\tau=2\ 900$ h。

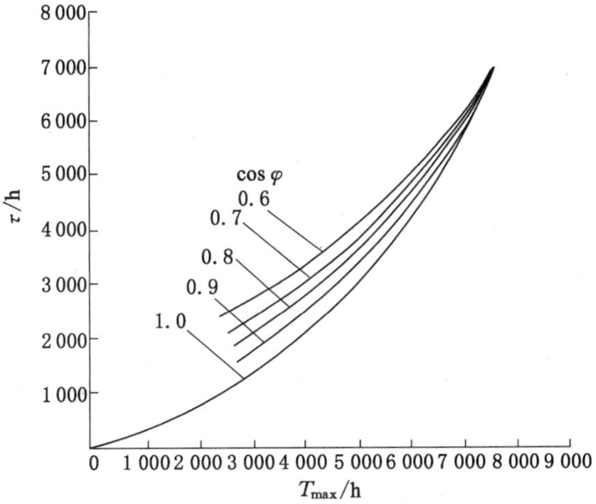

图 4-5　τ 与 T_{max} 和 $\cos\varphi$ 的关系曲线

由于选煤厂生产机械集中，供配电线路的距离较短，所以线路上的电能损耗较小。因此在进行选煤厂供电设计时，可将 ΔW_x 忽略，或是考虑一个较小的百分数，例如为 $0.2\%P_{30}$。

2. 变压器的功率损耗

因变压器同样具有电阻和电抗，所以其功率损耗也包括有功功率损耗和无功功率损耗两部分。

(1) 有功功率损耗

变压器的有功功率损耗又由铁损和铜损两部分组成。

① 铁损 ΔP_{Fe}

铁损是变压器主磁通在铁芯中产生的有功损耗。变压器空载时，因空载电流 I_0 很小，在一次绕组中产生的有功功率损耗也很小，可忽略不计，故空载损耗 ΔP_0 可认为就是铁损，所以铁损又称为空载损耗。

变压器主磁通只与外加电压有关，当外加电压和频率恒定时，铁损与负荷无关，是定值。

② 铜损 ΔP_{Cu}

铜损是变压器负荷电流在一次、二次绕组的电阻中产生的有功损耗，其值与负荷电流的平方成正比。变压器短路时，一次侧短路电压 U_k 很小，在铁芯中产生的有功功率损耗可略去不计，故变压器的短路损耗 ΔP_k 可认为就是额定电流下的铜损 ΔP_{Cu}。

因此变压器的有功功率损耗为

$$\Delta P_T = \Delta P_{Fe} + \Delta P_{Cu} \approx 0.015 S_{30} \tag{4-22}$$

式中，S_{30} 为变压器二次侧的视在计算负荷。

(2) 无功功率损耗

变压器的无功功率损耗也由两部分组成。

① 空载无功功率损耗 ΔQ_0

ΔQ_0 是变压器空载时，由产生主磁通的励磁电流所造成的。其与绕组电压有关，与负荷无关。其值与励磁电流(或近似与空载电流)成正比。

② 负载无功功率损耗 ΔQ_L

ΔQ_L 是变压器负荷电流在一次、二次绕组电抗上所产生的无功功率损耗，其值也与电流的平方成正比。因变压器绕组的电抗远大于电阻，故可认为其在额定电流时的无功功率损耗与短路电压(即阻抗电压)成正比。

因此变压器的无功功率损耗为

$$\Delta Q_T = \Delta Q_0 + \Delta Q_L \approx 0.06 S_{30} \tag{4-23}$$

式中，S_{30} 为变压器二次侧的视在计算负荷。

(3) 变压器功率损耗计算方法

在实际工程设计中，变压器的功率损耗按下式计算：

$$\Delta W_B = \Delta P_0 t + \Delta P_k \left(\frac{S'_{30}}{S_N}\right)^2 \tau (\text{kW} \cdot \text{h}) \tag{4-24}$$

式中 ΔP_0——变压器空载损耗(铁损)，kW；

ΔP_k——变压器额定负载时短路损耗(铜损)，kW；

S_N——变压器额定容量，kV·A；

S'_{30}——变压器计算视在功率，该值取为功率因数补偿后的数值，kV·A；

t——变压器全年投入运行的小时数，t=8 760 h；

τ——最大负荷损耗小时数。

式中，ΔP_0、ΔP_k 可以从变压器技术数据中查得。

当变电所采用两台主变压器时，每台变压器的计算视在功率 S''_{30} 应为 S'_{30} 的一半。即

$$S''_{30} = \frac{S'_{30}}{2} = \frac{P_{30}/\cos\varphi'}{2} \tag{4-25}$$

四、选煤厂负荷计算

在实际工程设计中，根据设计阶段的不同，分别采用估算法和统计计算法进行负荷计算。

1. 用电负荷估算法

估算法也称指标法，在可行性研究和方案设计阶段，常采用估算负荷进行工艺方案的比较。

(1) 单位产品耗电量法

若已知某车间或企业的年生产量 m 和每一产品的单位耗电量 a，则企业全年电能 W_a 为：

$$W_a = am \tag{4-26}$$

有功计算负荷为：

$$P_c = \frac{W_a}{T_{max}} \tag{4-27}$$

式中，T_{max} 为年最大负荷利用小时数。

例如，重介质选煤厂一般耗电量为 7 kW·h/t，一座年处理能力 150 万 t 的重介质选煤厂，一年耗电约为 1 050 万 kW·h。

(2) 单位负荷密度法

对于以分散小负荷为主的用电单位，如车间照明、办公室用电、广场道路照明等，一般按照单位面积或长度的负荷量——负荷密度指标 ρ(kW/m^2 或 kW/m)进行计算，即

$$P_c = P_{av} = \rho S \tag{4-28}$$

式中，S 表示车间面积；P_{av} 为车间平均负荷。

2. 用电负荷统计计算法

工厂用电负荷统计包括总装机容量统计、工作设备总容量统计和实际运行负荷计算等。

总装机容量统计：分车间对全部安装设备(包括现场安装的备用设备)的额定容量进行累加。对短时电动机也按额定容量进行计算。该方法主要用于初步估计电力系统的投资大小和大致耗电量。

工作设备总容量统计：分车间对正常情况下需运行设备(不包括现场安装的备用设备)的额定容量进行累加。对短时电动机也按额定容量进行计算。工作设备总容量反映了系统正常运行情况下负荷的最大极限值。该方法主要用于可行性研究及初步设计时进行变压器初步选型及估计生产成本。

实际运行负荷计算：根据各车间工作设备总容量和历史积累的经验(需用系数 K_d 和功率因数 $\cos\varphi$)，计算出各车间(系统)及全厂运行时的实际负荷。工厂实际用电负荷计算结果主要用于：施工图设计时各变压器的选型和负荷校核；各种电力电缆的选型计算；选择适宜的测量与保护装置；功率因数的计算与补偿电容的选择。

具体计算过程包括：

第一步，分车间统计工作设备总容量；

第二步，查阅各车间需用系数 K_d 和功率因数 $\cos\varphi$，计算有功功率和无功功率；

第三步，统计全厂各车间有功功率和无功功率；

第四步，估计全厂线路损耗和变压器损耗；

第五步，统计全厂有功功率、无功功率和视在功率。

3. 年耗电量与单位耗电量计算

如上所述，选煤厂总电能损耗主要包括以下三项：

① 全厂用电设备的电能损耗 W_a；

② 供电导线的电能损耗 ΔW_x；

③ 主变压器的电能损耗 ΔW_B。

全厂总电耗可表示为

$$\sum W = W_a + \Delta W_x + \Delta W_B \tag{4-29}$$

单位耗电量：

$$d = \frac{\sum W}{T} \tag{4-30}$$

【例 4-2】 已知某选煤厂年产量为 1.2 Mt。其变电所主变压器共两台，其型号皆为 SL7-1630/35；全厂总计算负荷的有功功率为 $P_{30}=1\ 871.09$ kW；全厂总计算负荷的视在功率为 $S'_{30}=2\ 503.49$ kV·A；补偿后 $\cos\varphi'=0.9$。试求变电所的年耗电量及选煤厂吨煤耗电量。

解：

① 全厂用电设备的电能损耗

$$\begin{aligned} W_a &= P_{30}\cdot T_{max} \quad (\text{选煤厂为二班制，取 } T_{max}=4\ 500\ \text{h}) \\ &= 1\ 871.09\times 4\ 500 \\ &= 8\ 419\ 905(\text{kW}\cdot\text{h}) \end{aligned}$$

② 全厂三相线路上的有功电能损耗

$$\Delta W_x = \Delta P_x \cdot \tau$$

取 ΔP_x 为总的计算有功功率 P_{30} 的 0.2%，即

$$\Delta P_x = 0.2\%\times P_{30} = 0.002\times 1\ 871.09 = 3.742(\text{kW})$$

由 $T_{max}=4\ 500$ h，$\cos\varphi'=0.9$，查图 4-5 得到 $\tau=2\ 900$ h。

$$\Delta W_x = \Delta P_x\cdot\tau = 3.742\times 2\ 900 = 10\ 851.8(\text{kW}\cdot\text{h})$$

③ 变压器的电能损耗

$$\Delta W_B = \Delta P_0 t + \Delta P_k\left(\frac{S'_{30}}{S_N}\right)^2\tau(\text{kW}\cdot\text{h})$$

补偿后单台变压器的视在功率为：

$$S''_{30} = \frac{P_{30}/\cos\varphi'}{2} = \frac{1\ 871.09/0.9}{2} = 1\ 039.49(\text{kV}\cdot\text{A})$$

选取 $S_N=1\ 630$ kV·A。根据变压器型号查得，$\Delta P_0=2.9$ kW；$\Delta P_k=16.5$ kW。

一台变压器

$$\Delta W_B = \left[2.9\times 8\ 760 + 16.5\left(\frac{1\ 039.49}{1\ 630}\right)^2\times 2\ 900\right] = 44\ 864.2(\text{kW}\cdot\text{h})$$

④ 总电能消耗

因考虑到两台变压器并列运行，故得

$$\begin{aligned} \sum W &= W_a + \Delta W_x + \Delta W_B\times 2 = 8\ 419\ 905 + 10\ 851.8 + 44\ 864.2\times 2 \\ &= 8\ 520\ 485.2(\text{kW}\cdot\text{h}) \end{aligned}$$

吨煤电耗

$$d = \frac{\sum W}{T} = \frac{8\ 520\ 485.2}{1.2\times 10^6}(\text{kW}\cdot\text{h/t}) = 7.1(\text{kW}\cdot\text{h/t})$$

第二节　功率因数与功率因数补偿

工厂中绝大多数用电设备，如感应电动机、电力变压器、电焊机以及交流接触器等，都要

从电网吸收大量无功电流来产生交变磁场。而功率因数是衡量供配电系统是否经济运行的一个重要指标。

一、功率因数的计算

工厂的实际功率因数是随着负荷和电源电压的变动而变动的，因此存在瞬时功率因数、平均功率因数等概念。

1. 瞬时功率因数

瞬时功率因数是指某一时刻，电力负荷的有功功率与视在功率的比值。该值可由功率因数表(相位表)直接测量，也可以用同一时间有功功率表、电流表和电压表的读数按下式计算得到：

$$\cos\varphi=\frac{P}{\sqrt{3}UI} \tag{4-31}$$

式中　P——功率表测出的三相有功功率读数，kW；

U——电压表测出的线电压读数，kV；

I——电流表测出的线电流读数，A。

瞬时功率因数用于观察功率因数的变化情况，即了解和分析工厂或设备在生产过程中无功功率的变化情况，以便采取相应补偿措施。

2. 平均功率因数

平均功率因数是指在某一时间内功率因数的平均值，也称加权平均功率因数。

该值由电力负荷在某一时段内消耗的电能计算得出。计算公式如下：

$$\cos\varphi=\frac{W_{\mathrm{p}}}{\sqrt{W_{\mathrm{p}}^2+W_{\mathrm{q}}^2}} \tag{4-32}$$

式中　W_{p}——某一时间内消耗的有功电能(可由有功电度表读出)；

W_{q}——某一时间内消耗的无功电能(可由无功电度表读出)。

3. 最大负荷时的功率因数

最大负荷时的功率因数是指在年最大负荷(计算负荷)时的功率因数，计算公式为

$$\cos\varphi=\frac{P_{30}}{S_{30}} \tag{4-33}$$

式中　P_{30}——工厂的有功计算负荷；

S_{30}——工厂的视在计算负荷。

二、功率因数对供配电系统的影响及提高功率因数的方法

一般交流供电线路中，大多数为电感性负载，致使功率因数偏低。当有功功率为一定值时，$\cos\varphi$ 越小(φ 角越大)，其视在功率就越大，因而供电线路中的电流越大，线路的损失(电压和有效功率损耗)随之增大，不经济。

1. 功率因数对供配电系统的影响

所有具有电感特性的用电设备都需要从供配电系统中吸收无功功率，从而降低功率因数。功率因数太低将会给供配电系统带来很多不良影响。

(1) 总电流增加

根据式(4-31)，可以导出线路总电流

$$I=\frac{P}{\sqrt{3}U\cos\varphi} \tag{4-34}$$

由此可知，在传送同样有功功率的情况下，功率因数降低会使总电流增加，使供配电系统中的变压器、断路器、导线等容量增大，系统内部的启动控制设备、测量仪器仪表等规格要求增大，从而投资增加。

(2) 电能损耗增加

根据公式

$$\Delta P=3I^2R \tag{4-35}$$

可知，电流的增加会使有功损耗增加，从而电能损耗增加。

(3) 电压损失增大

功率因数低，通过线路的电流就大，线路电压降亦随之增加，从而影响用电设备的正常运转。电压损失可表示为

$$\Delta U=IR=\frac{PR}{\sqrt{3}U_N\cos\varphi} \tag{4-36}$$

功率因数越低，则 ΔU 越大，从而影响供电质量。

(4) 供电设备利用率下降

功率因数降低使总电流增加，供电设备的温升会超过规定范围。为控制设备温升，工作电流也受到控制，根据上面介绍，在功率因数降低后，不得不降低输送的有功功率 P 来控制电流 I 的值，这样就降低了供电设备的供电能力。

由于功率因数在供配电系统中影响很大，所以要求电力用户的功率因数需达到一定的值，不能太低，太低就必须进行补偿。《供电营业规则》规定，100 kV·A 及以上高压供电用户，功率因数为 0.90 以上；其他电力用户和大、中型电力排灌站及趸购转售电企业，功率因数为 0.85 以上；农业用电，功率因数为 0.80。凡功率因数未达到上述规定的，应增添无功补偿装置。

这里所指的功率因数，即为最大负荷时的功率因数。

2. 提高功率因数的方法

提高功率因数包括提高自然功率因数和人工补偿功率因数两个途径。

(1) 提高自然功率因数

由于工业企业里消耗无功功率的设备主要是电动机(占总无功功率的 65%～70%)和变压器(占总无功功率的 20%)，故提高自然功率因数的主要途径就是减少感应电动机和变压器上消耗的无功功率。

① 合理选择电动机的规格、型号

笼型电动机的功率因数比绕线式电动机的功率因数高，开启式和封闭式的电动机比密闭式的功率因数高。所以在满足工艺要求的情况下，尽量选用功率因数高的电动机。

在条件适宜的情况下，适当采用同步电动机有利于提高系统的功率因数。

② 防止电动机空载运行

异步电动机的功率因数和效率在 70% 至满载运行时较高，空载或轻载运行时都要降低。在额定负荷时功率因数为 0.85～0.9，而空载时功率因数只有 0. 2～0.3。所以在选择电动机的容量时要防止容量选择过大，从而造成空载或轻载的情况。一般选择电动机的额

定容量为拖动负载的 1.3 倍左右。

如果由于工艺要求，电动机在运行中必然要出现空载情况，则必须采取相应的措施解决。如装设空载自停装置或降压运行等(如将电动机的定子绕组由三角形接线改为星形接线；或由自耦变压器、电抗器、调压器实现降压)。

③ 保证电动机的检修质量

电动机的定转子间空气隙的增大和定子线圈的减少都会使励磁电流增加，从而增加向电网吸收的无功量而使功率因数降低，因此检修时要严格保证电动机的结构参数和性能参数。

④ 合理选择变压器的容量

变压器轻载时功率因数会降低，但满载时有功损耗会增加。因此选择变压器的容量时要从经济运行和改善功率因数两方面来考虑，一般选择电力变压器在负荷率为 0.6 以上。

⑤ 交流接触器的节电运行

工厂中存在着大量的电磁开关(交流接触器)，其线圈是感性负载，消耗无功功率。由于交流接触器的数量较多、运行时间长，故所消耗的无功功率不容忽视。

晶闸管开关不需要无功功率，开关速度远比交流接触器快，且还具有无噪声、无火花、拖动可靠性强等优点。采用大功率晶闸管取代交流接触器，可以在一定程度上减少电网的无功功率负担。

将交流接触器改为直流运行或使其无电压运行(即在交流接触器合闸后用机械锁扣装置自行锁扣，此时线圈断电不再消耗电能)，也可以减少其功率消耗。

(2) 人工补偿功率因数

工厂企业的功率因数仅仅靠提高自然功率因数一般是不能满足要求的，因此，还必须进行人工补偿。人工补偿的方法有下面 3 种，其中选煤厂常用人工补偿方式为并联电容器补偿。

① 并联电容器补偿

采用并联电容器的方法来补偿无功功率，从而提高功率因数，是目前工厂、企业内广泛采用的一种补偿方式。

采用并联电容器补偿的优点有：有功损耗小，为 0.25%～0.5%；无旋转部分，运行维护方便；可按系统需要，增加或减少安装容量和改变安装地点等。

采用并联电容器补偿的缺点有：只能有级调节，而不能随无功功率变化进行平滑的自动调节；当通风不良或运行温度过高时，易发生漏油、鼓肚、爆炸等故障。

② 同步电动机补偿

同步电动机补偿是指在满足生产工艺的要求下，选用同步电动机，通过改变励磁电流来调节和改善供配电系统功率因数的方法。过去由于同步电动机的励磁机是同轴的直流电动机，其价格高，维修麻烦，所以该方法应用不广。现在随着半导体变流技术的发展，励磁装置已比较成熟，因此采用同步电动机补偿是一种比较经济实用的方法。

③ 动态无功功率补偿

在现代工业生产中，有一些容量很大的冲击性负荷(如炼钢电炉、轧钢机等)，它们使电网电压严重波动、功率因数恶化。一般并联电容器的自动切换装置响应太慢，无法满足要求，因此必须采用大容量、高速的动态无功功率补偿装置。如晶闸管开关快速切换电容器、晶闸管励磁的快速响应式同步补偿机等。

目前已投入到工业运行的静止动态无功补偿装置(简称静补装置)有:可控饱和电抗器式静补装置、自饱和电抗器式静补装置、晶闸管控制电抗器式静补装置、晶闸管开关电容器式静补装置、强迫换流逆变式静补装置等。

三、并联电容器补偿功率计算

用电容器改善功率因数,可以获得经济效益。但如果电容性负荷过大会引起电压升高,带来不良影响。所以在用电容器进行无功功率补偿时,应适当选择电容器的安装容量。功率因数提高与无功功率和视在功率变化关系如图 4-6 所示。

根据图 4-6 可知,要使功率因数由 $\cos\varphi$ 提高到 $\cos\varphi'$,需要装设的无功补偿装置(并联电容器)容量为

$$Q_C = Q_{30} - Q'_{30} = P_{30}(\tan\varphi - \tan\varphi') \tag{4-37}$$

在确定了总的补偿容量后,即可根据所选并联电容器的单个容量 q_C 来确定电容器个数:

$$n = Q_C / q_C \tag{4-38}$$

对于由上式计算所得的数值,应取相近偏大的整数。如果是单相电容器,还应取 3 的倍数,以便三相均衡分配。

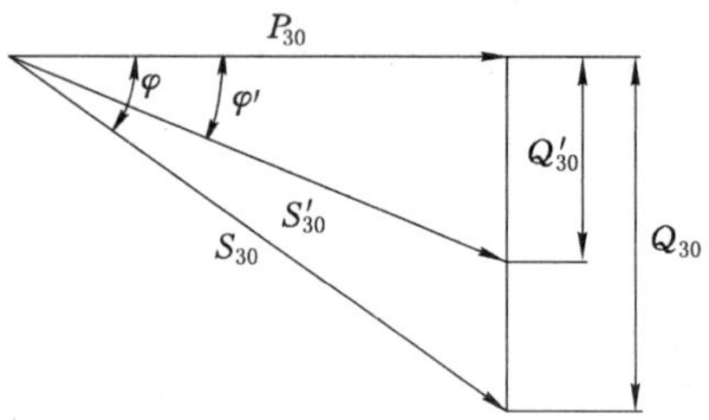

图 4-6　功率因数提高与无功功率和视在功率的变化

【例 4-3】 某变电站的计算负荷为 2 400 kW,平均功率因数为 0.67。如果要使其平均功率因数提高到 0.9,问若在 10 kV 侧固定补偿,需要补偿的容量为多少?如果采用 BWF-10.5-1 型电容器(q_C=40 kvar),需装设多少个?

解:

$$\tan\varphi_1 = \tan(\arccos 0.67) = 1.108\ 0$$

$$\tan\varphi_2 = \tan(\arccos 0.9) = 0.484\ 3$$

需要补偿的容量为:

$$\begin{aligned} Q_C &= P_{30}(\tan\varphi_1 - \tan\varphi_2) \\ &= 0.75\times 2\ 400\times(1.108\ 0 - 0.484\ 3) \\ &= 1\ 122.66(\text{kvar}) \end{aligned}$$

需装设的电容器个数为:

$$N = Q_C/q_C = 1\ 122.66\ \text{kvar}/40\ \text{kvar} = 28(\text{个})$$

考虑三相均衡分配,应装设 30 台,每相 10 台,此时并联电容器的实际值为 30×40 kvar=1 200 kvar,补偿后实际平均功率因数为

$$\begin{aligned} \cos\varphi' &= \frac{P_{30}}{S'_{30}} = \frac{P_{30}}{\sqrt{P_{30}^2 + (P_{30}\tan\varphi_1 - Q_C)^2}} \\ &= \frac{0.75\times 2\ 400}{\sqrt{(0.75\times 2\ 400)^2 + (0.75\times 2\ 400\times 1.108\ 0 - 1\ 122.66)^2}} \\ &= 0.90 \end{aligned}$$

此值满足要求。

四、并联电容器及其装设

1. 并联电容器

并联电容器主要由电容元件、浸渍剂、外壳以及引线和套管等几部分组成。

电容元件一般由两层铝箔中间夹绝缘纸卷制而成，若干个电容元件并联和串联起来组成电容器芯子。

为了提高电容元件的介质耐压强度、改善局部放电特性和散热条件，电容器芯子一般放于浸渍剂中。电力电容器的浸渍剂主要有矿物油、氯化联苯、SF_6等。

电容器的外壳一般采用薄钢板焊接而成，表面涂有阻燃漆。壳盖上装有引线和绝缘套管，箱壁侧面焊有吊盘、接地螺栓等。大容量集合式电容器的箱盖上还装有油枕或金属膨胀器及压力释放阀，箱壁侧面装有片状散热器、压力式温控装置等。

《电力电容器产品型号编制方法 第1部分：电容器单元、集合式电容器及箱式电容器》(JB/T 7114.1—2013)规定，电力电容器型号意义如图4-7所示。

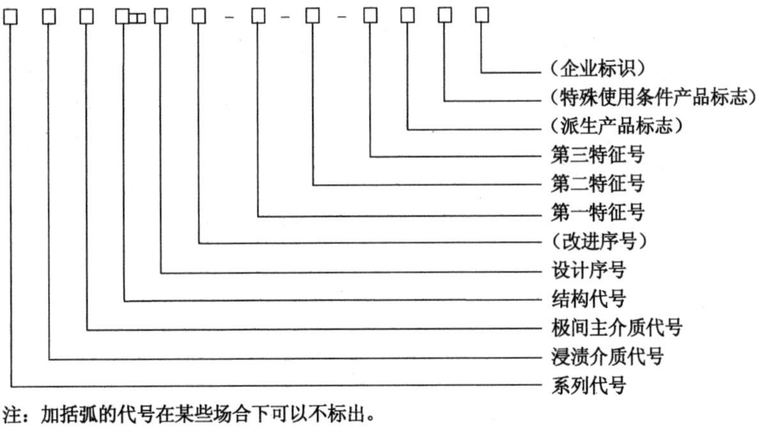

图4-7　电力电容器型号意义

其中，系列B表示并联补偿电容器。浸渍介质代号见表4-2，极间主介质代号见表4-3。

表4-2　电力电容器浸渍介质代号

浸渍介质代号	字母含义	浸渍介质代号	字母含义
A	苄基甲苯、SAS系列	J	聚乙丁烯
B	异丙基联苯	K	空气
C	蓖麻油	L	六氟化硫
D	氮气	S	蜡（如石蜡、微晶蜡、白蜡）
F	苯基二甲苯基乙烷、苯基乙苯基乙烷	W	烷基苯
G	硅油	Z	菜籽油

注：(1) 当浸渍介质为几种浸渍介质的混合物时，采用其主要浸渍介质代号表示。

(2) 当浸渍介质有多个共同点，且性能相近时，采用相同浸渍介质代号表示。

表 4-3 电力电容器极间主介质代号

极间主介质代号	D	F	L	M	MJ
字母含义	氮气	膜纸复合	六氟化硫	全膜	金属化膜

电力补偿电容器的结构有单台铁壳式、箱式、集合式、半封闭式、干式、充气式等几类。结构代号 H 表示集合式电容器，HD 表示充氮气的集合式电容器，HL 表示充六氟化硫的集合式电容器。

第一特征号用以表示电容器的额定电压，单位 kV；第二特征号用以表示电容器的额定容量，单位 kvar；第三特征号用以表示电容器的相数，“1”表示单相，“3”表示三相。高电压并联电容器的内部连接一般为单相形式，用户需要时可提供三相产品；低压并联补偿电容器通常在内部以 Y 形或△形连接为三相形式。

尾注号用以表示电容器的主要结构和使用特征，如 TH 表示适合于湿热带地区使用。

表 4-4 为 BW 型并联电容器的技术数据。

表 4-4 BW 型并联电容器的技术数据

型号	规定容量/kvar	规定电容/μF	型号	规定容量/kvar	规定电容/μF
BW0.4-12-1	12	240	BWF6.3-30-1W	30	2.4
BW0.4-12-3	12	240	BWF6.3-40-1W	40	3.2
BW0.4-13-1	13	259	BWF6.3-50-1W	50	4.0
BW0.4-13-3	13	259	BWF6.3-100-1W	100	8.0
BW0.4-14-1	14	280	BWF6.3-120-1W	120	9.63
BW0.4-14-3	14	280	BWF10.5-22-1W	22	0.64
BW6.3-12-1TH	12	0.96	BWF10.5-25-1W	25	0.72
BW6.3-12-1W	12	0.96	BWF10.5-30-1W	30	0.87
BW6.3-16-1W	16	1.28	BWF10.5-40-1W	40	1.15
BW10.5-12-1W	12	0.35	BWF10.5-50-1W	50	1.44
BW10.5-16-1W	16	0.46	BWF10.5-100-1W	100	2.89
BWF6.3-22-1W	22	1.76	BWF10.5-120-1W	120	3.47
BWF6.3-25-1W	25	2.0			

目前我国低压系统中普遍采用自愈式电容器。自愈式电容器采用聚丙烯薄膜作为固体介质，表面蒸镀了一层很薄的金属作为导电电极。当作为介质的聚丙烯薄膜被击穿时，击穿点周围的金属化镀层电流密度急剧增大，使金属镀层产生高热并迅速蒸发逸散，形成金属镀层空白区，击穿点自动恢复绝缘。

自愈式电容器具有优良的自愈性能、介质损耗小、温升低、寿命长、体积小、重量轻等特点。

目前常用自愈式电力补偿有：

(1) 自愈性并联电力补偿电容器

包括:BSMJ 自愈性金属化膜石蜡浸渍电力补偿电容器,BKMJ 自愈性金属化膜树脂灌封电力补偿电容器,BCMJ 自愈性金属化膜蓖麻油浸渍电力补偿电容器,BZMJ 自愈性金属化膜菜籽油油浸渍电力补偿电容器,BDMJ 自愈性金属化膜氮气电力补偿电容器。

(2) 自愈性串联电力补偿电容器

包括:CSMJ 自愈性金属化膜石蜡浸渍电力补偿电容器,CKMJ 自愈性金属化膜树脂灌封电力补偿电容器,CCMJ 自愈性金属化膜蓖麻油浸渍电力补偿电容器,CZMJ 自愈性金属化膜菜籽油油浸渍电力补偿电容器,CDMJ 自愈性金属化膜氮气电力补偿电容器。

(3) 全膜并联电力补偿电容器

包括:BSM 全膜石蜡浸渍电力补偿电容器,BKM 全膜树脂灌封电力补偿电容器,BCM 全膜蓖麻油浸渍电力补偿电容器,BZM 全膜菜籽油油浸渍电力补偿电容器,BDM 全膜氮气电力补偿电容器。

(4) 全膜串联电力补偿电容器

包括:CSM 全膜石蜡浸渍电力补偿电容器,CKM 全膜树脂灌封电力补偿电容器,CCM 全膜蓖麻油浸渍电力补偿电容器,CZM 全膜菜籽油油浸渍电力补偿电容器,CDM 全膜氮气电力补偿电容器。

(5) 复合介质并联电力补偿电容器

包括:BSF 复合介质石蜡浸渍电力补偿电容器,BKF 复合介质树脂灌封电力补偿电容器,BCF 复合介质蓖麻油浸渍电力补偿电容器,BZF 复合介质菜籽油油浸渍电力补偿电容器,BDF 复合介质氮气电力补偿电容器。

(6) 全膜串联电力补偿电容器

包括:CSF 复合介质石蜡浸渍电力补偿电容器,CKF 复合介质树脂灌封电力补偿电容器,CCF 复合介质蓖麻油浸渍电力补偿电容器,CZF 复合介质菜籽油油浸渍电力补偿电容器,CDF 复合介质氮气电力补偿电容器。

2. 并联电容器的接线与装设地点

并联补偿电力电容器大多采用三角形(△形)接线,对于低压(0.5 kV 以下)并联电容器,因为大多是做成三相的,故其内部已接成三角形。

并联电力电容器根据安装位置不同可以分为 3 种,即高压集中补偿、低压集中补偿和单独就地补偿(个别补偿)。

补偿方式的合理性主要从补偿范围的大小、补偿容量的利用率高低以及电容器的运行条件和维护管理的方便等来衡量。

(1) 高压集中补偿

高压集中补偿是指将高压电容器组集中装设在工厂变电所的 6～10 kV 母线上。

该补偿方式只能补偿总降压变电所的 6～10 kV 母线前供配电系统中的无功功率,而无法补偿企业内部供配电系统中的无功功率,因此补偿范围最小,经济效果较后两种补偿方式差。但由于装设集中、运行条件较好、维护管理方便、投资较少,且总降压变电站 6～10 kV 母线停电机会少,因此电容器利用率高。这种方式在一些大中型企业中应用相当普遍。

(2) 低压集中补偿

低压集中补偿是指将低压电容器集中装设在车间变电所的低压母线上。

该补偿方式只能补偿车间变电所低压母线前车间变电所和高压配电线路及电力系统的

无功功率，对车间变电所低压母线后的设备则不起补偿作用。但其补偿范围比高压集中补偿要大，而且该补偿方式能使车间主变压器的视在功率减小从而使变压器的容量可选得较小，因此比较经济。这种低压集中补偿装置一般可安装在低压配电室内，运行维护安全方便。该补偿方式在工厂中应用相当普遍。

(3) 单独就地补偿

单独就地补偿(个别补偿或分散补偿)是指在个别功率因数较低的设备旁边装设补偿电容器组。

该补偿方式能补偿安装部位以前的所有设备，因此补偿范围最大，效果最好。但投资较大，而且如果被补偿的设备停止运行的话，电容器组也被切除，电容器的利用率较低。而且存在小容量电容器的单位价格、电容器易受到机械振动及其他环境条件影响等缺点。所以这种补偿方式适用于长期稳定运行、无功功率需要较大，或距电源较远、不便于实现其他补偿的场合。

五、补偿后全厂负荷和功率因数计算

工厂或车间装设了无功补偿装置后，在确定补偿装置装设地点以前的总计算负荷时，应扣除无功补偿的容量。

若补偿装置装设地点在变压器一次侧，计算负荷为：

$$P'_{30}=P_{30} \tag{4-39}$$

$$Q'_{30}=Q_{30}-Q_{C} \tag{4-40}$$

若补偿装置装设地点在变压器二次侧，计算负荷则为：

$$P'_{30}=P_{30}+\Delta P'_{T} \tag{4-41}$$

$$Q'_{30}=Q_{30}+\Delta Q'_{T}-Q_{C} \tag{4-42}$$

式中，$\Delta P'_{T}$、$\Delta Q'_{T}$ 为考虑了补偿容量 Q_C 后的变压器的有功功率和无功功率损耗。

补偿后总的视在计算负荷为：

$$S'_{30}=\sqrt{P_{30}^{2}+Q'^{2}_{30}} \tag{4-43}$$

由此可以看出，在变电所装设了无功补偿装置后，总的视在功率减小，变电所主变压器的容量也减小，功率因数提高。因为我国电业部门对工业用户实行的是“两部电费制”：一是基本电费，按所装的主变压器容量计费，容量越大，基本电费就越多。二是电度电费，按每月实际用电量计费，并根据月平均功率因数的高低乘上一个调整系数。凡月平均功率因数高于一定值(如 0.85)的，可按一定比率减收电费；而低于一定值时，则要按一定比率加收电费。可见提高功率因数一方面可给电力系统带来好处，另一方面对用户来说，可以少交基本电费和电度电费，降低生产成本。

【例 4-4】 某工厂 10/0.4 kV 的车间变电所低压侧的视在功率为 800 kV·A，无功计算负荷为 540 kvar。现要求车间变电所高压侧功率因数不低于 0.9，如果在低压侧装设自动补偿电容器，问补偿容量需多少？补偿后车间总的视在计算负荷(高压侧)降低了多少？

解：

① 补偿前

低压侧的有功计算负荷

$$P_{30(2)}=\sqrt{S_{30(2)}^{2}-Q_{30(2)}^{2}}=\sqrt{800^{2}-540^{2}}=590.25(\text{kW})$$

低压侧的功率因数

$$\cos\varphi=\frac{P_{30(2)}}{S_{30(2)}}=\frac{590.25}{800}=0.74$$

变电所高压侧总的计算负荷为

$$P_{30(1)}=P_{30(2)}+\Delta P_T=590.25+0.015\times800=602.25(\text{kW})$$

$$Q_{30(1)}=Q_{30(2)}+\Delta Q_T=540+0.06\times800=588(\text{kvar})$$

$$S_{30(1)}=\sqrt{P_{30(1)}^2+Q_{30(1)}^2}=\sqrt{602.25^2+588^2}=841.69(\text{kV}\cdot\text{A})$$

变电所高压侧的功率因数为

$$\cos\varphi_1=\frac{P_{30(1)}}{S_{30(1)}}=\frac{602.25}{841.69}=0.716$$

② 确定补偿容量

现要求在高压侧不低于 0.9，而补偿在低压侧进行，考虑到变压器损耗，所以可设低压侧补偿后的功率因数为 0.92，计算需补偿的容量。

$$\begin{aligned}Q_c&=P_{30}(\tan\varphi_1-\tan\varphi_2)\\&=590.25\times[\tan(\arccos 0.74)-\tan(\arccos 0.92)]\\&=285.05(\text{kvar})\end{aligned}$$

查表 4-4 选 BW0.4-14-1 型电容器，需要的个数为

$$N=Q_C/q_C=285.05\ \text{kvar}/14\ \text{kvar}=20(个)$$

考虑到三相平衡，故取电容器 21 个。实际补偿容量为

$$Q'_C=21\times14=294(\text{kvar})$$

③ 补偿后

变电所低压侧视在计算负荷

$$S'_{30(2)}=\sqrt{P_{30(2)}^2+(Q_{30(2)}-Q'_C)^2}=\sqrt{590.25^2+(540-294)^2}=639.5(\text{kV}\cdot\text{A})$$

此时变压器的功率损耗

$$\Delta P'_T=0.015\times639.5=9.6(\text{kW})$$

$$\Delta Q'_T=0.06\times639.5=38.37(\text{kvar})$$

变电所高压侧总的计算负荷

$$P'_{30(1)}=P_{30(2)}+\Delta P'_T=590.25+9.6=599.85(\text{kW})$$

$$Q'_{30(1)}=Q'_{30(2)}+\Delta Q'_T=540-294+38.37=284.37(\text{kvar})$$

$$S'_{30(1)}=\sqrt{P'^2_{30(1)}+Q'^2_{30(1)}}=\sqrt{599.85^2+284.37^2}=663.84(\text{kV}\cdot\text{A})$$

变电所高压侧的功率因数

$$\cos\varphi'_1=\frac{P'_{30(1)}}{S'_{30(1)}}=\frac{599.85}{663.84}=0.904$$

符合要求。若不满足要求，则需重新计算，将补偿后的功率因数的设定值取大一点，直到 $\cos\varphi'_1$ 的值满足要求为止。

通过上述计算可得：需补偿的容量为 294 kvar，补偿后车间变电所高压侧功率因数达到 0.904，高压侧的总视在功率减少了 177.86 kV · A。补偿前车间变电所变压器容量应选 1 000 kV · A，补偿后选 800 kV · A 即满足要求。既节约投资，又减少电费。

第三节　变压器的分类与选择

一、工厂变电所常用电力变压器的类型

电力变压器是供配电系统中实现电能输送、电压变换，满足不同电压等级负荷要求的核心器件，其型号意义如图 4-8 所示。

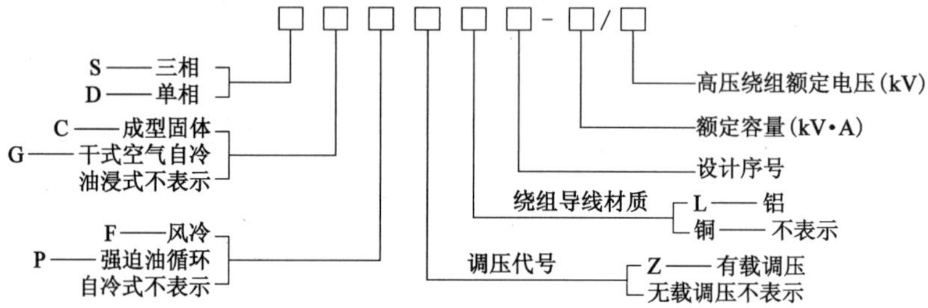

图 4-8　电力变压器型号意义

电力变压器按绝缘方式分为油浸式、干式和充气式三类。油浸式变压器的铁芯和绕组浸没在变压器油中；干式变压器采用环氧树脂将铁芯和绕组浇注成一个整体；充气式变压器的铁芯和绕组直接暴露在空气中。使用最多的是三相油浸式电力变压器和环氧树脂浇注式干式变压器。

电力变压器按冷却方式分为自冷式、风冷式和强迫油循环冷却方式。用户变电所的变压器一般采用自冷式。

电力变压器按调压方式可分为无载调压和有载调压两大类。一般由国家电网供电的工矿企业变电所，电源电压相对稳定，大多采用无载调压方式的变压器；而企业自备电厂及企业内部小电网供电时，随着大用户的启停，电压波动较大时，应考虑选用有载调压变压器。

电力变压器的绕组导体材质有铜绕组和铝绕组，低损耗的铜绕组变压器现在得到了广泛使用。

一般工厂变电所采用的中、小型变压器多为油浸自冷式。干式变压器常用在地下变配电所和箱式变电所内。也有选煤厂的车间变电所采用干式变压器，布置在厂房附近室外。

二、工厂变电所中变压器的选择

选择变压器时，必须对负载的大小、性质做深入的了解，然后按照设备功率的确定方法选择适当的容量。为了降低电能损耗，变压器应该首选低损耗节能型。当厂区配电母线电压偏差不能满足要求时，总降压变电所可选用有载调压变压器。车间变电所一般采用普通变压器。变压器容量的确定除考虑正常负荷外，还应考虑到变压器的过负荷能力和经济运行条件。

1. 电力变压器的过负荷能力

变压器在正常运行时，负荷不应超过其额定容量。但是，变压器并非总在最大负荷下运行。在许多时间内变压器的实际负荷远小于额定容量，因此，变压器在不降低规定使用寿命的条件下具有一定的短期过负荷能力。变压器的过负荷能力，分正常过负荷能力和事故过

负荷能力两种。

(1) 正常过负荷能力

变压器在正常运行时带额定负荷可连续运行 20 年。由于昼夜负荷变化和季节性负荷差异而允许的变压器过负荷，称为正常过负荷。这种过负荷系数的总数，对室外变压器不超过 30%，对室内变压器不超过 20%。

变压器的正常过负荷时间是指在不影响其寿命、不损坏变压器各部分绝缘的情况下允许过负荷的持续时间。允许变压器正常过负荷倍数及允许过负荷的持续时间参见表 4-5。

表 4-5　自然冷却或吹风冷却油浸式电力变压器的过负荷允许时间(h:min)

过负荷倍数	过负荷前上层油温升					
	18 ℃	24 ℃	30 ℃	36 ℃	42 ℃	48 ℃
1.05	5:50	5:25	4:50	4:00	3:00	1:30
1.1	3:50	3:25	2:50	2:10	1:25	0:10
1.15	2:50	2:25	1:50	1:20	0:35	
1.20	2:05	1:40	1:15	0:45		
1.25	1:35	1:15	0:50	0:25		
1.30	1:10	0:50	0:30			
1.35	0:55	0:35	0:15			
1.40	0:40	0:25				
1.45	0:25	0:10				
1.50	0:15					

(2) 事故过负荷能力

当电力系统或工厂变电所发生事故时，为了保证对重要设备连续供电，故允许变压器短时间过负荷，这种过负荷即事故过负荷。变压器允许的事故过负荷倍数及时间见表 4-6。

表 4-6　变压器允许的事故过负荷倍数及时间

过负荷倍数	1.3	1.45	1.6	1.75	2.0	2.4	3.0
允许持续时间/min	120	80	30	15	7.5	3.5	1.5

2. 变压器台数的选择原则

工厂变电所中的主变压器台数应根据下列原则选择：

① 应满足用电负荷对供电可靠性的要求。对供有大量一、二级负荷的变电所应采用两台变压器。对只有二级负荷，而无一级负荷的变电所，也可只采用一台变压器，并在低压侧架设与其他变电所的联络线。

② 对季节性负荷或昼夜负荷变动较大的工厂变电所，可考虑采用两台主变压器。

③ 一般的三级负荷只采用一台主变压器。

④ 考虑负荷的发展，应留有安装第二台主变压器的空间。

大型选煤厂作为二级负荷，厂变电所通常选择两台主变压器，从 35 kV 变到 6.3 kV；各车间变电所一般选用一至两台 6/0.4 kV 变压器。

3. 主变压器容量的选择

① 只安装一台主变压器时，主变压器的额定容量 $S_{N.T}$ 应满足全部用电设备总的计算负荷 S_{30} 的要求：

$$S_{N\cdot T}\geqslant S_{30}$$

② 装有两台变压器时，每台主变压器的额定容量 $S_{N.T}$ 应同时满足以下两个条件：

第一，任一台变压器单独运行时，宜满足总计算负荷 S_{30} 的 60%～70%的需要，即

$$S_{N\cdot T}\geqslant (0.6\sim 0.7)S_{30} \tag{4-44}$$

第二，任一台变压器单独运行时，应满足全部一、二级负荷的需要，即

$$S_{N\cdot T}\geqslant S_{30(\mathrm{I}+\mathrm{II})} \tag{4-45}$$

式中，$S_{30(\mathrm{I}+\mathrm{II})}$ 为计算负荷中的全部一、二级负荷。

③ 单台主变压器的容量上限。工厂变电所单台主变压器容量一般不宜大于 1 250 kV·A。这一方面是受以往低压开关电器断流能力和短路稳定度要求的限制；另一方面也是考虑到可以使变压器更接近于车间负荷中心，以减少低压配电线路的电能损耗、电压损耗和有色金属消耗量。在负荷比较集中且容量较大时，也可选用 1 600～2 500 kV·A 的配电变压器，这时变压器低压侧的断路器必须配套选用。

单台变压器的车间变电所的主变容量一般不能大于 1 000 kV·A。

对装设在二层以上的电力变压器，应考虑其垂直和水平运输时对通道及楼板荷载的影响，单台容量不宜大于 630 kV·A。表 4-7 为 S9 系列 6～10 kV 级铜绕组低损耗电力变压器的技术数据。

表 4-7 S9 系列 6～10 kV 级铜绕组低损耗电力变压器的技术数据

额定容量/(kV·A)	额定电压/kV		连接组标号	空载损耗/W	负载损耗/W	阻抗电压/%	空载电流/%
	一次	二次					
30	10.5,6.3	0.4	Yyn0	130	600	4	2.1
50	10.5,6.3	0.4	Yyn0	170	870	4	2.0
63	10.5,6.3	0.4	Yyn0	200	1 040	4	1.9
80	10.5,6.3	0.4	Yyn0	240	1 250	4	1.8
100	10.5,6.3	0.4	Yyn0	290	1 500	4	1.6
		0.4	Yyn11	300	1 470	4	4
125	10.5,6.3	0.4	Yyn0	340	1 800	4	1.5
		0.4	Yyn11	360	1 720	4	4
160	10.5,6.3	0.4	Yyn0	400	2 200	4	1.4
		0.4	Yyn11	430	2 100	4	3.5
200	10.5,6.3	0.4	Yyno	480	2 600	4	1.3
		0.4	Yyn11	500	2 500	4	3.5
250	10.5,6.3	0.4	Yyn0	560	3 050	4	1.2
		0.4	Yyn11	600	2 900	4	3

表 4-7(续)

额定容量/(kV·A)	额定电压/kV		连接组标号	空载损耗/W	负载损耗/W	阻抗电压/%	空载电流/%
	一次	二次					
315	10.5,6.3	0.4	Yyn0	670	3 650	4	1.1
		0.4	Yyn11	720	3 450	4	3
400	10.5,6.3	0.4	Yyn0	800	4 300	4	1.0
		0.4	Yyn11	870	4 200	4	3
500	10.5,6.3	0.4	Yyno	960	5 100	4	1.0
		0.4	Yyn11	1 030	4 950	4	3
630	10.5,6.3	0.4	Yyn0	1 200	6 200	4.5	0.9
		0.4	Yyn11	1 300	5 800	5	1.0
800	10.5,6.3	0.4	Yyn0	1 400	7 500	4.5	0.8
		0.4	Yyn11	1 400	7 500	5	2.5
1 000	10.5,6.3	0.4	Yyn0	1 700	10 300	4.5	0.7
		0.4	Yyn11	1 700	9 200	5	1.7
1 250	10.5,6.3	0.4	Yyno	1 950	12 000	4.5	0.6
		0.4	Yyn11	2 000	11 000	5	2.5
1 600	10.5,6.3	0.4	Yyn0	2 400	14 500	4.5	0.6
		0.4	Yyn11	2 400	14 000	6	2.5

④ 适当考虑负荷的发展。应该适当考虑后 5～10 年电力负荷的增长，留有一定的余地。干式变压器的过负荷能力较小，更宜留有较大的裕量。

这里电力变压器的额定容量 $S_{N\cdot T}$ 是指在一定温度条件下(例如户外安装，年平均气温为 20 ℃)的持续最大输出容量。如果安装地点的年平均气温 $\theta_{av} \neq 20$ ℃时，则年平均气温每升高 1 ℃，变压器容量相应地减小 1%。因此户外电力变压器的实际容量为：

$$S_T = \left(1 - \frac{\theta_{av} - 20}{100}\right) S_{N\cdot T} \tag{4-46}$$

对于户内变压器，由于散热条件较差，一般变压器室的出风口与进风口间有约 15 ℃的温度差，从而使处在室内的变压器环境温度比户外变压器环境温度要高出大约 8 ℃，因此户内变压器的实际容量较之上式所计算的容量还要减小 8%。

由于变压器的负荷是变动的，大多数时间是欠负荷运行的，因此必要时可以适当过负荷，并不会影响其使用寿命。油浸式变压器，户外可正常过负荷 30%，户内可正常过负荷 20%。干式变压器一般不考虑正常过负荷。

变电所主变压器台数和数量的最后确定，还要结合主接线方案，经技术经济比较择优而定。

【例 4-5】 某 10/0.4 kV 车间变电所，总的计算负荷为 1 400 kV·A，其中一、二级负荷为 750 kV·A，试初步确定主变压器台数和单台容量。

解：由于变电所有一、二级负荷，所以变电所应选用两台变压器。

每台容量 $S_{N\cdot T} \geqslant (0.6 \sim 0.7) S_{30} = (0.6 \sim 0.7) \times 1\,400$ kV·A $= 840 \sim 980$ kV·A

且 $S_{N \cdot T} \geqslant S_{30(\mathrm{I}+\mathrm{II})} = 750\ \mathrm{kV \cdot A}$

因此单台变压器容量选为 1 000 kV·A。

复习思考题

1. 工厂用电设备按其工作制分哪几类？

2. 什么叫负载持续率？它表征哪类的工作特性？

3. 什么叫计算负荷？为什么计算负荷通常采用半小时最大负荷？正确确定负荷有何意义？

4. 确定计算负荷的需用系数法和二项式法各有什么特点？各适用哪些场合？

5. 什么叫平均功率因数和最大负荷时功率因数？各如何计算？各有什么用途？

6. 进行无功功率因数补偿提高功率因数有什么意义？如何确定其补偿容量？

7. 某机修车间，拥有冷加工机床 52 台，共 200 kW；行车 1 台，共 5.1 kW(ε=15%)；通风机 4 台，共 5 kW；电焊机 3 台，共 10.5 kW(ε=65%)。车间采用 380/220 V 三相四线制配电。试确定该车间的计算负荷 P_{30}、Q_{30}、S_{30}、I_{30}。

8. 有一 380 V 三相线路，供电给 35 台小批生产的冷加工机床电动机，总容量为 85 kW，其中较大容量的电动机有 7.5 kW 1 台，4 kW 3 台，3 kW 12 台。试分别用需用系数法和二项式法确定其计算负荷 P_{30}、Q_{30}、S_{30} 和 I_{30}。

9. 某 380/220 V 线路，接有如表 4-8 所列的用电设备。试确定该线路的计算负荷 P_{30}、Q_{30}、S_{30} 和 I_{30}。

表 4-8　习题 9 的负荷资料

设备名称	380 V 单头手动弧焊机			220 V 电热箱		
接入相序	AB	BC	CA	A	B	C
设备台数	1	1	2	2	1	1
单台设备容量	21 kV·A (ε=65%)	17 kV·A (ε=100%)	10.3 kV·A (ε=50%)	3 kW	6 kW	4.5 kW

10. 某厂的有功计算负荷为 2 400 kW，功率因数为 0.65。现拟在工厂变电所 10 kV 母线上装设 BWF10.5-30-1 型并联电容器，使功率因数提高到 0.90。问需要装设多少个并联电容器？装设并联电容器后该厂的视在计算负荷为多少？比未装设前计算负荷减少了多少？

11. 某厂变电所装有一台 630 kV·A 变压器，其二次侧(380 V)的有功计算负荷为 420 kW，无功计算负荷为 350 kvar。试求变电所一次侧的计算负荷及功率因数。如果功率因数未达到 0.90，问此变电所低压母线上应装设多大并联电容器容量才能达到要求？

第五章　供配电设备

工厂电路通常按其功能分为一次回路和二次回路。

承担输送和分配电能任务的电路称为一次回路(一次系统),也称为主电路或主接(结)线。一次电路中所有的电气设备称为一次设备,也称为供(配)电设备,如变压器、断路器、互感器等。

凡用来控制、指示、监测和保护一次设备运行的电路称为二次回路(二次系统),也叫二次接(结)线。二次回路中所有电气设备都称为二次设备,也称为控制电器,如仪表、继电器、操作电源等。

一次设备按其功能又分为变换设备(变压器、电流互感器、电压互感器等)、开关设备(高低压断路器、隔离开关、负荷开关等)、保护设备(熔断器、避雷器等)、补偿设备(并联电容器等)以及母线、导线与电缆等。

在实际工程建设中,为了节省空间,通常按一次电路接线方案的要求,将有关的一次设备及相关的二次设备组合为一体,构成成套设备(装置),如高低压开关柜、低压配电箱等。

本章重点讨论一次设备的基本结构、主要功能及工作原理,扼要介绍其使用注意事项。

第一节　开关电弧及其熄灭

开关电器(如隔离开关、油断路器等)开断电路时,其动、静触头分开形成间隙,在电源电压作用下,触头间的绝缘介质(如高真空、大气、六氟化硫气体、变压器油等)被击穿而产生高温和强光的电弧。电弧的产生,一方面使电路仍保持导通状态延迟了电路的开断,另一方面高温将烧损触头,严重时甚至会发生爆炸和火灾。

当电压低、电流小时电弧容易自行熄灭,而在高电压、大电流的电路中,若不采取有效措施使电弧迅速熄灭,就会造成很大的危害。在开关电器中,应采取各种方法使电弧迅速熄灭。目前电力系统中,大多数开关电器用于交流电路中,因此本节主要研究交流电弧的发生、熄灭原理及方法。

一、电弧的发生和维持

带电压的开关电器静触头和动触头之间的电场强度可以表示为:

$$E=\frac{U}{d}=\frac{f}{q_0} \tag{5-1}$$

式中　E——电场强度,V/m;

U——电压,V;

d——电极间距离,m;

f——电场力,N;

q_0——电荷,C。

在触头刚分开的一瞬间,间隙距离 d 很小,电场强度 E 超过 3×10^6 V/m 时,阴极表面的电子就会被电场力拉出而形成触头空间的自由电子。这种游离方式称为强电场发射。

电极间隙中的少量自由电子，在强电场的作用下，加速向阳极运动，并积累动能。当具有足够大动能的电子与介质的中性质点相撞击时，会产生正离子和新的自由电子，称为碰撞游离。这种现象不断发生就会使介质中的中性质点大量游离，变为大量的正、负带电质点，电路再次被接通，这个过程称为介质被击穿而发弧。

电弧起燃后，经电场加速的自由电子通过碰撞将动能传给介质原子，会使弧隙中介质的温度急剧增加，达 6 000～7 000 ℃，甚至 10 000 ℃以上。在此高温下介质还会发生热游离，使电弧得以维持。

总之，电弧实质上就是一种能导电的电子、离子流，其中还包括燃烧着的铜分子流。碰撞游离是电弧发生的主要原因，触头间的强电场则是电弧发生的必要条件，电弧依赖热游离而得以维持。

二、电弧的去游离作用

在电弧中发生中性质点游离过程的同时，还存在着相反的过程，这就是使带电质点减少的去游离过程。去游离作用主要包括复合与扩散两种形式。

1. 复合

复合是指正、负带电质点重新结合为中性质点的过程。复合过程通常是在适当的条件下，自由电子先附着在中性质点上形成负离子，运动速度大大减慢，然后再与正离子相复合。

复合作用与电弧中的电场强度、电弧温度和电弧截面等因素有关。在交流电弧中，当电源电流瞬时值接近零时，复合作用特别强烈；电弧温度越低，带电质点的运动速度越慢，复合就容易；当电流一定时，电弧截面越小，或介质压力越大，其带电质点的浓度也越大，复合就越强。

2. 扩散

扩散是指电弧中的带电质点向周围介质散开的过程。扩散过程减少了弧柱中带电质点的数目。扩散速度与下列因素有关：弧区与周围介质的温度差、带电质点的浓度、弧柱的表面积等。

去游离作用的强弱还与介质的性质以及触头材料有关。氢、六氮化硫等共价键分子具有很强的去游离能力，常用作开关介质。变压器油和某些固体有机物在电弧的高温作用下能分解出游离电位高的氢气，也用作开关介质。

三、电弧的组成

除正负两个电极外，整个电弧可分为三个区域：阴极位降区、弧柱和阳极位降区。阴极和阳极位降区都处于靠近电极的极小范围内，其长度约为 1 μm，而其电位梯度可达到较大的数值，如图 5-1 所示。在横截面上，阴极位降区和阳极位降区通常只集中在一个很小的区域，分别称为阴极斑点和阳极斑点。

电弧的中间部分是弧柱，它的电位沿弧线均匀分布，电位梯度几乎不变。弧柱是由高温、游离了的气体形成的充满了带电粒子的等离子体。电弧可分为长弧和短弧两种。

在高压开关中的电弧一般均属长弧。每厘米长电弧电压降通常不过几百伏，有时在 1 V 以下。长弧在外力（如气流、外界磁场甚至电弧本身产生的磁场力）作用下会迅速移动，每秒可达几百米，拉长、卷曲形成十分复杂的形状。

位于导体接触面上的短弧，弧芯中心线在几个毫米以下。

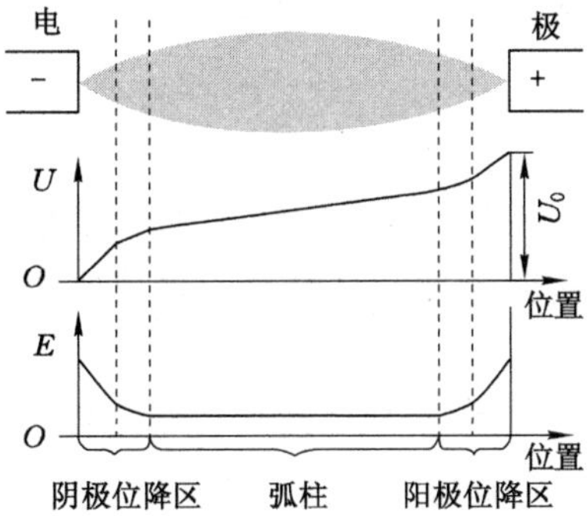

图 5-1　电弧的电位降及电压梯度的分布

四、交流电弧的熄灭

交流电每半个周期自然过零一次。从电弧形成原理来看，电流过零时，电弧自动熄灭。电流过零后，弧隙是否会再击穿而重新燃弧是交流电弧能否持续下去的关键。

在交流电弧中，电流自然过零时，弧中有两个相联系的过程同时存在，即电压恢复过程与介质电强度恢复过程。

加于弧隙的电压由零开始按一定规律随时间恢复升高到峰值电压，这一过程中弧隙两端的电压叫作恢复电压 U_{hf}。

弧隙中介质所能承受而不被击穿的最大外加电压，称为介质电强度 U_j。

在交流电弧的电流接近零时，由于电流变小，弧隙温度下降。过零瞬间输入能量为零，弧隙热量继续散失，使温度进一步下降。当温度低于热游离的温度时，热游离停止，原来的游离质点继续复合和扩散，弧隙由导电状态逐渐恢复到不导电状态，这一过程称为介质电强度恢复过程，也称去游离过程。弧隙中的介质电强度随去游离的加强而逐渐恢复。

因此，比较电流过零后弧隙的介质电强度和恢复电压位的大小就可判断电弧是否重燃和熄灭(图 5-2)。只要电流过零后弧隙介质电强度 U_j 永远大于恢复电压 U_{hf}，弧隙就不会再次被击穿，否则，电弧将重燃。

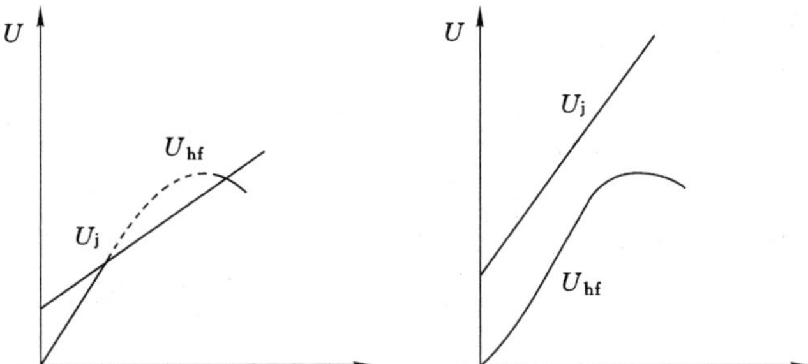

图 5-2　交流电弧过零值后的重燃与熄灭

五、灭弧的基本方法

电弧熄灭的必要条件是去游离作用大于游离作用。在开关设备中最常见的灭弧措施有以下几种方法。

1. 气吹灭弧

将压缩气体注入弧道,使电弧受到冷却和拉长,造成强烈的去游离而使电弧熄灭。气体压力越高,流速越快,灭弧效果就越好。有时也用电弧高温使有机电介质分解成气体来吹弧。

吹弧方式可分为纵吹和横吹两种。横吹是吹动方向与电弧垂直,它把电弧拉长并切断;纵吹是吹动方向与电弧平行,它促使电弧变细。在高压断路器中,往往纵、横吹同时使用,以提高灭弧速度。

2. 油吹灭弧

在油断路器内采用各种不同结构的灭弧室,电弧高温促使油流高速纵吹或横吹电弧,使其加快熄灭。同时,绝缘油在电弧高温作用下,分解出大量游离电位高的氢气,有利于散热。

3. 电磁吹弧

电弧在电磁力作用下产生运动而达到灭弧的现象叫电磁吹弧。这种灭弧方法在低压电器中广泛应用。

电磁吹弧有以下几种方式:① 利用电弧各段电流之间的电动力以及电弧高温形成空气向上流动等原因,使电弧迅速拉长冷却而熄灭;② 利用电流与磁性材料相互作用,使电弧移动;③ 利用磁吹原理,将电弧拉长使其熄灭。

4. 狭缝(或狭沟)灭弧

带电电极在固体介质的狭缝中运动,电弧被拉长的同时,受到固体介质的限制,冷却和复合作用得到增强,弧径被压小甚至阻断,最后导致电弧熄灭。

5. 将长弧分成若干段短弧

电弧穿过一排与电弧垂直放置的相互绝缘的金属片,将长弧切成若干段短弧。若栅片数目较多,各段短弧达不到维持电弧所需的最低电压而熄灭。如把栅片做成“人”字形缺口,相邻栅片的缺口互相错开,按一定的间隔距离交叉排列,则电弧在栅片之间将发生上、下、左、右扭斜,弧径会增长,灭弧能力进一步得到提高。

6. 提高触头分离速度

触头分断速度快,电弧被迅速拉长,有利于防止电弧复燃。

电压过零以后相同时间内,两极之间电场强度相对减小,相当于减缓了恢复电压;同时,电弧的长度和表面积增大,有利于冷却电弧和带电质点的扩散,去游离作用增强,加快介质强度的恢复。在开关电器中,通常采用强力速断弹簧来提高分段速度,触头分离速度可以达到 4～5 m/s。

7. 利用多断口灭弧

将断路器的每一相做成多个断口,由于断口数量的增加,每一断口的电压就降低;各断口采用机械联动结构,在电极分断过程中,相当于触头分断速度成倍地提高,使电弧迅速拉长,从而达到更好的灭弧效果。

8. 真空灭弧

真空灭弧的基本原理是设法降低触头间气体的压力（降到 133.3×10^{-4} Pa 以下），使灭弧室内气体十分稀薄，单位体积内的分子数目极少，则碰撞游离的数量大为减少，同时，弧柱对周围真空空间而言具有很高的离子浓度差，带电质点极易从弧柱中向外扩散，所以真空空间具有较高介质强度的恢复速度。一般在电流第一次过零时，电弧即可熄灭而不再重燃。

需要特别指出的是，电弧的迅速熄灭有时也是有害的。在有电感的电路中，电弧的急剧熄灭会产生截流过电压，严重时可导致过电压危害。

9. 特殊介质灭弧

六氟化硫（SF_6）气体是一种人工合成气体。它具有强电负性，易俘获电子形成低活性的负离子，该负离子的运动速度要慢得多，使得去游离的概率增加。弧隙介质强度恢复过程极快，其灭弧能力相当于同等条件下空气的 100 倍。所以 SF_6 的这一特性自被发现后，便迅速应用在电力工业中。

第二节　高压电器

额定电压 3 kV 及以上的电器，统称为高压电器，包括高压开关设备、电抗器、避雷器、互感器和电容器等。

与低压电器比较，高压电器在构造上具有许多特点：① 要求导体对地、导体各相之间都必须有较高的绝缘。通常这一要求都是由高压绝缘子（也称高压瓷瓶）、介质绝缘和空气间隙实现的。② 在较高电压下，空气中自由燃烧的电弧可被拉长至十几米。因而在高压开关设备中，断开电路时的灭弧是个十分突出的问题，采用各种灭弧装置十分必要。③ 为了保证人身安全、扩大仪表量程，往往借助于电压互感器和电流互感器进行检测和控制。

一、高压断路器

高压断路器的主要作用是：在正常情况下，根据需要接通或断开电路；在故障时，自动而快速地将故障部分切除，以保证系统的安全运行。

高压断路器按灭弧介质分为油断路器、真空断路器和六氟化硫断路器等。

1. 油断路器

在工矿企业中最常见的是油断路器，它是利用绝缘油来熄灭电弧的。根据用油量的多少可分为多油断路器和少油断路器。

高压断路器的型号如图 5-3 所示。

（1）多油断路器

多油断路器的触头系统放置在装有变压器油的接地油箱中，油既用来熄灭电弧，又作为断路器导电部分之间以及导电部分与接地的油箱之间的绝缘介质，因用油量较多，故称为多油断路器。

多油断路器由油箱、箱盖、绝缘套管、触头和灭弧装置等主要部件构成，如图 5-4 所示。

多油断路器的优点是配套性强（断路器内部可装设电流互感器、防冻电加热器等），在户外使用时受大气影响较小。多油断路器的缺点是体积庞大，用油量多，且随额定电压的增高

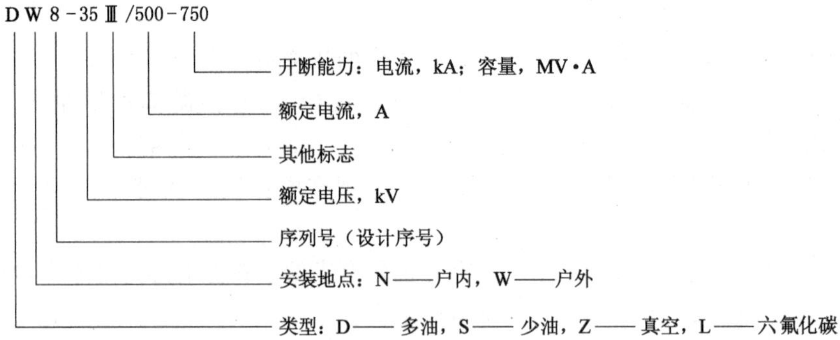

图 5-3　高压断路器的型号

图 5-4　多油断路器

而加大，增加了爆炸和火灾的危险性，检修工作量较大。目前主要用于高寒地区和一些老发电厂和变电所中。

(2) 少油断路器

少油断路器的每一相分别采用各自独立的灭弧室，灭弧室采用绝缘筒或不接地的金属筒，其中的变压器油只用作灭弧和动、静触头之间的绝缘。对地绝缘主要用瓷质件、环氧玻璃布和环氧树脂件等固体绝缘。驱动与速断机构位于密封灭弧室以外的机架上，所以少油断路器体积小、重量轻、用油量少(一般约为同容量多油断路器的 1/20)，同时油箱的结构很坚固，防爆、防火性能较好，使用比较安全。

按使用地点不同，少油断路器分为户内式(SN)和户外式(SW)两种。

少油断路器的灭弧油箱内，除了静、动触头外，还采用绝缘材料构成一定的油路。动触头的活塞运动和电弧使绝缘油气化和分解产生高压油气混合物，产生高速横向和纵向吹弧作用，使其熄灭。通常不论大小电流均能在两个半波内熄灭。SN_{10}-10 型少油断路器的外形结构如图 5-5 所示。

2. 真空断路器

真空断路器是一种利用真空空间作为绝缘和熄弧介质的开关设备。

绝对真空是不存在的。当带电的静、动触头分离的瞬间，“真空”中的微量粒子会被激发，但在其后电流过零的瞬间，真空中的电弧立即被熄灭；电弧中的离子、电子、中性蒸气以及气体分子等迅速扩散，并被“复合”冷却与吸附，真空空间的介质电强度得以很快恢复。

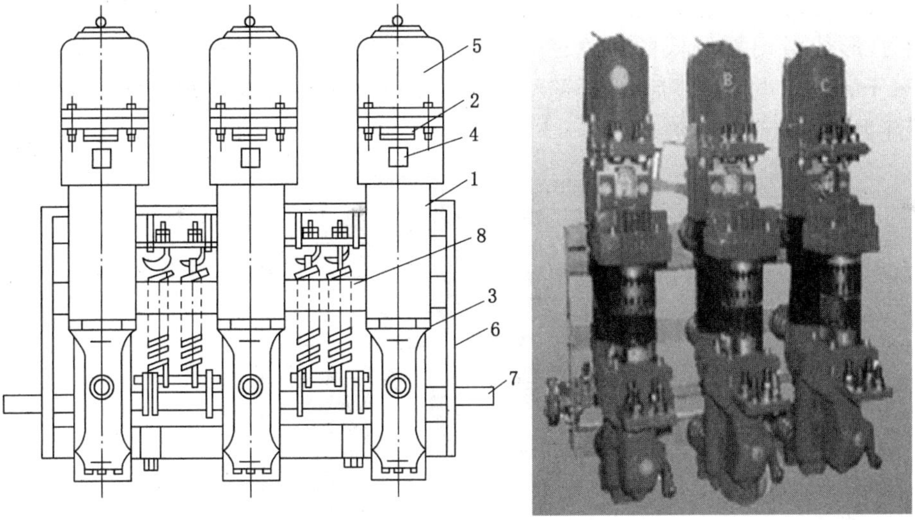

1—油箱；2、3—上、下引线板；4—油位计；5—空气室及油气分离器；6—支架；7—主轴；8—断路弹簧。

图 5-5　SN_{10}-10 型少油断路器的外形结构

真空断路器的主要部件是真空灭弧室，其结构如图 5-6 所示。它是由动触头 4、动触杆 1、静触头 6、玻璃外壳 3、屏蔽罩 5 及波纹管密封 2 等构成。动、静触头部分密封在灭弧室里，担负着接通和切断电路的任务。触头材料是经过特殊冶炼的铋铈合金，具有高抗熔焊能力和耐电腐蚀能力、含气量小、开断能力强的特点，能可靠地开断负荷电流及短路电流。灭弧室的外壳采用玻璃外壳，具有直观易检查和成本低廉的特点。灭弧室内与两端断开的屏蔽罩经支盘以氩弧焊固定在玻璃外壳上。瞬间电弧激发的电极金属原子溅落在屏蔽罩内壁，因两端间隙的存在而不能产生爬电失效。

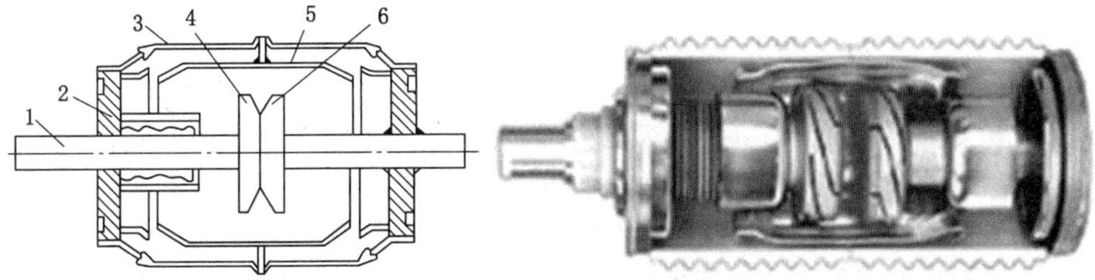

1—动触杆；2—波纹密封；3—外壳；4—动触头；5—屏蔽罩；6—静触头。

图 5-6　真空断路器

真空断路器具有体积小、重量轻、结构简单、节约材料等优点，适合于频繁开关操作，不仅能开断工频电流，还有开断高频电流的能力。它的缺点是在电感性电路中会产生较高的操作过电压。真空绝缘的破坏主要来自密封的失效以及电极材料所产生的蒸气作用。

3. 六氟化硫断路器

六氟化硫断路器是利用 SF_6 做灭弧介质和绝缘介质的断路器（图 5-7）。

SF_6 是一种化学性能非常稳定的惰性气体，在常态下无色、无臭、无毒、不燃，无老化现象，具有良好的绝缘性能和灭弧性能。SF_6呈很强的电负性，对电子有亲和力，具有俘获电子的能力，形成活动性较低的负离子，使正、负离子复合的可能性大大增加。当压强在100 kPa下，SF_6在电流过零后，介质绝缘强度恢复很快，其恢复时间常数只是空气的1%，即其灭弧能力比空气高100倍。

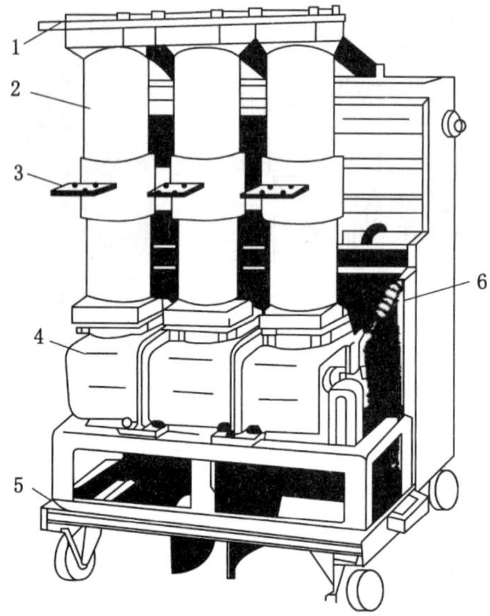

1—上接线端子；2—绝缘筒(内为静、动触头及灭弧系统)；3—下接线端子；4—操作机构箱；5—小车；6—断路弹簧。

图5-7　六氟化硫断路器

六氟化硫断路器的灭弧方式有两种：一种是利用触头开断时电弧产生的高压气流来吹灭电弧；另一种是利用动触头开断时带动压气活塞将灭弧室内局部气体压力提高，经过喷嘴喷向电弧，达到灭弧的目的。

SF_6的密度是空气的5倍。在正常情况下，它的绝缘强度是空气的2～3倍，而且随着压力的增加，绝缘强度也增加。六氟化硫断路器工作电压为0.3～0.5 MPa。

六氟化硫断路器的优点有：① 熄弧能力强，易于制成断流容量大的断路器；② 电寿命长，允许开断次数多，检修周期长；③ 散热性质好，流通能力大，介质具有阻燃特性。

但是，六氟化硫断路器对加工精度要求高，对密封、水分要求严格。此外，开关内的六氟化硫气体，经电弧分解后，会产生许多有毒的、具有腐蚀性的气体和固体分解物，这不仅影响到设备的性能，而且危及运行和检修人员的安全。所以，在处理漏气故障时一定要注意做好防护措施。

二、高压隔离开关

高压断路器具有强力灭弧装置，可用以切断带负载甚至短路事故的电路，但其两个触头间的距离较近且多处于密闭系统中，检修时不便观察其带电状态，也极不安全。因此，需要敞开式且间距较大的另一种开关设备，形成明显的断口把带电部分隔开，以便安全检修。这种隔开电源的开关称为高压隔离开关(简称隔离开关)，俗称刀闸。

根据隔离开关所担负的任务，应满足下列要求：① 隔离开关应具有明显的断开点，易于鉴别电器是否与电网断开；② 隔离开关断开点之间应有足够的距离、可靠的绝缘，以保证在恶劣的气候环境下也能起到可靠的隔离作用，并保证在过电压及相间闪络的情况下，不致引起击穿而危机工作人员的安全；③ 具有足够的短路稳定性，运行中的隔离开关会受到短路电流的热效应和电动力效应的作用，所以要求它具有足够的热稳定性，尤其不能因电动力作用而自动断开，否则将引起严重事故；④ 隔离开关的结构应尽可能简单，动作要可靠；⑤ 带有接地刀闸的隔离开关必须相互有联锁，以保证先断开隔离开关、后闭合接地刀闸，先断开接地刀闸、后闭合隔离开关的操作顺序。

隔离开关按照使用环境分为户内式隔离开关和户外式隔离开关两大类。

1. 户内式隔离开关

典型的户内式隔离开关如图 5-8 所示，将动触头与支柱绝缘子的轴垂直装设，而且大多采用刀片使动触头（刀闸）、导电系统（包括闸刀、触头）通过支柱瓷瓶安装在共同的底架上，操纵系统通过三个操作绝缘子同步带动动触头动作。

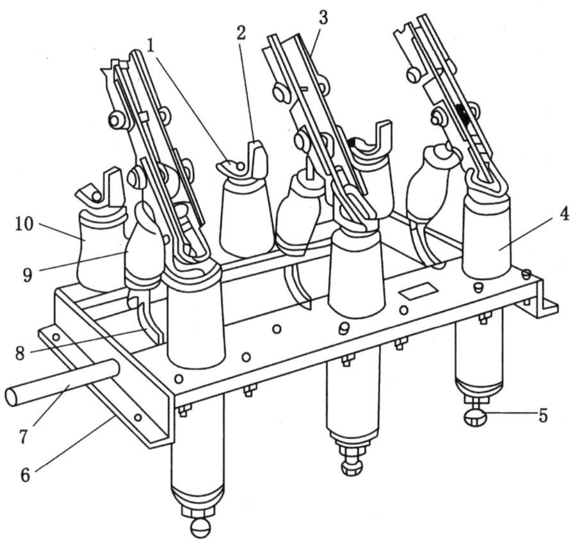

1—上接线端；2—静触头；3—刀闸；4—套管绝缘子；5—下接线端；6—框架；7—转轴；8—拐臂；9—升降绝缘子；10—支柱绝缘子。

图 5-8　户内式隔离开关

2. 户外式隔离开关

户外式隔离开关要承受冰、风、雨、严寒和酷暑等气候变化的影响，其绝缘强度和机械强度相应要求比较高。

户外式隔离开关（图 5-9）通常每相采用两个支柱绝缘子，分别装在底座两端的轴承上，并以可以水平转动的交叉连杆实现连接。主触头外装防护罩，以防雨、雪和灰尘。进行操作时，操动机构的交叉连杆带动两个支柱绝缘子向相反方向（一个顺时针，另一个逆时针）转动 90°，于是刀闸相应断开或闭合。部分户外式隔离开关还附带有接地刀闸，在主刀闸分开后，利用接地刀闸将出线侧接地，以保证检修工作的安全。

户外式隔离开关的主刀闸和接地刀闸常采用电动型操作机构进行三相联动操作，并采用机械联锁装置实现主刀闸和接地刀闸间的闭锁关系。

户外式隔离开关没有灭弧装置，不能用来开断负荷电流，只有在电路被高压开关断路的

(a) GW4型系列隔离开关　　(b) GW5型户外隔离开关

图 5-9　常见户外式隔离开关

情况下，才能操作户外式隔离开关进行接通或断开。否则，会在户外式隔离开关触头之间形成很强的电弧，这不仅能烧毁户外式隔离开关本身，还能烧坏邻近的电气设备，甚至会引起相间或对地弧光闪络，造成严重的短路或人身伤亡事故。

因此，只有当相应的高压断路器切断电路后，才能拉开户外式隔离开关。当合闸时，则须先合上户外式隔离开关，然后再合高压断路器。两者之间应装有必要的联锁装置。

户外式隔离开关的型号如图 5-10 所示。

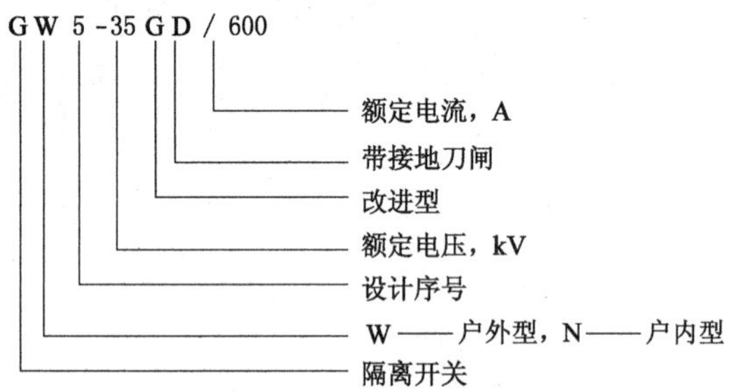

图 5-10　户外式隔离开关的型号

户外式隔离开关的型号及技术数据一般可从产品目录中查得。选择户外式隔离开关首先考虑工作条件(室内、外)及是否需要接地刀闸，再按 U_e、I_e 选取。

由于户外式隔离开关主要是用于电气隔离而不能分断正常负荷电流和短路电流，因此，选型时只需要选择额定电压和额定电流，校验动稳定度和热稳定度。在成套开关柜中，生产厂商一般都会提供各种配置的开关柜方案号，并配有柜内设备型号，用户可按厂商提供的型号选择，也可以自己指定设备型号。

户外式隔离开关常发生的故障现象是触头发热或烧损，接触条弯曲变形，绝缘子脏污放电、闪烙或破损等。户外式隔离开关的维护与检修通常列为选煤厂年度维检内容之一。

三、高压负荷开关

高压负荷开关(简称负荷开关)是一种功能介于断路器和隔离开关之间的开关设备，具有简单的灭弧装置，能切断额定负荷电流和一定的过载电流，但不能切断短路电流。高压负荷开关在分闸时有明显的断口，可起到隔离开关的作用；与高压熔断器串联使用，在功率不大或可靠性能要求不高、无须经常通断的配电回路中可用于代替断路器，以便简化配电装置，降低设备费用。

高压负荷开关的型号如图 5-11 所示。

FN 3-10 RT

- 使用条件：T——热带；TH——湿热带；TA——干热带
- 带熔断器
- 额定电压，kV
- 序列号（设计序号）
- 安装位置：N——户内；W——户外
- 负荷开关

图 5-11　高压负荷开关的型号

高压负荷开关的种类很多，按结构可分为油浸式高压负荷开关、真空高压负荷开关、六氟化硫(SF_6)高压负荷开关、产气式高压负荷开关和压气式高压负荷开关等。

1. 油浸式高压负荷开关

油浸式高压负荷开关是利用电弧本身能量使电弧周围的油分解气化并冷却熄灭电弧的，其结构较为简单，但重量大，适用于 35 kV 及以下的户外产品。

2. 真空高压负荷开关

真空高压负荷开关（图 5-12）完全采用了真空开关管的灭弧优点以及相应的操作机构。由于真空高压负荷开关不具备开断短路电流的能力，故它在结构上较简单，适用于电流小、动作频繁的场合，常见的真空高压负荷开关有户内型及户外柱上型两种，适用于 220 kV 及以下电网。

图 5-12　户内式真空高压负荷开关

3. 六氟化硫(SF_6)高压负荷开关

六氟化硫(SF_6)高压负荷开关是利用 SF_6 气体进行灭弧的，其开断电流大，开断电容电流性能好，SF_6 气体无老化现象，但结构较为复杂，适用于 35 kV 及以上城市电网中的环网供电系统，作为分段开关或分支线的配电开关。

4．产气式高压负荷开关

产气式高压负荷开关是利用开断电弧本身的能量使弧室的产气材料产生气体来吹灭电弧的，其结构较为简单，适用于35 kV及以下配电电网。

5．压气式高压负荷开关

压气式高压负荷开关是利用开断过程中活塞的压气吹灭电弧，其结构也较为简单的，适用于35 kV及以下配电电网。

四、高压熔断器

熔断器是在电路中设置的一个最薄弱的发热元件。当短路电流或过载电流通过时，元件本身发热熔断，从而使电路切断，达到保护电路的目的。熔断器的保护特性以流过熔断器的电流和熔断时间的关系曲线（即熔断器的安-秒特性曲线）表述，如图5-13所示。可见，熔断器熔体熔断所需的时间与通过熔体的电流成反比，电流越大，熔断越快；电流越小，熔断越慢。这种物性称为熔断器的反时限特性。

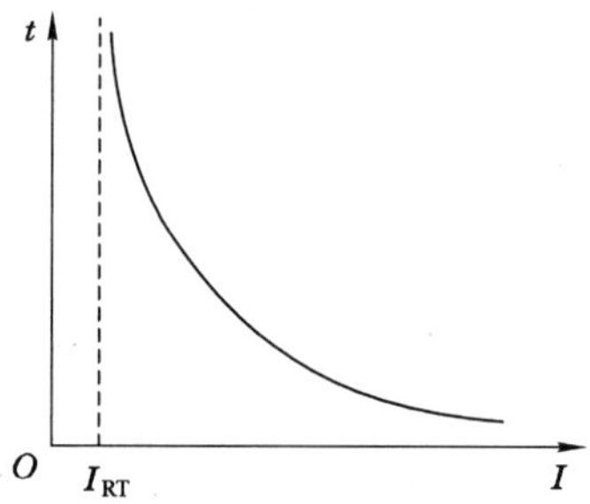

图5-13　熔断器的安-秒特性曲线

选煤厂常用高压熔断器分为限流式和跌落式两类。

高压熔断器的型号如图5-14所示。

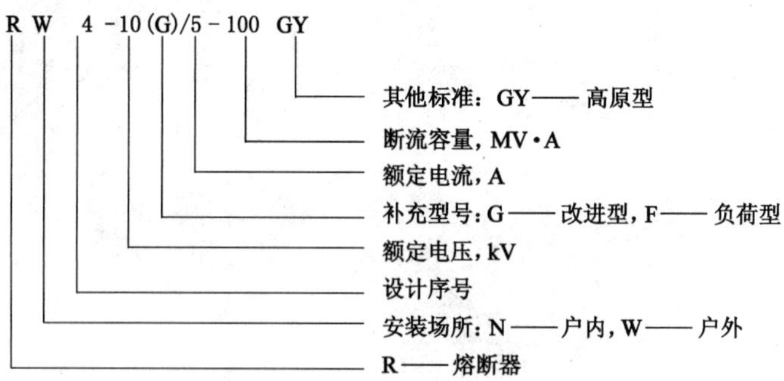

图5-14　高压熔断器的型号

1．限流式高压熔断器

限流式高压熔断器主要由熔体管、触座、接线板、支柱绝缘子、底座等部件组成（图5-15）。限流式高压熔断器的熔丝按额定电流大小采用一根或多根熔丝缠到有棱的芯子上（额定电流小于7.5 A）或绕成螺旋形直接安装在管内（额定电流大于7.5 A），熔体管两端用铜帽密封，内部充以石英砂。当短路电流或过载电流通过时，熔体立即熔断并产生电弧，由于石英砂对电弧的冷却和去游离作用，电弧很快熄灭。在熔丝熔断时，指示器弹簧的拉线也同时熔断，并从弹簧管内弹出，以显示熔断器切断电路。

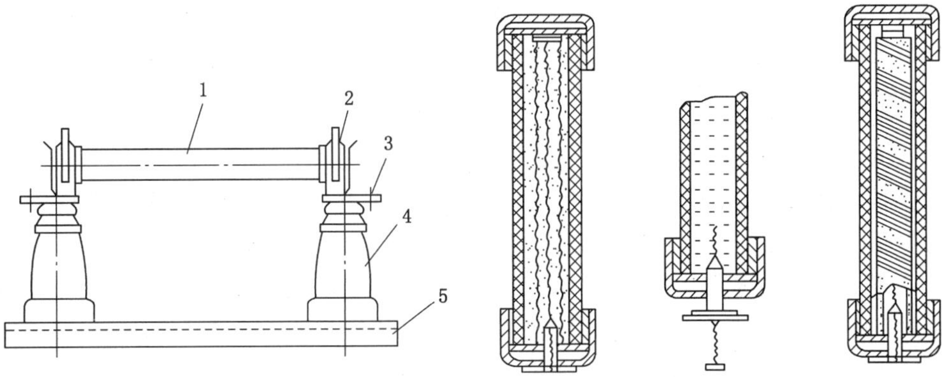

1—熔体管；2—触座；3—接线板；4—支柱绝缘子；5—底座。

图 5-15　户内限流式高压熔断器

限流式高压熔断器由于熄弧能力强而具有限流作用，能使短路电流未达到最大峰值之前将电弧熄灭（即强迫过零）。这对于限制短路电流，降低电气设备对动、热稳定性的要求具有重要意义。限流式高压熔断器在开断电路时无游离气体排出，因此在户内装置中被广泛采用。

2. 跌落式高压熔断器

跌落式高压熔断器主要由上下触头座、熔体管、绝缘子、安装板等部件组成（图 5-16）。跌落式高压熔断器利用熔丝将熔体管上的活动关节（由动触头组成）锁紧，保持合闸状态。当通过短路电流或过载电流使熔丝熔断时，在熔体管内产生电弧，熔体管（常采用钢纸管或薄钢纸卷制）内壁在电弧作用下产生大量气体，管内压力升高，气体高速向外喷出；当电流通过固有零点时，产生强烈的去游离作用，从而熄灭电弧。接着活动关节释放，熔体管自动跌落形成明显的隔离间隙。

图 5-16　户外跌落式高压熔断器

跌落式高压熔断器的灭弧速度不高，在短路电流的最大值到达之前还不能将电弧熄灭，不起限流作用，是不限流熔断器。跌落式高压熔断器在开断电弧时会喷出大量的游离气体，同时发生爆炸，故只能在户外使用。

跌落式高压熔断器还可以起隔离开关的作用；在正常情况下，用带钩的绝缘拉杆钩在熔管上端的小孔中拉下推上，以便切断或接通空载的小容量变压器或类似的高压电路，所以在农村或小工厂得到广泛应用。

五、互感器

1. 互感器的作用

互感器按变换量的不同，可分为电压互感器和电流互感器。它是一种特殊变压器。互感器的主要作用是：

① 互感器将供电系统中的一次回路的交流高电压、大电流按比例降到某一标准值（一般电压为 100 V，电流为 5 A），供给二次回路的测量仪表、继电保护和自动装置用。

② 采用互感器后，使二次设备标准化、小型化、造价低、准确度高。另外，由于互感器采用磁耦合方式，使二次设备与一次回路的高压在电气方面良好隔离，且二次回路直接接地，保证了人员和设备的安全。

③ 扩大仪表、继电器等二次设备应用的电流范围，使仪表、继电器等二次设备的规格统一，有利于批量生产，降低成本。

2. 电流互感器

（1）电流互感器的基本原理

电流互感器简称 CT，文字符号为 TA，是变换电流的设备。电流互感器的原理图如图 5-17 所示。它的一次线圈匝数很少（有的直接穿过铁芯，只有 1 匝），导线相当粗，而其二次线圈的匝数很多，导线较细。工作时，一次线圈串联在供电系统的一次电路中，二次线圈则与仪表、继电器等的电流线圈串联起来形成一个闭合回路。由于这些电流线圈的阻抗很小，所以电流互感器在工作时二次侧接近于短路状态。

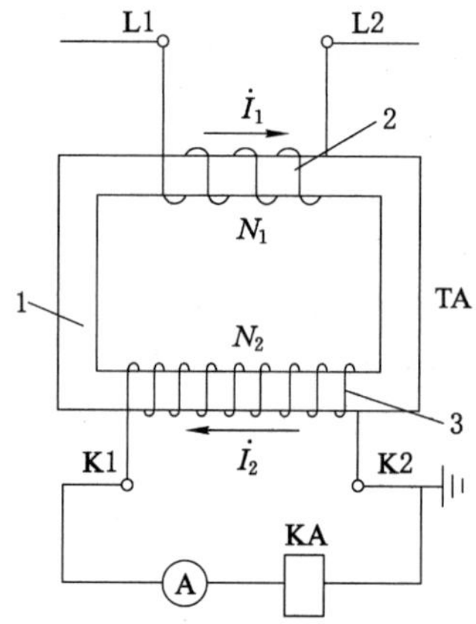

1—铁芯；2—一次线圈；3—二次线圈。

图 5-17　电流互感器原理

电流互感器的一次电流 I_1 与其二次电流 I_2 之间存在着下列关系：

$$I_1 \approx \frac{N_2}{N_1} I_2 \approx K_i \cdot I_2 \tag{5-2}$$

式中　N_1、N_2——分别是电流互感器一、二次绕组的匝数；

K_i——电流互感器的变流比，一般表示为一、二次绕组的额定电流之比，即 $K_i = I_{N1}/I_{N2}$。

由此可见，电流互感器一次电流等于二次电流乘变流比。当初级线圈中的电流变化时，次级线圈的电流与之成比例地变化，借助于次级线圈电流的测量数据来表示初级线圈中的电流。

（2）电流互感器的类型

电流互感器的类型很多。按一次电压可分为高压和低压两大类；按一次线圈匝数可分为单匝式和多匝式两类；按安装地点可分为户内式和户外式两类；按用途可分为测量用和保护用两类；按精度等级可分为 0.2、0.5、1、3、5P 和 10P 等几个等级；按绝缘介质可分为油浸式和干式(含环氧树脂浇注式)两类；按安装形式可分为穿墙式、母线式、套管式和支持式；等等。目前，应用最广泛的是环氧树脂浇注绝缘的干式电流互感器。常见电流互感器外形如图 5-18 所示。

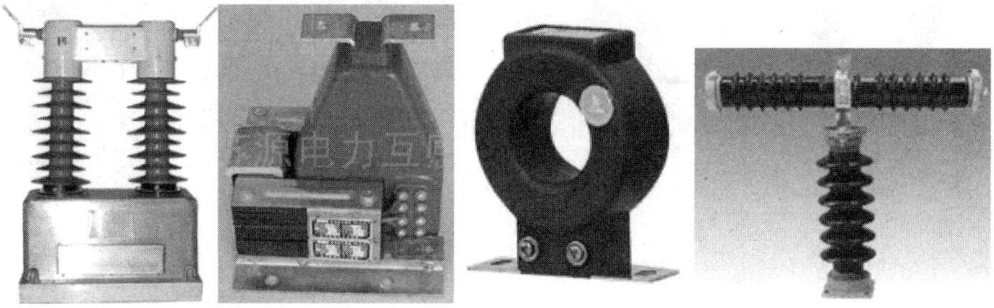

图 5-18　常见电流互感器外形

(3) 电流互感器使用注意事项

① 电流互感器在工作时，二次侧绝对不能开路。一旦二次侧开路，将形成很高的操作过电压，使绝缘击穿。为防止电流互感器二次侧开路，在其二次回路中不能设置熔断器。

② 电流互感器的二次侧必须有一端接地，防止一次侧的高压窜入二次侧，危及人身安全和测量仪表、继电器等设备的安全。

③ 电流互感器二次侧的极性对二次回路电流的相位关系有着直接的影响，因此，在连接时必须注意端子极性，防止接错线。

3. 电压互感器

(1) 电压互感器的基本原理

图 5-19 为电压互感器的接线原理图。它的一次线圈匝数很多，而二次线圈匝数很少。工作时，一次线圈并联在供电系统的一次电路中，而二次线圈上并联仪表、继电器的电压线圈。由于这些电压线圈的阻抗相当大，所以电压互感器在工作时接近空载状态。

电压互感器的一次电压 U_1 与其二次电压 U_2 间存在下列关系：

$$U_1 \approx \frac{N_1}{N_2}U_2 = K_u U_2 \tag{5-3}$$

式中　N_1、N_2——分别为电压互感器一、二次绕组的匝数；

K_u——电压互感器的变压比，一般表示为一、二次额定电压之比，即 $K_u = U_{N1}/U_{N2}$。

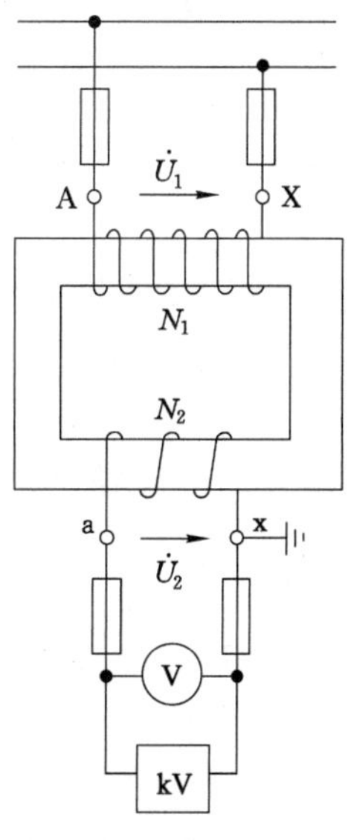

图 5-19　电压互感器的接线原理图

(2) 电压互感器的类型

电压互感器按相数可分为单相和三相两大类；按用途可分为测量用和保护用两类；按精度等级可分为 0.2、0.5、1、3、3P 和 6P 等几个等级；按安装地点可分为户内式和户外式两类；按绝缘介质可分为油浸式和干式(含环氧树脂浇注式)两类。目前，应用最广泛的是环氧树脂浇注绝缘的干式电压互感器。常用电压互感器外形如图 5-20 所示。

图 5-20　常用电压互感器外形

(3) 电压互感器使用注意事项

电压互感器在使用时应注意如下事项：

① 电压互感器的二次侧在工作时不得短路。二次侧短路会导致一次侧阻抗显著降低，形成强大的一次电流，严重时会烧坏互感器。电压互感器的一次、二次侧都应装设熔断器作为短路保护。

② 电压互感器的二次侧有一端必须接地，防止一次侧的高电压窜入二次侧，危及人身和设备的安全。

③ 电压互感器在连接时，也要注意一、二次线圈接线端子上的极性。

六、高压开关柜

高压开关柜是按一定的线路方案将有关一、二次设备组装而成的一种高压成套配电装置，也称高压配电柜。

高压开关柜按断路器安装方式分为移开式(手车式)和固定式两类；按安装地点分为户内式和户外式两类；按柜体结构分为金属封闭铠装式开关柜、金属封闭间隔式开关柜、金属封闭箱式开关柜和敞开式开关柜四大类。KYN28-12kV 中置式金属铠装开关柜如图 5-21 所示。

高压开关柜内通常按实际功能分隔成几个隔室：主母线室、小母线室、断路器室、电缆室、继电器和仪表室等。

高压开关柜内常用一次电器元件(主回路设备)主要有：电流互感器、电压互感器、接地开关、避雷器、隔离开关、高压断路器、高压接触器、高压熔断器、变压器、高压带电显示器、绝缘件、高压电抗器、负荷开关、高压单相并联电容器等。

高压开关柜内常用二次电器元件(控制路设备)主要有：继电器、空气开关、转换开关；熔断器、按钮；电度表、电流表、电压表、功率表、功率因数表、频率表；各种信号灯；微机综合保护装置；等等。

与单个开关相比，高压开关柜增加了重要的协同工作性能，常称为高压开关柜的五防：

① 防止误分合断路器。手车必须处于工作位置或试验位置时，断路器才能进行合闸、分闸操作。

② 防止带负荷移动断路器手车。手车只有在断路器处于分闸状态下才能进行拉出或推入，且在断路器合闸后，手车无法移动。

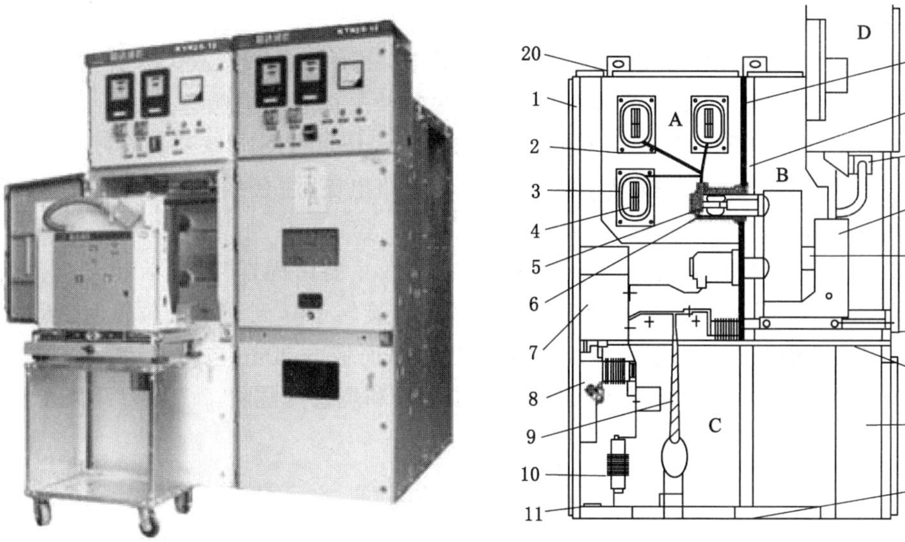

A—母线室；B—断路器手车室；C—电缆室；D—继电器仪表室；
1—外壳；2—分支母线；3—母线套管；4—主母线；5—静触头装置；6—触头盒；7—电流互感器；8—接地开关；
9—电缆；10—避雷器；11—接地母线；12—隔板；13—活门；14—二次插头；15—断路器手车；16—加热装置；
17—可抽出式水平隔板；18—接地开关操作机构；19—底板；20—泄压装置；21—控制导线槽。

图 5-21　KYN28-12kV 中置式金属铠装开关柜

③ 防止带电闭合接地开关。断路器处于闭合位置时，接地开关无法进行合闸操作。

④ 防止带接地送电。接地开关必须处于分闸位置时，断路器才能进行合闸操作。

⑤ 防止误入带电间隔。高压开关柜的下门及后门与接地刀闸之间采用机械闭锁，只有在接地开关处于合闸位置时才能开门。无接地开关的开关柜，柜门与断路器进行机械或电磁闭锁。

第三节　低压配电电器

低压电器通常是指工作在交流 1 000 V、直流 1 200 V 以下电路中的电器设备。

低压配电电器在电路中用于电能输送和分配的电器，主要包括刀开关、自动空气断路器和低压熔断器等。

一、低压刀开关

低压刀开关通常称为刀闸，用作接通和切断电路，以便向用电设备或线路供电或停电；隔离电源，确保检修时的人身安全。

低压刀开关依据结构形式不同，分为隔离刀开关、胶盖瓷底刀开关（开启式负荷开关）、铁壳开关（封闭式负荷开关）等。

低压刀开关常与熔断器连用作为电源开关。动触头连接熔断体的刀开关称为熔断器式刀开关，简称刀熔开关。胶盖瓷底刀开关和铁壳开关多属于刀熔开关，可用于控制 4.5 kW 以下鼠笼式电动机的启停。

1. 隔离刀开关

常用隔离刀开关产品有两类:一类是带杠杆操作机构的单投或双投刀开关,能切断额定电流值以下的负载电流,主要用于低压配电装置中的开关板或动力箱等产品。属于这一类的产品有 HD12、HD13 和 HD14 系列单投刀开关以及 HS11、HS13 系列双投刀开关。另外一类是中央手柄式的单投或双投刀开关,只能分断开路电流,主要用于一般的控制屏,作为隔离电源用的隔离器。

图 5-22 所示为 HD13 型低压刀开关结构示意图。主要由固定刀座、活动刀片、灭弧罩及操作手柄等组成。当操作手柄 9 由朝上位置顺时针旋转 160°到朝下的位置时,活动刀片 3 就从固定刀座 7 中退出。由于操作人站在配电盘前,而带电部分(包括刀片、刀座及上、下接线螺丝)都在配电盘后的绝缘板上,因而避免了触电和烧伤的危险。多数刀开关在静触头附近设置金属或陶瓷灭弧栅进行灭弧。

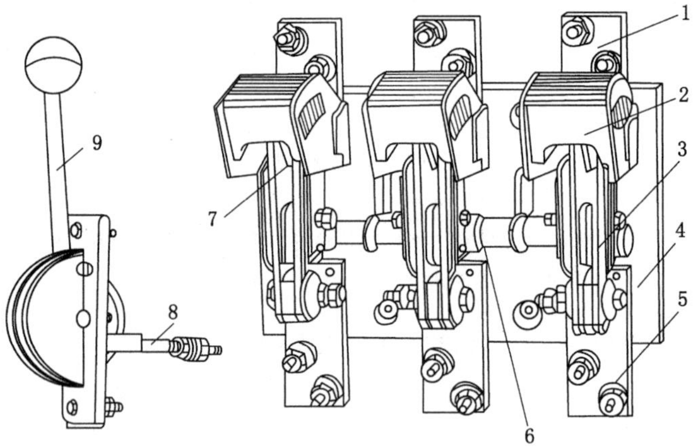

1—电源侧面接线螺丝;2—灭弧罩;3—活动刀片;4—电木绝缘板;
5—负荷侧面接线螺丝;6—同步传动轴;7—刀座;8—传动杆;9—操作手柄。

图 5-22　HD13 型低压刀开关结构示意图

2. 胶盖瓷底刀开关(HK 系列)

这是一种带熔断器的刀开关。这种开关广泛用于额定电压为交流 380 V 或直流 440 V、额定电流在 60 A 以下各种线路的不频繁接通或切断负载电路,并能起短路保护作用;也可用于 5.5 kW 以下三相电动机的不频繁直接启动和停车控制。胶盖瓷底刀开关过去常用作公共照明系统及家庭用电源总开关,随着空气断路器的小型化和广泛普及,胶盖瓷底刀开关现已逐渐退出历史舞台。图 5-23 所示为胶盖瓷底刀开关的结构示意图。

3. 铁壳开关

铁壳开关是一种以刀开关和熔断器为主体的手动组合开关电器,可用于容量较小、启动不频繁的电动机的直接启动。在选煤厂,过去常用作临时维修电器的电源开关。现已很少使用。

铁壳开关结构如图 5-24 所示,由刀片、夹座、操作手柄、速断弹簧、熔断器等组成。在铁壳开关的手柄转轴与底座之间装有速断弹簧,使开关分断速度与手柄操作速度无关,保证刀开关快速接通或切断电路。当扳动手柄分闸(或合闸)时,U 形动触头开始并不动作,仅拉

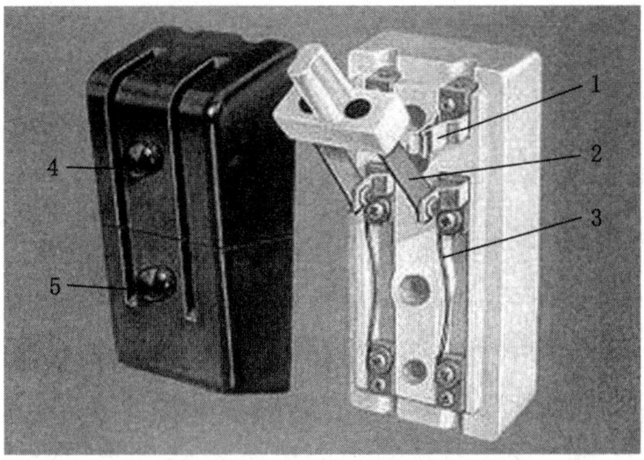

1—静触头；2—闸刀；3—熔丝；4—上胶木盖；5—下胶木盖。

图 5-23　胶盖瓷底刀开关结构

伸弹簧储蓄能量；当转轴转过一定角度时，U 形动触头与静触头在弹簧作用下迅速分离（或闭合），电弧快速熄灭，减少了电弧对触头的烧蚀。

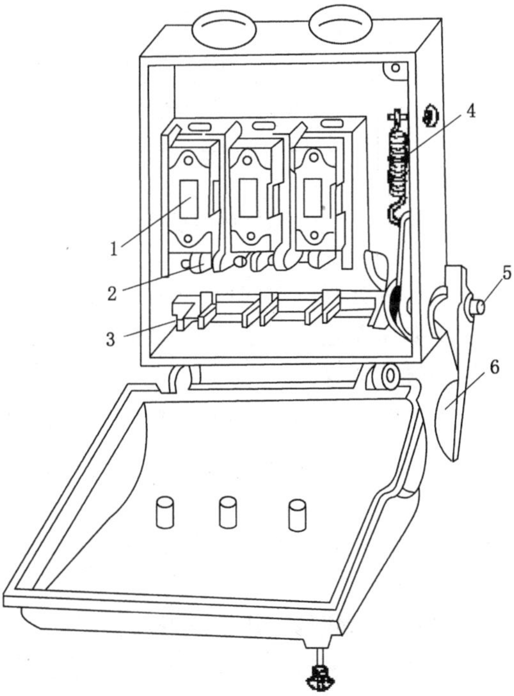

1—熔断器；2—静触座；3—可动闸刀；4—弹簧；5—转轮；6—手柄。

图 5-24　铁壳开关

为了保证用电安全，铁壳上装有机械联锁装置，当箱盖打开时，不能合闸；闸刀合闸后，箱盖不能打开。

常用的铁壳开关有 HH2、HH3、HH4、HH10 等系列，其额定电压为 380 V，额定电流有 10 A、15 A、20 A、30 A、60 A、100 A、200 A 等多种。

二、自动空气断路器

自动空气断路器又称自动空气开关或自动开关。它不仅能通断空载电流和正常负荷电流，当电路发生短路、过载、欠压等故障时，还能自动切断电路，目前，广泛用作选煤厂等工业、民用配电系统及电气设备的电源开关。

1. 自动空气断路器原理

自动空气断路器由触头系统、灭弧系统、保护装置及传动机构等几部分组成。

其主触头(包括静触头组和动触头组)由耐弧合金(如银钨合金等)制成，动触头组在带速断弹簧的操作机构作用下，以空气为电介质进行通断作业，故称为空气开关。在主触头的附近采用灭弧栅片进行灭弧。保护机构将超限电参数转变为位移，通过与操纵机构相连的传动机构，触发脱扣环节实现自动跳闸(图 5-25)。

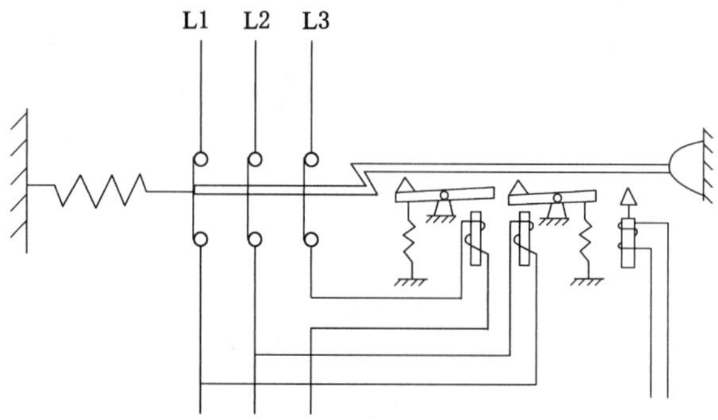

图 5-25　自动空气断路器结构原理

各类自动空气断路器的保护装置有所不同，一般由热脱扣器(过载保护)和电磁脱扣器(短路保护)两部分组成。用于低压总进线开关 DW 系列框架式(万能式)自动空气断路器允许用户加装欠压保护等附加保护装置。

过载保护采用双金属片为检测元件。电流通过热元件发热，使双金属片弯曲。电流越大弯曲越严重。当双金属片悬空端位移到某一限值时，推动脱扣器动作，达到过热保护的目的。

短路保护和失压保护都是使导线通过电磁线圈，迫使衔铁克服弹簧拉力产生位移，触发脱扣器动作。

自动空气断路器相当于刀开关、熔断器、热继电器和欠压继电器的组合，具有体积小、安装使用方便、操作安全等优点。在电路短路时，电磁脱扣器自动脱扣进行短路保护，故障排除后可以重新使用。因而自动空气断路器被广泛用于配电、电动机、照明线路的短路和过载保护，也用作线路不频繁转换及不频繁启动的交流异步电动机的控制。

2. 自动空气断路器的种类

自动空气断路器按结构型式可分为塑壳式、框架式、限流式、直流快速式、灭磁式和漏电保护式等。选煤厂常用的主要有 DZ 系列塑料外壳(装置式)自动空气断路器和 DW 系列框架式(万能式)自动空气断路器。

DZ 系列塑料外壳自动空气断路器有 DZ3、DZ4、DZ5、DZ10、DZl2 等系列，常用作电动机的电源开关或配电线路的通断等(图 5-26)。

图 5-26　DZ 系列塑料外壳空气断路器

DW 系列框架式自动空气断路器(图 5-27)为敞开式结构,其保护方案和操作方式都较多,因此又称为万能式自动开关。其灭弧能力较强,断流容量较大,但断路时间较长,在一个周期(0.02 s)以上。目前使用较多的有 DW10、DW15,推广应用的有 DW15X、DW16、DW17(ME 开关)、DW914、(AH)等。DW 系列框架式自动空气断路器多用于额定电流较大的场合,例如低压总进线开关或大中型电动机电源开关等。

图 5-27　DW 系列框架式自动空气断路器

三、低压熔断器

低压熔断器主要用于低压配电系统的短路保护和过负荷保护,可与闸刀开关相配合,用于小型动力的短路保护和照明线路的过流保护。

低压熔断器的主要部件是熔体和熔管。过电流时,熔体在自身产生的高温作用下熔断,迅速将故障电路切断,从而达到保护目的。与高压熔断器相似,其熔断特性也以安-秒曲线表示,具有反时限性。

低压熔断器的种类很多,按结构可分为瓷插式、螺旋式和管式等(图 5-28);按灭弧方式可分为有填料式和无填料式。常用型号有 RM 系列无填料密闭管式熔断器、RT 系列有填料密闭管式熔断器、RC 系列瓷插式熔断器、RL 系列螺旋式熔断器、NT 系列高分断能力熔断器等。

低压熔断器的主要缺点是熔体熔断后必须更换,会引起短时停电,保护特性和可靠性较差,在一般情况下,必须与其他电器配合使用。随着自动空气断路器的小型化,低压熔断器已逐渐被取代。

四、低压配电屏

低压配电屏是按一定接线方案将有关电气设备组装在一起的一种金属框架。低压配电屏结构简单、价廉,并可双面维护,检修方便。低压配电屏有固定式和抽屉式两种结构。

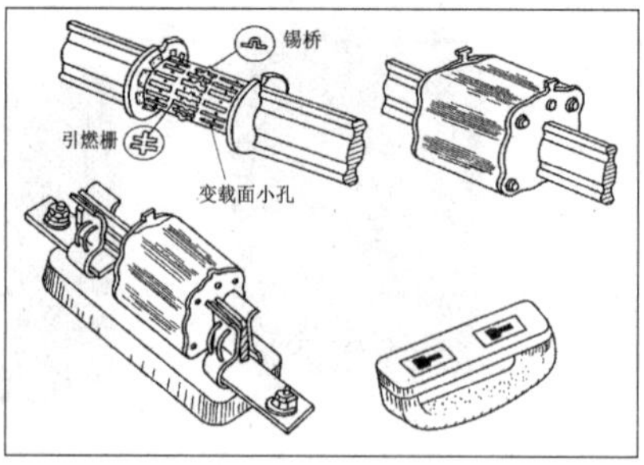

(a) 密闭管式

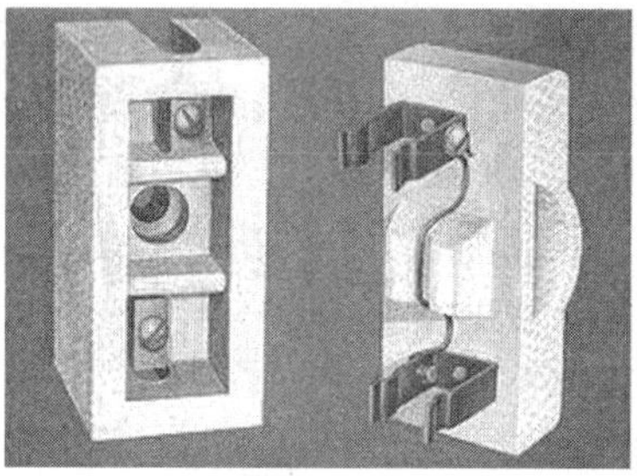

(b) 瓷插式

(c) 螺旋式

图 5-28　低压熔断器

1. 固定式低压配电屏

固定式低压配电屏也称低压开关柜，其框体采用组合柜的形式，安装电器的构架用型钢局部焊接组装而成，侧面分别有模数为 20 mm 和 100 mm 的安装孔，使得框架组装灵活方便。柜体上下两端均有不同数量的散热孔，当柜内电器元件发热后，热量上升，通过上端槽孔排出，而冷风不断地由下端槽孔补充进柜，使密封的柜体自下而上形成一个自然通风道，达到散热的目的。柜门用转轴式活动铰链与构架相连，安装、拆卸方便。门的折边处均有一根山形橡塑条，关门时门与构架之间的嵌条有一定的压缩行程，能防止门与柜体直接碰撞，也提高了门的防护等级。柜体的顶盖在需要时可拆卸，便于现场主母线的装配和调整，柜顶的四角装有吊环，用于起吊和装运。柜体的防护等级通常为 IP30，用户也可根据使用环境的要求在 IP20～IP40 之间选择。

2. 抽屉式低压配电屏

抽屉式低压配电屏也称抽屉式开关柜，是采用钢板制成封闭外壳，进出线回路的电器元件都安装在可抽出的抽屉中，构成能完成某一类供电任务的功能单元。功能单元与母线或电缆之间，用接地的金属板或塑料制成的功能板隔开，形成母线、功能单元和电缆三个区域。抽屉式低压配电屏具有布置紧凑、占地面积少、密封性能好、安全可靠性高、互换性好等特点。当回路故障时，可拉出检修或换上备用抽屉，即可迅速恢复供电。抽屉式低压配电屏的缺点是结构比较复杂，价格也较高。近期新建选煤厂多选择抽屉式低压配电屏作为集中控制的配电柜(图 5-29)。

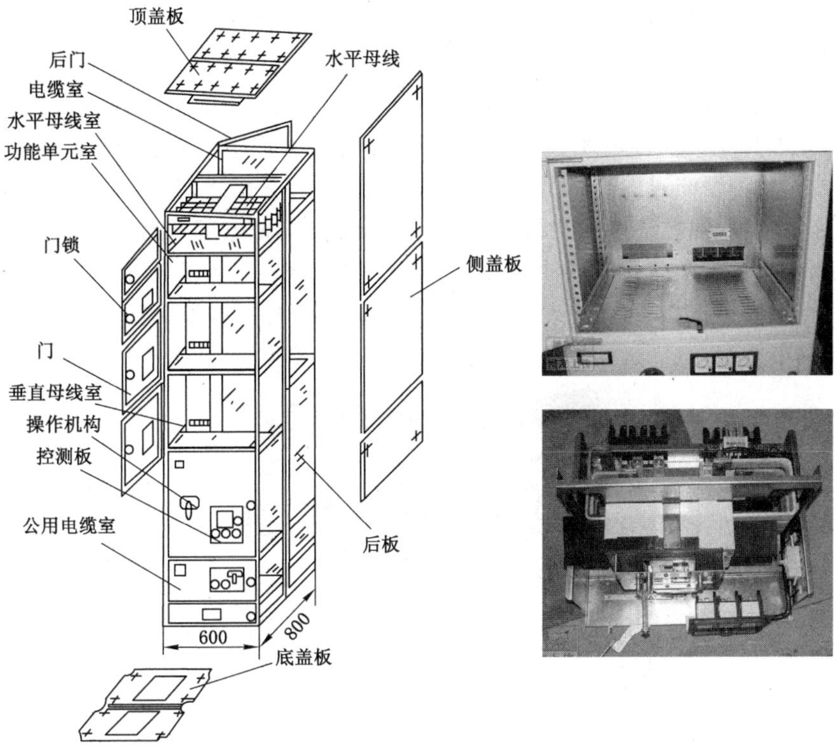

图 5-29　抽屉式低压配电屏

第四节　母线、电缆与导线

电线是电力系统的重要组成部分，起着输送和分配电能的作用。在实际应用中，电线分为母线、电力电缆和导线三类。

一、母线

母线就是高、低压配电柜的电源线，由它向各个高、低压开关供电。母线一般是用铜、铝或钢等材料制成。由于我国铝的资源丰富，多采用铝母线。

母线的截面形状有圆形、矩形和多股绞线三种。

35 kV 以下的配电室中以及 10 kV 以下的屋外配电装置中大多采用矩形母线，方便通过螺栓进行母线与母线、母线与带扁平端子的电缆终端头连接。

35 kV 以上的室外变配电系统中多采用绞成的软母线，室内变配电系统中多采用圆形截面母线，以防止发生电晕现象。

装置母线时，为了便于散热和工作人员识别相序，母线要裸装涂色。直流装置中的母线：正极涂红色，负极涂蓝色。交流装置中的母线：A 相为黄色，B 相为绿色，C 相为红色。

二、电力电缆

电力电缆是选煤厂供电系统中使用较多的一种供电线材。电力电缆按防护形式分为铠装电力电缆和软电力电缆两大类，按绝缘材料分为油浸纸绝缘电力电缆、塑料绝缘电力电缆

(简称塑料电缆)、橡胶软电缆。

1. 铠装电力电缆

铠装电力电缆的结构如图 5-30 所示。它有三根(或四根)用铜绞线或铝绞线制成的主芯线(35 mm^2 及以上为减小电缆直径作成扇形,16 mm^2 及以下时用圆形);各芯线用绝缘材料(如松香或矿物油浸渍过的绝缘纸)缠绕实现分相绝缘;三相之间衬以黄麻充填物以承受拉力;再用绝缘材料(油浸渍过的绝缘纸)缠成统包绝缘,电缆电压越高,绝缘纸就越厚;统包绝缘外为密封铅包层,以防止浸渍油的流失和潮气等的侵入。为了防止铅皮受到腐蚀和外层硬铠之间互相摩擦损伤铅皮,在铅包与铠装之间加以沥青纸衬和黄麻保护层,外层铠装由钢丝层绕或钢带叠绕而成,最外层还有浸沥青的黄麻或橡胶保护层。

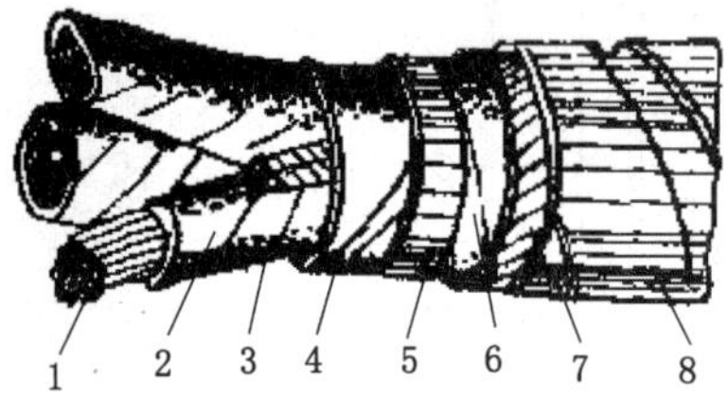

1—导电芯线;2—纸绝缘;3—黄麻充填物;4—统包绝缘纸;
5—铅包层;6—沥青纸;7—黄麻保护层;8—钢带(丝)铠装。

图 5-30 油浸纸绝缘钢带铠装电力电缆的结构

铠装电力电缆的优点是具有良好的防护性能,可以有效地防止老鼠等小型动物的伤害,对人为意外伤害也有一定的防护作用。铠装电力电缆制造工艺复杂,价格较贵,拐弯时需要有较大的曲率半径,因此,选用这种供电线材的基建投资较高,但运行维修费用较低,可靠性好。一般用于地埋或电缆沟内敷设。

2. 塑料电缆

塑料电缆的绝缘层为挤压塑料(图 5-31)。常用的塑料有聚氯乙烯、聚乙烯、交联聚乙烯。塑料电缆结构简单,制造加工方便,重量轻,不受敷设落差限制。随着工程塑料在抗老化等性能方面的突破,目前已广泛用作中低压供配电电缆。

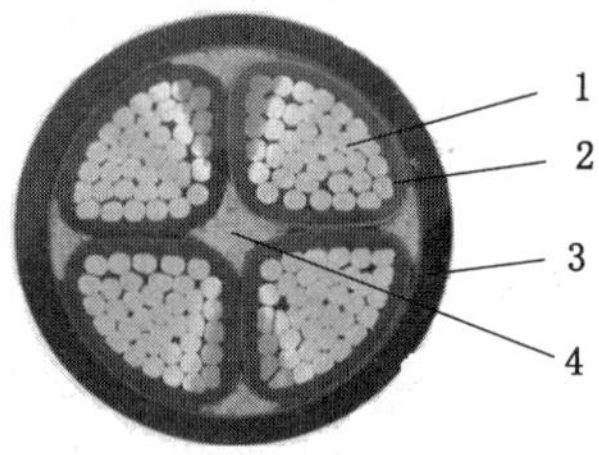

1—导电芯线;2—绝缘;
3—外护套;4—充填物。

图 5-31 塑料电缆结构图

3. 橡胶软电缆

橡胶软电缆的绝缘层为橡胶加上各种配合剂,经过充分混炼后挤包在导电线芯上,经过加温硫化而成。为了得到足够的柔度,橡胶软电缆的芯线是用多股细铜绕成的。常用作绝缘的胶料有天然胶-丁苯胶混合物、乙丙胶、丁基胶等。橡胶软电缆柔软,富有弹性,适合于移动频繁、敷设弯曲半径小的场合,主要是用于移动机械的供电。

橡胶软电缆的结构如图 5-32 所示。其中 1 为多股细铜丝的导电芯线,2 是用耐热橡胶或塑料做成的分相绝缘;为了保持芯线形状和防止损伤,各芯线之间夹有一个橡胶防震芯子 3,最外层加一个绝缘护套 4,以增加电缆的机械强度和绝缘强度,绝缘护套一般厚 3.5～5 mm,多用非燃橡胶或非燃塑料制成。

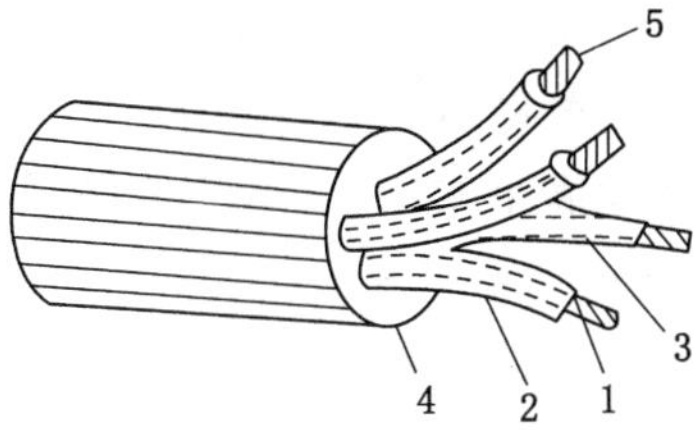

1—导电主芯线；2—橡胶绝缘；3—橡胶防震芯子；4—绝缘护套；5—接地芯线。

图 5-32　橡胶软电缆一般结构

选煤厂电力电缆按芯数分为三芯电缆、四芯电缆和五芯电缆。五芯电缆除三相主芯线外，还有一根接地芯线和接零线。少数情况下根据控制需要，也可选用多芯控制电缆，如七芯电缆中除三根电力线外还有四根控制芯线等。

三、导线

导线是应用广泛、价格低廉的一种材料同，按结构可分为裸导线和绝缘导线两种。

1. 裸导线

裸导线就是没有绝缘外皮的导线，主要用于远距离送电。采用电杆(塔)和绝缘瓷瓶架空敷设。由于架空线路受环境与自然条件(风、雪、腐蚀气体)的影响，所以要求导线具有电导率高、质量轻、强度大和耐腐蚀等特点。

裸导线按材质分为铝绞线、铝合金绞线、钢芯铝绞线、铜绞线和钢绞线等。

铝绞线(LJ)的电导率较大，质量轻，但耐腐蚀性较差，机械强度小，故多用于 10 kV 及以下的线路。

铝合金绞线(HLJ)含铝约 98%，其余为镁、矾、铁、锰、锌及其他金属。它的机械强度高，导电性能好，质量轻，有一定耐腐蚀性，具有铝和铜的优点。

钢芯铝绞线(LGJ)由铝导电，铜芯加强其机械强度，是目前在输电线路中广泛应用的一种导线。部分钢芯铝绞线表面涂有防腐剂，可用在有腐蚀性气体的地区。

铜绞线各种性能较好，但只限于国防工业和有腐蚀性气体的地区使用。钢绞线性能较差，一般只用于电流较小的线路上。

为了防止输电线路发生断线事故，架空线有一个最小允许截面的限制：铜绞线的最小截面 $S_{min} \geqslant 6\ mm^2$，钢绞线的最小截面 $S_{min} \geqslant 10\ mm^2$，铝绞线、铝合金绞线、钢芯铝绞线的最小截面 $S_{min} \geqslant 16\ mm^2$。

2. 绝缘导线

绝缘导线是一种有外护套的单芯导线，其导电芯线有单股和多股两种。外护套有橡胶绝缘和塑料绝缘两种。近几年由于塑料工业的迅速发展，选煤厂室内外照明线路均采用塑料绝缘导线供电。

单股绝缘导线具有较好的定型能力，常用于配电柜中端子之间的连接，以增加配电柜走线的整齐性。

四、电缆和导线的选择

电缆和导线的选择包括两项内容：一是选型，二是选截面。

电力电缆一般按照其用途来选型。如，户外直埋或沟敷电缆通常选用铠装电力电缆，室内电缆桥架敷设的电缆多采用塑料电缆，入厂电源线多采用铝合金裸导线架空敷设。具体选择时必须综合考虑供电安全可靠和经济等各种因素。

导线电缆截面的选择要求必须满足安全、可靠的条件，其选择原则有以下几个方面。

1. 按经济电流密度选择导线和电缆截面

经济电流密度是指使线路的年运行费用支出最小的电流密度。按这种原则选择的导线和电缆截面称为经济截面。对 35 kV 及以上的高压线路及 35 kV 以下但距离长电流大的线路，应按经济电流密度选择。

2. 按长时间允许电流选择导线和电缆的截面

在导线和电缆(包括母线)通过正常最大负荷电流(即计算电流)时，其发热温度不应超过正常运行时的最高允许温度，以防止导线或电缆因过热而引起绝缘损坏或老化。这就要求通过导线或电缆的最大负荷电流不应大于其允许载流量。对工厂内的 10 kV 及以下线路，通常按此原则选择。

为了保证导线不致因长时间工作而过热，选择标准截面 S_b 应满足下式：

$$I_y \geqslant I_Q \tag{5-4}$$

式中 I_Q——线路长时间最大工作电流，A；

I_y——导线长时间允许电流(安全载流量)，A。

显然，电缆的允许载流量与环境温度有着直接的关系，也与电缆所能达到的最高温度有关。表 5-1 及表 5-2 为两种常用的电力电缆选型指标。

表 5-1 油浸纸绝缘铅包铠装电力电缆长时间允许电流 I_y

标准芯线 芯数×截面 /mm×mm	不同电压的线芯最高温度时长时间允许电流 I_y/A									
	架空敷设						土壤中直埋敷设			
	1～3 kV 80 ℃		6 kV 65 ℃		10 kV 60 ℃		1～3 kV 80 ℃		6 kV 65 ℃	
	铝	铜	铝	铜	铝	铜	铝	铜	铝	铜
3×2.5	24	32					30	40		
3×4	32	41					40	51		
3×5	40	53					50	65		
3×10	55	70	48	60			65	87	61	78
3×16	70	95	65	80	60	75	87	114	78	100
3×25	95	125	85	110	80	100	114	152	106	134
3×35	115	155	100	135	95	125	141	185	123	162
3×50	145	190	125	175	120	155	174	223	151	200
3×70	180	235	155	200	145	190	207	272	185	240
3×95	220	285	190	245	180	230	250	327	230	291
3×120	255	335	220	285	205	265	288	376	257	336
3×150	300	385	256	330	235	305	327	425	291	280
3×185	345	450	295	380	270	335	370	485	330	425
3×240	410	530	345	450	320	420	435	555	386	504

表 5-2 1 kV 四芯聚氯乙烯绝缘电缆载流量 I_y

芯数×截面 /mm×mm	长时间允许负荷允许截流量 I_y/A					
	无铠装在空气中敷设		有铠装在土壤中敷设			
	VV	VLV	土壤热阻系数 80 ℃·cm/W		土壤热阻系数 120 ℃·cm/W	
			VV	VLV	VV	VLV
3×4+1×2.5	29	22	37	29	34	26
3×6+1×4	38	29	48	37	44	34
3×10+1×6	51	40	64	50	58	45
3×16+1×6	68	53	85	65	77	59
3×25+1×10	92	71	115	85	100	77
3×35+1×10	115	89	143	110	126	97
3×50+1×16	144	111	175	135	154	118
3×70+1×25	178	136	211	162	185	142
3×95+1×35	218	168	254	196	221	171
3×120+1×35	252	195	290	223	252	194
3×150+1×35	297	228	327	352	284	218
3×185+1×50	341	263	369	284	319	246

注：VV 和 VLV 表示聚氯乙烯绝缘及聚氯乙烯护套，其中，VLV 表示铝芯，VV 表示铜芯。

3. 按允许电压损失选择导线和电缆截面

导线通过电流时，将产生电压损失。所谓电压损失即线路始、末端电压的代数差值。在导线和电缆（包括母线）通过正常最大负荷电流（即计算电流）时，线路上产生的电压损失不应超过用电设备正常运行时允许的电压损失，以保证供电质量。

在输送功率一定的条件下，线路的电压损失与线路电阻成正比。因此，长距离供电时，应考虑按允许电压损失选择导线和电缆截面。

选煤厂供电范围相对集中，一般不考虑线路电压损失。当厂区面积较大且采用集中照明控制时，应考虑按允许电压损失选择照明导线和电缆截面。

4. 按机械强度选择导线和电缆截面

为防止架空线受到风、雪、冰和温度等自然条件的影响，超过导线的机械强度而使导线损坏，设计中有时需要按机械强度选择导线和电缆截面，以保证供电的安全运行。

综上所述，选煤厂 35 kV 及 110 kV 高压供电线路，截面主要按照经济电流密度来选择，按其他条件校验；10 kV 及以下高压线路和低压动力线路，通常按允许载流量选择截面，再校验电压损失和机械强度；对低压照明线路，因其对电压要求较高，所以通常先按允许电压损失选择截面，再校验其他条件。

【例 5-1】 选煤厂某车间两台胶带运输机。其中电动机参数为：$P_1=55$ kW，$\cos\varphi_1=0.88$，$\eta_1=91.5\%$，$P_2=37$ kW，$\cos\varphi_2=0.88$，$\eta_2=91\%$。试选择两台胶带运输机的供电电缆。已知供电系统及两台电动机的额定电压均为 380 V，两台输送机所选电动机的负荷系数均为 $K_1=0.7$。

解:① 选型。因胶带运输机是固定生产机械，一般均可沿电缆沟敷设，或通过电缆桥架敷设，通常采用无铠装全塑电缆。由此，选用聚氯乙烯绝缘及氯乙烯护套铝芯电缆。

② 选截面。先计算两台胶带运输机的最大长时间工作电流，已知输送机的 $K_f=0.7$，则

$$I_{Q1}=\frac{K_f P_1\times 10^3}{\sqrt{3}U_e\cos\varphi_1\eta_1}=\frac{0.7\times 55\times 10^3}{\sqrt{3}\times 380\times 0.88\times 0.915}=72.6(\mathrm{A})$$

$$I_{Q2}=\frac{K_f P_2\times 10^3}{\sqrt{3}U_e\cos\varphi_2\eta_2}=\frac{0.7\times 37\times 10^3}{\sqrt{3}\times 380\times 0.88\times 0.91}=49.1(\mathrm{A})$$

根据计算结果，查表 5-2，电动机 D_1 选用 VLV-3×35+1×10 四芯电缆，供电截面为 35 mm^2，其长时允许载流量 $I_y=89\ \mathrm{A}>72.6\ \mathrm{A}$；电动机 D_2 选用 VLV-3×25+1×10 四芯电缆，截面为 16 mm^2，其长时允许载流量 $I_y=53\ \mathrm{A}>49.1\ \mathrm{A}$。

第五节　电气设备选择的一般原则

电气设备选择需根据电路的具体要求来确定电器的型式和参数，以保证在正常运行和故障情况下，都能安全可靠地工作。在技术合理的情况下，还应根据我国目前产品生产能力和供应情况，统筹兼顾，力求节约。

表 5-3 给出了主要电气设备选型时需要进行校验的项目。

表 5-3　各种电气设备进行选择和校验的项目

设备名称	额定电压	额定电流	额定开断电流	动稳定	热稳定
导线及母线	×	√	×	√	√
电缆	√	√	×	×	√
断路器	√	√	√	√	√
隔离开关	√	√	×	√	√
熔断器	√	√	√	×	√
支柱绝缘子	√	×	×	√	×
套管绝缘子	√	√	×	√	√
电流互感器	√	√	×	√	√
电压互感器	√	×	×	×	×
成套配电装置	√	√	√	×	×

注：√表示选择此项，×表示不选择此项。

一、按使用的环境条件选择

电气的种类很多，例如分为一般型和矿用型；一般型又分为户外式和户内式；矿用型又分为矿用一般型和矿用防爆型；而后者又可分为八种，其中包括隔爆型、增安型、本质安全型等。选择时，首先根据电器工作环境的条件选用合适的类型。

选煤厂原煤系统和干燥后产品贮运系统在运行过程中容易产生粉尘，其电气设备应选用防尘型或密闭型。有防爆要求时，则应选用防爆电气设备。但当电气设备设在隔开的房

间内时,则不受以上限制。选煤厂重选、浮选等较潮湿的车间,多采用封闭型或防水型电气设备。

二、按正常工作条件选择

电气设备按正常工作条件选择,主要包含以下几个方面。

1. 按工作电压选择

选用电气设备的最高工作电压不应低于所在系统的最高电压值。

2. 按工作电流选择

选用导体的长期允许电流 I_{al}(载流量)不得小于该回路最大持续工作电流 I_{max},当实际环境温度 θ 不同于导体的额定环境温度 θ_0(在我国一般取为+40 ℃)时,其长期允许电流应该进行修正,K 为综合修正系数,即

$$K=\sqrt{\frac{\theta_{max}-\theta}{\theta_{max}-\theta_0}} \tag{5-5}$$

式中　θ_{max}——导体长期工作时的最高允许温度;

θ——导体安装地点的实际环境温度。

对于断路器、隔离开关、组合电器、负荷开关等长期工作的电器,在选择其额定电流 I_N 时,应满足各种可能运行方式下回路最大持续工作电流 I_{max} 的要求,即

$$I_N(\text{或 } KI_{al})\geqslant I_{max} \tag{5-6}$$

3. 按当地环境条件校核

电气设备正常使用环境的海拔高度不应超过 1 000 m,若海拔高度增加,由于空气稀薄,气压降低,空气绝缘强度会减弱,使电气设备对外绝缘水平降低而对内绝缘没有影响。安装在海拔高度高于 1 000 m、不超过 4 000 m 的电器:对于外绝缘,海拔高度每升高100 m,其外绝缘强度约下降 1%;对于允许温升,当最高周围空气温度为 40 ℃时,海拔高度每超过 100 m(以海拔高度 1 000 m 为起点),允许温升降低 0.3%。

我国目前生产的电气设备使用的额定环境温度为+40 ℃。当周围空气温度在 40～60 ℃时,环境温度每增高 1 ℃,推荐减小额定电流 1.8%;当周围空气温度低于+40 ℃时,环境温度每降低 1 ℃,推荐增加额定电流 0.5%,但其最大过负荷不得超过额定电流的 20%。选择电气设备的实际温度与其类别及安装场所(户内或户外)有关。

当气温、风速、温度、污秽等级、海拔高度、地震烈度和覆冰厚度等环境条件超过一般电气设备使用条件时,应采取措施,同时也要考虑防尘、防火、防爆、防腐等要求。

三、按短路条件校验热稳定性和动稳定性

1. 电气设备的热稳定性及其校验

电气设备能耐受短路电流流过时间内的热效应而不致损坏,则认为该电气设备对短路电流是热稳定的。

① 导体通常按最小截面法校验热稳定性,其满足热稳定性的条件为:

$$S_{min}=\frac{\sqrt{Q_k}}{C} \tag{5-7}$$

式中,S_{min} 为导体(架空线路、母线、电缆)所需的最小截面积,mm^2;Q_k 为短路电流热效应,

$kA^2 \cdot s$；C 为热稳定系数，$\sqrt{J/(\Omega \cdot m^4)}$。不同工作温度下的 C 值、Q_k 值的大小可以查阅相关的设计手册。

② 电气设备通常按热稳定电流及其通过时间来校验热稳定性，其满足热稳定性的条件为：

$$I_t^2 t \geqslant Q_k \tag{5-8}$$

式中，I_t 为所选用电气设备 t（单位为 s）时间内允许通过的热稳定电流。

2. 电气设备的动稳定性及其校验

动稳定性是指电气设备承受短路电流产生的电动力效应而不损坏的能力。电气设备动稳定条件为：

$$i_{es} \geqslant i_M \quad 或 \quad I_{es} \geqslant I_M \tag{5-9}$$

式中，i_M、I_M 分别为短路冲击电流的幅值和有效值，$i_M = \sqrt{2} K_M I''$，其中，I''为短路电流周期分量最大有效值（又称暂态短路电流有效值），K_M 为冲击系数，取值与被校验电气设备的安装位置有关，远离发电机时取 1.8；i_{es}、I_{es}分别为电气设备允许通过的稳定电流幅值和有效值，生产厂商用此电流表示电气设备的动稳定性，在此电流的作用下电气设备能继续正常工作而不发生机械损坏。

复习思考题

一、名词解释

1. 二次回路
2. 电弧
3. 经济电荷密度

二、简答题

1. 简述产生电弧的游离方式、灭弧的主要措施及常用灭弧方法。
2. 简述提高功率因数的方法。
3. 试述电弧产生的根本原因及电弧熄灭的条件。
4. 试简述隔离开关、断路器、负荷开关的用途及差异。
5. 考虑到变压器的过负荷能力、尖峰电流和励磁电流，熔体额定电流通常是变压器一次绕组电流的多少倍？
6. 什么是开关柜的“五防”措施？
7. 试述电气设备选择的一般原则。

三、论述题

1. 试比较高压断路器、隔离开关、高压负荷开关、高压熔断器的特点，并说明其异同点。
2. 试述电流互感器、电压互感器的特点及使用注意事项。
3. 试述母线选择的基本方法并说明母线为什么要表明相序。

第六章　电气安全与防雷接地

电气安全包括人身安全和设备安全两个方面。人身安全是指电气从业人员或其他人员的安全；设备安全是指包括电气设备及其所拖动的机械设备的安全。

电气安全措施包括以下几个方面：① 建立完整的安全管理机构；② 健全各项安全规程，并严格执行；③ 严格遵循设计、安装规范：电气设备、线路的设计、安装，应严格遵循相关的国家标准，做到精心设计，按图施工，确保质量，绝不留下事故隐患。④ 加强运行维护和检修试验工作：应定期检查、测试，确保其性能良好、工作可靠。⑤ 按规定正确使用电气安全用具：电气安全用具分绝缘安全用具和防护安全用具，绝缘安全用具又分为基本安全用具和辅助安全用具两类。⑥ 采用安全电压和符合安全要求的电器：为防止触电事故而采用的由特定电源供电的电压系列，称为安全电压；对于容易触电及有触电危险的场所，应按表 6-1 的规定采用相应的安全电压。⑦ 普及安全用电知识。

表 6-1　安全电压

安全电压（交流有效值）/V		选用举例
额定值	空载上限值	
42	50	在有触电危险的场所使用的手持式电动工具等
36	43	在矿井、多导电粉尘等场所使用的行灯等
24	29	工作空间狭窄，操作者容易大面积接触带电体，如在锅炉、金属容器内
12	15	人体可能经常触及的带电体设备
6	8	

第一节　触电及其预防

一、触电的概念及种类

电能可能对人体构成多种伤害。在电能对人体的伤害中，触电事故最为基本。人体也是导体，当人体不同部位接触不同电位时，就有电流流过人体，这就是触电。触电与其他一些伤害不同，伤害往往发生在瞬息之间，人体一旦受到电击后，防卫能力迅速降低。

根据伤害后果的不同和电能施加于人体方式的不同，触电可分为电击和电伤。

1. 电击

电击是指电流通过人体内部，影响呼吸、心脏和神经系统，造成人体内部组织的损坏和破坏。

电击主要伤害部位在心、肺、中枢神经等重要部位，属于全身性伤害。电击伤害一般不在人体表面留下明显的伤痕，但数十毫安的工频电流即可对人造成致命性的危害。

电击按接触方式分为直接接触电击和间接接触电击两类。直接接触电击是指人体触及正常运行的设备或线路的带电体造成的触电事故，间接接触电击是指设备或线路发生故障时，人体触及正常情况下不带电而故障时意外带电的导体而造成的触电事故。

电击按照人体触及带电体的方式和电流通过人体的途径分为单线电击、两线电击、跨步电压触电、接触电压电击等几种。

单线电击也称单相触电，是指人体在地面或其他接地导体上，人体其他某一部位触及一相带电体的触电事故。大部分触电事故都是单相触电事故。单相触电事故的危险程度与电网运行方式有关。

两线电击也称两相触电，是指人体两处同时触及两相带电体造成的触电事故。两相触电的危险性一般比较大，且一般漏电保护装置对两线电击起不到保护作用。

接触电压是指设备的绝缘损坏时，在身体可同时触及的两部分之间出现的电位差。在日常生活中除了要防止直接触电和因设备漏电而造成的人身触电危险外，还需防止接地装置在流过接地电流时所呈现的电位导致的触电事故。

跨步电压是指在故障点附近行走，两脚之间出现的电位差。跨步电压的大小与离接地点的远近及跨步的长短有关，离接地点越近，跨步越长，跨步电压就越大。离接地点达 20 m 时，跨步电压通常为零。跨步电压触电是指人在接地点附近，由两脚之间的电位差引起的触电事故。高压故障接地处，或有大电流（如雷电）流过的接地装置附近都可能出现较高的跨步电压。

不论是接触电压还是跨步电压，当其数值达到危险程度，同样会造成触电事故。一般在危险场所，人体的接触电压应小于 10 V，而跨步电压不超过 20 V，大部分触电死亡事故都是电击造成的。通常说的触电事故基本上是指电击。

2. 电伤

电伤是指由电流的热效应、化学效应、机械效应等造成对人体表面的局部伤害。电伤的直接原因是电能转换为其他形式的能量作用于人体。

电伤属于局部伤害，但可能深入体内，并在机体表面留下明显的伤痕。造成电伤的电流一般都比较大。

根据所造成的伤害形式不同，电伤分为电烧伤、电烙印、皮肤金属化、机械性损伤、电光眼等几类。

电烧伤是电流的热效应造成的伤害，分为电流灼伤和电弧烧伤。电流灼伤是人体与带电体接触，电流通过人体由电能转换成热能造成的伤害。电流灼伤一般发生在低压设备或低压线路上。电弧烧伤是由弧光放电造成的伤害，分为直接电弧烧伤和间接电弧烧伤。前者是带电体与人体之间发生电弧，有电流流过人体的烧伤；后者是电弧发生在人体附近对人体的烧伤，包含熔化了的炽热金属溅出造成的烫伤。直接电弧烧伤是与电击同时发生的。

电弧温度高达 8 000 ℃以上，可造成大面积、大深度的烧灼，甚至烧焦、烧掉四肢及其他部位。大电流通过人体，也可能烘干、烧焦机体组织。高压电弧烧伤较低压电弧严重，直接电弧的烧伤较工频电流电弧严重。

发生直接电弧烧伤时，电流进、出口烧伤最为严重，体内也受到烧伤。与电击不同的是，电弧烧伤都会在人体表面留下明显痕迹，而且致命电流较大。

电烙印是在人体与带电体接触的部位留下的永久性斑痕。斑痕处皮肤失去原有弹性、色泽，表皮坏死，失去知觉。

皮肤金属化是在电弧高温的作用下，金属熔化、气化，金属微粒渗入皮肤，使皮肤粗糙而张紧的伤害。皮肤金属化多与电弧烧伤同时发生。

机械性损伤是电流作用于人体时，由于中枢神经反射、肌肉强烈收缩、体内液化汽化等作用导致的肌体组织断裂、骨折等伤害。

电光眼是发生弧光放电时，由红外线、可见光、紫外线对眼睛的伤害。电光眼表现为角膜炎或结膜炎。

二、影响触电伤害程度的因素

当电流通过人体内部时，其对人体伤害的严重程度与通过人体电流的大小、通过人体的持续时间、电流通过人体的途径、人体电阻、电流种类及人体状况等多种因素有关，而各因素之间又有着十分密切的联系。

1. 通过人体的电流

通过人体的电流越大，生理反应越明显，人体感觉越强烈，致命的危险性就越大。根据通过人体的电流大小不同，人体呈现不同的反应状态，将触电电流分成感知电流、摆脱电流、室颤电流三级。

(1) 感知电流和感知阈值

感知电流是指引起人体感觉的最小电流。感知阈值是感知电流的最小值。感知电流一般不会对人体构成伤害，但当电流增大时，感觉增强，反应加剧，可能导致坠落等二次事故。成年男性平均感知电流为 1.1 mA，成年女性平均感知电流为 0.7 mA，感知阈值定位 0.5 mA。

(2) 摆脱电流和摆脱阈值

通过人体的电流超过感知电流时，肌肉收缩增加，刺痛感觉增强，感觉部位扩展。当电流增大到一定程度时，由于中枢神经反射和肌肉收缩、痉挛，触电人将不能自行摆脱带电体。在一定概率下，人触电后能自行摆脱带电体的最大电流称为该概率下的摆脱电流。

摆脱阈值是摆脱电流的最小值。成年男子的平均摆脱电流为 16 mA，成年女子的平均摆脱电流为 10.5 mA；成年男子的摆脱阈值为 9 mA，成年女子的摆脱阈值为 6 mA。

摆脱带电体的能力是随着触电时间的延长而减弱的，一旦触电后不能摆脱电源，就会产生严重的后果。可以认为，摆脱电流是有较大危险的界限，它与个性生理特征、电极形状、电极尺寸等因素有关。

(3) 室颤电流和室颤阈值

室颤电流是指通过人体引起心室颤抖的电流。室颤阈值是室颤电流的最小值。

致命电流是指在较短时间内危及生命的最小电流。在电流不超过数百毫安的情况下，电击致死的主要原因是电流引起心室颤动或窒息造成的。因此，可以认为引起心室颤动的电流即是致命电流。心室颤动是心室每秒 400～600 次以上的纤维性颤动，可造成血液循环的终止，危及生命。

2. 人体通电时长

通电时间越长，越容易引起心室颤动，电击危险性也越大。这是因为：通电时间越长，能量的积累增加，引起心室颤动的电流减小；通电时间短促时，只在心脏搏动的特定时刻才可能引起心室颤动。因此,通电时间越长,与该时刻重合的可能性越大,心室颤动的可能性越大,亦即电击的危险性也越大;通电时间越长,人体电阻因出汗等原因而降低,导致通过人体的电流进一步增加,电击危险性亦随之增加。

3. 电流频率

不同种类电流对人体伤害的构成不同,危险程度也不同,但各种电流对人体都有致命危险。就电击而言,工频电流对人体的伤害大于直流电流和高频电流对人体的伤害。

4. 电流在人体内通过的路径

电流作用于人体,没有绝对安全的途径。一般而言,电流通过心脏会引起心室颤动,促使心脏停止跳动,中断血液循环,导致死亡;电流通过中枢神经或有关部位,会引起中枢神经严重失调而导致死亡;电流通过骨髓,可导致半截肢体瘫痪。

从左手到胸部,电流途径也短,是最危险的电流途径;从手到手,电流也途经心脏,因此也是很危险的电流途经;从脚到脚的电流是危险性较小的电流途经,但可能因痉挛而摔倒,导致电流通过全身或摔伤、坠落等二次事故。

5. 人的身体状况

人体条件的不同,不同的人对电流的敏感程度以及不同的人在遭受同样电流的电击时其危险程度都不完全相同。女性对电流较男性敏感,女性的感知电流和摆脱电流约比男性低 1/3,

一般而言,电流作用于人体时,女性的危险性较男性大;儿童的危险性较成人大;体弱多病者的危险性较健壮者大;体重小的危险性一般较体重大的大。

三、预防触电方法

预防触电的方法包括人防、物防、技防三个途径。

1. 人防

首先,要落实主体责任。安全生产工作应当以人为本,坚持安全发展,坚持安全第一、预防为主、综合治理的方针,强化和落实生产经营单位的主体责任,建立生产经营单位负责、职工参与、政府监管、行业自律和社会监督的机制。

其次,要建立健全各项安全规章制度。严禁非电气工作人员安装、检修各种电气设备;电气工作人员必须认真执行工作票制度,一人操作,一人监护;严禁往电气设备、电缆线路上堆放易燃、易爆物品;发现电气设备起火,应迅速切断电源,使用 CCl_4 干粉灭火器、沙子扑救,严禁用水和泡沫灭火器灭火;无人值班的变(配)电所,必须加锁,并由有经验的电工定期巡视;电源开关外壳和电线绝缘有破损、不完整或带电部分外露,应及时修好,否则不准使用;电气设备都应定期试验与测定,试验工作人员不得少于两人。

在煤矿企业中,应定期对全体工作人员进行“电气安全规程”“技术管理规程”的教育,以引起思想上的重视,防止由于误操作或是违反操作规程而带来的触电危害。

第三,加强安全培训。企业电力从业人员和其他专业从业人员都要接受相应的安全用电教育和培训,掌握本职工作所需的安全用电知识,提高安全生产技能,增强事故预防和应急处理能力。

第四,严格遵循设计、安装规范。电气设备、线路的设计、安装,应严格遵循相关的国家标准,做到精心设计,按图施工,确保质量,绝不留下事故隐患。

第五，加强运行维护和检修试验工作。应定期测量在用电气设备的绝缘电阻及接地装置的接地电阻，确保处于合格状态；对安全用具、避雷器、保护电器，也应定期检查、测试，确保其性能良好、工作可靠。

2. 物防

物防的主要作用在于推迟危险的发生，防止工作人员与正常带电体接触。将带电体用箱、柜、遮栏等隔开；在带电部分涂上鲜明的色彩或画上触电标记，还可把带电体放置到不易接触到的高度。另外可采用一些辅助设备防止与带电体接触，如配电盘前铺橡胶皮；站在绝缘台上；用绝缘拉杆操作。

提供劳动保护用品是物防的重要措施之一。生产经营单位必须为从业人员提供符合国家标准或者行业标准的劳动防护用品，如绝缘手套和绝缘靴等，并监督、教育从业人员按照使用规则佩戴、使用。

3. 技防

技防是通过技术手段，防止触电事故的发生。根据所防范的接触方式的不同，防止触电事故的措施分两类：直接接触触电防护和间接接触触电防护。

(1) 直接接触触电防护

直接接触触电即为直接接触电击，它的特点是有人体接触的电压就是全部工作电压，电路中的故障电流就是人体的触电电流。

造成直接接触触电的主要原因是运行、检修和维护中的失误。如工作人员误入带电间隔，违反操作规程进行带电作业；违章操作电气开关，接通或断开线路；检修工作中没有工作票或没有获得允许工作时即开始工作；工作中没有监护或监护失误等情况下，可能发生作业人员误解电气设备的带电部分，导致自身触电伤亡。此外，已停电的设备突然来电，尤其在停电检修作业人员心理准备不足时，就可能造成群伤事故。直接接触触电时，通过人体的电流较大，危险性也较大，应采取必要的预防措施。

直接接触触电的防护措施主要有以下几种：

① 绝缘。绝缘是指用绝缘材料把带电体封闭起来，借以隔离带电体或不同电位的导体，使电流能按一定的通路流通。良好的绝缘是保证设备和线路正常运行的必要条件，也是防止触电事故的重要措施。

② 屏护。屏护是指使用屏障、护罩、箱盒等将带电体与外界隔离。配电线路和电气设备的带电部分如果不便于包以绝缘或者单靠绝缘不足以保证安全的场合，可采用屏护。此外，对于高压电气设备，无论是否有绝缘，均应采取屏护或其他防止接近带电体的措施。

③ 电气安全距离(间距)。为防止人体触及或过分接近带电体，或防止车辆和其他物体碰撞带电体，以及避免发生各种短路、火灾和爆炸事故，在人体与带电体之间、带电体与地面之间、带电体与带电体之间、带电体与其他物体和设施之间，都必须保持一定的距离，这种距离称为电气安全距离，简称间距。间距的大小取决于电压的高低、设备的类型及安装的方式等因素。

④ 电工安全用具。电工安全用具是防止触电、坠落、灼伤等工伤事故，保障工作人员安全的各种用具。它主要包括绝缘安全用具、电压和电流指示器、登高安全用具、检修工作中的临时接地线、遮栏和标示牌等。

⑤ 尽量使用安全电压。对于小型电气设备或小容量电气线路，采用安全电压既能防止

间接接触电击，又能防止直接接触电击。

(2) 间接接触触电防护

间接接触触电防护是指人体与故障情况下变为带电设备外露导电部分的接触造成触电的防护。正常情况下电气设备不带电的外露金属部分，如金属外壳、金属护罩和金属构架等，在发生漏电、碰壳等金属性短路故障时就会出现危险电压，此时人体触及外露的金属部分所造成的触电称为间接接触触电。间接接触触电的防护措施主要有以下几种。

① 自动切断电源保护。通过设备的接地保护，配合过电流保护装置和安装漏电保护器，防止电气设备发生接地故障时，设备外露导电部分持续带有危险电压而产生电击的危险。

② 接地保护。设备的外露导电部分必须用保护线与电力系统的接地点连接（TN 系统），或与大地直接连接（TT 系统）。

③ 增强绝缘保护。在狭窄场所或潮湿环境使用的手持式电动工具或部分在使用中直接接触人体的生活电器，应使用Ⅱ类电器即双重绝缘的电器。

④ 采用等电位连接。

第二节　过电压与防雷

一、过电压及雷电概述

过电压是指在电气设备或线路上出现的超过正常工作要求并对其绝缘构成威胁的电压。过电压按产生原因可分为内部过电压和雷电过电压。

内部过电压是由于电力系统正常操作、事故切换、发生故障或负荷骤变时引起的过电压，分为操作过电压、弧光接地过电压及谐振过电压。内部过电压的能量来自电力系统本身，经验证表明，内部过电压一般不超过系统正常运行时额定相电压的 3～4 倍，对电力线路和电气设备绝缘的威胁不是很大。

雷电过电压是由于电力系统中的设备或建筑物遭受来自大气中的雷击或雷电感应而引起的过电压。雷电冲击波的电压幅值可高达 1 亿 V，其电流幅值可高达几十万安，对电力系统的危害远远超过内部过电压。其可能毁坏电气设备和线路的绝缘、烧断线路、造成大面积长时间停电。因此，必须采取有效措施加以防护。

在闷热、潮湿、无风的天气里，接近地面的湿气受热上升，遇到冷空气凝成冰晶。冰晶受到上升气流的冲击而破碎分裂，气流挟带一部分带正电的小冰晶上升，形成“正雷云”，而另一部分较大的带负电的冰晶则下降，形成“负雷云”。不同电荷云团之间，或云与大地之间产生强烈的放电现象，并伴随强烈的闪光和轰鸣，这就是雷电现象。

按照雷电的危害方式，雷电过电压主要分为直击雷过电压、感应雷过电压、雷电侵入波三种形式。

当雷电直接击中电气设备、线路或建筑物时，强大的雷电流通过其流入大地，在被击物上产生较高的电位降，称直击雷过电压。有时雷云很低，周围又没有带异性电荷的雷云，这样有可能在地面凸出物上感应出异性电荷，在雷云与大地之间形成很大的雷电场。当雷云与大地之间在某一方位的电场强度达到 25～30 kV/cm 时就开始放电，这就是直击雷（图 6-1），据观测，在地面上产生雷击的雷云多为负雷云。

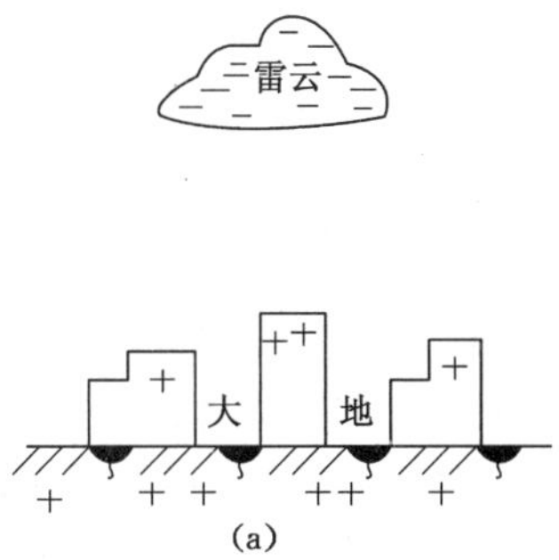

图 6-1　直击雷

当雷云在架空线路上方时，使架空线路感应出异性电荷。雷云对其他物体放电后，架空线路上的电荷被释放，形成自由电荷流向线路两端，产生电位很高的过电压，称为感应雷过电压。如图 6-2 所示。架空线路上的感应雷过电压可达几万甚至几十万伏，对供电系统的危害很大。

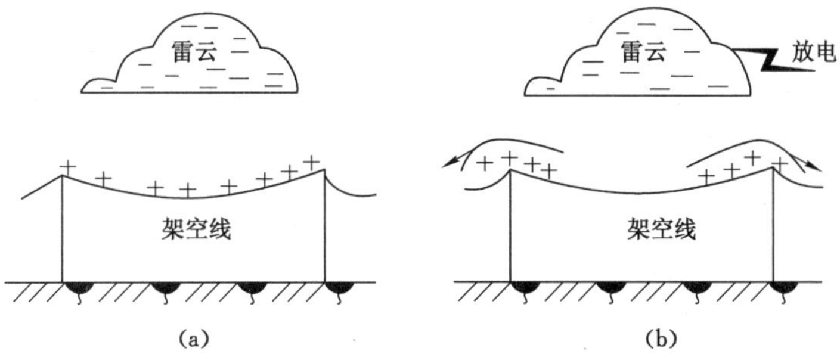

图 6-2　感应雷

由于雷击(直击雷击、感应雷击)，在架空线路或空中金属管道上产生的冲击电压沿线路或管道的两个方向迅速传播的雷电波称为雷电侵入波。其传播速度为 300 m/μs(在电缆中为 150 m/μs)

雷电具有电流大、电压高、冲击性强等特点。雷电所产生的高电压及闪电的静电感应效应、电磁感应效应、热效应、机械效应、冲击波效应和电动力效应等可产生各种破坏作用。雷电可造成设备和设施的损坏，引起大规模停电，造成人身事故。就其破坏因素来看，雷电具有电性质、热性质和机械性质三方面的破坏作用。

雷电产生的数十万乃至数百万伏冲击电压(或外部过电压)，可能毁坏发电机、电力变压器、断路器、绝缘子、仪表等电气设备的绝缘，造成大规模停电；绝缘损坏可引起短路，导致火灾或爆炸事故；二次放电(反击)的电火花也可能引起火灾或爆炸；绝缘损坏后，可能导致高压窜入低压，并由此造成严重的触电事故；雷云直接对人体放电以及对人体的二次放电都可能使人致命；巨大的雷电电流流入地下，会在雷击点及其连接的金属部分产生极高的对地电压，可能直接导致接触电压电击和跨步电压触电事故等。

热性质的破坏作用表现为巨大的雷电流通过导体，在极短的时间内转换出大量的热能，造成易燃品的燃烧或造成金属熔化飞溅而引起火灾或爆炸。如果雷击在易燃物上，更容易引起火灾。输电线、接地线及其他导体可能因发热而烧断，造成停电及其他故障。

当巨大的雷电流通过被击物时，被击物缝隙中的气体急剧膨胀，水分剧烈蒸发成为大量气体，从而导致被击物爆炸。此外，雷击时所产生的静电斥力、电磁推力以及雷击时气浪都有一定的破坏作用。

二、避雷装置

除了第四章介绍的避雷器外，避雷针、避雷线、避雷网和避雷带也都是经常采用的防雷装置。避雷针主要用来保护露天变配电设备、建筑物和构筑物避免雷击；避雷线主要用来保护电力线路避免雷击；避雷网和避雷带主要用来保护建筑物避免雷击，同时因其屏蔽作用，有防止感应雷击的作用；避雷器主要用来保护电力设备避免雷电侵入波的危害。上述针、线、网、带实际上都只是接闪器，一套完整的防雷装置由接闪器、引下线和接地装置三部分组成。

1. 接闪器

接闪器是指避雷针、避雷线、避雷网(避雷带)以及做接闪的金属屋面和金属构件等直接接受雷击的金属构件。这些接闪器都是利用其高出被保护物的突出部位，把雷电引向自身，通过引下线和接地装置，把雷电流泄入大地，以保护人身或建筑物免受雷击。接闪的金属杆称为避雷杆，主要用于保护露天变配电设备及建筑物；接闪的金属线称避雷线或架空地线，主要用于保护输电线路；接闪的金属带、金属网称避雷带、避雷网，主要用于保护建筑物。

接闪器的保护范围可单独或组合采用避雷网和滚球法确定。

避雷网是用网格形导体以给定的网格宽度和给定的引下线间距盖住需要防雷的空间。这种方法在保护原理上是基于法拉第笼原理，通常被称作法拉第保护型式。

滚球法是将电气几何理论应用在建筑物防雷分析中的简化分析方法。假想以 h_r 为半径的球体沿需要防直击雷的部位滚动，当球体只触及接闪器(包括被利用做接闪器的金属物)，或只触及接闪器和地面(包括与大地接触且能承受雷击的金属物)，而不触及需要保护的部位时，则该部分就得到接闪器的保护。

不同防雷级别的滚球半径及避雷网网格的尺寸见表 6-2。其中第一类防雷建筑物是指制造、使用或储存爆炸物质，因电火花会引起爆炸，造成巨大破坏和人身伤亡的建筑物；第二类防雷建筑物是指制造、使用或储存爆炸物质，电火花不易引起爆炸或不致造成巨大破坏和人身伤亡的建筑物；第三类防雷建筑物是指除第一、二类建筑物以外的爆炸、火灾危险的场所。

表 6-2　不同防雷级别的滚球半径和避雷网网格尺寸　　单位：m

建筑物防雷类别	滚球半径 h_r	避雷网网格尺寸
第一类防雷建筑物	30	≤5×5 或≤6×4
第二类防雷建筑物	45	≤10×10 或≤12×8
第三类防雷建筑物	60	≤20×20 或≤24×16

避雷针用来保护工业与民用高层建筑以及发电厂、变电所的屋外配电装置、油品燃料储罐等。在雷电先导电路向地面延伸过程中，由于受到避雷针畸变电场的影响，会逐渐转向并击中避雷针，从而避免了雷电导向被保护设备，击毁被保护设备和建筑物。可见，避雷针实际上是引雷针，将雷电引向自己，从而保护其他设备免遭雷击。

避雷线是用来保护架空电力线路和露天配电装置免受直击雷的装置。它由悬挂在空中的接地导线、接地引下线和接地体等组成，因而也称“架空地线”。它的作用和避雷针一样，将雷电引向自身，并安全导入大地，使其保护范围内的导线或设备免遭直击雷。

避雷带和避雷网加装于建筑物的边缘及凸出部分，通过引下线和接地装置很好地连接，对建筑物进行保护。避雷带和避雷网的保护范围应是其所处的整幢高层建筑。避雷网和避雷带的保护范围无须计算。避雷网网络的大小可根据具体情况取为 6 m×6 m、6 m×10 m 或 10 m×10 m。避雷带相邻两带之间的距离也以 6～10 m 为宜。此外，对于易受雷击的屋角、屋脊、檐角、屋檐及其他建筑物边角部位可专设避雷带保护。

2. 引下线

引下线是防雷装置中的中间部分，它将雷电流传导给接地装置，使雷电流可以进入大地。引下线应满足机械强度、耐腐蚀和热稳定的要求。引下线常采用圆钢或扁钢制成，其尺寸和防腐蚀要求与避雷网和避雷带相同。如用钢绞线作引下线，其截面不应小于 25 mm^2。引下线取最短的途径，要尽量避免弯曲。建筑物和构筑物的金属结构可用作引下线，但连接必须可靠。注意不得采用铝线作防雷引下线。

3. 接地装置

接地装置是防雷装置的重要组成部分。接地装置向大地泄放雷电流。限制防雷装置对地电压不致过高。接地装置包括埋设在地下的接地线和接地体，它与大地之间保持良好连接，使雷电流很快在大地中流散。避雷针接地必须良好，接地电阻不宜超过 10 Ω。

防雷接地装置与一般接地装置的要求大体相同，但其所用材料的最小尺寸应稍大于其他接地装置的最小尺寸。采用圆钢最小直径为 10 mm，扁钢最小厚度为 4 mm，最小截面为 100 mm^2，角钢最小厚度为 4 mm，钢管最小壁厚为 3.5 mm。

三、防雷基本措施

根据不同的保护对象应采取各自相应的防雷措施。

1. 架空线的防雷

架空线最主要的防雷措施是装设避雷线。在 35 kV 的架空线路上，一般只在进出变配电所的一般线路上装设避雷线；在 10 kV 及以下线路上一般不装设避雷线。

架空线的其他防雷措施包括：提高线路本身的绝缘水平，尽量装设自动重合闸装置，装设避雷器和保护间隙用来保护线路上个别绝缘薄弱点。

2. 变配电所的防雷

装设避雷针来防止直击雷；在 3～10 kV 配电线路的进线，装设 FZ 型或 FS 型闸型避雷器，以保护线路断路器及隔离开关，如果进线是电缆引入的架空线路，则在架空线路终端靠近电缆头处装设避雷器，其接地端与电缆头外壳相连后接地。

为防止雷电冲击波沿高压线路侵入变配电所，对所内设备(特别是价值最高但绝缘相对薄弱的电力变压器)造成危害，在变配电所每段母线上装设一组避雷器，并应尽量靠近变压器，距离一般不应大于 5 m。如图 6-3 中的 F_3。

3. 高压电动机的防雷

高压电动机对雷电波侵入的保护应采用 FCD 型磁吹闸型避雷器或氧化锌避雷器。

为了降低沿线路侵入的雷电波波头陡度，减轻其对电动机绕组绝缘的危害，可在电动机

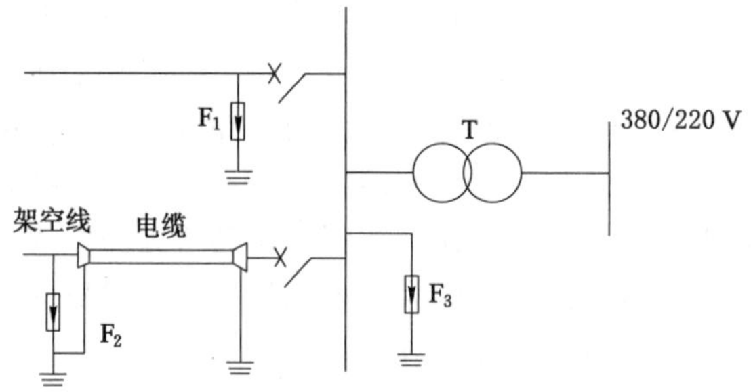

图 6-3　3～10 kV 配电线路的进线防雷保护

进线前面加一段 100～150 m 的引入电缆，并在电缆前的电缆头处安装一组闸型避雷器，而在电动机电源端（母线上）安装一组并联有电容器的磁吹闸型避雷器，这样可以提高防雷效果。

4. 建筑物的防雷

第一、二类建筑物装设独立避雷针或架空避雷线（网），使被保护的建筑物及风帽、放散管等突出屋面的物体均处于接闪器的保护范围内。第三类建筑物宜采用装设在建筑物上的避雷针或避雷网（带）或其混合的接闪器；引下线不应少于两根；建筑物宜利用钢筋混凝土屋面板、梁、柱和基础钢筋作为接闪器、引下线和接地装置。

第三节　电气设备的接地与接零

接地是最古老的安全措施。到目前为止，接地仍然是应用最广泛的安全措施之一。不论是强电设备还是弱电设备，不论是交流设备还是直流设备，不论是高压设备还是低压设备，不论是固定设备还是移动设备，不论是生产用设备还是生活用设备，也不论是发电厂还是用户，都采用不同方式、不同用途的接地措施。

一、接地的基本概念

电气设备的某部分与大地之间做良好的电气连接，称为接地。

接地装置是由接地体和接地线两部分组成的。埋入地中并直接与大地接触的金属导体，称为接地体或接地极。接地体与电气设备金属外壳之间的连接线，称为接地线。由若干接地体在大地中相互用接地线连接起来的一个整体，称为接地网。

二、无零线单独保护接地系统（IT 系统）

无零线单独保护接地也称单独接地（IT），就是将电气设备在故障情况下可能出现危险电压的金属部分（如外壳等）分别用导线与大地作电气连接。保护接地是把在故障情况下可能呈现危险的对地电压的金属部分同大地紧密地连接起来，把设备上的故障电压限制在安全范围内的安全措施。保护接地应用十分广泛，属于防止间接接触电击的安全技术措施。

在中性点不接地的系统中，如果电气设备没有保护接地，当设备某一部分的绝缘损坏时，人体触及此绝缘损坏的设备外壳时，将有触电的危险。对电气设备实行保护接地后，接地短路电流将同时沿接地体和人体两条通路流通，如图 6-4 所示。接地体的接地电阻一般为 4 Ω 以下，而人体电阻约为 1 000 Ω，因此通过接地体的分流作用，流经人体的电流几乎为零，这样就避免了触电的危险。

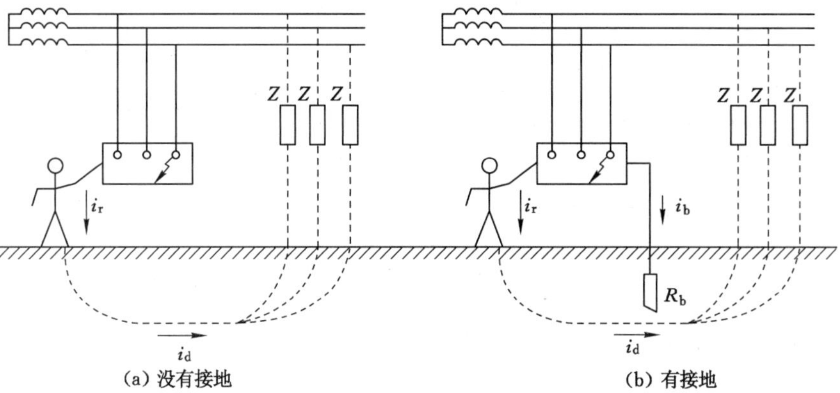

图 6-4　无零线单独保护接地系统(IT 系统)工作原理

无零线单独保护接地适用于各种不接地配电网，包括交流不接地配电网和直流不接地配电网。在这类电网中，凡由于绝缘破坏或其他原因而可能呈现危险对地电压的金属部分，除另有规定外，均应接地。把设备上的故障电压限制在安全范围内的措施主要包括：

① 电动机、变压器及其他电气设备的金属底座和外壳；

② 电气设备的传动装置；

③ 屋内外配电装置的金属或钢筋混凝土构架以及靠近带电部分的金属遮栏和金属门；

④ 配电、控制、保护用的盘(台、箱)的框架；

⑤ 交、直流电力电缆的接线盒、终端盒的金属外壳和电缆的金属护层、穿线的钢管；

⑥ 电缆支架；

⑦ 装有避雷线的电力线路杆塔；

⑧ 装在配电线路杆上的电力设备；

⑨ 在非沥青地面的居民区内，无避雷线的小接地电流架空电力线路的金属杆塔和钢筋混凝土杆塔。

三、有零线单独保护接地系统(TT 系统)

地面企业的绝大部分低压配电网都采用星形接法的电源中性点直接接地的三相四线电网(TT)。这种电网能提供一组线电压和一组相电压，便于动力和照明由同一台变压器供电。图 6-5 所示为有零线单独保护接地系统(TT 系统)工作原理。

采用 TT 系统时，被保护设备的所有外露导电部分均应与接向接地体的保护导体连接起来。采用 TT 系统应当保证漏电设备外壳电压不超过某一限值。

同 IT 系统相比较，TT 系统如有一相漏电，漏电设备上的对地电压有所下降，但零线上却产生了对地电压。因此，一般情况下不能采用 TT 系统。除非采用其他防止间接接触电击的措施确有困难且土壤电阻率较低的情况下，才考虑采用 TT 系统。而且在这种情况下，还必须同时采取快速切除接地保障的自动保护装置或其他防止触电的措施，并应保护零线没有触电的危险。

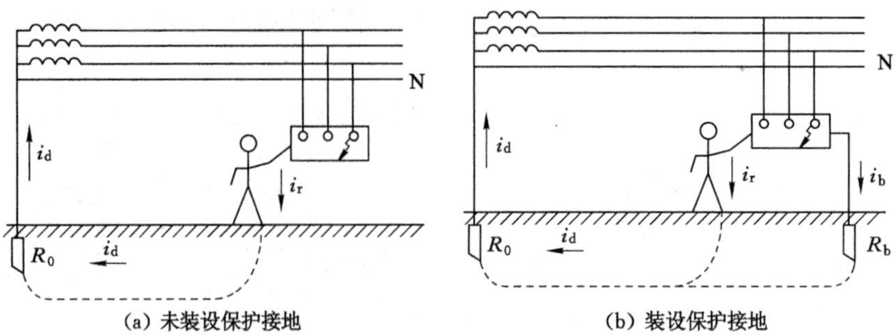

图 6-5　有零线单独保护接地系统(TT 系统)工作原理

四、保护接零系统(TN 系统)

所谓保护接零(TN)是指将电气设备在正常情况下不带电的金属部分(外壳)同电网的保护零线(保护导体)紧密连接起来。在中性点直接接地的三相四线制配电网中,当采用保护接零的设备发生某相带电部分碰连设备外壳(即外露导电部分)时,故障电流通过相线和零线(保护导体)构成回路。由于回路阻抗很小,短路电流 I_d 很大,能促使线路上的过流保护元件(如低压断路器或熔断器)迅速可靠性地动作,切断故障设备供电,从而缩短接触电压持续时间,消除触电危险。

在电源中性点直接接地的三相配电网中,应当区别工作零线和保护零线。前者即中性线,用 N 表示;后者即保护导体,用 PE 表示。如果一根线既是工作零线又是保护零线,则用 PEN 表示。

TN 系统分为 TN-S、TN-C-S、TN-C 三种方式,如图 6-6 所示。TN-S 系统的配电线路中性线 N 与保护线 PE 分开,电气设备的金属外壳接在保护线 PE 上;TN-C-S 系统是 TN-C 系统和 TN-S 系统的综合,电气设备大部分采用 TN-C 系统接线,在设备有特殊要求的场合局部采用专设保护线接成 TN-S 形式;TN-C 系统的中性线 N 与保护线 PE 是合在一起的,电气设备不带电金属部分与之相连。

保护接零用于中性点直接接地的 380/220 V 三相四线制电网。在这种系统中,凡因绝缘损坏而可能呈现危险对地电压的金属部分均应接零。要求接零和不要求接零的设备和部位与保护接地的要求大致相同。

TN-S 系统可用于有爆炸危险、火灾危险性较大或安全要求较高的场所,宜用于独立附设变电所的车间。TN-C-S 系统宜用于厂内设有总变电站、厂内低压配电的场所及民用楼房。TN-C 系统可用于无爆炸危险、火灾危险性不大、用电设备较少、用电线路简单且安全条件较好的场所。

同一低压系统中,不能有的采取保护接地,有的又采取保护接零,否则当采取保护接地的设备发生单相接地故障时,采取保护接零的设备外露可导电部分将带上危险的电压。

中性点不接地系统中的设备不允许采用保护接零。因为任一设备发生碰壳时都将使所有设备外壳上出现近于相电压的对地电压,这是十分危险的。

在中性线上不允许安装熔断器和开关,以防中性线断线,失去保护接零的作用。为安全起见,中性线还必须实行重复接地,以保证接零保护的可靠性。

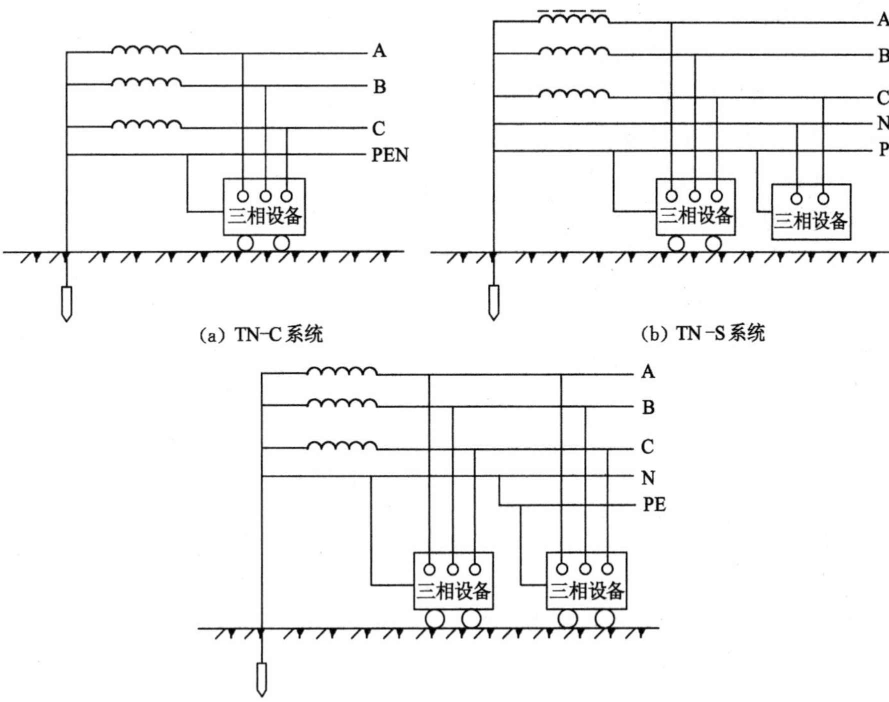

(a) TN-C 系统　(b) TN-S 系统　(c) TN-C-S 系统

图 6-6　电气设备的保护接零(TN 系统)

五、重复接地

将零线上工作接地意外的一处或多处通过接地装置与大地再次连接，称为重复接地(图 6-7)。

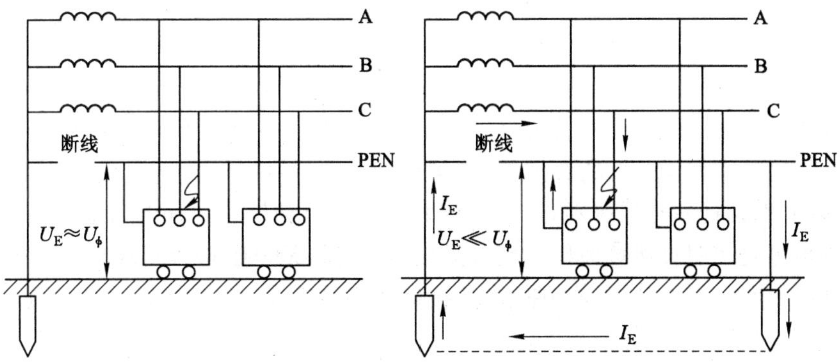

(a) 没有重复接地　(b) 有重复接地

图 6-7　重复接地

重复接地在降低漏电设备对地电压、减轻零线断线的危险性、缩短故障时间、改善防雷性能等方面起着重要作用。

重复接地可以从零线上直接接地，也可以从接零设备外壳接地。

户外架空线路宜采用集中重复接地。架空线路干线、分支线的终端、沿线路每 1 km

处、分支线长度超过 200 m 的分支处以及高压线路与低压线路同杆敷设时，共同敷设段的两端均应在零线上装设重复接地。

以金属外皮作为零线的低压电缆，也要求重复接地。

车间内部宜采用环形重复接地。零线与接地装置至少有两点连接。除进线处一点外，其对角处最远点也应连接，而且车间周边长超过 400 m 者，每 200 m 应有一点连接。

每一重复接地电阻，一般不得超过 10 Ω，但在变压器低压工作接地的接地电阻允许不超过 10 Ω 的场合，每一重复接地的接地电阻允许不超过 30 Ω，但不得少于 3 处。

几种接地如图 6-8 所示。

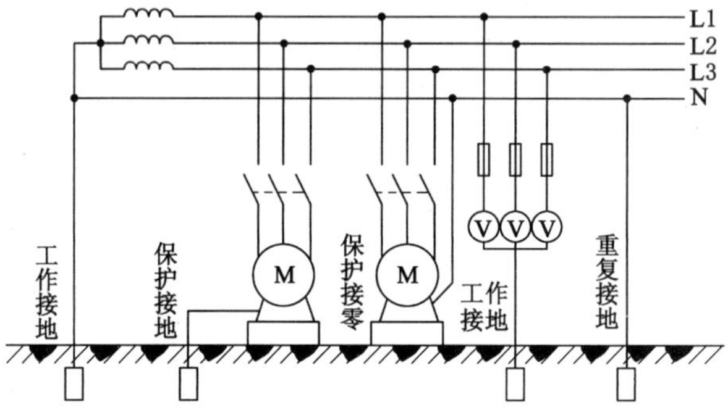

图 6-8　重复接地、工作接地、保护接地、保护接零示意图

六、电力系统的接地装置

所谓接地装置，是接地体与接地线的统称。埋入土壤内并与大地直接接触的金属导体或导体组，叫作接地体，也叫接地极。它按设置结构可分为人工接地体与自然接地体两类，按具体形状可分为管形与带形等多种。连接接地体与电气设备应接地部分的金属导体，叫作接地线，通常又可分为接地干线与接地支线。运行中的接地装置应当始终保持良好状态。

1. 自然接地体和人工接地体

自然接地体是用于其他目的且与土壤保持紧密接触的金属导体。例如埋设在地下的金属管道(有可燃或爆炸性介质的管道除外)、金属井管，与大地有可靠连接的建筑物的金属结构、水工构筑物及类似构筑物的金属管、桩等自然导体均可用做自然接地体。利用自然接地体不但可以节省钢材和施工费用，还可以降低接地电阻和等化地面与设备间的电位。如果有条件，应当优先利用自然接地体。当自然接地体的接地电阻符合要求时，可不敷设人工接地体(发电厂和变电所除外)。在利用自然接地体的情况下，应考虑到自然接地体拆装或检修时，接地体被断开，断口处出现的电位差及接地电阻发生变化的可能性。自然接地体至少应用两根导体在不同地点与接地网相连(线路杆塔除外)。利用自来水管及电缆的铅、铝包皮作接地体时，必须取得主管部门同意，以便互相配合施工和检修。

人工接地体可采用钢管、角钢、圆钢或废钢铁等材料制成。人工接地体宜采用垂直接地体，多岩石地区可采用水平接地体，如图 6-9 所示。垂直埋设的接地体可采用直径为 40～50 mm 的钢管或 40 mm×40 mm×4 mm 至 50 mm×50 mm×5 mm 的角钢。垂直接地体可以成排布置，也可以做环形布置。水平埋设的接地体可采用 40 mm×4 mm 的扁钢或直径为 16 mm 的圆钢。水平接地体多呈放射性布置，也可成排布置或环形布置。

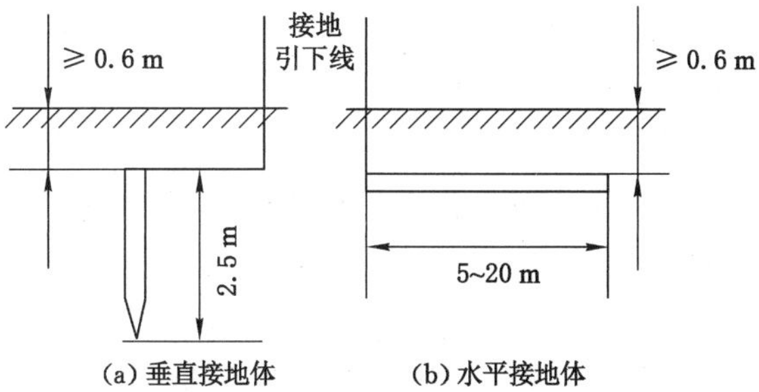

图 6-9　接地体安装

变电所经常采用以水平接地体为主的复合接地体，即人工接地网。复合接地体的外缘应闭合，并做成圆弧形。

为了保证足够的机械强度，并考虑到防腐蚀的要求，钢质接地体的最小尺寸见表 6-3，电力线路杆塔接地体引出线应镀锌，截面积不得小于 50 mm^2。

表 6-3　钢质接地体和接地线的最小尺寸

材料种类		地上		地下	
		室内	室外	交流	直流
圆钢直径/mm		6	8	10	12
扁钢	截面/mm^2	60	100	100	100
	厚度/mm	3	4	4	6
角钢厚度/mm		2.0	2.5	4.0	6.0
钢管管壁厚度/mm		2.5	2.5	3.5	4.5

2. 接地线

交流电气设备应优先利用自然导体作接地线，如建筑物的金属构架、电梯竖井、电缆的金属外皮等都可以作为自然接地线。各种金属管道(可燃液体、可燃或爆炸性气体的金属管道除外)可作为低压电力设备的自然接地线。在非火灾、爆炸危险环境，如自然接地线有足够的截面积，可不再另行敷设人工接地线。

如果车间电气设备较多，宜敷设接地干线。各电气设备外壳分别与接地干线连接，而且接地干线要有两条连接线与接地体连接。各电气设备的接地支线应单独与接地干线或接地体相连，不应串联连接。接地线的最小尺寸亦不得小于表 6-3 规定的数值。低压电气设备外露接地线的截面积不得小于表 6-4 所示的数值。选用时，一般应比表中数值选得大一些。接地线截面积应与相线载流量相适应。

表 6-4　低压电气设备外露铜、铝接地线截面积

材料种类	铜	铝
明设的裸导线	4	6
绝缘导线	1.5	2.5
电缆接地芯或与相线包在同一保护套内的多芯导线的接地芯	1.0	1.5

接地线的涂色和标志应符合国家标准。未经允许，接地线不得做其他电气回路使用。不得用蛇皮管、管道保温层的金属外皮或金属网以及电缆的金属护层做接地线。

3. 接地装置日常生产检查

运行中的接地装置应对以下内容进行巡视和检查：检查接地线或接零线与电气设备的金属外壳以及同接地网的连接处连接是否良好，有无松动脱落等现象；检查接地线有无损伤、碰断及腐蚀等现象；对于移动式电气设备的接地线，在每次使用前应检查其接地线情况，观察有无断股现象；定期测量接地装置的接地电阻值，测量接地电阻要在土壤电阻率最大的季节内进行，即夏季土壤干燥时期和冬季土壤冰冻最甚时期。

复习思考题

一、名词解释

1. 电击
2. 电伤
3. 跨步电压

二、简答题

1. 电气安全包括哪几个方面？哪些因素决定触电伤害程度？
2. 选煤厂防雷的基本措施有哪些？
3. 避雷装置由哪几个组成部分？各部分的作用是什么？

三、问答题

1. 选煤厂电气安全措施包括哪些内容？
2. 试述并图示电力系统接地的分类及应用。
3. 选煤厂应该实行接地或接零的设备有哪些？

第七章　低压控制电器

低压电器是用于额定电压交流 1 200 V 或直流 1 500 V 及以下，能够根据外界施加的信号或要求改变电路参数或状态，以实现对电路或非电对象的切换、控制、检测、保护、变换以及调节的电气设备。

低压控制电器主要用于电力拖动系统中，对电动机运行进行控制、调节和保护。依靠人力操作的控制电器称为手动控制电器，根据信号自动完成动作的控制电器称为自动控制电器。常用的低压控制电器有接触器、继电器、主令电器、显示报警器以及由上述电器组成的控制单台电动机启停的启动器等。低压控制电器能接通和分断过载电流，但不能分断短路电流。

第一节　交流接触器

接触器是利用电磁铁的磁吸力及释放弹簧反作用力配合动作，使触头闭合和分断，从而频繁接通和断开主电路的控制电器，适用于近、远距离控制电动机启动和停止，也可以控制其他电力负载如电焊机、电容器、电热器、电力变压器等。接触器的种类很多，根据触头所控制电源种类可分为交流接触器和直流接触器，本节主要讨论交流接触器。

一、交流接触器的结构与工作原理

图 7-1 为三相交流接触器的两种典型结构形式——双断点桥式触头和单断点指式触头。接触器主要由励磁线圈、动合磁系(铁芯)、触头系统(主触头、辅助触头)、消弧罩和绝缘底板(机壳)等部分构成。全部元件都装在绝缘底板或机壳上。

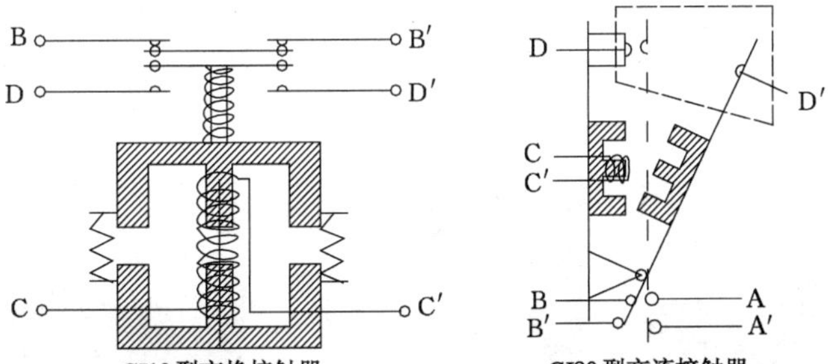

CJ10型交换接触器　　CJ20型交流接触器

图 7-1　三相交流接触器的两种典型结构形式

铁芯在弹簧的弹力或自身重力作用下处于分离状态。当接点 C、C′接入电源时，线圈产生磁场，分开的铁芯在磁场力作用下闭合。与动铁芯(衔铁)相连的触头(动触头)随之运动，导致主触头 D、D′闭合，接通主电路，电动机得电运转。同时，辅助触点 A、A′闭合，B、B′断开。这两组触头称为辅助触头。当加载 C、C′之间的电压失去时，线圈磁场消失，铁芯的磁力也消失，衔铁在释放弹簧和自重的作用下恢复原位，主触头 D、D′断开，辅助触点 A、A′断开，B、B′闭合，电动机停止转动。

接触器的辅助触头通常用来表征接触器主触头所处的状态。如辅助触点 A、A′始终与主触点 D、D′状态一致，辅助触点 B、B′始终与主触点 D、D′状态相反，都可以用来表征 D、D′状态，即电动机是否处于通电运行状态。

接触器主触头所控制的电路是交流时，叫作交流接触器，用来控制直流电路时，叫作直流接触器。接触器线圈的操作电源有的用交流、有的用直流。交、直流接触器不能互换使用。

接触器的分类见表 7-1。几种常见的交流接触器如图 7-2 所示。

表 7-1　接触器的结构分类及用途

分类方法	名　称	用　　途
主触头所控制的电流种类	交流	远距离频繁接通与分断交流电路
	交直流	远距离频繁接通与分断交流或直流电路
主触头的位置（励磁线圈无电时）	常开	广泛用于控制电动机及电阻负载
	常闭	主要用于能耗制动或备用电源的接通
	部分常开，部分常闭	用于发电机励磁回路的灭磁或备用电源的接通
主触头极数	单极	用于控制单相负载，如照明、单相电动机等
	双极	在绕线转子电动机短接转子回路中的启动电阻作交流电动机的动力制动
	多极	控制三相负载、三相四线制负载，双回路电动机、双速笼型电动机等直接启动、组成自动式自耦补偿启动器
灭弧介质	空气式	作一般用途的接触器
	真空式	用于石油化工企业、煤矿以及电压在 660 V 及 1 140 V 的场合
有无灭弧室	有灭弧室	用于直接分断和接通负载的接触器
	无灭弧室	用于加速电动机启动的接触器及小容量接触器
有无触头	有触点式	大量接触器均为有触点式
	无触点式	通常用晶闸管作为回路的通断元件，适用于频繁操作和需要无噪声等特殊场所，如化工、冶金、煤矿等行业

图 7-2　几种常见的交流接触器

为延长触头使用寿命，尽快熄灭电弧，除部分小功率接触器外，交流接触器都需要在主触头周围设置灭弧装置。交流接触器的主触头的灭弧形式包括电动力拉弧、栅片灭弧、陶土灭弧室灭弧、真空灭弧等几种形式。

接触器线圈用交流操作时，在通过线圈的电流瞬时值为零瞬间，铁芯中的磁通也为零，磁吸力消失，于是衔铁就有释放的趋势。电流过零后，磁通又逐渐恢复，磁吸力也恢复，又吸住了衔铁。这样交流操作的接触器对衔铁吸力是脉动的，每周期吸力有两次为零，将产生震动和噪声。

为了克服因吸力脉动而产生的噪声，在铁芯端面的 2/3 处嵌入一个短路环，如图 7-3 所示，两部分铁芯的磁通量不同时过零，因此铁芯对衔铁总有吸力。

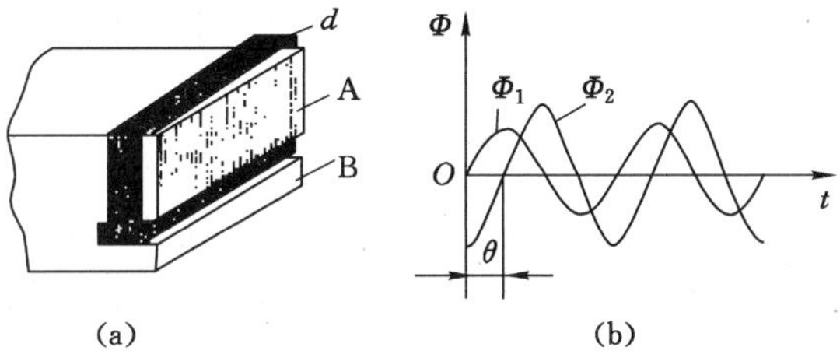

图 7-3　短路环及其工作原理

二、接触器的主要参数与选择

1. 接触器的主要技术参数

接触器与选型有关的技术参数包括额定电压、额定电流、接通与分断能力等。

(1) 额定电压

接触器的额定电压是指主触头的额定工作电压。一只接触器常规定几个额定电压，同时列出相应的额定电流或控制功率。通常，最大工作电压即为额定电压。常用的额定电压值为 220 V、380 V、660 V 等。

(2) 额定电流

接触器的额定电流是指主触头的额定工作电流。它是在一定条件下保证电器正常工作的电流值。目前生产的接触器额定电流范围为 6～4 000 A。常用额定电流等级为 5 A、10 A、20 A、40 A、60 A、100 A、150 A、250 A、400 A、600 A。接触器额定电压和额定电流的大小决定了负载的功率。

(3) 接通与分断能力

接触器的接通和分断能力包括最大接通电流和最大分断电流。最大接通电流是指触点闭合时不会造成触点熔焊时的最大电流值；最大分断电流是指触点断开时能可靠灭弧的最大电流。一般接通和分断能力是额定电流的 5～10 倍。当然，这一数值与开断电路的电压等级有关，电压越高，接通和分断能力越小。

(4) 动作值

接触器的动作值可分为吸合电压和释放电压。吸合电压是指接触器吸合前，缓慢增加吸合线圈两端的电压，接触器可以吸合时的最小电压。释放电压是指接触器吸合后，缓慢降低吸合线圈的电压，接触器释放时的最大电压。一般规定，吸合电压不低于线圈额定电压的 85％，释放电压不高于线圈额定电压的 70％ 。

(5) 吸引线圈额定电压

接触器的吸引线圈额定电压是指接触器正常工作时,吸引线圈上所加的电压值。一般该电压数值以及线圈的匝数、线径等数据均标于线包上,而不是标于接触器外壳铭牌上,使用时应加以注意。

(6) 操作频率

接触器在吸合瞬间,吸引线圈需消耗比额定电流大 5～7 倍的电流,如果操作频率过高,则会使线圈严重发热,直接影响接触器的正常使用。为此,规定了接触器的允许操作频率,一般为每小时允许操作次数的最大值。

(7) 寿命

接触器的寿命包括电寿命和机械寿命。目前接触器的机械寿命已达一千万次以上,电寿命是机械寿命的 5%～20%。

2. 接触器选型一般原则

① 按使用类别选用。接触器按使用类别分为 AC-1 至 AC-8 共八类(表 7-2),以便根据负载的情况选用。在实际选煤生产中,90 kW 及以下的鼠笼式电动机占全厂电动机总数的 90%以上,多选用 AC-3 型。

表 7-2 交流接触器按用途分类

交流接触器类别		负载种类
AC-1		无感或微感负载、电阻炉
AC-2		绕线式电动机的启动、分断
AC-3		鼠笼式电动机的启动、运转中分断
AC-4		鼠笼式电动机的启动、反接制动或反向运转、点动
AC-5	a	放电灯的通断
	b	白炽灯的通断
AC-6	a	变压器的通断
	b	电容器组的通断
AC-7	a	家用电器和类似用途的低感负载
	b	家用的电动机负载
AC-8	a	具有手动复位过载脱扣器的密封制冷压缩机中的电动机
	b	具有自动复位过载脱扣器的密封制冷压缩机中的电动机

② 接触器额定电压应不小于主电路的额定电压。在选煤厂,低压多选用 380 V,高压多选用 6 000 V。

③ 接触器线圈的额定电压必须与控制电源电压相适应。选煤厂多数采用交流 220 V 或直流 24 V 控制电源。

④ 接触器的额定电流应不小于负载的额定电流。

3. 选煤厂电动机控制接触器的选型注意事项

选煤厂用于控制设备(电动机)启停的交流接触器选型时,除满足上述一般原则外,还应注意以下几点:

① 适当考虑电动机负载轻重程度的需要。对电动机负载较重的破碎机、离心机，为了保证电寿命，可使接触器降容 1～2 级使用；对于起重设备等特重任务电动机，通常按电寿命和启动电流选用。

② 注意其控制对象是长期工作制，还是重复短时工作制。在操作频率高时，还必须考虑电弧能量的影响。用于反复短时工作制电动机的接触器，其额定电流应大于负载的等效发热电流。选煤厂绝大多数电动机属于长期工作制，操作频率不高，应尽可能选用银、银合金或镶银触头的接触器。

③ 环境影响。对选煤厂环境比较恶劣的准备车间，粉尘污染严重，通风条件差。接触器宜采取降容使用的技术措施，即选用比计算电流值大一到两个等级的接触器。

为了方便选型，一些商家给用户提供了与不同型号电动机相配套的电器的选型表，如表 7-3 所示。

表 7-3 电动机配用断路器、熔断器、接触器、电动机保护器、导线速查表

Y系列电动机功率/kW	额定电流/A					配用断路器		配用熔断器		配用接触器	配用电子型电动机保护器				配用导线截面/mm²
	2P	4P	6P	8P	10P	型号	热脱扣器额定电流/A	型号	熔体电流/A		型号	电子调节范围/A	型号	电子调节范围/A	
0.8	1.8	2.0	2.3			DZ5-20	3	RL1-15	6	GJ20-6.3	BHQ-S-J	0.5～5	DBJ-I	0.5～0.6	1.5
1.1	2.5	2.7	3.2			DZ5-20	3/4.5	RL1-15	10	GJ20-6.3	BHQ-S-J	0.5～5	DBJ-I	0.5～5.6	1.5
1.5	3.4	3.7	4.0			DZ5-20	4.5	RL1-15	10	GJ20-6.3	BHQ-S-J	0.5～5	DBJ-I	0.6～5.6	1.5
2.2	4.7	5.0	5.6	5.8		DZ5-20	6.5	RL1-15	15	GJ20-10	BHQ-S-J	2～20	DBJ-I	2.2～17	1.5
3.0	6.4	6.8	7.2	7.7		DZ5-20	6.5/10	RL1-60	20	GJ20-10	BHQ-S-J	2～20	DBJ-Ⅱ	2.2～17	1.5
4.0	8.2	8.8	9.4	9.9		DZ5-20	10.0	RL1-60	25	GJ20-16	BHQ-S-J	2～20	DBJ-Ⅱ	2.2～17	1.5
5.5	11.1	11.6	12.6	13.3		DZ5-20	15.0	RL1-60	35	GJ20-16	BHQ-S-J	2～20	DBJ-Ⅱ	2.2～17	2.5
7.5	15.0	15.4	17.0	17.7		DZ5-20	15/20	RL1-60	50	GJ20-25	BHQ-S-J	2～20	DBJ-Ⅱ	2.2～17	4
11.0	21.8	22.6	24.6	25.1		DZ5-50	25.0	RL1-60	60	GJ20-40	BHQ-S-C	20～80	DBJ-Ⅲ	9～45	6
15.0	29.4	30.3	31.4	34.1		DZ5-50	30/40	RL1-100	80	GJ20-40	BHQ-S-C	20～80	DBJ-Ⅲ	9～45	10
18.5	35.5	35.9	37.7	41.3		DZ5-50	40/50	RL1-100	100	GJ20-63	BHQ-S-C	20～80	DBJ-Ⅲ	9～45	16
22.0	42.2	42.5	44.6	47.6		DZ5-50	50.0	RL1-200	150	GJ20-63	BHQ-S-C	20～80	DBJ-Ⅲ	9～45	16
30.0	56.9	56.8	59.5	63.0		DZ15-63	63.0	RL1-200	200	GJ20-100	BHQ-S-C	20～80	DBJ-Ⅳ	15～480	25
37.0	69.8	70.4	72.0	78.2		DZ15-100	80.0	RTO-400	250	GJ20-100	BHQ-S-C	63～150	DBJ-Ⅳ	15～480	35
45.0	84.0	84.2	85.4	93.2		DZ15-100	100.0	RTO-400	300	GJ20-100	BHQ-S-C	63～150	DBJ-Ⅳ	15～480	50
55.0	102.6	102.5	104.4	109.0		DZ20-160	125.0	RTO-400	400	GJ20-160	BHQ-S-C	63～150	DBJ-Ⅳ	15～480	70
75.0	140.0	139.7	142.0	148.0		DZ20-160	160.0	RTO-600	150	GJ20-160	BHQ-S-C	100～250	DBJ-Ⅳ	15～480	95
90.0	167.0	164.0	167.0	175.0		DZ20-200	180.0	RTO-600	550	GJ20-250	BHQ-S-C	100～250	DBJ-Ⅳ	15～480	120

例如一台 Y180L-4 型 22 kW 电动机，从速查表查得应配用 GJ20-63 型接触器。该电动机额定电流 42.5 A，接触器额定电流 63 A，按一般 AC-3 工作类别，该接触器可控制 380 V 电动机功率为 30 kW，现在控制 380 V、22 kW 电动机，属于降容使用，考虑选煤厂生产时间

及环境等特点，符合选用要求。

第二节　主令电器

主令电器是用来闭合断开控制电路，以发出指令或作程序控制的开关电器。主令电器的主要类型有按钮、行程开关、转换开关和接近开关等，分别用于不同用途的电气控制。随着电子技术的发展，无触点主令电器日益增多，积木式结构、智能化产品也已陆续出现。今后控制电器的发展趋势是在确保可靠性、准确性、快速性的前提下，提高使用寿命和操作频率，缩小体积和减轻重量，简化控制系统，发展组合产品。

一、控制按钮

控制按钮又叫按钮开关，是一种结构简单、应用十分广泛的主令电器，通常由按钮帽、复位弹簧、桥式触头和外壳等组成。在电气自动控制电路中，用于手动发出控制信号以控制接触器、继电器、电磁启动器等电磁线圈的电路，使之得电或失电。它的触头允许通过电流很小，一般不超过 5 A。

图 7-4 是按钮的结构示意图，它有一对常闭静触头 AA′和一对常开静触头 BB′。按钮未按下时，在复位弹簧作用下，静触头 AA′通过动触头而闭合，而静触头 BB′处于分断状态。按下按钮后静触头 BB′闭合，而静触头 AA′断开。

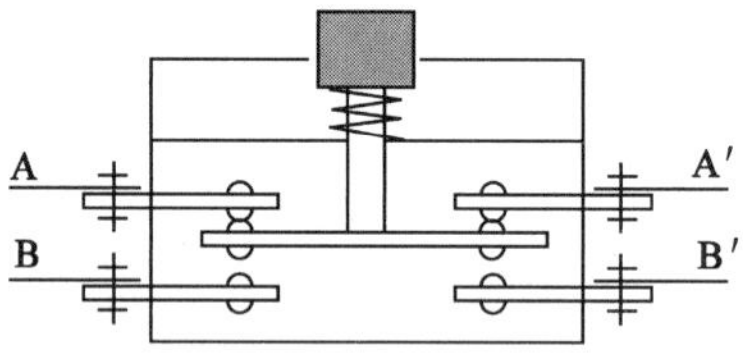

图 7-4　按钮开关结构示意图

按钮开关的结构种类很多，可分为普通揿钮式、蘑菇头式、自锁式、自复位式、旋柄式、带指示灯式、带灯符号式及钥匙式等，根据用途不同，可将单个按钮组合成双联按钮与三联按钮，用于电动机启动、停止、正转与反转的控制。常见按钮开关如图 7-5 所示。

(a) 普通控制按钮　(b) 防爆控制按钮　(c) 显示控制按钮

图 7-5　常见按钮开关

为了标明各个按钮的作用，避免误操作，通常将按钮帽做成不同的颜色，以示区别。通常，红色表示停止按钮，绿色表示启动按钮等。按钮开关的主要选型技术参数包括电压等级、型式、安装孔尺寸、触头数量及触头的电流容量等。

二、转换开关

转换开关又叫组合开关，它是一种多回路控制切换的主令电器，用作非频繁接通和分断电路，控制小容量电动机启动与停止、正转与反转等。转换开关的手柄位置还用作明显的通路指示。

转换开关(图 7-6)由装在同一转轴上的多个单极旋转开关叠装在一起组成。动触片装在转动的轴上，转轴一端固定操作手柄。静触片分层装在固定支架上；动触片对数和静触片对数相等。转动手柄时，转轴带动各层动触片转动，使之与对应层内的静触片接通或分断。为了使开关在切断负荷电路时产生的电弧能迅速熄灭，在开关转轴的一段通常装有快速动作机构。

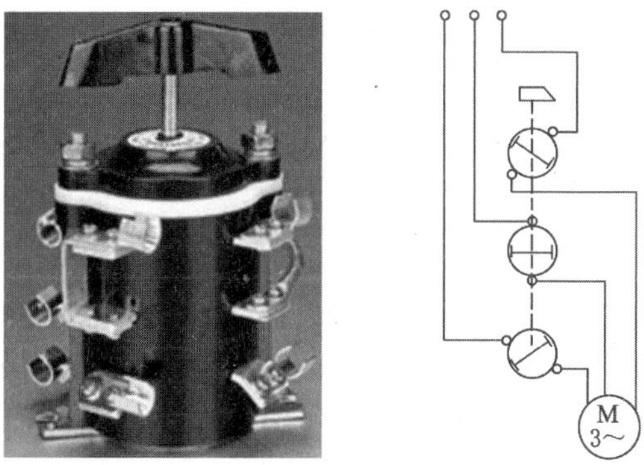

图 7-6　转换开关

转换开关适用于在交流 50 Hz 电压 380 V 及以下或直流电压 220 V 及以下情况下，作手动不频繁接通或分断电路，换接电源或负载。其额定电流有 6 A、10 A、25 A、60 A、100 A 等五个等级。

转换开关的操作手柄至少有两个操作位置，它可以做成二位、三位或多位的。转换开关的触头至少有两对，每一对触头可控制一条电路的通断。转换开关的手柄部分还可以和锁簧机构结合，用钥匙驱动，从而形成转换的权力限制。汽车的钥匙启动就是一个典型的多路转换开关。

在选煤厂，转换开关常用作控制方式(集控方式、就地方式、联锁方式、解锁方式)选择开关、控制指令(集控启动、联锁运行、集控停车)开关以及备用设备参控状态(参控/备用)开关。

三、行程开关

行程开关是用来反映工作机械的行程、发出命令以控制其运动方向或行程大小的主令电器。如果把行程开关安装在工作机械行程终点处，以限制其行程，就称其为限位开关。

行程开关的工作原理和控制按钮很相似，不同的是行程开关通过机械可动部分的撞块来实现操作。

行程开关的种类很多，按动作方式分为瞬时型行程开关和蠕动型行程开关；按头部结构分为直动型行程开关(图 7-7)、滚动直动型行程开关、杠杆行程开关、单轮行程开关、双轮行程开关、滚轮摆杆行程开关(图 7-8)、弹簧杆行程开关等。

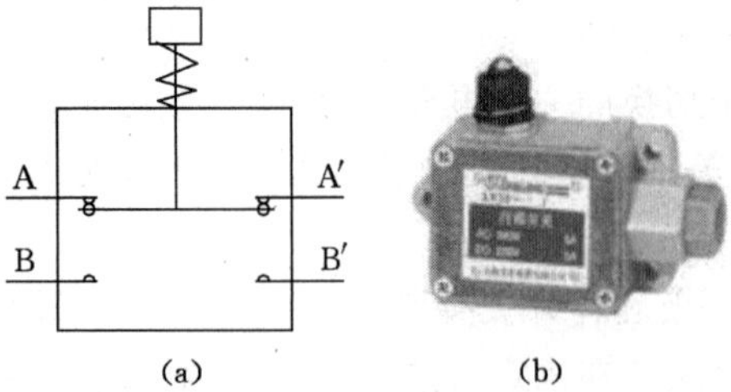

图 7-7　直动型行程开关

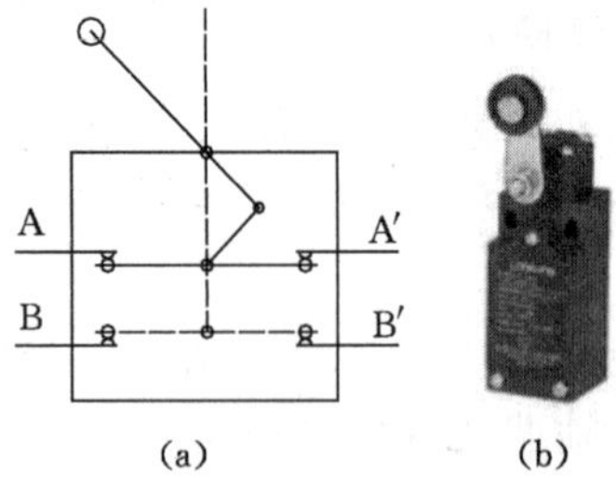

图 7-8　滚轮摆杆行程开关

使用时将行程开关装在需要产生位置信号的地方，把其内部触点接到控制电路中，当生产机械运动到某一预定位置时，压动触杆（或滚轮），使其内部触头接通状态发生转换，达到接通或切断控制电路的目的。

选煤厂起吊系统常用行程开关进行限位控制，胶带运输机则采用滚轮摆杆行程开关作为跑偏检测元件。

四、接近开关

接近开关是一种非接触型的物体检测装置，是无触点的行程开关。当运动着的物体接近它到一定距离范围时，它就能发出信号，从而进行相应的操作，用来实现行程控制或计数。接近开关按工作原理可以分为高频振荡型接近开关、霍尔效应型接近开关、电容型接近开关、超声波型接近开关等，其中高频振荡型最为常用；按感应方式可以分为电感式接近开关（图 7-9）、电容式接近开关、霍尔接近开关、光电式接近开关等。

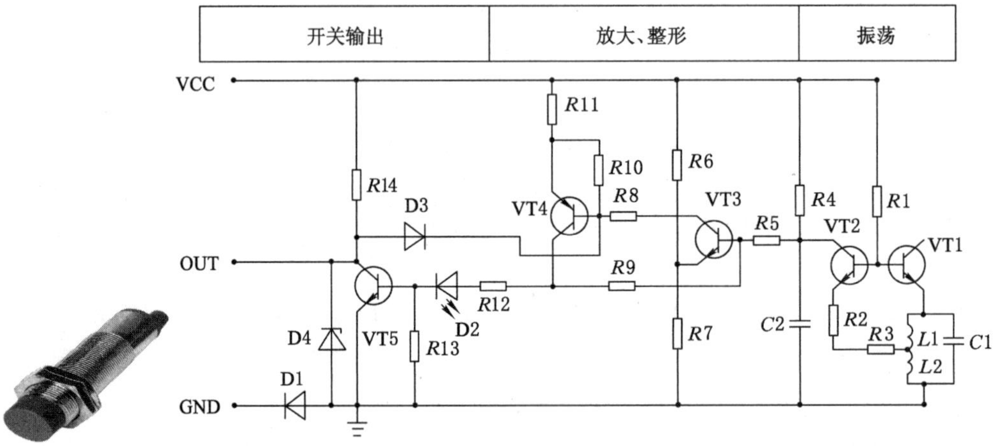

图 7-9　电感式接近开关

电感式接近开关也称涡流式接近开关，由正弦波振荡器、反相器和射极输出器组成。振荡器采用变压器反馈式 LC 振荡器，实用中把振荡器的电感线圈和铁芯做在一起，叫作感应头。当有金属物体（或局部贴有金属膜片的非金属物体）接近这一磁场时就会在金属物体内产生涡流，从而导致振荡停止，这种变化被后级放大处理后转换成晶体管开关信号输出。电感式接近开关具有抗干扰性能好、开关频率高的特点，常应用于各种机械设备上做位置检测、计数信号的拾取等。

电容式接近开关的测量极为电容器的一个极板，而另一个极板是开关的外壳。当有物体移向电容式接近开关时，不论它是否为导体，总要使电容的介电常数发生变化，从而使电容量发生变化，使得和测量头相连的电路状态也随之发生变化，由此便可控制开关的接通或断开。这种接近开关检测的对象不限于导体，可以是绝缘的液体或粉状物等。

霍尔接近开关利用霍尔效应对接近的物体进行检测。当磁性物件移近霍尔接近开关时，检测面上的霍尔元件因产生霍尔效应而使开关内部电路状态发生变化，由此识别附近有磁性物体存在，进而控制开关的通或断。这种接近开关的检测对象必须是磁性物体。

光电式接近开关利用光电效应对接近的物体进行检测。将发光器件与光电器件按一定方向装在同一个检测头内。当有反光面(被检测物体)接近时，光电器件接收到反射光后便有信号输出，由此便可“感知”有物体接近。

接近开关的主要技术参数有：动作距离、重复精度、操作频率、复位行程等。

在选煤厂，接近开关有时也用作检测轴的转速。如，某些型号的皮带秤，在皮带从动轮芯轴的一端贴一圈永磁片或反光片，安装在附近的霍尔接近开关或光电式接近开关所产生的脉冲数可以换算为皮带运行速度。

第三节　继　电　器

继电器是根据某一输入量而动作的自动控制电器，它起着传递信号的作用。在控制线路中，继电器用来改变被控制电路的工作状态，实现既定工作程序，达到控制或保护的目的。从某种意义上说，继电器回路在控制系统中承担着逻辑元件的作用。

一、继电器的分类

继电器按被控电路的控制方式分为有触点继电器(靠触点的机械运动接通与断开被控电路)和无触点继电器(靠继电器元件自身的物理特性实现被控电路的通断)两类。

继电器按应用领域、环境分为电力系统继电保护用继电器、自动控制用继电器、通信用继电器、船舶用继电器、航空用继电器、航天用继电器、热带用继电器、高原用继电器等几类。

继电器按反应信号分为直流继电器、交流继电器、脉冲继电器、电压继电器、电流继电器、逆流继电器、极化继电器、频率继电器、功率继电器、阻抗继电器、温度继电器、速度继电器、压力继电器、光继电器、瓦斯继电器、声继电器等。

在实际工程中，常用继电器一般按功能和原理分为电磁继电器、时间继电器、热继电器和固态继电器等几类。

二、电磁继电器

电磁继电器在电气控制系统中起控制、放大、联锁、保护与调节的作用。

电磁继电器的结构原理与接触器相似，主要的差异是主触头通过的也是控制电流，因而，一般没有消弧罩等附加结构。

电磁继电器按输入信号的性质可分为电流继电器、电压继电器和中间继电器，如图 7-10 所示。

1. 电流继电器

流过继电器线圈的电流达到某固定值而动作的继电器叫电流继电器，电流继电器的线

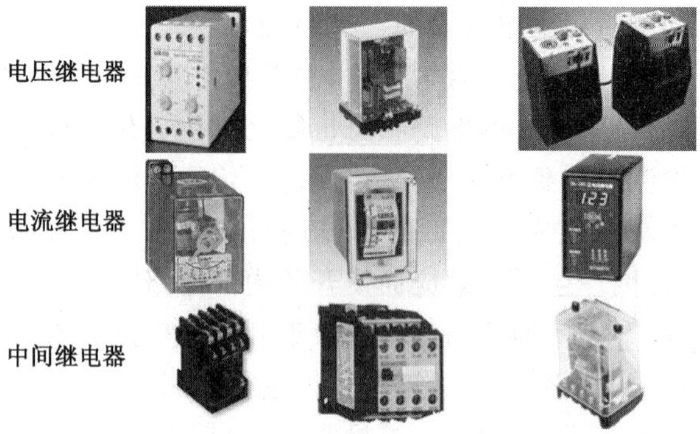

图 7-10　电磁继电器

圈串联在被控制电路中。为使在接入继电器线圈对电路基本无影响，要求电流继电器电磁线圈匝数少，导线粗，从而线圈上阻抗压降就小。

电流继电器分为过电流继电器和欠电流继电器。过电流继电器是当通过线圈电流超过负载额定电流某一数值时动作，使被控制电路发生状态转换，欠电流继电器是当电流降到线圈额定电流以下某一数值时动作（释放），发出控制信号。

2. 电压继电器

电压继电器和电流继电器结构相似，不同的是电压继电器吸引线圈并联在电路中，当线圈两端电压达到某一数值时动作。要求电压继电器的线圈匝数多，导线细，阻抗大。

电压继电器也有过电压继电器和欠电压继电器之分。

电流继电器与电压继电器的区别主要是线圈参数不同。前者为了检测负载电流，一般线圈要与之串联，因而匝数少而线径粗，以减少产生的压降；后者要检测负载电压，故线圈要与之并联，需要电抗大，故线圈匝数多而线径细。

3. 中间继电器

中间继电器用于在控制电路中传递中间信号、增加触点的数量及容量。中间继电器实质上也是电压继电器。由于它控制的触头数量多，触头额定电流大，所以当电流或电压继电器触头容量小或触头数量不够用时，可借助中间继电器的帮助，即电流或电压继电器控制中间继电器，中间继电器再去控制容量较大的执行元件或数量较多的被控电路。

三、时间继电器

时间继电器（图 7-11）是一种延时接通或分断的控制电器。当感受部分接收外界信号后，经过设定的延时时间才使执行部分动作的继电器称为时间继电器。

时间继电器按延时的方式分为通电延时型、断电延时型和带瞬动触头的通电（或断电）延时型等；按工作原理划分为电磁式、空气阻尼式、模拟电子式和数字电子式等。随着电子技术的飞跃发展，以石英晶体为核心的数字电子式时间继电器，以其延时精度高、调节范围宽、功能多、体积小等优点而成为市场上主导产品。

四、热继电器

热继电器是一种过电流继电器，它是利用电流热效应而工作的，主要用于电动机和其电气设备的过载保护。

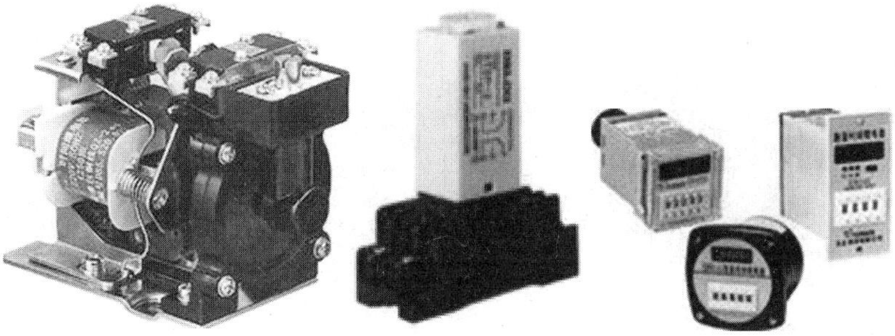

图 7-11　时间继电器

热继电器主要由热元件、双金属片、触头三部分组成。热元件串联到电动机主电路中，所以流过热元件的电流就是电动机从电网吸收的电流。双金属片是热继电器的感温元件，由膨胀系数不同的两种金属片用机械碾压而成。在未加热以前，两金属片的长度一致；受热后它们都膨胀伸长，但伸长量不同，于是双金属片发生弯曲(向膨胀系数小的一侧弯曲)。通过热元件的电流不同，所产生的温度也不同，双金属片的弯曲程度也不同。当双金属片末端位移达到一定极限时，推动输出触点改变状态——常闭触点断开，常开触点闭合。热继电器内部结构如图 7-12 所示。

图 7-12　热继电器内部结构

电动机在额定负载下正常运行时，由于热元件产生的热量较少，双金属片产生的弯曲变形也小，不能使热继电器动作。当电动机长时过载运行时，热元件产生的热量足以使双金属片弯曲到脱扣，使其常闭触头断开，控制电动机停转，达到过载保护目的。

部分型号的热继电器在三个双金属片末端还装有机械差动装置，当其中一个双金属片因断线而不产生弯曲(位移)时，其余两相的位移得到进一步的放大，加速了热继电器触头的动作，达到断相保护的目的。

部分型号的热继电器带有用于室温变化补偿的双金属片，通过机械差动装置，允许与动力线路串联的三个双金属片在较高的室温下有更大的弯曲余地。因而，当周围介质温度升高时，不会使热继电器误动作。典型的热继电器外形如图 7-13 所示。

热继电器接点分断后的复位，可以手动也可以自动。

五、固态继电器

固态继电器是由半导体元件组成的无触头开关元件。与电磁继电器相比，固态继电器

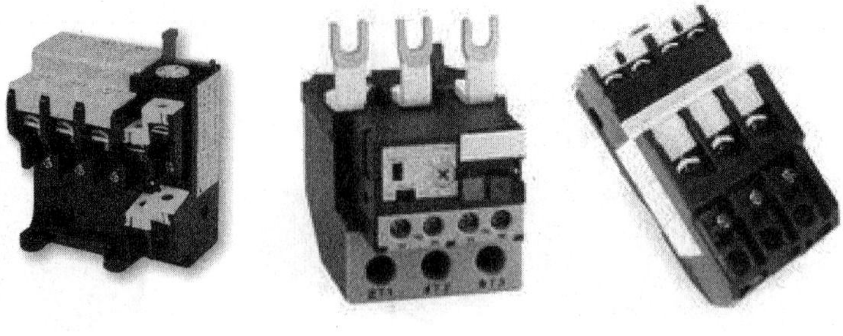

图 7-13　典型的热继电器外形

具有工作可靠、寿命长、对外界干扰小、能与逻辑电路兼容、抗干扰能力强、开关速度快、无火花、无动作噪声和使用方便等一系列优点，缺点是过载能力低，易受温度和辐射影响，通断阻抗比小。固态继电器广泛应用于计算机的输入输出接口、外围和终端设备，也应用于振动、潮湿、易燃易爆等特殊工作环境中以及要求高可靠性的工作场合。

固态继电器分为直流固态继电器和交流固态继电器，前者输出采用晶体管，后者输出采用晶闸管。

图 7-14 是四端有源固态继电器，其中两个端子为输入控制端，另外两个端子为输出受控端。为实现输入和输出之间的电气隔离，器件中采用了高耐压的光电耦合器。当施加输入信号后，其输出呈导通状态，否则呈阻断状态。

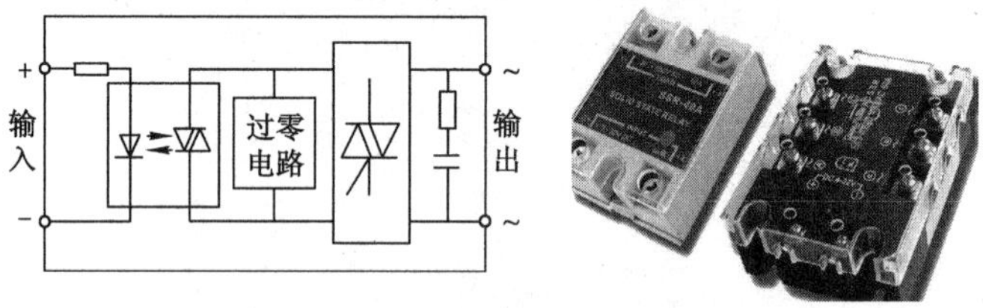

图 7-14　四端有源固态继电器

固态继电器的主要参数有输入电压、输入电流、输出电压、输出电流、输出漏电等。

第四节　显示报警器

一、数值显示

生产过程中的参数大小早期主要采用指针显示方式，也有采用柱状图显示方式。目前多采用数字显示仪显示，也有部分采用屏幕显示。数字显示仪与各类传感器、变送器配合使用，可对温度、压力、液位、流量、重量等工业过程参数进行测量、显示、报警控制、变送输出、数据采集及通信。随着液晶和等离子显示技术的发展，具备更方便、更美观的显示屏在工业控制中得到快速发展和推广应用。常见数值显示仪表如图 7-15 所示。

二、灯光显示

在实际工业性生产环境下，生产系统设备的运行状态有时也采用灯光显示，称为指示灯。在选煤厂模拟盘、配电箱上，常以指示灯的亮、灭显示系统不同的状态。指示灯灯罩常

(a) 指针式显示　(b) 柱状图显示　(c) 数显仪　(d) 显示屏

图 7-15　数值显示仪表

做成不同的颜色以区分参数状态，如绿灯表示正常运行，红灯表示故障等。指示灯一般并联在控制回路中，有时也可直接并联在主回路中。早期设计的选煤厂为减小功耗和发热，同时方便取得电源，指示灯常采用 220 V 交流电源供电，在每个指示灯座上设置互感器变压至 12 V 供电。当前，电力系统的指示灯也逐渐更换为更节能的 LED 灯。选煤厂传统的模拟盘也被各种显示屏所替代。但现场单个参数或少数几个参数的显示仍广泛使用数显仪、柱状图显示仪，甚至指针式仪表。

三、声频显示

在复杂灯光背景下的生产系统，常设置声频报警器(图 7-16)，在系统呈现某种固定状态(启动、停止、故障等)时，发出声响信号。声频报警器一般串联在控制回路中。一些企业也将声频报警系统与广播系统，甚至通信系统结合在一起，一旦系统出现异常状态，能更准确地提醒操作、管理人员，可以进一步提高系统的安全性。

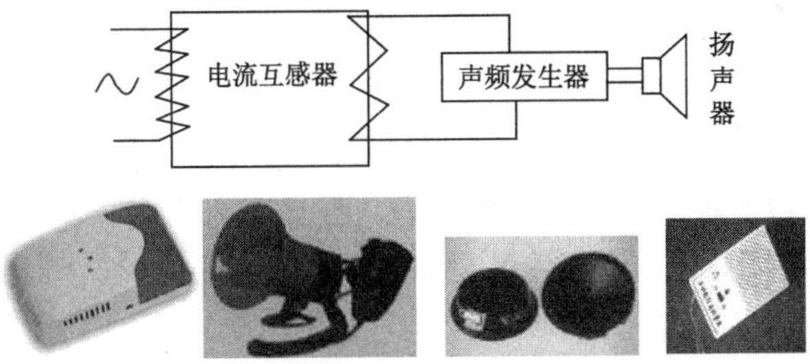

图 7-16　声频报警器

复习思考题

1. 交流接触器的作用是什么？
2. 常见接近开关按工作原理分为哪几类？
3. 继电器按其功能分为哪几类？
4. 简述电磁继电器的分类、特点和作用。
5. 时间继电器有哪几种触头？各在什么条件下动作？
6. 简述热继电器的工作原理及用途。

第八章　单机控制与电气保护

选煤厂的负载类型和生产机械的工作制度以及现场较差的工况环境决定了选煤机械设备基本都是靠三相交流异步电动机进行拖动的。单机控制和保护是全厂集中控制的基础。本章介绍三相交流异步电动机的单机启停、调速、调速控制以及选煤厂主要工艺设备单机电气保护的相关知识。

第一节　电气图的分类与绘制

一、电气控制回路的表示方法

电气控制线路的表示方法有三种：电气系统图及电气元件布置图、电气原理图、电气安装图。

1. 电气系统图及电气元件布置图

电气系统图是用电气符号或带注释的围框，概略表示系统或分系统的基本组成、相互关系及主要特征的一种简图。电气系统图常作为某一系统、某一装置或某一成套设计图中的首图。图 8-1 为陈四楼选煤厂 61[#] 配电室配电系统图。

电气元件布置图主要是用来表明电气设备(配电柜或控制柜)上所有电器的实际位置，为电气控制设备的制造、安装、维修提供必要的资料。所有电器用规定的图形符号画出，如图 8-2 所示。

2. 电气原理图

电气原理图用以说明控制线路的工作原理。根据电路工作原理按电位顺序和阅图方便用规定的图形符号绘制，不表达位置关系。图 8-3 为某选煤厂带变频器的电气原理图。

3. 电气安装图

电气安装图也称电气接线图，表达实际接线关系。元件按相对位置绘制，但无比例要求，导线只表示连接关系，不表达走线位置，如图 8-4 所示。电气元件布置图和电气安装图主要用于实际安装和检修调试。

电气安装图也包括以图表等方式表达的端子和线缆之间的对应接线关系，称之为接线端子图，如图 8-5 所示。

二、电气原理图的绘制原则

电气原理图是依据工作原理而绘制的，其特点是简单、清晰地表明电路功能，便于阅读。电气原理图用于电路设计和故障分析时查找功能(现象)和电器状态之间的逻辑关系。

在绘制电路图的过程中，图中的元件和线路一般都加上标号。主电路标号由文字符号和数字组成。文字符号用以标明主电路中的元件和线路的主要特征；数字标号用于区分电路不同线段。例如：三相交流电源引入线采用 L1、L2、L3 标号，电源开关之后的三相交流电源主电路分别标为 U、V、W，如图 8-6 所示。

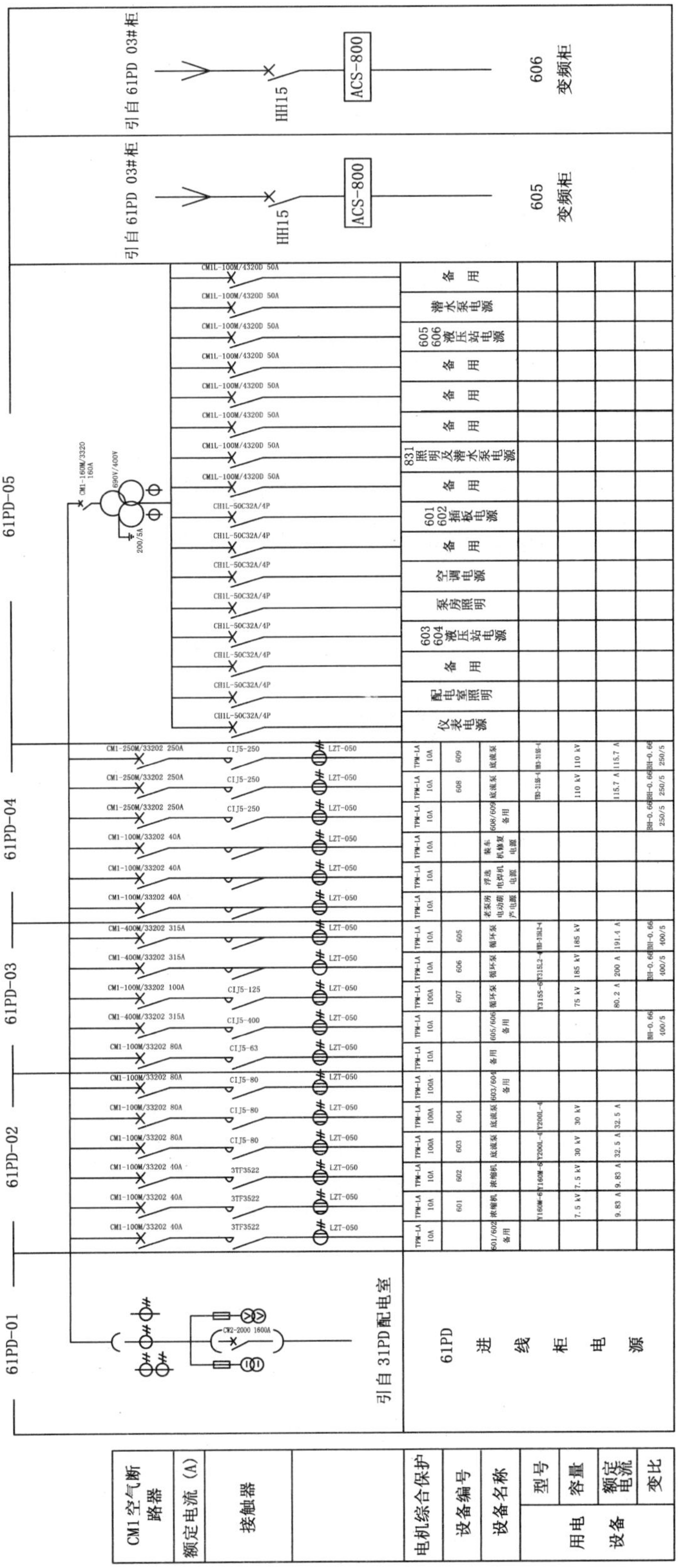

图 8-1　陈四楼选煤厂 61#配电室配电系统图

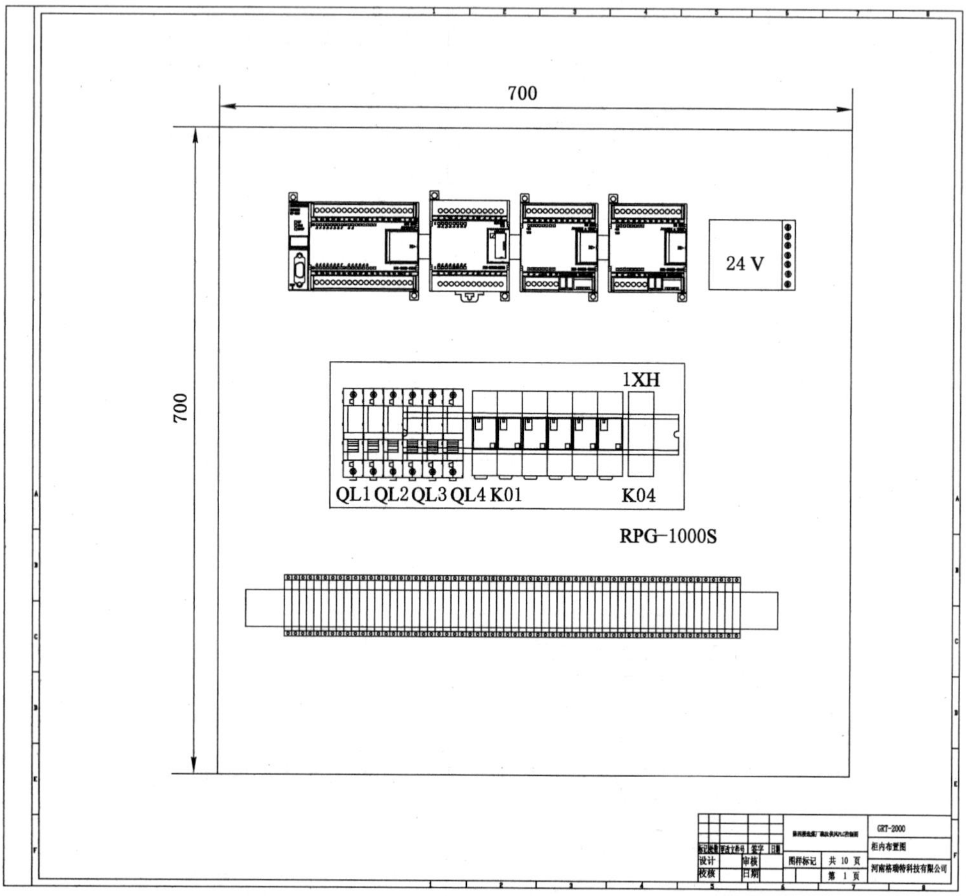
700
700
24 V
1XH
QL1 QL2 QL3 QL4 K01
K04
RPG-1000S
设计
审核
校核
日期
图样标记
共 10 页
第 1 页
GRT-2000
柜内布置图
河南格瑞特科技有限公司

图 8-2　电气元件分布图

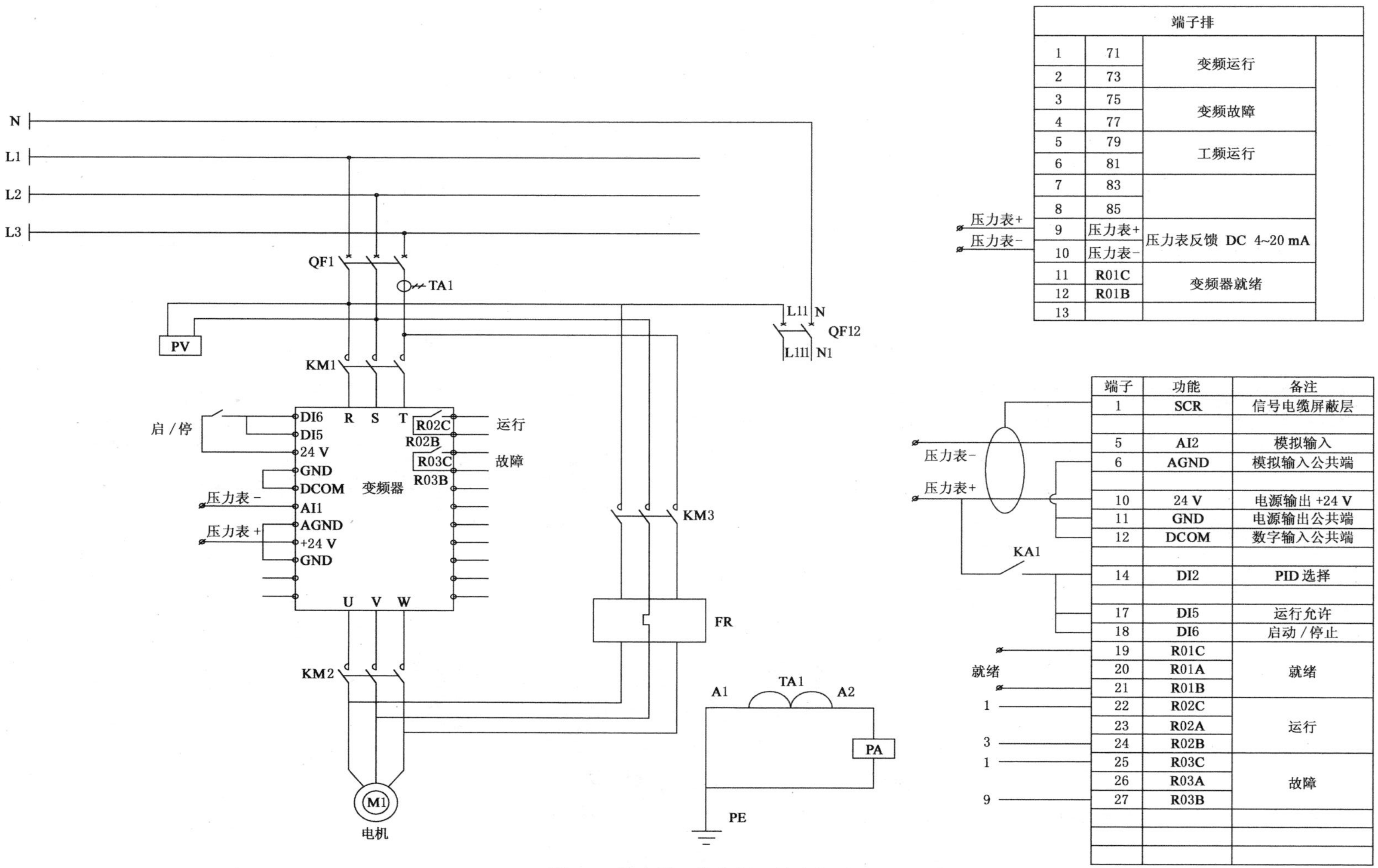

端子排			
1	71	变频运行	
2	73		
3	75	变频故障	
4	77		
5	79	工频运行	
6	81		
7	83		
8	85		
9	压力表+	压力表反馈 DC 4~20 mA	
10	压力表-		
11	R01C	变频器就绪	
12	R01B		
13			

端子	功能	备注
1	SCR	信号电缆屏蔽层
5	AI2	模拟输入
6	AGND	模拟输入公共端
10	24 V	电源输出 +24 V
11	GND	电源输出公共端
12	DCOM	数字输入公共端
14	DI2	PID 选择
17	DI5	运行允许
18	DI6	启动 / 停止
19	R01C	就绪
20	R01A	
21	R01B	
22	R02C	运行
23	R02A	
24	R02B	
25	R03C	故障
26	R03A	
27	R03B	

图 8-3 某选煤厂带变频器的电气原理图

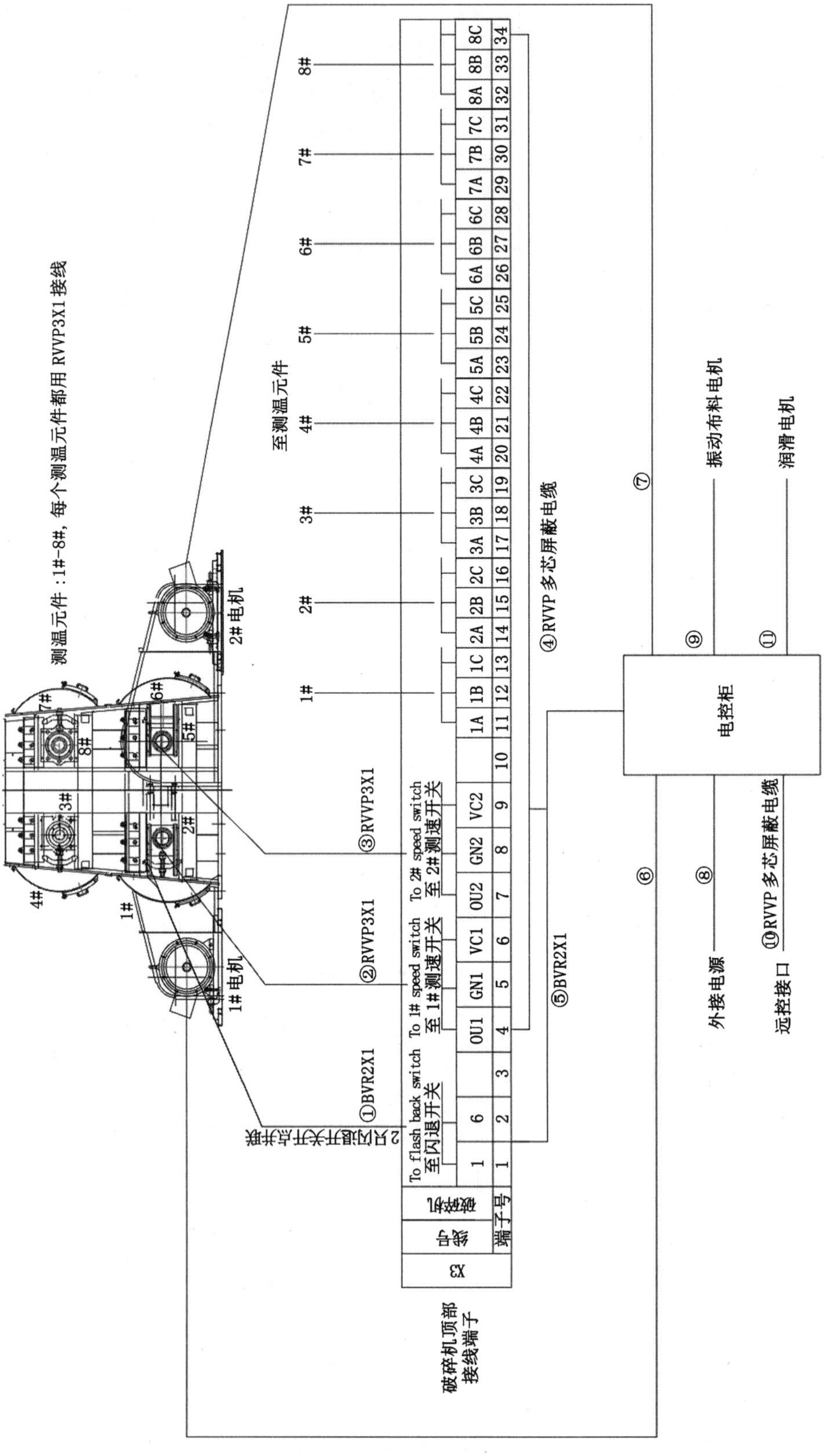

图 8-4　某车间局部平面电气安装图

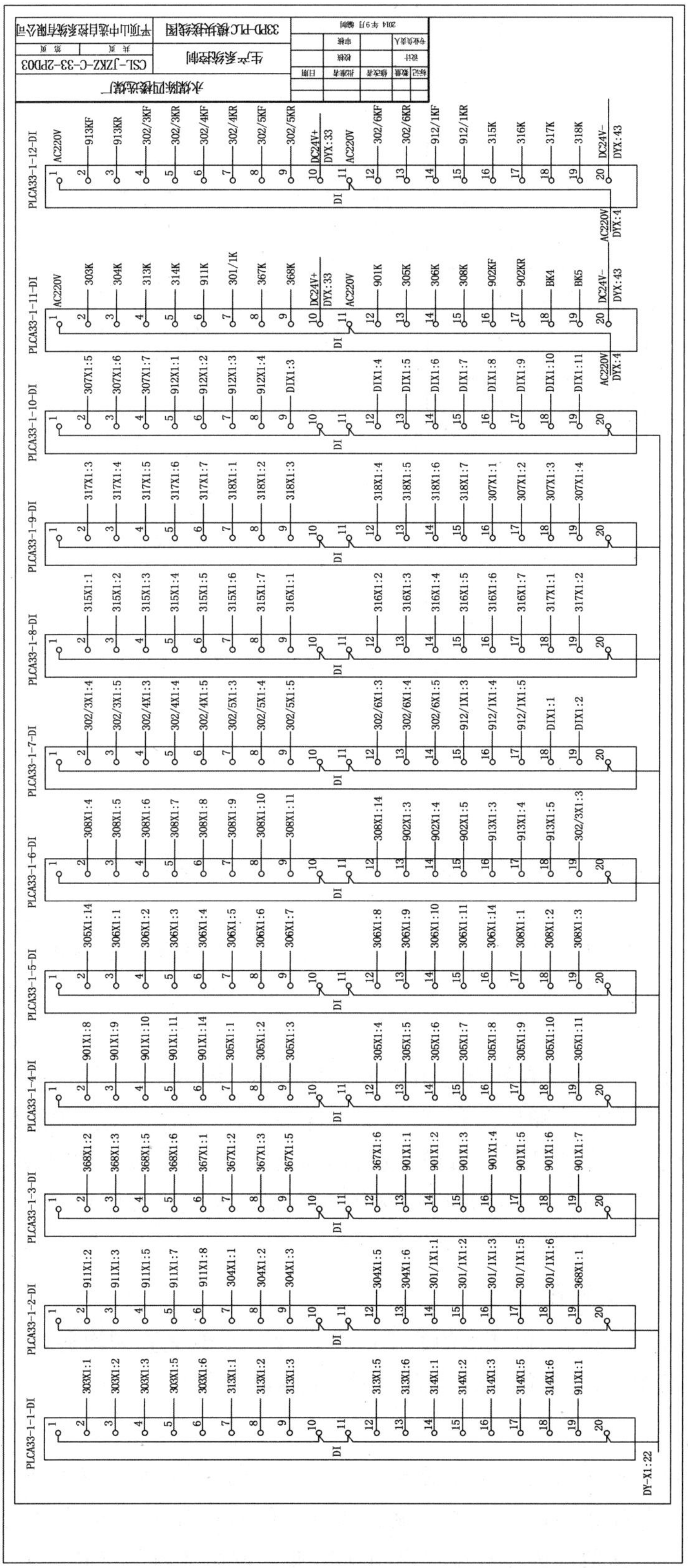

图 8-5　控制柜接线端子图

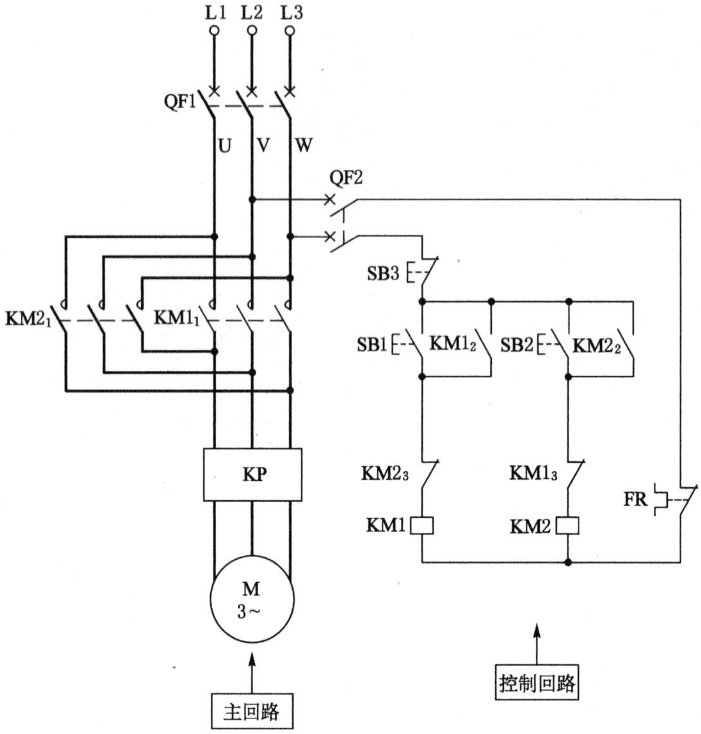

图 8-6 电气原理图

绘制电气原理图时一般遵循以下原则：

① 主、辅电路分开画。主电路用粗实线绘制在原理图的左方或上方，辅助电路用细实线绘制在原理图的右方或下方。

② 电气元件采用规定的图形和文字标号表示。同一电气元件的各部件可以不画在一起，但各部件必须用同一文字符号做标注。若有多个同一种类的电气元件，可以在文字符号前后加注数字序号进行区分。

③ 所有按钮、触头均按没有外力作用和未通电状态的原始状态画出。控制电路的分支线路，原则上按照动作先后的顺序排列，两线交叉连接时，电气连接交点须用黑点标出。

除此之外，电气原理图的绘制应布局合理、排列均匀、看图方便。电气原理图可以水平布置，也可以垂直布置，功能相关项目应尽量靠近绘制。电气原理图设计时应尽量选用标准、广泛采用的控制环节，同时要注意触点的等电位布置。

三、电气控制线路的符号

电气控制线路图是电气工程技术的通用语言。为了便于交流和沟通，在电气控制线路中，各种电气元件的图形、文字符号必须符合国家的标准。

1. 文字符号

近年来，有关电气控制线路的文字符号变化较大，国内外各设计单位所用符号差异较大。原国家标准《电气技术中的文字符号制订通则》(GB/T 7159—1987)虽已废止，但替代标准尚未出台。因此，多数国内设计院仍沿用该标准。该标准将文字符号分为基本文字符号(单字母或双字母)、辅助文字符号和附加数字符号。其中大部分符号等同于 IEC 标准。

单字母符号是按拉丁字母将各种电气设备装置和元器件划分为 23 大类,每大类用一个专用拉丁字母符号表示,如“K”表示继电器、接触器,“S”表示控制电路开关器件。

双字母符号由一个表示种类的单字母符号与另一个字母组成,该字母应按有关电器名词术语国家标准或专业标准中规定的英文术语缩写而成。单字母在前,另一字母在后,如“KT”表示时间继电器,其中 K 表示继电器,T 表示时间。

辅助文字符号是用以表示电气设备装置和元器件及线路功能状态和特征的。表 8-1、表 8-2 列出了常用元器件的基本文字符号和辅助文字符号。

表 8-1　常用元器件的基本文字符号

元器件种类	元件名称	基本文字符号	
		单字母	双字母
变换器	测速发电机	B	BR
电容器		C	
保护器件	熔断器	F	FU
	过流继电器		FA
	过压继电器		FV
	过继电器		FR
发电机	同步发电机	C	GS
	异步发电机		GA
信号器件	指示灯	H	HL
接触器继电器	接触器	K	KM
	时间继电器		KT
	中间继电器		KA
	速度继电器		KV
	电压继电器		KV
	电流继电器		KA
电抗器		L	
电动机		M	

元器件种类	元件名称	基本文字符号	
		单字母	双字母
电力电路开关器件	断路器	Q	QF
	保护开关		QM
	隔离开关		QS
控制电路开关器件	控制开关	S	SA
	按钮开关		SB
	限位开关		SQ
电阻器	电位器	R	RP
	压敏电阻		RV
变压器	电流互感器	T	TA
	电压互感器		TV
	控制变压器		TC
	电力变压器		
电子管晶体管	二极管	V	
	晶体管		
	晶闸管		
	电子管		VE
操作器件	电磁铁	Y	YA
	电磁制动器		YB
	电磁阀		YU

表 8-2　常用元器件的辅助文字符号

名称	文字符号	名称	文字符号	名称	文字符号
电流	A	上	U	中	M
电压	V	下	D	额定	RT
直流	DC	控制	C	负载	LD
交流	AC	反馈	FD	转矩	T
速度	V	励磁	E	测速	BR
启动	ST	平均	ME	升	H
制动	B	附加	ADD	降	F

表 8-2(续)

名称	文字符号	名称	文字符号	名称	文字符号
向前	FW	导线	W	大	L
向后	BW	保护	P	小	S
高	H	输入	IN	补偿	CO
低	L	输出	OUT	稳定	SD
正	F	运行	RUN	等效	EQ
反	R	闭合	ON	比较	CP
时间	T	断开	OFF	电枢	A
自动	A	加速	ACC	动态	DY
手动	M	减速	DEC	中线	N
吸合	D	左	L	分流器	DA
释放	L	右	R	稳压器	VS
并励	E	串励	D		

数字符号是区别具有相同项目文字符号的不同项目。在自动化教材中，通常以字母(文字符号)前面的数字表示同一类元器件的不同个体，而用字母后的(下标)数字表示同一个元器件的不同触点，如接触器的主触点和各辅助触点，$1KM_1$，$1KM_2$，$1KM_3$ 等，以便更好地阐述电路的逻辑关系。在工业化的设计图中，通常将表示同一类元器件的不同个体的数字放在元器件文字后面，并直接代表各辅助触点，如 KM1，KM2 等。也有一些企业直接采用设备名称或功能作为元器件符号。

本书为了更接近工程实际，以元器件的标准文字符号作为元器件符号开头，将表示同一类元器件的不同个体的数字放在元器件文字后面；必要时附加数字下标作为同一个元器件的不同触点，如 $KM1_1$，$KM1_2$分别表示 1# 交流接触器的主触点和自保触点。需要指出的是，在实际工程文件中，这些下标都是省略的。

2. 图形符号

在绘制电气控制线路图时，其图形符号应符合《电气简图用图形符号》(GB/T 4728.1～4728.5—2018、GB/T 4728.6～4728.13—2008)的规定，如表 8-3 所示。

表 8-3　常用图形符号

名称	图形符号	名称	图形符号	名称	图形符号
三相鼠笼型电动机		热继电器驱动器件	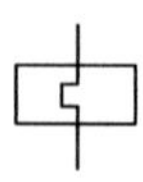	延时闭合动合触点	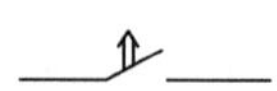
三相绕线型电动机		按钮开关动合触点	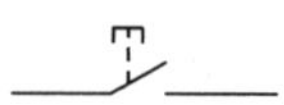	延时断开动合触点	
串励直流电动机	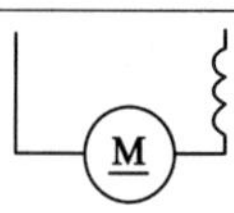	按钮开关动断触点	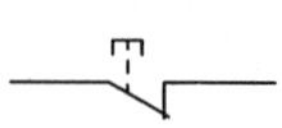	延时闭合动断触点	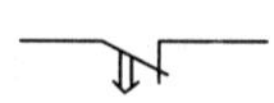

表 8-3(续)

名称	图形符号	名称	图形符号	名称	图形符号
并励直流电动机	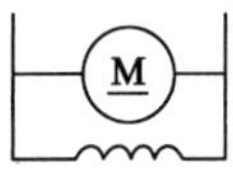	接触器动合触头		延时断开动断触点	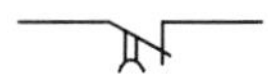
换向绕组补偿绕组		接触器动断触头		三极刀开关	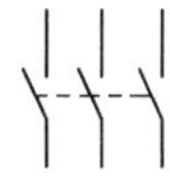
串励绕组		继电器动合触点		隔离开关	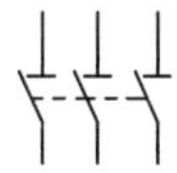
并励绕组他励绕组		继电器动断触点	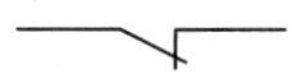	断路器开关	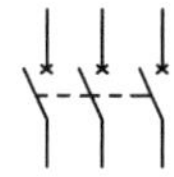
接触器继电器线圈	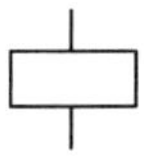	热继电器触点		熔断器	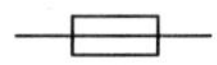
缓吸继电器线圈	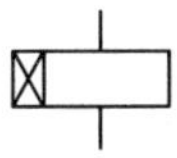	行程开关动合触点		转换触点	
缓释继电器线圈	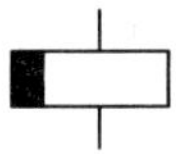	行程开关动断触点		桥接触点	

四、电气控制系统的设计

电气控制系统的设计一般包括确定拖动方案、选择电动机容量和设计电气控制线路。电气控制线路的设计方法通常有两种：一种方法是经验设计法，根据生产工艺要求，利用各种典型的线路环节，直接设计控制线路。其特点是设计方法比较简单，但在设计过程中要不断地修改、试验，才能使线路设计符合要求。另一种方法是逻辑设计法，根据生产工艺要求，利用逻辑代数来分析和设计线路。其特点是线路设计比较合理，特别适合完成较复杂生产工艺要求的控制线路。

选煤生产系统逻辑关系相对简单，一般采用经验设计法。经验法设计控制线路时要注意以下几个方面。

1. 明确控制目标和控制逻辑

在设计之前，要问清楚生产工艺要求。生产工艺要求一般由工艺设计人员和机械设计人员提供，但有时提供的仅是一般原则，这时电气设计人员就需要对同类或接近产品进行调查、分析、综合然后提出具体、详细的要求，征求机械设计人员的意见后，作为设计控制线路的依据。应最大限度地实现生产机械和工艺对电气控制的要求。

2. 简化控制逻辑，节约成本

① 尽量选用标准的、常用的或经过实际考验过的线路和环节。

② 尽量缩短连接导线的数量和长度。设计控制线路时，考虑到各个元件之间的实际接

线。特别要注意电器柜、操作台和限位开关之间的接线,以便尽量避免重复接线。

③ 尽量减少电器的数量,并尽可能选用相同型号的标准电器件。

④ 应减少不必要的触点以简化电路。

⑤ 控制线路工作时,除必要的电器必须通电外,其余的尽量不通电以节约电能,如图 8-7 所示。

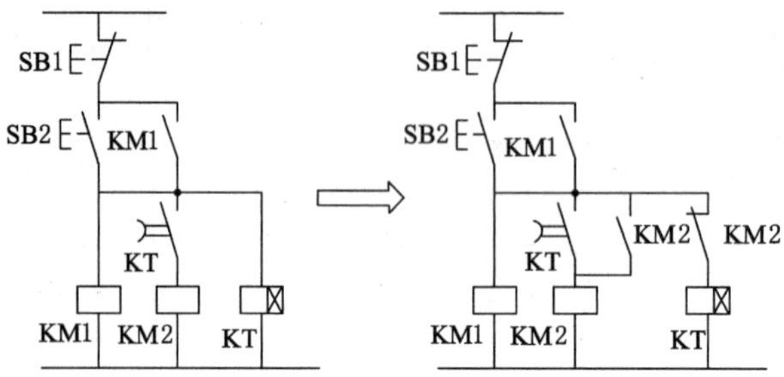

图 8-7 减少通电电器

图 8-7 中,SB2 启动按钮按下以后,KM1 接触器线圈和 KT 定时器线圈同时得电。当定时器触发时,KT 常开点闭合,KM2 接触器线圈得电。但从上述两图中可以看出区别,左图中 KT 线圈会一直得电,右图中在 KM2 线圈得电以后,KM2 开点闭合实现自保,KM2 闭点断开使 KT 线圈断电,既实现了功能,又减少了正常工作时 KT 线圈的通电消耗。

3. 保证线路工作的安全、可靠

为了保证控制线路工作可靠,最主要的是选择可靠的元件,如尽量选择电气和机械寿命长、结构坚实、动作可靠、抗干扰性能好的电器,同时在具体线路设计中注意以下几点。

① 正确连接电器的触点:同一电气元件的常开和常闭辅助触点离得很近,如果分别接在电源的不同相上,当电位不是等电位时,触点断开产生电弧时很可能在两触点之间形成飞弧而造成电源短路。此处绝缘不好,也可能造成短路,如图 8-8 所示。

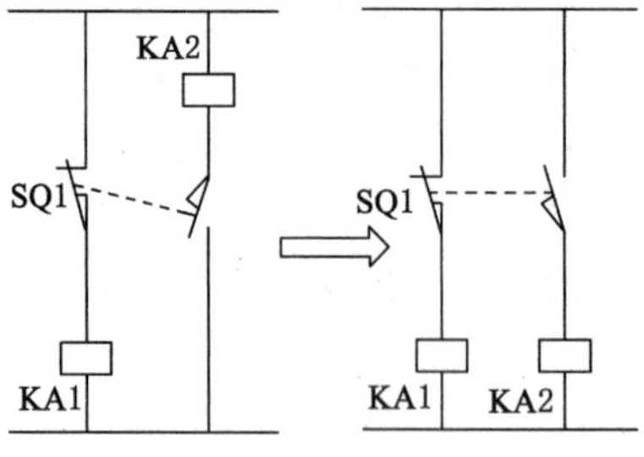

图 8-8 正确连接电器触点

② 正确连接电器的线圈:在交流控制电路中不能串联接入两个电器的线圈,即使外加电压是两个线圈的额定电压之和。因为每个线圈上所分配到的电压与线圈阻抗成正比,两个电器动作总是有先有后,不可能同时吸合,如图 8-9 所示。

③ 在控制回路中应避免出现寄生电路:在控制电路的动作过程中,那种意外接通的电路叫寄生电路,如图 8-10 所示。

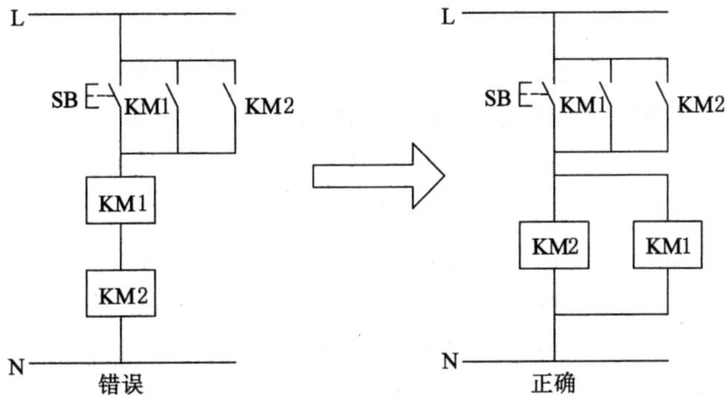

图 8-9　正确连接电器线圈

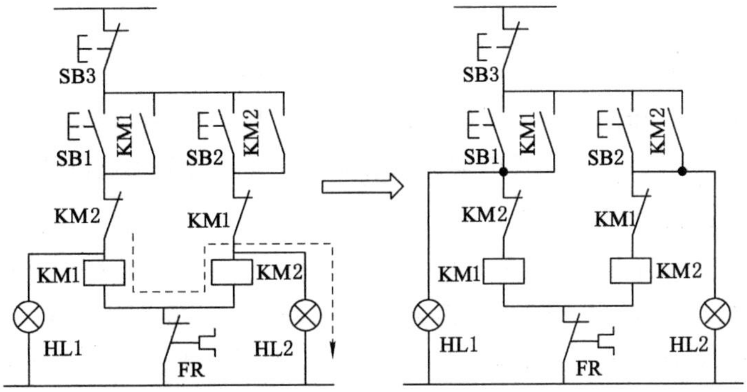

图 8-10　避免寄生电路

在线路中应尽量避免许多电器依次动作才能接通另一个电器的控制线路，如图 8-11 所示。

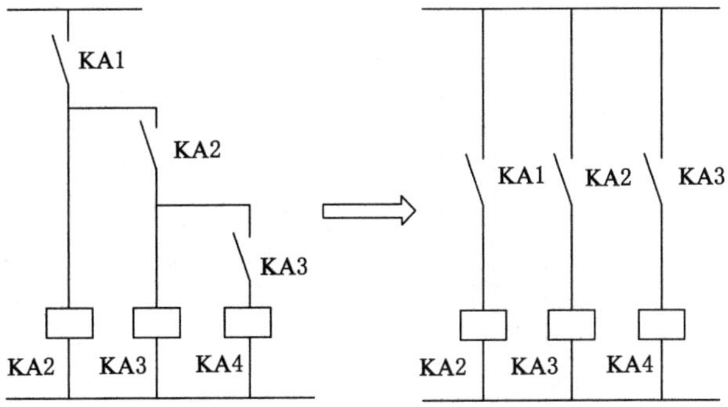

图 8-11　避免多触点依次串接

在频繁操作的可逆回路中，正反向接触器之间不仅要有电气联锁，而且也要有机械联锁。

在线路中采用小容量继电器的触点来控制大容量接触器的线圈时，要计算继电器触点断开和接通容量是否足够。如果不够必须加小容量接触器或中间继电器，否则工作不可靠。

应具备完善的保护环节，以避免因误操作而发生事故。完善的保护环节包括过载、短路、过流、过压、失压等保护环节，有时还应设有合闸、分闸故障以及运行指示灯。

应尽量使操作和维修方便，控制机构应操作简单和便利，能迅速方便地由一种控制方式切换到另外一种控制方式，如自动控制切换到手动控制。同时希望能实现多点控制和自动转换程序，减少人工操作。

一般不太复杂的继电器接触器控制线路都可按此方法进行设计。但对设计完的线路还必须进行反复的审核，审核线路能否满足工艺要求、还有没有多余环节或多余电器、有没有寄生电路、会不会产生误动作、保护环节是否完善、能否产生设备事故和人身事故、处理故障时是否安全方便。必要时要进行环节实验和模拟实验。

第二节　三相鼠笼式异步电动机的基本控制

不同型号、不同功率和不同负载用途的电动机，往往有不同的控制方法，因而控制线路不同。选煤厂常用的三相鼠笼式异步电动机的单机控制通常包括启停车控制、正反转控制、制动控制和调速控制等。三相异步电动机的启动方式有直接启动和降压启动两种。

一、异步电动机的直接启动控制

在供电变压器容量足够大时，小容量笼型电动机可直接启动。优点是：电气设备少，线路简单；缺点是：启动电流大，引起供电系统电压波动，影响其他供电设备。

按照生产工艺对运转的要求，异步电动机的直接启动控制方式有以下几种。

1. 点动控制电路

点动控制电路适用于单向短时工作或需精确定位的设备。如：刮板运输机的插板控制、液压站的阀门就地操作及分叉溜槽翻板的控制方式，采用的多为点动控制电路。

如图 8-12 所示，线路的工作过程如下。

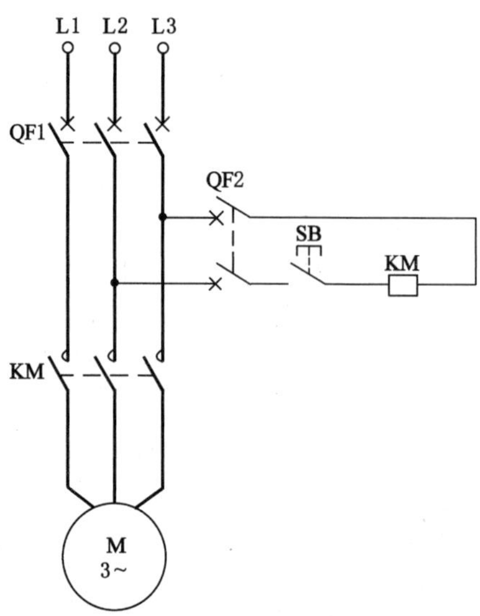

图 8-12　点动控制电路

启动过程：先合上电源开关 QF1、QF2，按下启动按钮 SB→KM 线圈得电→KM 主触头闭合→电动机 M 通电直接启动。

停止过程：松开按钮 SB→KM 线圈失电→KM 主触头断开→电动机 M 断电停转。

2. 启动并连续运行控制电路

启动并连续运行控制电路适用于经常单向连续运行的生产设备。选煤厂常见的机械设备如：胶带运输机、离心泵类等一般采用启动并（单向）连续运行控制电路。

如图 8-13 所示，线路的工作过程如下。

启动过程：先合上电源开关 QF1、QF2，按下启动按钮 SB1→KM 线圈得电→KM 主触头 KM_1 闭合、KM 辅助触头 KM_2 闭合（自锁）→电动机 M 通电启动。

停止过程：点动按钮 SB2→KM 线圈失电→KM 主触头 KM_1 和辅助触头 KM_2 同时断开→电动机 M 断电停转。

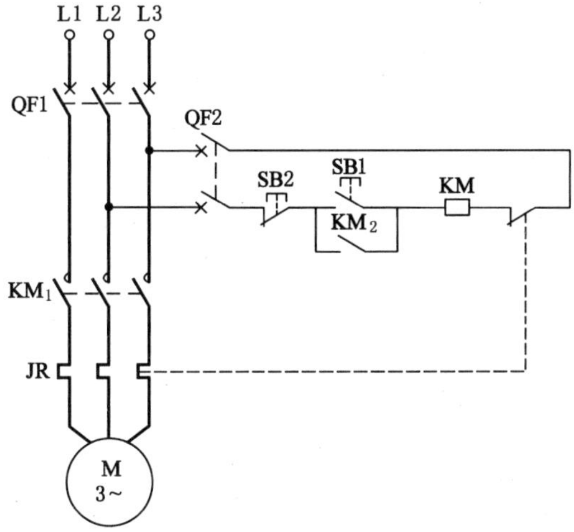

图 8-13　连续运行控制电路及磁力启动器

如前所述，电动机的控制系统通常设置在配电室的配电柜内。但对于远离配电室的单个中、小型电动机，通常将接触器、主令开关、热继电器等组装在一起，称为磁力启动器，用于控制 2.5～75 kW 电动机的启停。磁力启动器是最简单的电动机自动控制系统。

3. 既能点动又能连续运行控制电路

图 8-14 为正向连续运行与反向点动运行控制原理图。

线路的工作过程如下：先合上电源断路器 QF1、QF2；按下按钮 SB1，正转线圈 KM1 得电，主触点 $KM1_1$ 及自保触点 $KM1_2$ 吸合，电动机实现连续正转运行；同时，由于常闭辅助触点 $KM1_3$ 断开，防止 KM2 得电。需要（反向）点动时，先按下停止按钮 SB3，断开 KM1，设备停止；再按下 SB2 使反转接触器线圈 KM2 得电吸合，电动机反向运转。由于 KM2 线圈回路没有自保触点，松开 SB3，反转线圈 KM2 立即失电断开。

对比图 8-14 与图 8-12 及图 8-13 可知，两个功能实际上对应着两个控制回路的叠加。

4. 两地控制电路

有时一台设备需要在甲、乙两个地方能共同操作，为此需要将两地的启动按钮常开触点并联，再将两个停止按钮的常闭触点串接，如图 8-15 所示。线路的工作工程如下。

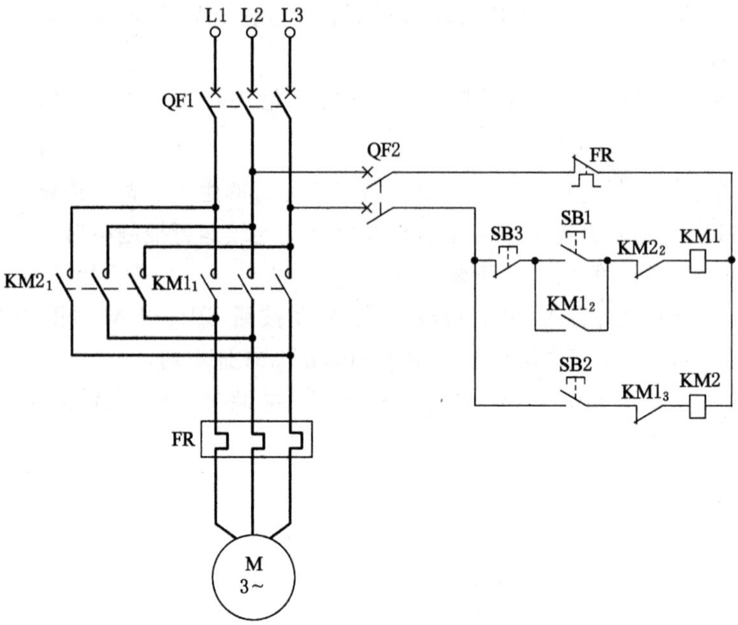

图 8-14　既能点动又能连续运行控制电路

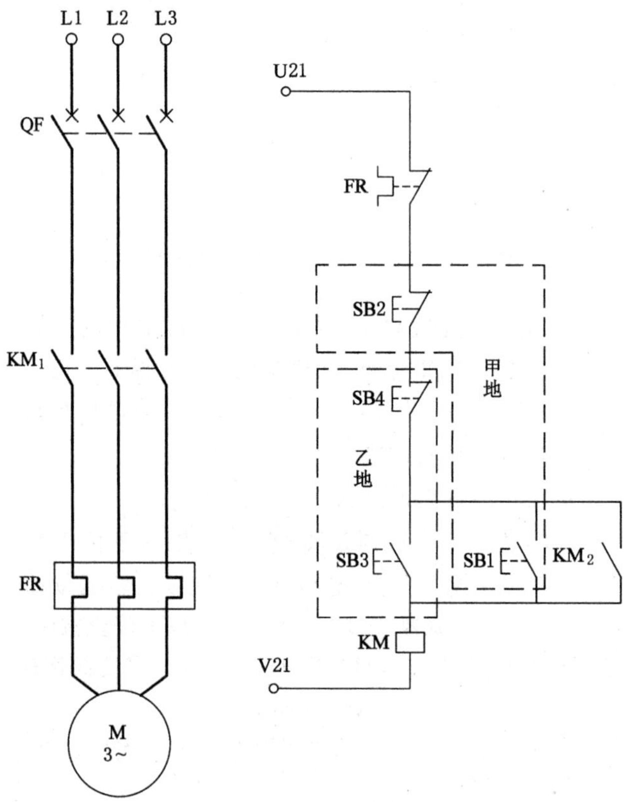

图 8-15　两地控制电路

在电源开关 QF 闭合的前提下：

甲地启动：按下 SB1→KM 线圈得电→主触点 KM_1、自保触点 KM_2 同时闭合→电动机 M 启动并保持运转。

甲地停止：按下 SB2→KM 线圈失电→主触点 KM_1、自保触点 KM_2 同时断开 →电动机 M 停止运转。

乙地启动：按下 SB3，由于常开开关 SB3 与 SB1 并联，所以等同于接通 SB1，使得 KM 线圈得电→主触点 KM1 和自保触点 KM2 同时闭合→电动机 M 启动并保持运转。

乙地停止：按下 SB4，由于常闭触点 SB4 与 SB2 串联，所以等同于断开 SB2，使得 KM 线圈失电→主触点 KM_1 和自保触点 KM_2 同时断开 →电动机 M 停止运转。

比较图 8-13 和图 8-15 可知，要实现一个电动机的多点控制，只需要在控制回路中将启动按钮与原启动按钮并联、停止按钮与原停止按钮串联即可。

二、异步电动机的降压启动控制

在实际工程应用中，尤其是针对选煤厂供配电，全压直接启动的控制方式存在很多问题。如额定电流 4～7 倍的启动电流，会造成电网电压显著下降，这样不仅会影响连接在同一电网上其他电动机的正常工作，而且电动机本身绕组过热，会使绝缘老化，使用寿命变短，甚至会烧毁电动机，所以要限制直接启动电动机的容量不能过大。

允许直接启动电动机的容量与电源变压器容量有关，变压器容量大时，允许直接启动电动机的容量也增大。在一般情况下，只要直接启动时的启动电流在电网中引起的电压降不超过额定电压 10%～15%，就允许采用直接启动，否则应采用降压启动。一般选煤车间 75 kW 及以上且没有变频调速的电动机采用降压启动，而由照明变压器供电的 30 kW 及以上的电动机就要采用降压启动。

电动机降压启动就是在电动机启动时将定子端电压降低，待启动过程结束后再将定子端电压恢复为额定电压。降压启动的方法有：定子绕组串电阻降压启动、Y/△降压启动和定子串接自耦变压器降压启动等多种。

1. 定子绕组串电阻降压启动

定子绕组串电阻降压启动的控制电路如图 8-16 所示。启动时，在定子回路中串入电阻器，在电阻器上产生一定的电压降，从而降低定子的端电压，减小启动电流。当电动机转速上升到一定数值以后，再将启动电阻器短接，使电动机在额定电压下正常运行。

图 8-16 中，KM2 为线路接触器，KM1 为短接启动电阻 R 的接触器，KT 为启动延时继电器。

在该控制回路中，KM1 和 KT 并联，在按下 SB1 按钮时得电，主回路中 KM1 的 3 对主触头闭合，串接启动电阻 R 给电动机供电；缓吸时间继电器 KT 同步进行启动过程计时，并继而触发延时闭合的常开触点 KT 吸合，给 KM2 线圈供电，主回路中 $KM2_1$ 将启动电阻短路，电动机进入正常运行状态。同时辅助触点 $KM2_2$ 闭合自保，$KM2_3$ 断开 KT 和 KM1 线圈电源，从线路中切除。因此，接触器 KM1 和时间继电器 KT 只作短时间的降压启动用，不仅延长了接触器 KM1 和时间继电器 KT 的使用寿命，还节省了电能，提高了电路的可靠性。

降压启动时，一般把启动电流限制在额定电流的 2～3 倍，加到电动机定子绕组上的电

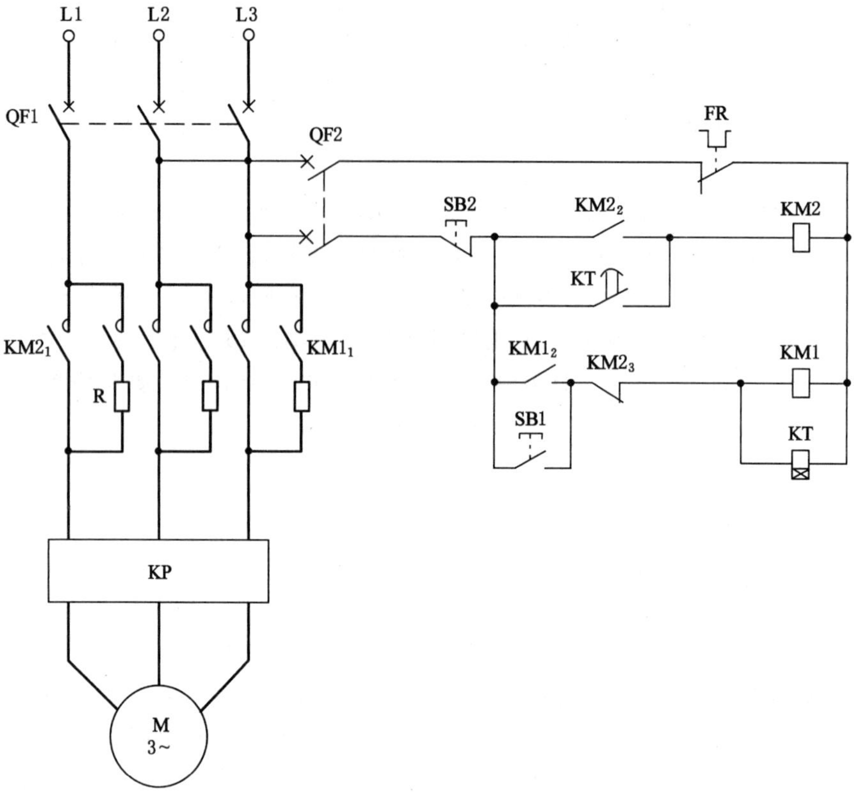

图 8-16　定子绕组串电阻降压启动电路

压为额定电压的一半左右。而电动机的启动转矩与所加电压平方成正比，因此利用加电阻启动时，启动转矩只有正常工作时的 0.25 倍左右。因此这种降压启动方法只适用于对启动转矩要求不大的生产机械。

2. Y/△降压启动

Y/△降压启动是指电动机启动时，把定子绕组接成 Y 形，以降低启动电压，限制启动电流；待电动机启动后，再把定子绕组改接成△形，使电动机全压运行。凡是在正常运行时定子绕组作△形连接的异步电动机，均可采用这种降压启动方法。

常用的 Y/△降压启动控制电路有 3 种：（双掷开关）手动控制 Y/△降压启动电路，按钮、接触器控制 Y/△降压启动电路，时间继电器自动控制 Y/△降压启动电路。如图 8-17 所示，是时间继电器自动控制 Y/△降压启动的控制电路图。

3. 定子串接自耦变压器降压启动

定子串接自耦变压器降压启动是指电动机启动时利用自耦变压器来降低加在电动机定子绕组上的启动电压；待电动机启动后，再使电动机与自耦变压器脱离，从而在全压下正常运行。

自耦减压启动器又称补偿器，是利用自耦变压器来进行减压的启动装置，下面就以补偿器减压启动的电路为例来说明其控制过程。

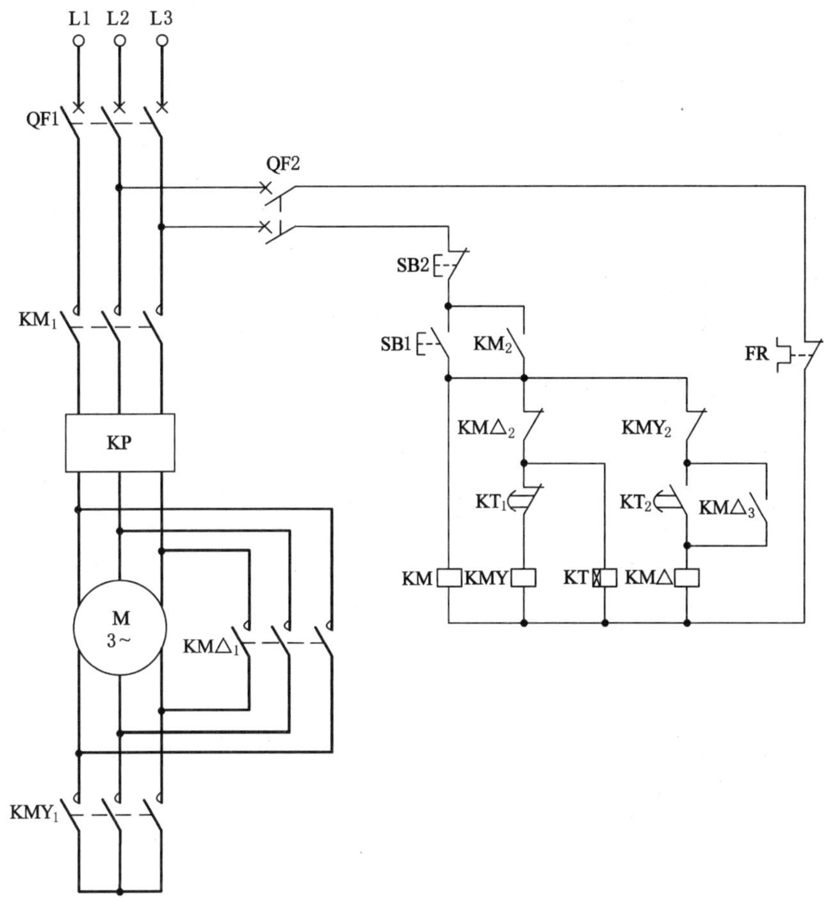

图 8-17　异步电动机 Y/△降压启动控制电路

如图 8-18 所示，KM1 为启动接触器，KM2 为运行接触器，KT 为启动延时继电器。注意，这里使用了时间继电器的两类不同触点：即瞬动触点 KT_1 和延时触点 KT_2 及 KT_3。部分型号的时间继电器带有这两类触点。

国产启动用自耦变压器，其副绕组一般有 3 个抽头，输出电压分别为电网电压的 40%，60%和 80%(也有例外的)，用户可根据允许启动电流和所需要的启动转矩进行选配。采用自耦变压器降压启动时，流入电动机的启动电流(自耦变压器二次电流)分别为全压启动时启动电流的 0.4、0.6、0.8 倍。因为启动转矩与所加电压平方成正比，所以这时启动转矩分别为全压启动时转矩的 0.16、0.36、0.64 倍。而自耦变压器的一次电流(即从电网吸取的电流)比二次电流低，即分别是二次电流的 0.4、0.6、0.8 倍，所以采用自耦变压器降压启动从电网索取的电流为全压启动电流的 0.16、0.36、0.64 倍。由此可见采用自耦变压器降压启动，启动转矩降低倍数和从电网索取电流降低倍数一致。和用电阻降压启动相比，在从电网索取电流相同时，用自耦变压器降压启动时启动转矩比用电阻降压启动时产生的转矩高。或者说，两种启动方式启动转矩相同时，采用自耦变压器降压启动比用电阻降压启动，从电网吸取的电流小得多。另外，自耦变压器降压启动还具有启动转矩和启动电流可以调节的优点，但是其设备庞大，成本较高。因此，这种方法适用于额定电压为 380/220 V、接法为

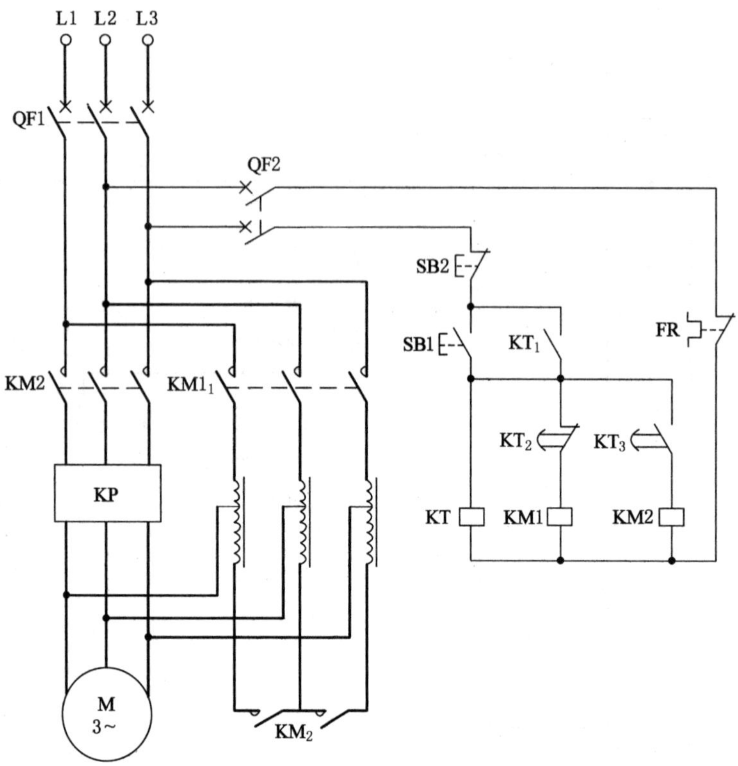

图 8-18　定子串接自耦变压器减压启动控制电路

△/Y 形、容量较大的三相异步电动机的降压启动。

4. 异步电动机的软启动与软启动器

软启动是指使施加到电动机定子绕组上的电压从零按预设的函数关系逐渐上升，直至达到额定电压的启动过程。

电动机软启动主要由三相反向并联晶闸管、电流互感器、电源同步检测系统、控制主板、按键显示板和外壳等几部分组成。软启动器是指利用晶闸管移相控制原理，通过控制晶闸管的导通角，使被控电动机的输入电压按不同要求而变化，实现不同启动功能的设备。

常见软启动器及其原理框图如图 8-19 所示。

软启动器的启动方式一般有 5 种。

① 限流启动：限制电动机的启动电流，主要用在轻载启动的负载。

② 斜坡电压启动：电压随时间线性增加，主要用在重载启动。

③ 转矩控制启动：控制电压使电动机的启动转矩由小到大线性上升。该方式启动平滑，柔性好，对拖动系统有更好的保护，可以延长拖动系统的使用寿命，同时降低电动机启动时对电网的冲击，用于重载启动方式。

④ 转矩加突跳控制启动：与转矩控制启动相仿也是用在重载启动，不同的是在启动瞬间用突跳转矩克服电动机静转矩，然后转矩平滑上升，缩短启动时间。

⑤ 电压控制启动：在保证启动压降不超过一定限值的条件下，发挥电动机的最大启动转矩，尽可能地缩短启动时间，适用于轻载启动方式。

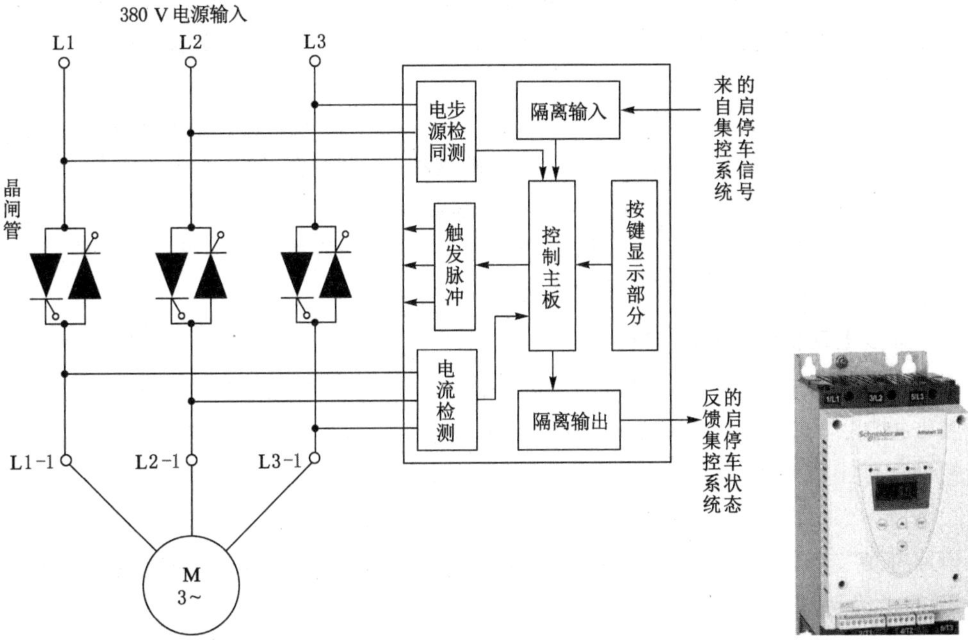

图 8-19　软启动器及其工作原理图

软启动器通常以并联方式接入主回路，如图 8-20 所示。也有一些软启动器本身就有旁路接触器，可以直接使用。

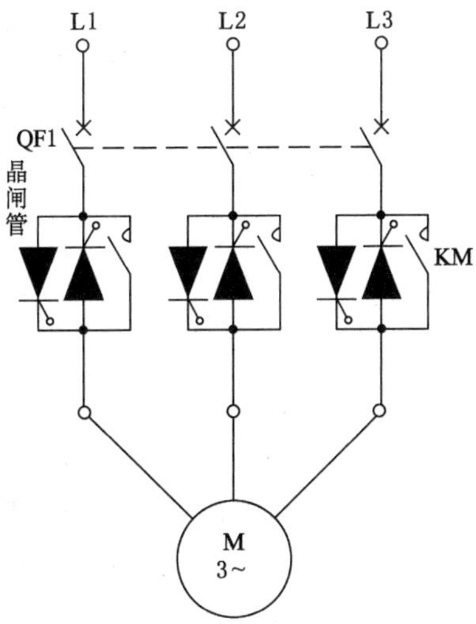

图 8-20　软启动器以并联方式接入主回路

软启动器不仅可以用于电动机的启动过程控制，还可以用于停止过程的控制和节能运行。减速软停止控制相当于启动过程的逆过程，即当电动机需要停机时，通过调节晶闸管的触发延迟角，从全导通状态逐渐减小，从而使电动机的端电压逐渐降低直至切断电源。停车时间可以根据实际需要调整。

软启动器可以根据电动机功率因数的高低自动判断电动机的负载率。当电动机处于空载或负载率很低时，通过相位控制使晶闸管导通角发生变化，从而改变输入电动机的功率，以达到节能的目的。

排除成本因素，凡是不需要调速的异步电动机原则上都可以使用软启动器。胶带运输机采用软启动可以防止物料的惯性作用，减少机械损伤，同时降低启动峰值电流；泵类负载或风机类负载采用软启动和软停车可以解决水锤效应。

目前软启动器技术的发展十分迅速，产品种类也比较多，在我国选煤行业目前用得比较多的有西门子、施耐德等公司生产的软启动器。

三、异步电动机的正反转控制

在选煤厂实际生产中，某些设备的单向控制不能满足生产工艺要求，例如选煤厂的仓上进仓胶带控制、装车调度绞车控制等，这就要求电动机可以实现正反转控制。对电动机的正反转控制实际上就是完成对电动机电源相序的改变。

1. 倒顺开关的正反转控制

倒顺开关又称正反转控制转换开关，既可用于接通和分断电源，还能改变电源的相序。图 8-21 所示为倒顺开关正反转控制电路。

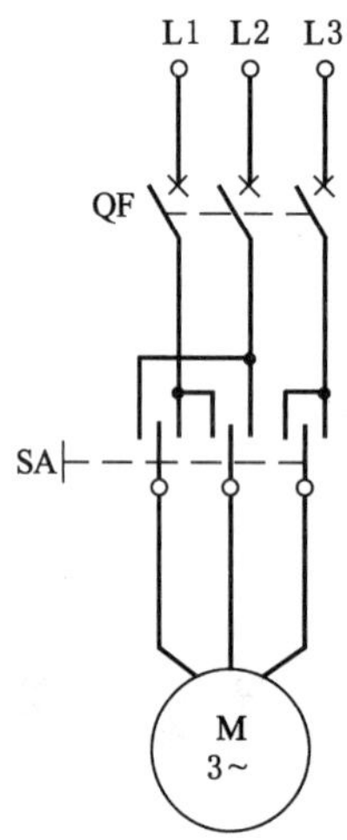

图 8-21 倒顺开关正反转控制电路

在一些建筑施工现场（如工地搅拌机等场合）仍能看到倒顺开关的使用，但在选煤厂目前已经基本不再使用倒顺开关，选煤厂已经多采用接触器与按钮互锁的正反转电路。

2. 按钮正反转控制

按钮正反转控制是指利用按钮、接触器等电器自动控制电动机正、反转的控制方案，其控制电路如图 8-22 所示。利用控制接触器 KM1 和 KM2 主触头的切换来变换通入电动机的电源相序，从而达到改变电动机转向的目的。

线路的工作过程：按下按钮 SB1，线圈 KM1 得电，接触器 KM1 主触点 $KM1_1$ 和自保触点 $KM1_2$ 同时吸合，电动机正向运转；同理，按下按钮 SB2，线圈 KM2 得电，主触点 $KM2_1$ 和自保触点 $KM2_2$ 同时吸合，电动机反向运转；在正转或反转时，按下按钮 SB3，接触器线圈失

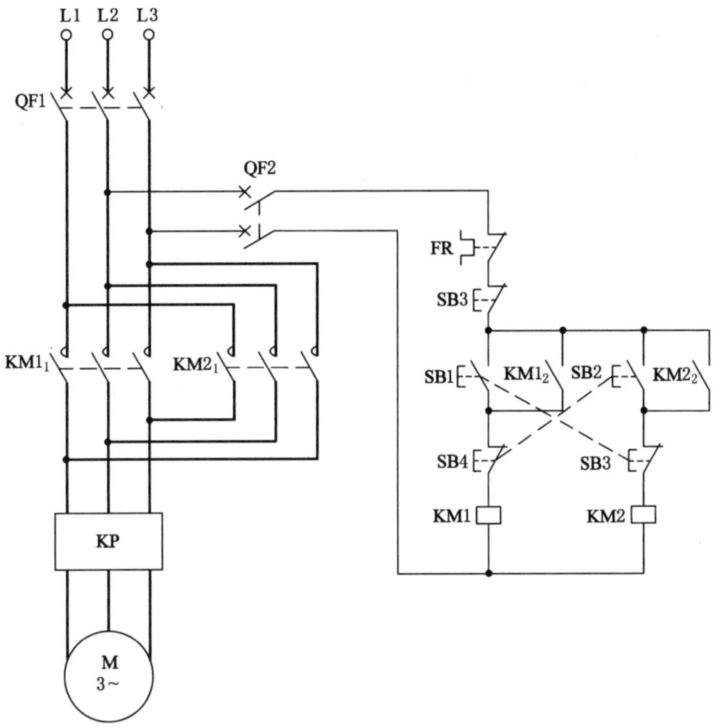

图 8-22　按钮正反转控制电路

电，主触点及自保触点断开，电动机停止。

本方案的最大特点是采用了双联按钮开关，常开触点和常闭触点联动，且在接通常开触点之前，先断开常闭触点。

将与正向启动开关 SB1 相关联的常闭触点 SB3 串联在反向接触器线圈电路中，在 SB1 闭合(正向启动)之前先断开 SB3(切断反向接触器线圈电路)；同理，在反向启动按钮 SB2 闭合之前，通过机械联动先断开 SB4，从而实现了电动机正反转的排斥性限制，也就是正反转的相互锁定。

3. 接触器触点互锁的正反转控制

接触器触点互锁的正反转控制是指在接触器正转与反转控制电路中分别串联了相反相序继电器的动断触头(图 8-23 中 $KM1_3$和 $KM2_3$)，以保证 KM1 与 KM2 线圈不能同时通电的控制方案。这两对动断触头在控制线路中起到了相互制约的作用，称为联锁或互锁、互保作用，故这两对触头叫作联锁触头(或互锁、互保触头)。

这种电动机正反转控制电路的缺点是操作不方便，因为要改变电动机的转向，必须先按停止按钮 SB3，再按反转按钮 SB2 才能使电动机反转。这就需要频繁地使用停止按钮。在选煤厂，接触器触点互锁的正反转控制电路主要应用在设备运转不频繁转向的设备上，如正反转控制的刮板运输机等。

4. 按钮和接触器触点双互锁的正反转控制

对于有些特殊正反转设备，不仅有接触器联锁保护而且还有按钮联锁保护，实现对电动机正反转控制的双重保护。如图 8-24 所示。

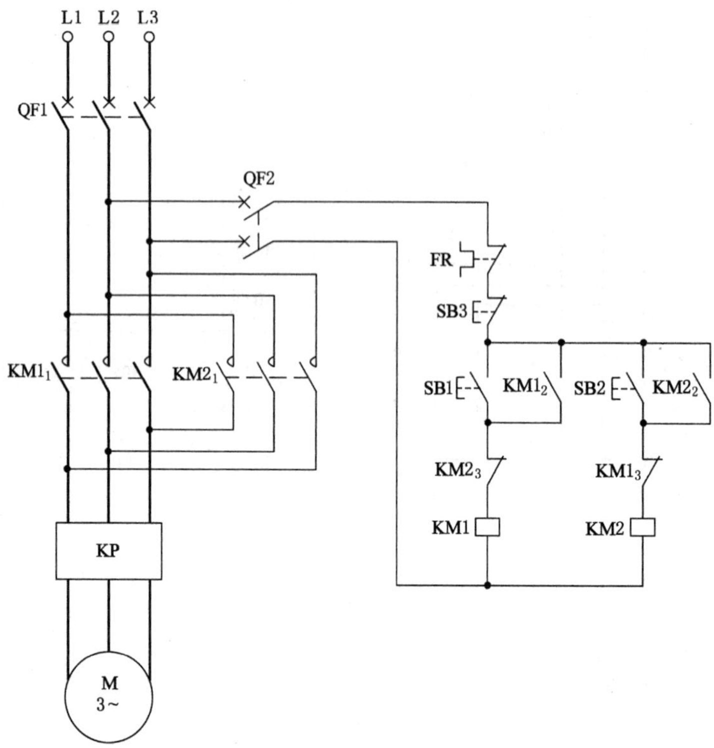

图 8-23　接触器触点互锁的正反转控制电路

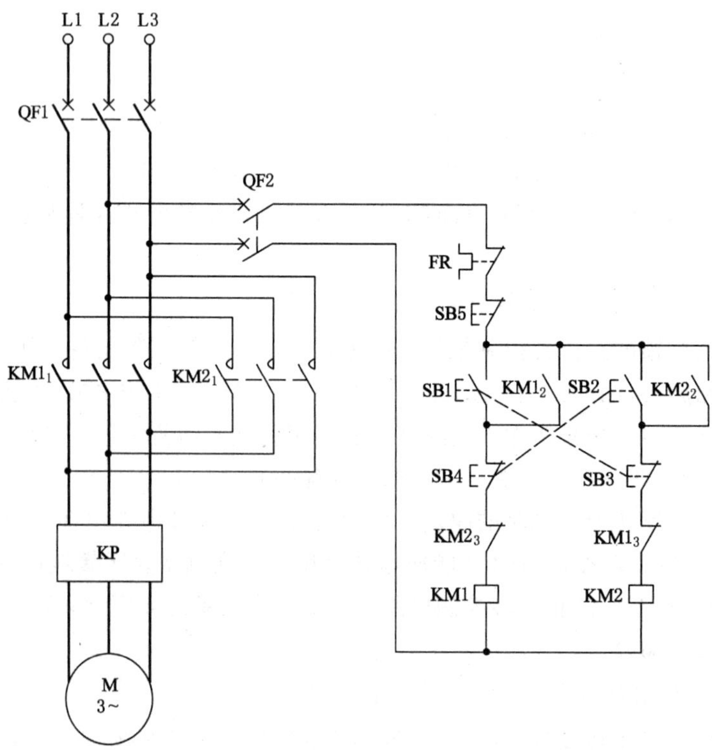

图 8-24　按钮和接触器触点双互锁的正反转控制电路

先合上电源开关 QF：

正转：按下 SB1，线圈 KM1 得电，主触头 $KM1_1$ 闭合，KM1 的辅助触点 $KM1_2$ 闭合自保，电动机 M 启动正转；与 SB1 联动的 SB3 分断，对 KM2 互锁，KM1 的另一个辅助触点 $KM1_3$ 分断，进一步保证对 KM2 的互锁。

反转：按下 SB2，线圈 KM2 得电，主触头 $KM2_1$ 闭合，KM2 的辅助触点 $KM2_2$ 闭合自保，电动机 M 启动反转；与 SB2 联动的 SB4 分断，对 KM1 互锁，KM2 的另一个辅助触点 $KM2_3$ 分断，进一步保证对 KM1 的互锁。

换向：无论电动机是处于正转还是反转状态，要改变电动机的旋转方向，都必须先按停止按钮 SB5，待电动机停稳后再启动反向运转。

电动葫芦是选煤厂常用的频繁正反转设备之一，其电路如图 8-25 所示。

对比图 8-24 和图 8-25 可知，电动葫芦的控制电路中少了自保触点，无论正转和反转都是点动控制方式，电动机的运行时间取决于按按钮的时间，松开按钮，电动机自动停止。

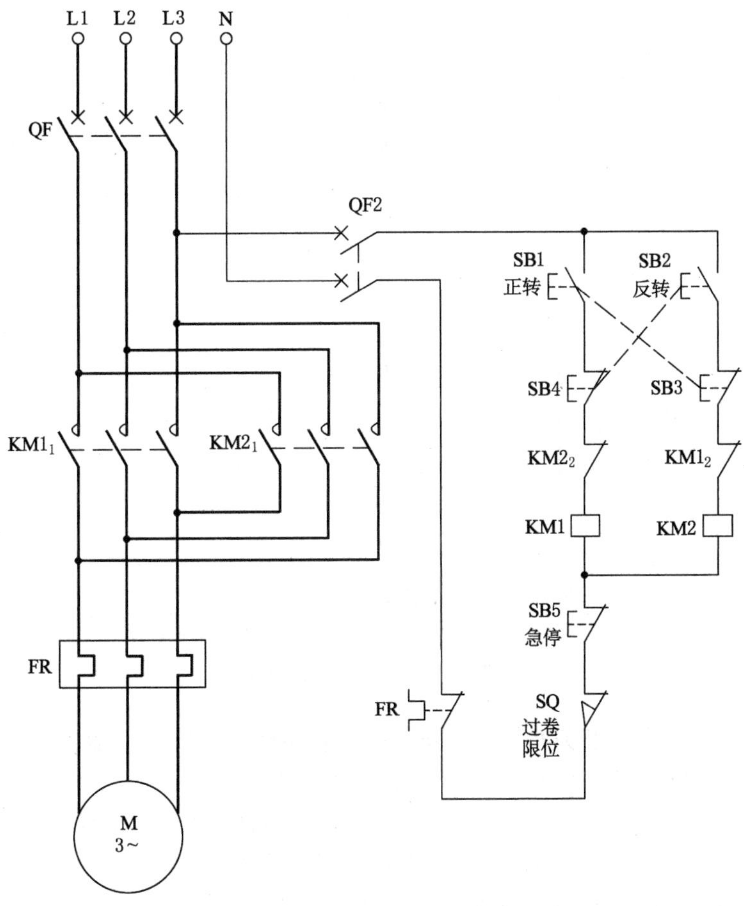

图 8-25　某选煤厂装车系统的电动葫芦电路原理

SB5 作为急停按钮对控制回路进行保护，限位开关 SQ 也称过卷传感器。

四、异步电动机的制动

一般在电动机正常停机时，按下停止按钮，电动机因主电路失电开始停车，从断电到完全停止转动仍然需要一段时间，靠摩擦阻力使电动机逐渐停止转动。在一些比较特殊的场合，需要缩短电动机停车时间，以满足现场的工作需要，从而提高工作效率，防止事故的发生，这就引出电动机的制动问题。电动机的制动就是需要在切断电动机电源后，采取一些制动措施使电动机能够较为迅速地停止运转。常见的方法有：电磁抱闸制动、能耗制动、反接制动等。

1. 电磁抱闸制动

电磁抱闸制动是机械制动中用得最多的一种。在电动机失电后，抱闸装置的闸瓦在弹簧作用力下扣紧电动机转轴，利用摩擦阻力迫使电动机及其负载迅速停止转动。图 8-26 为电磁抱闸制动电路。

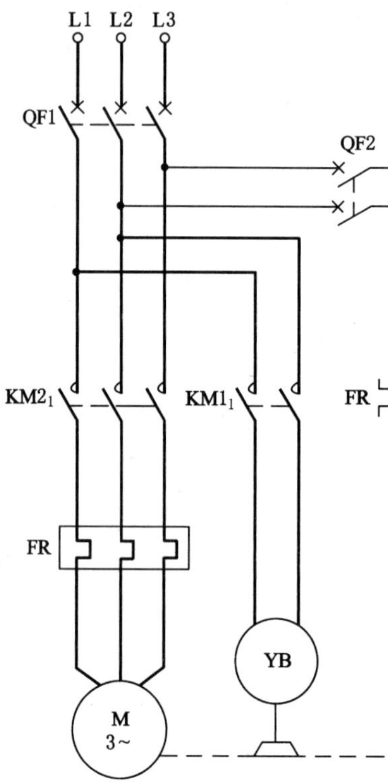

图 8-26 电磁抱闸制动电路

启动过程：合上电源开关 QF1 及 QF2，按下启动按钮 SB2，接触器线圈 KM1 得电，主触点 $KM1_1$ 吸合，电磁抱闸线圈 YB 得电，电磁系统克服弹簧弹力使闸瓦与闸轮分开；联锁触点 $KM1_2$ 闭合，KM2 线圈得电，KM2 主触点吸合，自保触点 $KM2_2$ 闭合，电动机启动运转。

停机过程：按下停止按钮 SB1，接触器线圈 KM1、KM2 失电，电动机和电磁抱闸线圈同时断电，抱闸装置在弹簧作用下扣紧闸轮，使电动机迅速制动停转。

机械制动的制动转矩大，制动迅速，广泛用于各种提升装置，可以保证重物在中途停止时不会下落。

2. 能耗制动

能耗制动是将运转中的电动机与电源断开并改为发电机，使电能在其绕组中消耗（必要时还可以消耗在外接电阻中)的一种电气制动方法。

鼠笼型异步电动机采用能耗制动原理如图 8-27 所示。按下停止按钮 SB1 使运行中的电动机切断电源的同时，联动触点 SB3 接通制动控制线圈 KM2，通过主触点 $KM2_1$ 和 $KM2_4$ 向定子绕组通入直流电，使定子绕组中产生一个静止不动的磁场，在转子电路中产生感应电流，感应电流与静止磁场相互作用，产生电磁转矩，而该电磁转矩与转子的旋转方向相反，起制动作用。与制动控制线圈 KM2 并联的时间继电器 KT 对制动作用进行计时，延时断开制动控制线圈 KM2，并继而通过自保触点 $KM2_2$ 断开时间继电器 KT，制动过程结束，电动机停止转动。

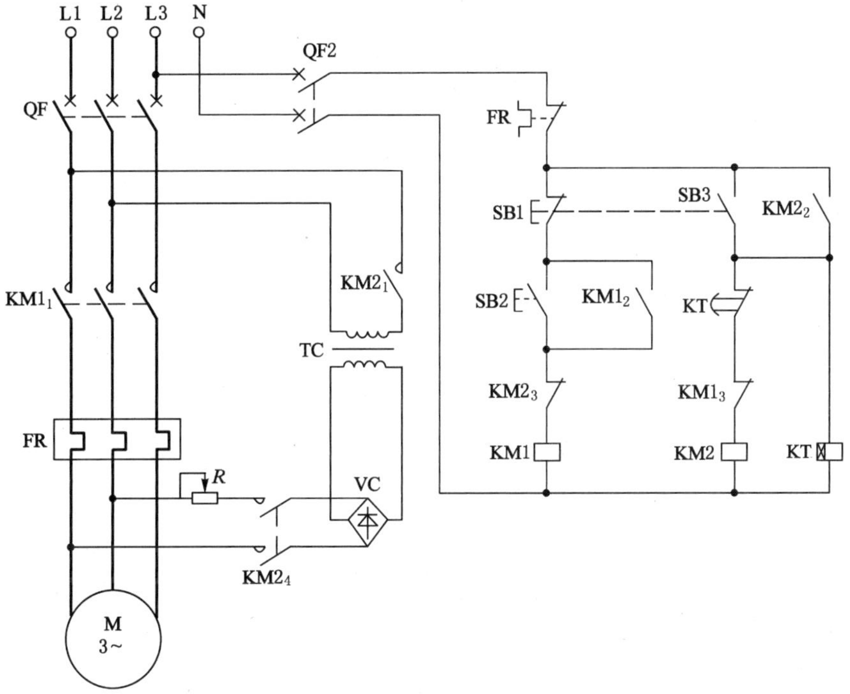

图 8-27　能耗制动电路

制动转矩的大小取决于直流励磁电流的大小和电动机的转速，可通过变阻器 R 调节。

能耗制动适用于大功率的电动机，在选煤厂很少使用。

3. 反接制动

反接制动是在电动机停机时短时间接入反向电流(任意两相反接)，使电动机产生反向转矩，迫使其加速停止。

反接制动时，由于旋转磁场与转子的相对速度很高，电动机转子电流一般为额定电流的 10 倍左右，为防止制动电流过大而烧毁电动机，经常在反向电源接入时，串接一组制动电阻，如图 8-28 所示。

与图 8-27 所示的能耗制动电路相似，在电动机运行时，按下停止按钮 SB1 使运行中的电动机切断电源的同时，联动触点 SB3 接通反相序接触器线圈 KM2，使电动机产生反向扭矩，迫使电动机尽快停止。电路中采用电动机速度传感器 SR 作为反接制动终止条件。即在电动机转动过程中，速度触点 SR 处于导通状态，为反接制动创造了条件；当电动机转速

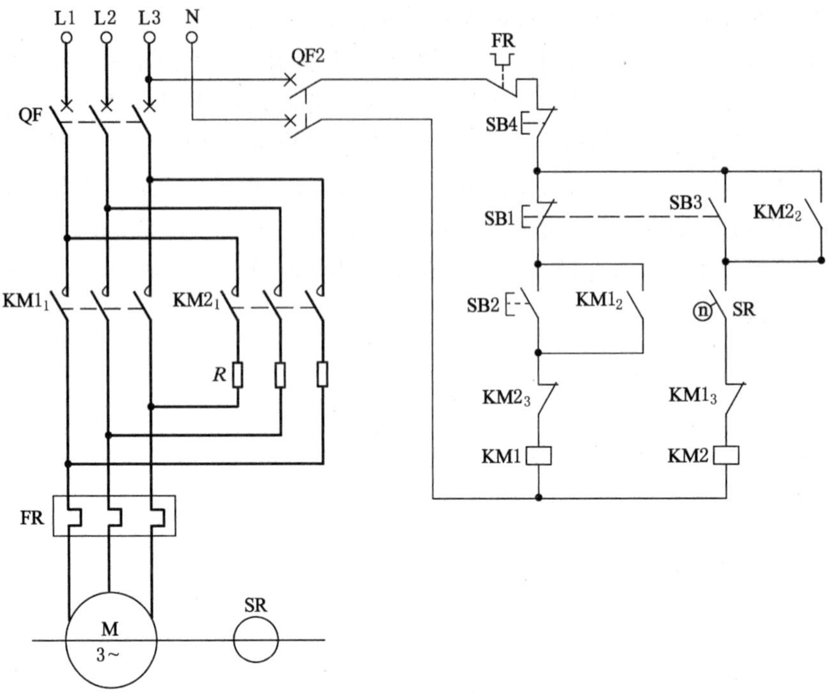

图 8-28 反接制动电路

接近零时，速度触点 SR 断开，制动接触器线圈 KM2 失电，制动过程停止。当然，也可以采用时间继电器来控制反接制动过程。

鼠笼式异步电动机的反接制动过程短时间在电动机轴上产生较大的扭矩，仅适用于小功率电动机的不频繁停车制动。目前，部分选煤厂在振动筛的激振电动机上采取反接制动，以加速停车过程，减少过共振危害。

第三节 异步交流电动机的调速

交流电动机结构简单、价格便宜、维护工作少，常见的风机、泵和压缩机等负载是长期工作的二次平稳性负载，机械启动不困难，运行稳定。通常工厂设计时，按生产中可能需要的最大风量或流量并留有较大的裕量选风机和泵，实际运行时却不需要那么大，但交流电动机的调速性能不如直流电动机，如果电动机不能调速，无法改变机械出力，只好用挡板或阀门调节风量或流量，能量利用率很低。因此，将这类负载的交流传动系统由不调速改为调度，取代挡板和阀门调节，将大大提高能量的利用率和生产效率。

随着电子技术的不断发展和高性能电子器件的出现，交流调速技术自 20 世纪 80 年代以来得到了迅速发展，其调速性能完全可以和直流拖动系统相媲美，且在很多方面优于直流拖动系统。近年来，交流调速领域出现了以微型计算机、微处理器为核心的新一代控制系统及单元，并从部分采用微处理器的模拟数字混合控制向着全面采用微处理器的全数字化控制方向发展，且除具有控制功能外，还具有监视、显示、保护、故障自诊断及自复原等多种功能。

一、变频调速及变频器类型

三相异步电动机转速公式为：

$$n=60f(1-s)/p$$

从上式可见，改变供电频率 f、电动机的极对数 p 及转差率 s 均可达到改变转速的目的。

变频调速是改变电动机定子电源的频率，从而改变其同步转速的调速方法。变频调速的平滑性好，系统自身功率损耗小，电动机始终保持在低转差率状态下运行，转子损耗小，工作效率高；调速范围大，精度高；可实现软启动，既减少了启动电流对电网的冲击，又增大了启动转矩，节能效果明显；变频器体积小，便于安装、调试，维修简便；易于实现工艺过程自动化。

变频调速是一种最有发展前途的交流调速方式，它是靠变频器实现的。变频器的种类很多，以有无直流中间环节来区分，有交-交变频器和交-直-交变频器。变频器作为负载的电源可分为电流（源）型和电压（源）型。

1. 交-交变频器

交-交变频器是把一种频率的交流电直接变换为另一种频率的交流电，中间不经过直流环节的变频器，又称为周波变换器。它的基本结构如图 8-29 所示。

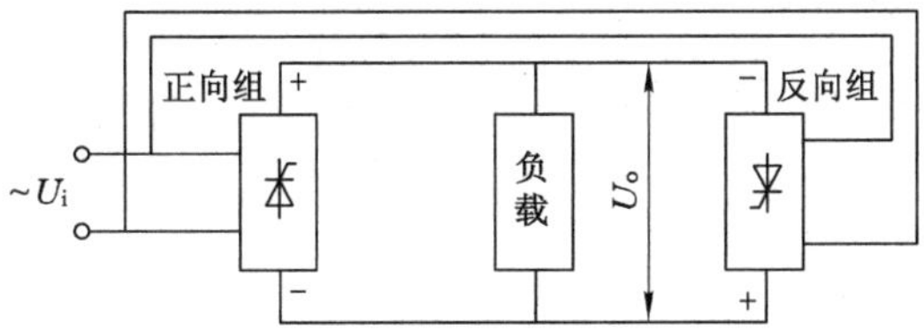

图 8-29　交-交变频基本结构图

常用的交-交变频器输出的每一相都是一个两组晶闸管整流装置反并联的可逆线路。正、反向两组按一定周期相互切换，在负载上就获得交变的输出电压 U_o。输出电压 U_o的幅值决定于各组整流装置的控制角 α，输出电压 U_o的频率决定于两组整流装置的切换频率。如果控制角 α 一直不变，则输出平均电压是方波，要得到正弦波输出，就在每一组整流器导通期间不断改变其控制角。

对于三相负载，交-交变频器其他两相也各用一套反并联的可逆线路，输出平均电压相位依次相差 120°。交-交变频器由其控制方式决定了它的最高输出频率只能达到电源频率的 1/3～1/2，不能高速运行，这是它的主要缺点。但由于没有中间环节，不需换流，提高了变频效率，并能实现四象限运行，因而多用于低速大功率系统中。由于采用较多的电力电子器件及输出频率较低等，交-交变频器使用不够广泛。

2. 交-直-交变频器

交-直-交变频器主电路结构如图 8-30 所示。交-直-交变频器从变频电源的性质上看，可分为电压型变频器和电流型变频器。电压型变频器与电流型变频器的主要区别在于中间直流环节采用什么样的滤波器。

电压型变频器逆变输出的交流电压为矩形波或阶梯波，而电流的波形经过电动机负载

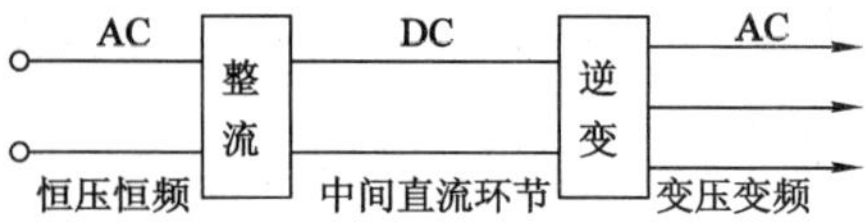

图 8-30　交-直-交变频器的主电路

滤波后接近于正弦波，但有较大的谐波分量。

(1) 电压型变频器

电压型变频器的主电路典型形式如图 8-31 所示。在电路中间直流环节采用大电容滤波，直流电压波形比较平直，使施加于负载上的电压值基本上不受负载的影响，而基本保持恒定，类似于电压源，因而称之为电压型变频器。

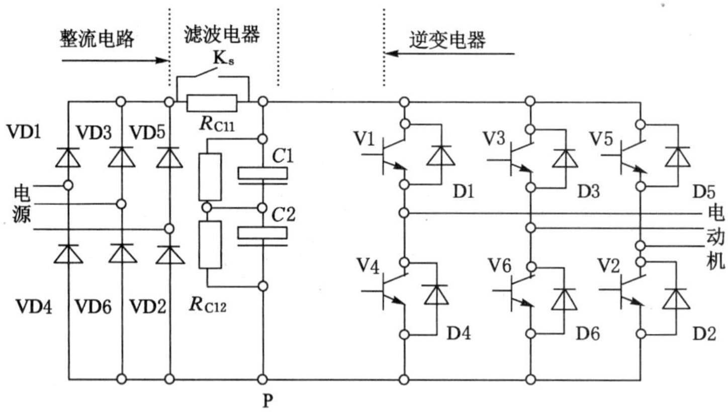

图 8-31　电压型变频器主电路

由于电压型变频器是作为电压源向交流电动机提供交流电功率的，所以主要优点是运行几乎不受负载的功率因数或换流的影响；缺点是当负载出现短路或在变频器运行状态下投入负载，能量将回馈给直流中间电路的电容，并使直流电压上升，需要有专用的放电电路，以防止换流器件因电压过高而被破坏。

(2) 电流型变频器

电流型变频器与电压型变频器在主电路结构上基本相似，所不同的是电流型变频器的中间直流环节采用大电感滤波，见图 8-32。直流电流波形比较平直，使施加于负载上的电流值稳定不变，基本不受负载的影响，其特性类似于电流源，所以称之为电流型变频器。

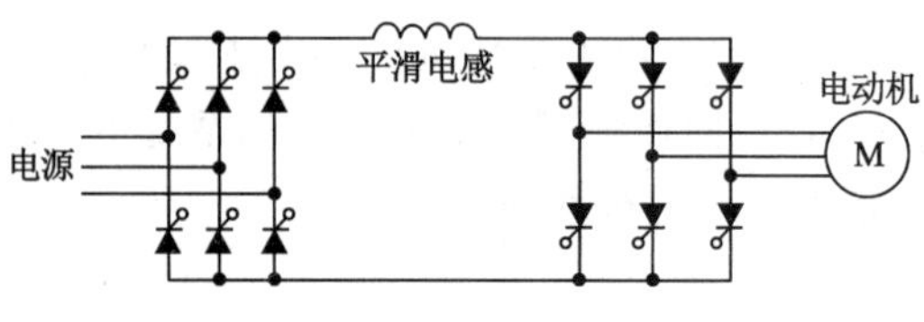

图 8-32　电流型变频器基本结构图

电流型变频器逆变输出的交流电流为矩形波或阶梯波，当负载为异步电动机时，电压波形接近于正弦波。当负载出现短路或在变频器运行状态下投入负载，将能量回馈给电源。

电流型变频器由于电流的可控性较好，可以限制因逆变装置换流失败或负载短路等引起的过电流，保护的可靠性较高，多用于大功率且要求频繁加减速的场合。

二、电动机的其他调速方法简介

由异步电动机的转速公式 $n=60f(1-s)/p$ 可知，异步电动机除可以通过调频来实现调速以外，还可以通过调节以下参数进行调速。

1. 变极对数调速

变极对数调速的基本原理是：在定子频率一定时，改变定子绕组的极对数 p，即可改变同步转速 n，从而达到调速的目的。

这种方法需要在电动机运行时，改变定子绕组的接线方式。也可在定子上绕上独立的两套或三套不同极对数的绕组，形成双速电动机或三速电动机，但这样会使电动机的成本、体积和重量增加较多。另外，极对数必须是整数，一对极（2 极）时同步转速为 3 000 r/min，两对极（4 极）时同步转速为 1 500 r/min，三对极（6 极）时同步转速为 1 000 r/min。因此，变极对数调速只能是有级调速。变极对数调速方式只能用于鼠笼型异步电动机，这是因为转子要与定子保持同步变极，绕线式转子的变极对数非常麻烦，而鼠笼转子的极对数能自动跟随定子极对数而变。

变极对数调速的优点是简单经济，缺点是速度级数少，不能实现无级调速，适用于少数倍速调节的机械，如金属切削机床、升降机、起重设备等。选煤厂很少使用。

2. 变转差率调速

变转差率调速是指以改变转差率为途径的调速方法，主要有：定子调压调速、转子变电阻调速、电磁转差离合器调速、串级调速等。

（1）定子调压调速

由于电动机的转矩与电压平方成正比，当改变电动机的定子电压时，可以得到一组不同的机械特性曲线，从而获得不同转速。为了扩大调速范围，定子调压调速应采用转子电阻值大的鼠笼式电动机，如专供定子调压调速用的力矩电动机，或者在绕线式电动机上串联频敏电阻。

定子调压调速的主要装置是一个能提供电压变化的电源。目前常用的调压方式有串联饱和电抗器调压、自耦变压器调压以及晶闸管调压等几种。晶闸管调压方式为最佳。定子调压调速的特点：调压调速线路简单，易实现自动控制；调压过程中转差功率以发热形式消耗在转子电阻中，效率较低。定子调压调速一般适用于 100 kW 以下的生产机械。

（2）转子变电阻调速

当定子电压一定时，电动机主磁通不变，若减小转子电阻，则转子电流增大，转子受到的电磁力增大，转差率减小，转速增加；同理增大转子电阻，转速减小。

转子变电阻调速的优点是设备和线路简单，投资不高，但其机械特性较软，调速范围受到一定限制，且低速时转差功率损耗较大，效率低，经济效益差。目前，转子变电阻调速只在一些调速要求不高的场合采用。

（3）电磁转差离合器调速

异步电动机电磁转差离合器调速系统以恒定转速运转的异步电动机为原动机，通过改变电磁转差离合器的励磁电流进行速度调节。

电磁转差离合器由电枢和磁极两部分组成，二者之间没有机械的联系，均可自由旋转。离合器的电枢与异步电动机转子轴相连并以恒速旋转，磁极与工作机械相连，如图 8-33 所示。

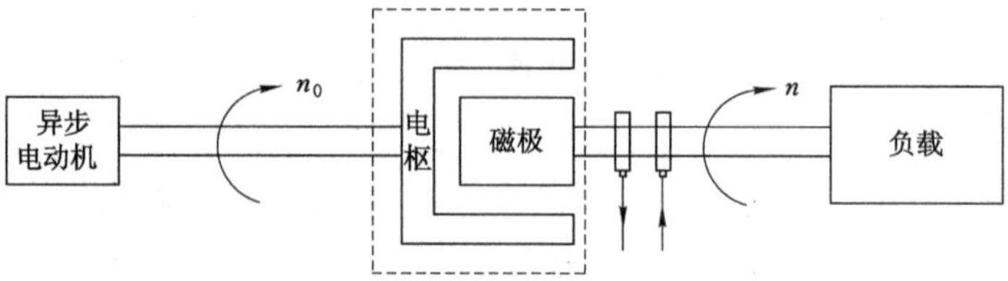

图 8-33　电磁转差离合器结构图

电磁转差离合器的工作原理是：如果磁极内励磁电流为零，电枢与磁极间没有任何电磁联系，磁极与工作机械静止不动，相当于负载被“脱离”；如果磁极内通入直流励磁电流，磁极即产生磁场，由于电枢被异步电动机拖动旋转，因而电枢与磁极间有相对运动而在电枢绕组中产生电流，并产生力矩，磁极将沿着电枢的运转方向而旋转，此时负载相当于被“合上”，调节磁极内通入的直流励磁电流，就可调节转速。

电磁转差离合器调速的优点是控制简单，运行可靠，能平滑调速，采用闭环控制后可扩大调速范围，适用于通风类或恒转矩类负载；其缺点是低速时损耗大，效率低。

(4) 串级调速

串级调速是通过在绕线式电动机转子回路中串入可调节的附加电势来改变电动机的转差，达到调速的目的。大部分转差功率被串入的附加电势所吸收，再利用产生附加的装置，把吸收的转差功率返回电网或转换能量加以利用。根据转差功率吸收利用方式，串级调速可分为电动机串级调速、机械串级调速及晶闸管串级调速。

工程中多采用晶闸管串级调速，其特点为：可将调速过程中的转差损耗回馈到电网或生产机械上，效率较高；装置容量与调速范围成正比，投资省，适用于调速范围在额定转速70％～90％的生产机械上；调速装置故障时可以切换至全速运行，避免停产；晶闸管串级调速功率因数偏低，谐波影响较大。

目前，变频调速技术已经成为现代电力传动技术的一个主要发展方向。改变电动机转速，可改善设备运行工况，提高系统安全可靠性，延长设备使用寿命，特别是在选煤厂节能改造中表现出显著的节电效果。在实际使用前要注意仔细检查所匹配设备的负载转矩特性和电动机驱动特性，适当关注由变频器引起的谐波干扰。

第四节　选煤厂设备的电气保护

三相异步电动机控制电路除了能满足被控设备生产工艺的控制要求外，还必须考虑到电路有发生故障和不正常工作情况的可靠性。因为发生这些情况时会引起电流增大，电压和频率降低或升高、损毁。因此，控制电路中的保护环节是电动机控制系统中不可缺少的组成部分。

一、电动机的基本保护

三相异步电动机常用的电动机保护电路有短路保护、过电流保护、过载保护、零压保护、欠电压保护和断相保护等。

1. 短路保护

在电动机控制系统中，最常用和最危险的故障是多种形式的短路。如电器或线路绝缘遭到损坏、控制电器及线路出现故障、操作或接线错误等，都可能造成短路事故。发生短路时，线路中产生的瞬时故障电流可达到额定电流的十几倍到几十倍，过大的短路电流将会使电气设备或配电设备受到损坏，甚至因电弧而引起火灾。因此，当电路出现短路电流时，必须迅速、可靠地断开电源，这就要求短路保护装置应具有瞬时动作的特性。

短路保护的常用方法是采用熔断器和低压断路器作为保护装置。

2. 过电流保护

过电流保护是区别于短路保护的一种电流型保护。所谓过电流状态是指电动机或电器元件超过其额定电流的运行状态。过电流一般比短路电流小，不超过 6 倍的额定电流。在电动机的运行过程中产生这种过电流，比发生短路的可能性要大，特别是对于频繁启动和正反转、重复短时工作时的电动机更是如此。

过电流保护常用过电流继电器来实现，通常过电流继电器与接触器配合使用，即将过电流继电器线圈串接在被保护电路中，当电路电流达到其整定值时，过电流继电器动作，而过电流继电器常闭触点串接在接触器线圈电路中，使接触器线圈断电释放，接触器主触点断开，从而切断电动机电源。

大型直流电动机和三相绕线异步电动机通常应设置过流保护环节。

3. 过载保护

过载是指电动机在大于其额定输出功率的情况下长时间运行。电动机长期过载运行时，绕组的温升将超过允许值而使绝缘材料变脆、老化、寿命缩短，严重时会使电动机损坏。与短路和过电流相比，过载电流超过额定电流的倍数要小些，通常在额定电流的 1.5 倍以内，并具有反时限特性。

过载保护通常用热继电器来实现。热继电器不会受电动机启动或短时过载冲击电流影响而瞬时动作，对短路故障反应迟缓，所以在使用热继电器作过载保护时，还必须安装熔断器或低压断路器进行短路保护。

4. 零压保护

当电动机正常工作时，如果由于某种原因而发生电网突然断电，这时电源电压下降为零，电动机停转，生产设备的运动部件也随之停止。当电源恢复供电时，电动机如果自动启动运转，则可能造成人身及设备事故。为防止电压恢复时电动机的自行启动或电器元件自行投入工作而设置的保护，称为失电压保护，或零压保护。

采用接触器和按钮控制的启动、停止，就具有零压保护作用。这是因为当电源电压消失时，接触器就会自动释放而切断电动机电源；当电源电压恢复时，由于接触器自锁触点已断开，不会自行启动。如果不是采用按钮而是用不能自动复位的手动开关、行程开关来控制接触器，必须采用专门的零电压继电器。工作过程中一旦断电，零电压继电器释放，其自锁电路断开，电源电压恢复时，不会自行启动。

5. 欠电压保护

当电网电压降低时，电动机在欠电压下运行，在负载一定的情况下，电动机主磁通下降，电流增强，时间过长将会使电动机过热损坏。同时欠压还会导致一些电器元件释放，使线路不能正常工作。因此，当电源电压降到 60%～80%额定电压时，将电动机电源切除而停止工作，这种保护称为欠电压保护。

除上述采用的接触器及按钮控制方式，利用接触器本身的欠电压保护作用外，还可采用欠电压继电器来进行欠电压保护。其方法是将欠电压继电器线圈跨接在电源上，其常开触点串接在接触器控制回路中。当电网电压低于欠电压继电器整定值时(吸合电压通常整定值为 0.8～0.85 U_N，释放电压通常整定值为 0.5～0.7 U_N)，欠电压继电器动作，使接触器释放，接触器主触点断开，电动机电源实现欠电压保护。

6. 断相保护

电动机运行时，如果电源任一相断开，电动机将在缺相情况下低速运转或堵转，定子电流很大，这是造成电动机绝缘及绕组烧毁的常见故障之一。因此应进行断相保护。

工业上使用的热继电器多数都有断相保护功能。此外，还可以采用电压继电器、电流继电器以及专门的固态断相保护器等，检测各相电流、电压的差异来进行保护。

7. 电动机综合保护与综合保护器

电动机综合保护器属于低压控制与保护电器(Control and Protective Switching Devices，CPS)中的多功能电器。采用先进的微机技术与高性能的集成芯片，将多个与电动机安全运行相关的参数检测集合到一个电器内完成，接在控制电动机启停的接触器前后，可取代传统的电流互感器、电流表、电压表、热继电器和时间继电器等，在电动机出现过流、欠流、断相、堵转、短路、过压、欠压、漏电、三相不平衡、过热、接地、轴承磨损、定转子偏心时，绕组老化予以报警，或通过 MODBUS 等通信协议接口，作为集中控制系统的信号来源，输出到集控系统中，触发接触器跳闸。

目前，市售的电动机综合保护器通常包括以下功能：

① 短路保护——当电流瞬间达到十几倍到几十倍时发出信号；

② 过载保护——当电流长时间大于额定值时发出过载信号；

③ 漏电保护——当三相电流矢量和不等于零线电流时发出信号；

④ 欠压保护——当任意两相电压小于最低值时发出信号；

⑤ 缺相保护——当任意一相电源断线时发出信号；

⑥ 接地故障保护——当对地电阻超限时发出信号。

随着计算机技术和电子技术的发展，电动机的综合保护装置已经广泛应用于选煤厂设备的电动机保护中。目前，选煤厂常用的电动机综合保护器分为电子型和智能型两大类，随着选煤厂计算机网络控制系统的普及，智能型电动机综合保护器得到了越来越多的应用。

智能型电动机综合保护器以单片机为核心，通过操作面板按钮，用户可以根据电动机具体情况，在现场对包括整定电流在内的各种参数进行设定或修改；采用数码管或液晶屏作为显示窗口；能支持 ModBUS、ProfiBUS 等多种通信协议。

制造厂商为了满足用户不同的使用需求派生出很多系列产品。市场上电动机保护产品没有统一标准，用户在选型时应充分考虑电动机保护实际需求，合理选择保护功能和保护方式，才能达到提高设备运行可靠性、减少非计划停车、减少事故损失的目的。

目前，国家标准中尚缺电动机综合保护器的标准图例和文字代号。通常采用 KP 或 FM 表示，参见图 8-34。

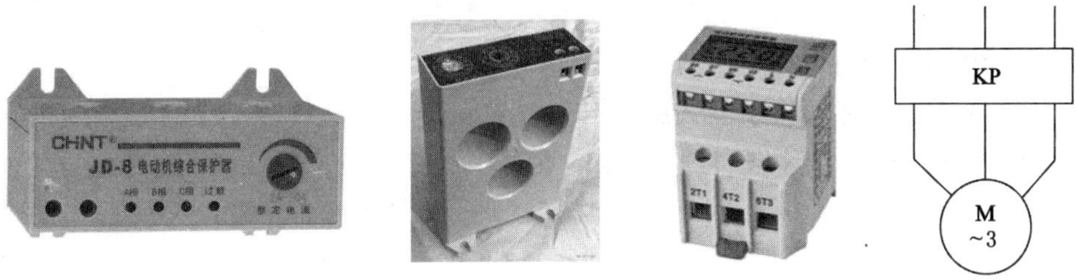

图 8-34　电动机综合保护器及其电路符号

二、胶带运输机的电气保护

胶带运输机是选煤厂生产工艺系统中输送煤流的重要设备，而且相邻设备之间有着严禁的闭锁关系。一旦单台设备出现故障不能及时检测将会对选煤厂生产系统造成严重的损害，所以胶带运输机的电气保护对于选煤厂生产系统的正常运行至关重要。

胶带运输机常见的故障有以下几种：拉绳急停保护、胶带跑偏保护、失速保护、烟雾保护、胶带撕裂保护等。

1. 拉绳急停保护

选煤厂胶带运输机长度较大，为实现故障情况下的紧急停车，通常在其两侧设置拉绳开关，如图 8-35 所示。

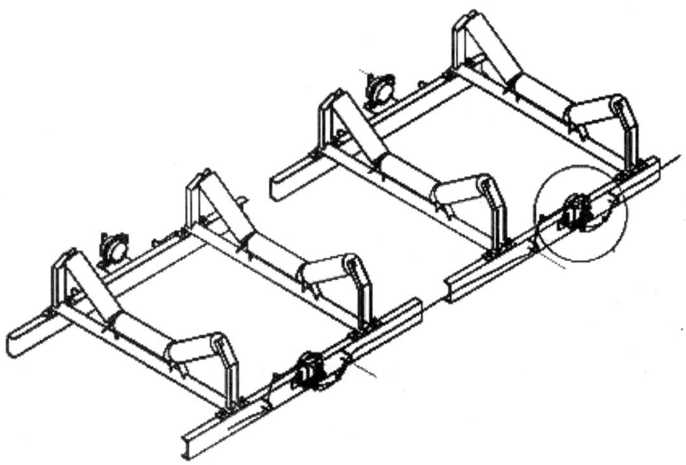

图 8-35　拉绳开关安装图

正常工作时，内部的行程开关接点处于常闭状态。当胶带运输机出现任何故障需要紧急停车时，只要拉动开关任意端的钢丝绳，行程开关动作，与停止按钮串联的常闭点断开，实现紧急停车；有些选煤厂也将开关信号同时传送给 PLC，通过程控系统实现双重保护停车。

一般的拉绳开关都不具有自动复位功能，故障排除后，必须通过人工复位，才能使内部拉杆退回原位，复位拉绳开关。选煤厂选用拉绳开关时要选用矿用本质安全型电气设备，以适应瓦斯、煤尘爆炸危险的环境。

2. 胶带跑偏保护

在选煤厂生产中，输送煤流的胶带运输机由于物料偏载、滚筒粘煤、滚筒与胶带中心线不完全垂直等原因，经常会发生跑偏现象。尽管多数胶带运输机都带有上下调偏托辊，但仍不能完全避免跑偏现象的发生。

图 8-36 为选煤厂常用的限位式跑偏开关安装示意图。其核心为角行程限位开关。胶带正常运行时，跑偏开关的探杆与胶带基本垂直。当胶带跑偏时，胶带碰到跑偏开关的探杆，并带动探杆轴旋转，当探杆偏转到动作角度时，使其内部的行程开关动作，发出跑偏信号。

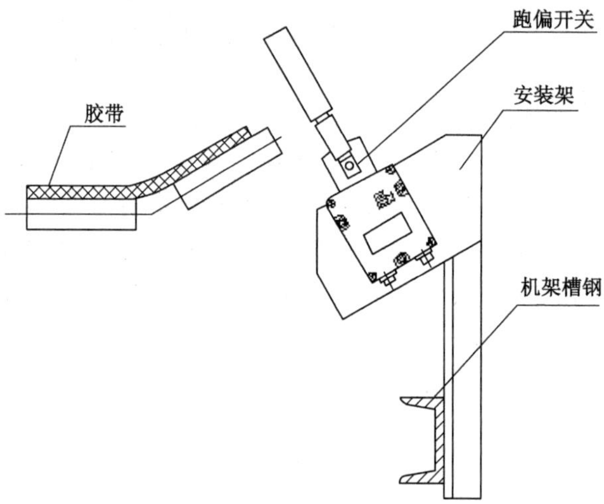

图 8-36 限位式跑偏开关安装图

跑偏开关也是安装在胶带两侧，检测到的跑偏信号直接传输到 PLC 集控系统中完成对设备的急停控制。

3. 失速保护

选煤厂常通过检测胶带运输机的从动滚筒来判断其是否失速，依据测速原理不同常用的测速传感器分为两类。

(1) 发电测速传感器

在胶带运输机机尾滚筒轴端安装微型测速发电机，对胶带运输机的运行速度进行实时检测。测速发电机产生的信号电压和频率都与从动轮转速线性相关。把检测到的胶带运输机的速度信号实时传输给集控系统，并根据胶带运输机的实际运行参数设定一个失速阈值。当胶带运输机的运行速度低于设定阈值时，判断为失速，立即停车，防止胶带运输机过载或压死。此检测方法的优点是能详细地反映胶带运输机的运行速度；缺点在于，传输的是模拟量信号，容易受现场电磁环境的干扰，此外，测速传感器与被测轴之间的动连接故障率也较高。

(2) 光电测速传感器

在胶带运输机被测轴端一定半径上粘贴一个或一组反光膜片，带有点光源的光电传感器固定在附近。每当反光膜片转到光电开关处就会产生一个脉冲信号。单位时间的脉冲信号数与轴转速成正比。

此检测方法的优点是传感器与被测轴不直接接触，采集信号为开关量信号，信号简单、稳定，准确度高，受现场电磁环境干扰小；缺点是不连续的开关量信号在低速运行时的监测精度受到限制。常见故障有反光膜污损或脱落等。

4. 烟雾保护

运输机的胶带因长时间摩擦等，会发生火灾。产生强烈的气味是胶带燃烧的特点之一。在选煤厂干法车间运输带上安装烟温灭火系统是减少火灾隐患的重要举措。烟温报警灭火系统主要由控制箱、传感器、声光报警器和喷水装置所组成。传感器具有温度和烟尘双重检测功能，当胶带运输机周围温度和烟尘浓度达到设定值时，装置中的报警器发出声光报警，同时断电停机，洒水灭火。其传感器安装于胶带运输机两驱动滚筒之间，采用加工好专用的架子固定于胶带运输机边梁上。

5. 胶带撕裂保护

胶带撕裂分为纵向撕裂和横向撕裂，以纵向撕裂为主。

工业上使用的胶带撕裂传感器主要有渔线式检测装置、测振式检测装置、漏料检测装置等。

(1) 渔线式检测装置

该装置由若干根金属线或尼龙线分别沿槽形输送带的外廓撑架小孔穿过。撑架就安装在胶带运输机的正下方，线的一端装有一个弹簧型限位开关，一旦物料中异物戳穿输送带，将会很快碰到紧靠输送带的渔线而使开关动作，从而避免输送带的继续撕裂。图 8-37 为此种装置的示意图。

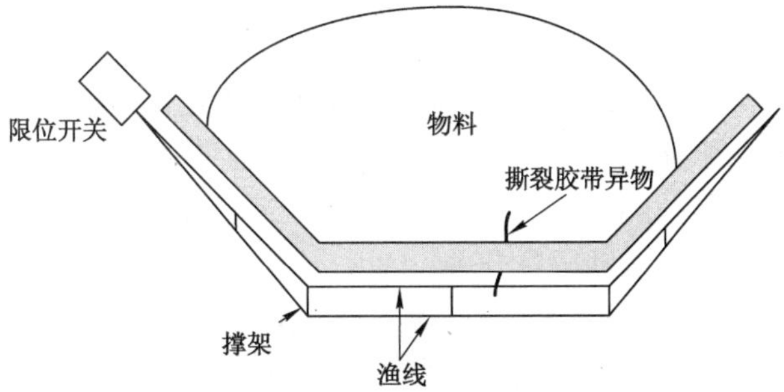

图 8-37　渔线式检测装置图

(2) 测振式检测装置

该装置分为起振和测振两部分。在运行的输送带一侧装一个偏心轮作为振动器，偏心轮紧压在输送带上，随带的运行起振，测振器装在输送带的另一侧。一旦输送带发生撕裂，测振器就不能收到偏心轮发出的振动信号，测振器就发出执行信号，执行信号经过放大器到执行继电器，继电器动作来实现对设备的集中控制。图 8-38 为这种检测装置的示意图。

(3) 漏料检测装置

如图 8-39 所示，在胶带的正下方安装此检测装置。装置支架的一侧是平衡锤，另一侧是托盘，托盘下面安装一限位开关。正常工作时，在支架和平衡锤的作用下托盘处在水平位

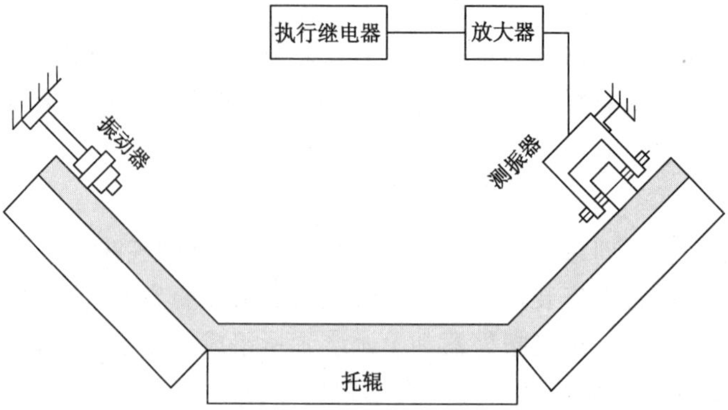

图 8-38　测振式检测装置图

置。当输送带撕裂后，其上输送的物料将通过裂口泄漏，所漏物料堆积在托盘上，待达一定重量后将压其下方的开关，发出停机信号。

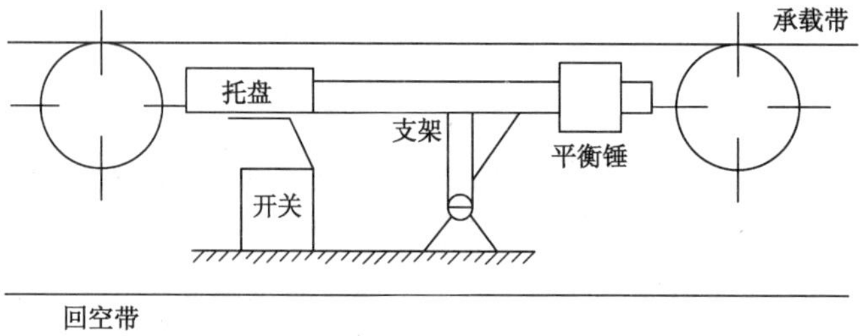

图 8-39　漏料检测器

其实在选煤厂实际生产系统中，为了解决灰尘堆积引起漏料检测装置失灵的问题，漏料检测器的托盘做成与水平面成 30°角。在输送带正常运行时，倾斜的托盘在设备抖动的同时把落在托盘上的灰尘抖掉，避免了灰尘堆积造成的误触发。如输送带撕裂，有大量的物料散落到托盘上，把托盘压下，触动限位开关。

以上三种检测装置都已在国内选煤厂得到推广应用，但这种单纯地以刺破胶带后输送带外表面突起感应检测装置而产生报警信号并不能准确地检测故障信息，原因就是输送带的撕裂会产生外部形态的变化，但并不是一次撕裂各种形态都会出现，而且这种变化是很微小的，因而就必然造成检测装置的误动作或灵敏度差。随着自动化技术的发展，新型胶带纵向撕裂监控系统开始应用于实际工业生产中。射频识别技术和单片机技术开始应用于输送带纵向撕裂智能监控系统，提高了故障检测的可靠性和准确性。

三、破碎机的电气保护

在选煤厂生产工艺系统中，破碎机主要用来对原煤中的大块原煤和各类石料进行破碎。破碎机作业工况极为恶劣，工作负荷波动性很大，常因入料不均或因破碎腔进入极硬极强的不可破碎物而致使齿轮传动轴过载断裂。如果不能及时停机，将会导致设备压死，不但增加清理难度，更会较大程度地损害设备。

选煤厂常用的破碎机主要有颚式破碎机和齿辊式破碎机两种。

颚式破碎机除了常规的短路、过热保护外，通常还设置断销保护。在机构上采用强度较小的键销，当入料中有无法破碎的大块物料时，键销切割失去机械连接，电动机驱动系统得到保护。为检测这一过程，可以在破碎机传动轮上选择一个监测点，并在其对面设计安装一个光电开关，破碎机在正常工作时，每当检测点转到光电开关处就会有一次检测信号，并把检测信号通过信号电缆传输到集控系统。这样集控系统就接收到一个检测脉冲波，当破碎机发生断销时，脉冲波就会消失，判断为失速，立即停车。

齿辊式破碎机除了常规的短路、过热保护、断销保护外，通常还设置反转点动方式，以便将卡在滚筒中间的过硬物料推出。即，在主电动机电流瞬时显著增加时，主电动机停止，并手动或自动触发反转几秒再停止，以便取出过硬物料。齿辊破碎机常用的连续正传点动反转电路如图 8-14 所示。

四、筛分机的电气保护

选煤厂筛分机的额定功率通常都比较小，电气故障率也比较低。对于筛分机的电气保护，一般优先考虑对驱动电动机安装综合保护器，实现短路保护、过载保护、过电流保护、零压保护和欠电压保护、断相保护等功能。

一些选煤厂为了解决振动筛分机停车时过共振造成的危害，对激振电动机进行停机反接制动，以反向激振力抵消偏振块的惯性力，迫使振动筛越过共振频率直接停下来。

作为一种振动设备，相比于电气故障更为常见的是机械故障，如振动器故障（轴承故障、齿轮故障、紧固件故障、箱体故障等）、筛框故障（支撑纵梁断裂、横梁断裂、侧壁开裂、紧固件故障等）等。采用物联网技术，对筛分机的运行状况进行检测，预测可能发生的机械故障已逐渐成为选煤生产智能化的重要发展方向之一。

五、溜槽堵塞的电气防护

在选煤厂生产工艺系统中，溜槽是煤流线中的必要设备。但受煤质、煤流量、溜槽倾角的影响，溜槽堵塞在工业生产中时有发生。一旦发生堵塞不及时停车，会对设备造成很大损害。为此，有必要设计安装溜槽堵塞检测防护装置。

溜槽堵塞防护的关键是堵塞现象的检测。传感器将检测信号传输给 PLC，控制相关设备的启停。

1. 光电式溜槽堵塞传感器

如图 8-40 所示，在溜槽壁对称的两侧位置安装一对对射式光电传感器。适当选择安装位置，可以实现正常情况下，光敏接收器能接收到连续的或偶尔断续的光信号。当溜槽发生堵塞时，堆积在溜槽的物料遮挡光路，光电传感器连续接收不到光信号，产生相应的触发信号，并通过信号电缆或无线传输系统传送到集控系统。

2. 电极式溜槽堵塞传感器

如图 8-41 所示，电极式溜槽堵塞传感器安装在机头溜槽的一角，探头前端为一根长 400～1 000 mm 的钢电极。正常情况下，电极不会与溜槽接触；若出现堆积煤的现象，电极通过物料接地，生成报警信号。信号传输到 PLC，集控系统收到报警信号后，立即发出停车信号，切断设备控制回路使设备停机。同时设置语音报警，提示调度值班人员。

3. 机械触发式溜槽堵塞传感器（也称溜槽堵塞开关）

如图 8-42 所示，机械触发式溜槽堵塞传感器安装在溜槽口上方，正常情况下，煤位触杆垂直放置，传感器内部常开接点处于常开状态，无报警信号。堆煤发生时，当堆煤触及煤位

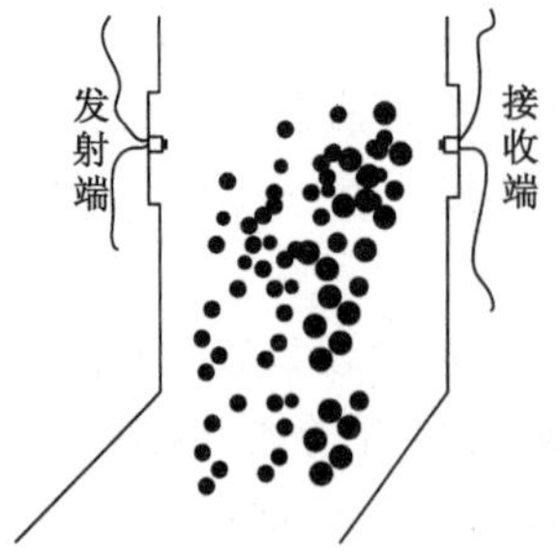

图 8-40　光电式溜槽堵塞传感器工作原理

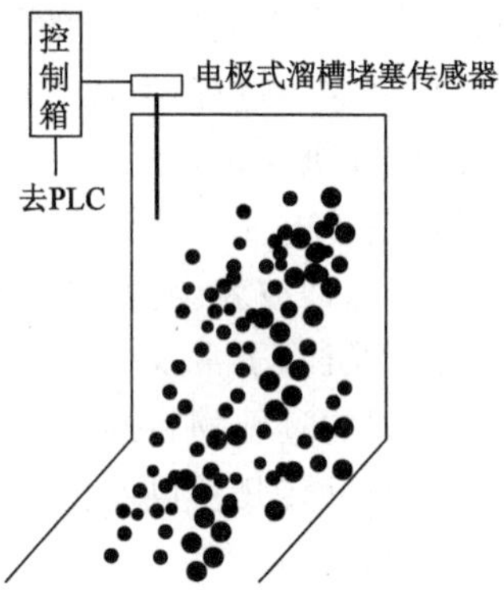

图 8-41　电极式溜槽堵塞传感器工作原理

触杆,煤位触杆就会左偏或者右偏。当偏至动作角度时,传感器内部常开点闭合,PLC 接收到返回报警信号。集控系统收到报警信号后,立即发出停车信号,切断设备控制回路使设备停机。同时设置语音报警,提示调度值班人员。

图 8-43 为垂直设置的机械触发式溜槽堵塞传感器工作原理。在溜槽壁安装一个挡板,挡板和溜槽壁之间用弹簧连接。当溜槽发生堵塞时,煤会堆满溜槽挤压挡板,致使挡板触发按钮切断设备控制回路使设备停机。

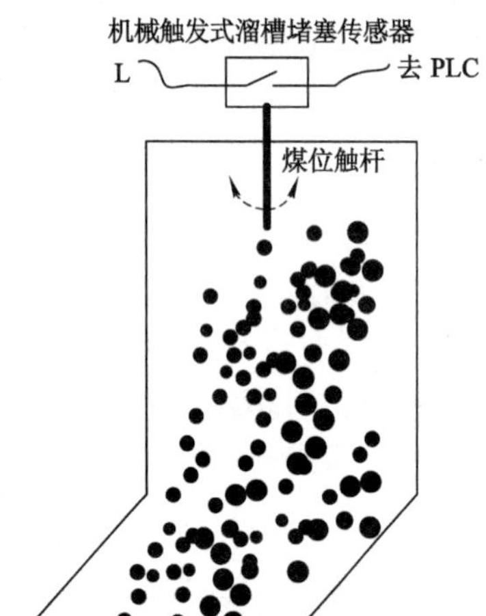

图 8-42　机械触发式溜槽堵塞传感器工作原理

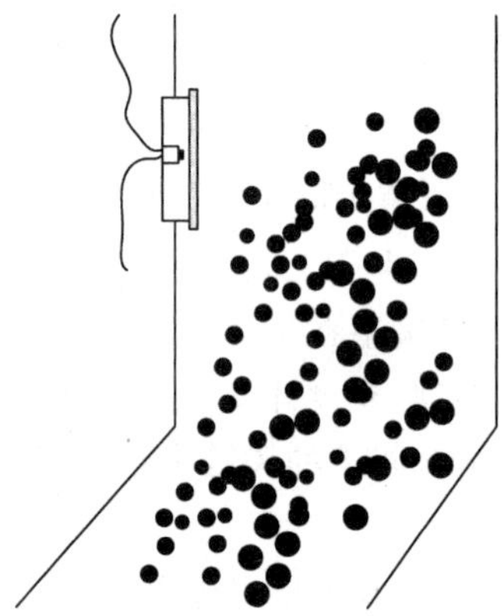

图 8-43　垂直设置的机械触发式溜槽堵塞传感器工作原理

六、刮板运输机的电气保护

刮板运输机作为选煤厂的重点设备,也是高故障率设备。选煤厂刮板运输机常用的保护包括:漂链保护、错牙保护、掉链保护、断链保护等。

1. 刮板运输机漂链检测

如图 8-44 所示,在机头轮正上方监测点 1 处和监测点 2 处安装两个光电开关,设定好触发阈值。当刮板运输机发生错牙或漂链时,机头链轮链环会瞬间鼓起,距离缩短到接近开关检测范围内,此时就会触发接近开关产生报警信号,并把报警信号通过信号电缆传输到集控系统。集控系统收到报警信号后,立即发出停车信号,切断设备控制回路使设备停机,此种方法也适用于刮板运输机错牙检测。

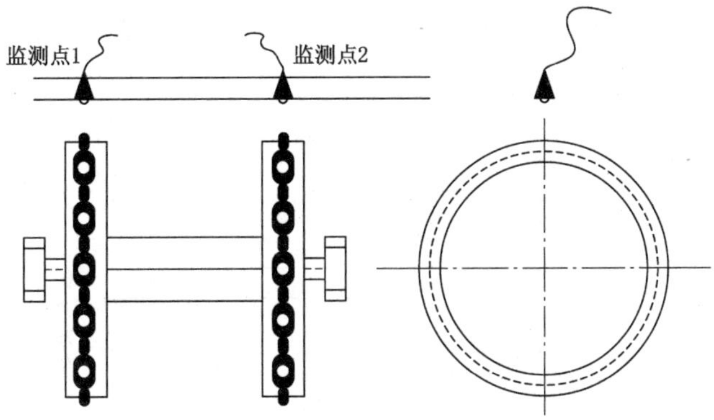

图 8-44 刮板运输机漂链检测装置

2. 刮板运输机错牙检测

如图 8-45 所示，在刮板正上方安装两个光电开关(图中分别标号 1、2)，并调试使光电开关可以检测到每一根经过的刮板。

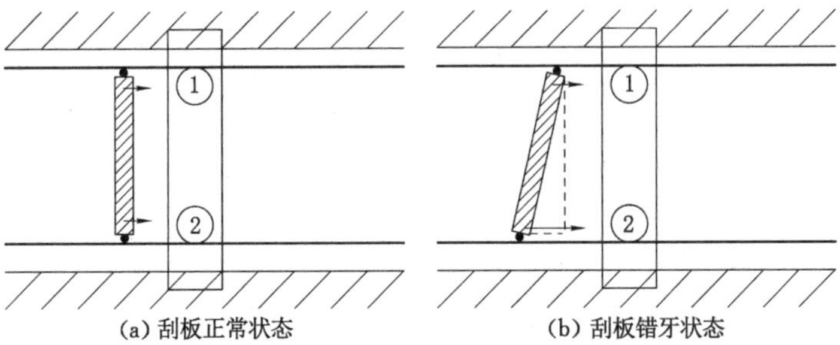

图 8-45 刮板运输机错牙检测装置图

在刮板运输机正常工作时，1、2 号传感器同时触发；当发生如图 8-45(b)所示错牙时，1 号传感器先触发，2 号传感器后触发，这样就会产生触发时间差 t_1；当发生断链时，触发时间差默认为无限大；同时我们根据刮板运输机的间距和刮板运输机的速度估算出刮板运输机运行一个间距的时间 t_2。

触发时间差就是判定刮板运输机是否错牙的根据：在程序里设计一个报警上限时间值(报警上限时间要根据具体刮板运输机现场调试确定，但一定要小于 t_2)，当触发时间差大于报警上限时间时集控系统输出，发出刮板运输机错牙报警信号，必要时使设备停机。按此检测方法也可以实现对刮板运输机的断链检测。报警触发原理如图 8-46 所示。

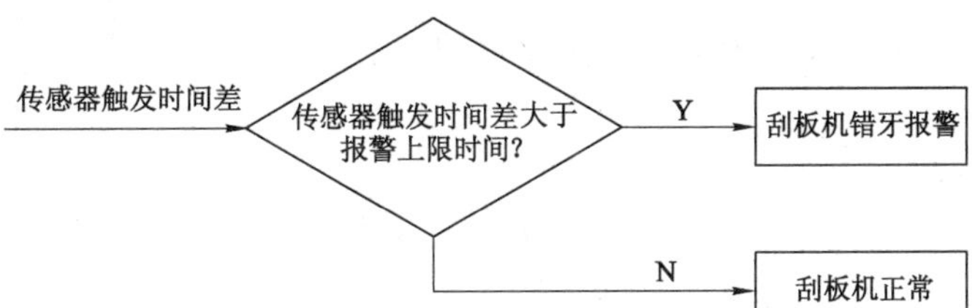

图 8-46 报警触发原理

3. 刮板运输机的掉链检测

如图 8-47 所示，该装置主要由花篮螺丝、细钢丝、导向管、弹簧、铁滑块和接近开关组成。

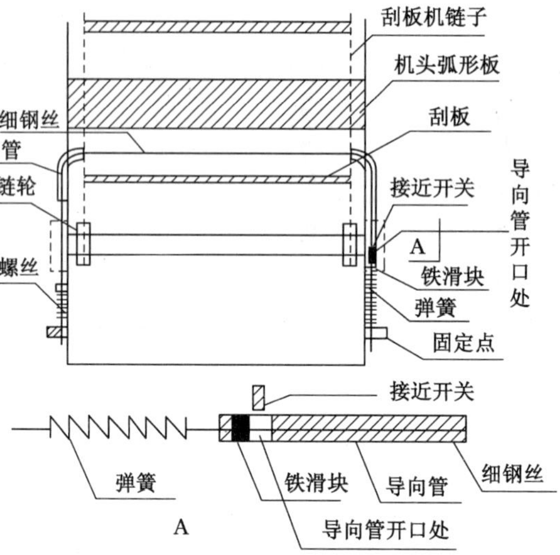

图 8-47　刮板运输机掉链检测装置图

当刮板运输机出现掉链时，刮板链在重力作用下自然下垂，落到安装在弧形板和机头链轮间的细钢丝上；刮板链的压力使细钢丝自动张紧，引起导向管内铁滑块被带动并露出导向管开口处。此时，安装在导向管开口处的接近开关接收信号；该信号可直接接到控制回路，也可接入 PLC，经过信号处理，使刮板运输机报警停车，从而遏制刮板运输机继续运行而拉坏设备。

4. 刮板运输机的断链检测

如图 8-48 所示，在刮板槽帮开 3 个孔，安装弹簧钢片和顶销。刮板正常工作时，刮板链紧贴弹簧片，弹簧片推动顶销使弹簧处于压缩状态，此时常开触点 8、9 处于断开状态。刮板运输机断链以后，当断链处运行至顶销 5 处时，由于失去刮板链的压力，弹簧会推动顶销前移，触点 8、9 闭合，此时导线 10 上传输的电信号就可视为故障信号直接给定到 PLC，从而实现刮板运输机的集控停车。

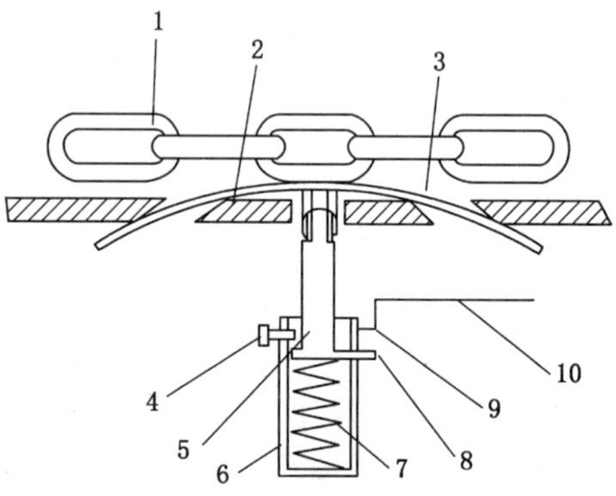

1—刮板链；2—刮板槽帮；3—弹簧片；
4—刮板限位螺丝；5—顶销；6—弹簧套筒；
7—弹簧；8，9—常开触点；10—导线。

图 8-48　刮板机断链检测装置图

复习思考题

1. 电气控制图通常分为哪几类？试简述电气原理图绘制原则。

2. 异步电动机启动方式有哪几种？试给出相应的控制电路。

3. 异步电动机的正反转控制电路是怎样实现的？怎样实现可靠的正反转控制？
4. 电动机的机械制动主要是采用什么方法？试设计出其控制电路。
5. 交流电动机的调速主要有哪几种方法？
6. 变频器的保护功能主要有哪些？
7. 选煤厂电气保护装置主要有哪些？分别简述其基本原理。

第九章 选煤厂继电器-接触器集中控制

第一节 概 述

将选煤厂生产系统中有联系的生产机械，按照规定的程序在集中控制室内进行启动、停止或事故处理的控制称为选煤厂集中控制。

集中控制室内通常应设有反映各生产机械工作状况的模拟盘或显示器，可以了解生产系统的工作状况。通过控制台上的开关按钮或计算机操作键盘，可以随时启动或停止相应生产流程的机械设备。在发生故障时，可以及时按规定程序部分停止或全部停止各生产机械，避免事故的扩大。

从选煤生产操作的角度看，集控系统应满足以下几项要求：

① 带延时的逆煤流顺序启动。原则上逆煤流逐台延时启动，延时时间应能避开前一台(组)电动机启动时的尖峰电流(一般为 5～7 s)。逆煤流启动可以避免后启设备压煤问题。

② 带延时的顺煤流顺序停车及故障时的紧急停车。正常停车时，采用顺煤流逐台延时停车，延时时间应能保证欲停止机械上的物料已全部转运至下台机械。故障时，集控室和现场均可直接发出停止指令，以确保在最短的时间内全部或部分设备紧急停车。

③ 有严格的联锁关系，并能方便地解锁。在系统运行过程中，一旦某设备出现故障停车，则其来料流程中的所有相关设备紧急停车，以免出现压煤现象。在设备维修或处理故障期间，应允许设备能单独启停，以便单机试运行等。

④ 至少应设有集中联锁控制和单机就地手动(解锁)控制两种控制方式，还可以设有集中解锁控制方式(在集控室对单台设备进行遥控启停，设备之间设有联锁关系)以及就地联锁工作方式(允许各岗位在设备联锁关系条件下，就地顺序启停设备)。各种控制方式间应能方便地进行转换。

⑤ 选煤厂集控系统一般应设有启停车预告、事故报警及运转状态显示。

选煤厂采用集中控制，可以大大缩短启动和停止电动机的时间，提高生产率；便于掌握各生产机械的状况以利于生产调度；有利于及时发现故障和及时处理故障，大大提高了选煤生产的安全性。

第二节 继电器-接触器集中控制基础

继电器-接触器集中控制，是指以控制按钮等主令电器为指令元件，中间继电器和时间继电器为逻辑元件，接触器为执行元件而构成的集中控制系统。一套较完整的选煤厂集中控制系统电路通常应包括信号电路、继电器逻辑控制电路和接触器控制电路等 3 部分。

继电器-接触器控制方式是应用最早的集中控制方式。它具有结构简单、容易掌握、维修方便、价格低廉等优点，曾在选煤领域得到了广泛的应用。

近年来，随着计算机控制技术的飞速发展和普及，以可编程序逻辑控制器(PLC)为核心的计算机控制系统已取代继电器-接触器控制方式中的信号回路和逻辑控制回路功能，但在控制思路，甚至(程序)表达方式上，都继承了传统的继电器-接触器控制方式。学习继电器-接触器控制技术，有利于更好地学习和掌握包括计算机控制在内的各种顺序逻辑控制。

作为全厂电动机集中控制的基础，本节以两台电动机的相关性控制为例，讨论电路工作原理。

一、双机联锁控制电路

凡是生产线上某些环节或一台设备的某些部件之间有相互制约或相互配合的控制，均称为联锁控制。联锁控制是保证安全的重要措施。如给料机和后续运料胶带之间的启动和停车。在物料给到运输胶带前，必须先启动运输胶带，否则物料会在胶带上堆积，造成溢料，甚至妨碍胶带运输机的启动(启动转矩不足)；停车时则相反，应先停给料机后停胶带运输机。像这样严格的操作顺序如果单靠操作规程来保证是不可靠的。

与此相似的联锁关系还包括一些设备与其附属系统之间的关系。如，大型离心机的主电机与其润滑油系统油泵电机之间的关系：启动时，应先启动润滑油循环(开启润滑油泵电机)，然后再启动主电机；停车时，先停主电机，待相关系统冷却后再停止润滑油电机。

双机顺序联锁控制电路如图 9-1 所示。

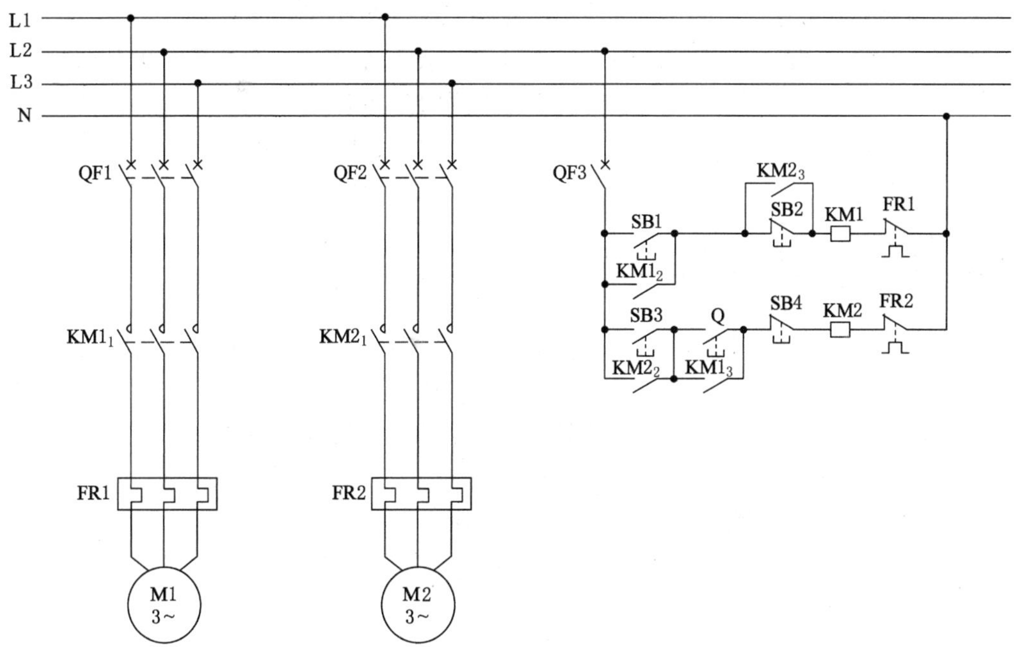

图 9-1　双机顺序联锁控制电路

带动辅助系统和主机的电动机 Ml、M2 分别用接触器 KM1、KM2 控制。每台电动机都有断路器和热继电器保护，构成常规的电动机控制主回路。

① 顺序过程：启动时按下 SB1，接触器 KM1 线圈得电，主触点 $KM1_1$ 闭合，自保触点 KMl_2 闭合，电动机 Ml 启动运行。联锁触点 $KM1_3$ 闭合，为 M2 的启动创造必要条件。此时，再按下 SB3，KM2 得电动作，主触点 $KM2_1$ 和自保触点 $KM2_2$ 闭合，电动机 M2 启动

运行。

如果在 KM1 未通电前错误地先按下 SB3，因 $KM1_3$是常开的，SB3 接通无效，从而避免了误操作的进行。

② 顺序停车：在运行中如果按下主机停止按钮 SB4，M2 停车，M1 仍在运转；再按下 SB1，才能使 M1 停车。由于 $KM2_3$的保护作用，在 M2 运行（KM2 得电）时 M1 的停止按钮 SB2 失效，防止了 M1 先于 M2 停车。

③ 过热保护：电动机 M2 过载而使热继电器 FR2 脱扣（动作）时，只会使 M2 停车，而在联锁状态下（Q 处于断开状态），FR1 脱扣能使 Ml 和 M2 都停下来。

④ 联锁与解除：开关 Q 为单独试验 M2 而设置，采用自锁开关（指开关自带机械锁定功能，按下去松手后按钮处于锁定状态，需要再按一次，才解锁完全跳起来）。此开关闭合则失去联锁作用，两电动机可不受约束而任意启动和停车。

在实际工程设计中，电路中主回路和控制回路通常分开画出。由于各电动机主回路的相似性，有时仅画出一个通用回路。

二、双机互锁启停控制电路

双机互锁是指两台电动机只能有一台处于工作状态，即当其中一台启动时，另一台必须停止。实现联锁控制的关键是正确地选择和安排联锁触点。通常两机相互制约关系（互锁）由各自接触器的常闭触点串接到对方接触器线圈通路中来实现。

如图 9-2 所示，当按下 SB1 启动 M1 时，由于常闭触点 $KM1_3$处于开启状态，按下 SB3 也不能启动 M2，除非 KM1 线圈失电（即 M1 处于停止状态）。同理，M2 的运行状态 $KM2_3$也制约着 M1 的启停。设置在另一台电动机接触器回路上的常闭触点 $KM1_3$和 $KM2_3$称为互锁触点。

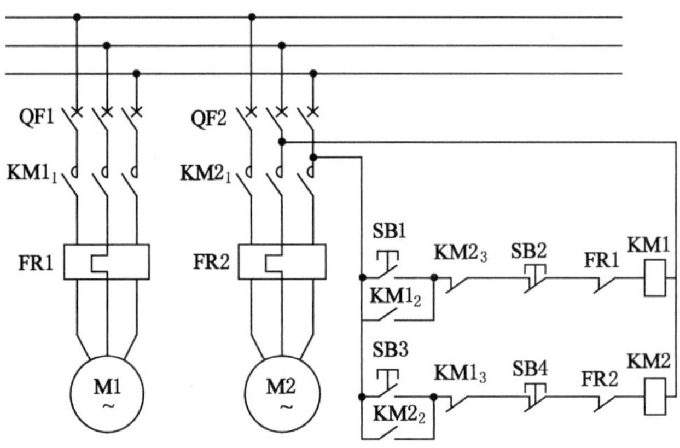

图 9-2　双机互锁电路

三、备用电源及备用设备自动投入电路

重要生产设备要有备用电源，备用电源的投入要自动进行。如图 9-3 所示，电源 1 为常用电源. 电源 2 为备用电源。

图中工作前应合上 QF1 后，KM1 通电吸合，主触点 $KM1_1$闭合，电源 1 开始供电；同时

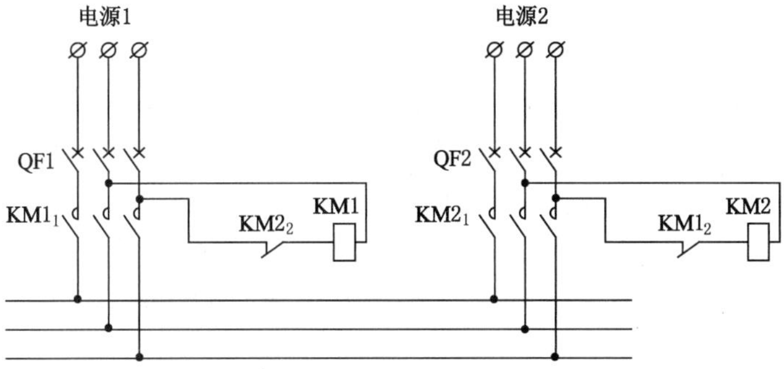

图 9-3　备用电源自动投入控制

触点 $KM1_2$ 处于断开状态，即使合上 QF2 也不能使 KM2 动作，防止通过母线对电源 2 线路形成反供电。但若电源 1 突然停电，则 KM1 失电，使 $KM1_2$ 随即闭合而接通 KM2，于是电源 2 自动投入供电。同时 $KM2_2$ 使电源 1 控制回路断开，防止通过母线对电源 1 线路形成反供电；待电源 1 再恢复供电时，也将处于备用状态。

在一些重要的工艺环节，有时需要设置备用设备，以保证至少一台设备处于运行状态。图 9-4 所示为两台电动机互为备用，一台停机后另一台自动投入运行的控制回路。

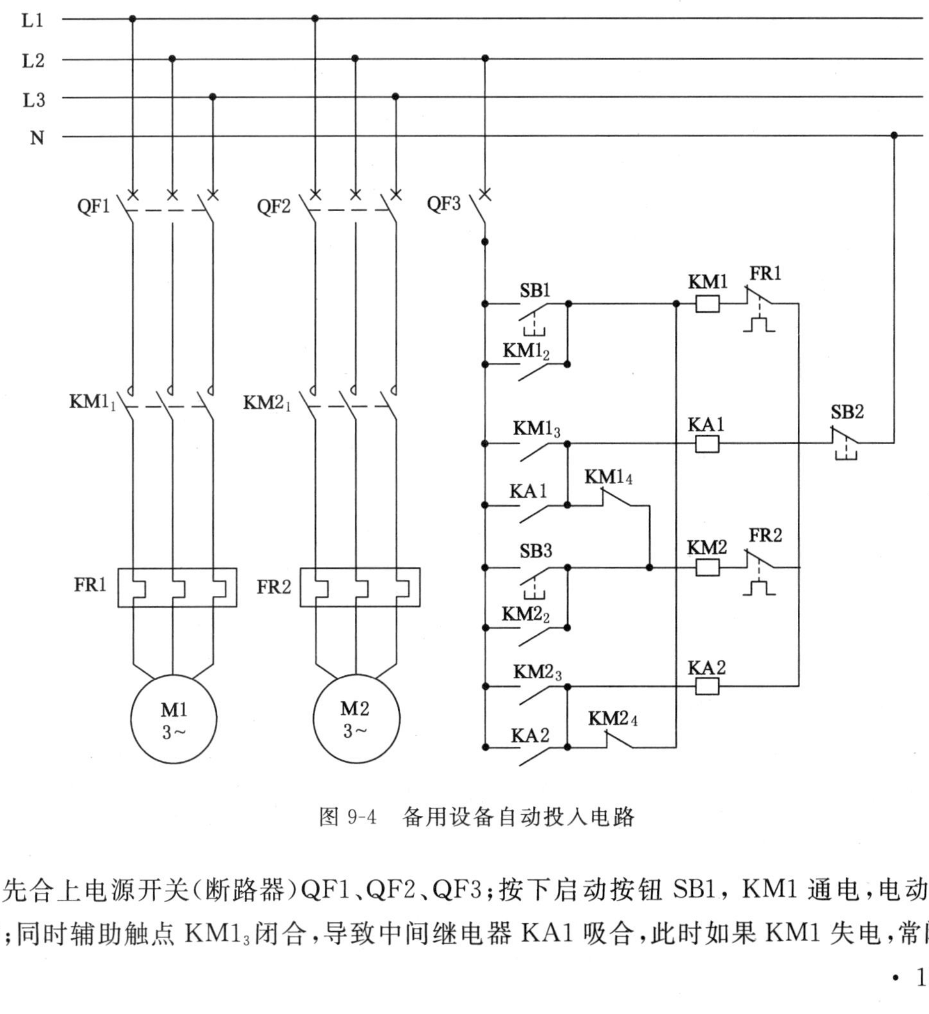

图 9-4　备用设备自动投入电路

先合上电源开关(断路器)QF1、QF2、QF3；按下启动按钮 SB1，KM1 通电，电动机 M1 运行；同时辅助触点 $KM1_3$ 闭合，导致中间继电器 KA1 吸合，此时如果 KM1 失电，常闭触点

$KM1_4$闭合，通过闭合的 KA1 即会使 KM2 线圈得电，电动机 M2 自动启动运行。同理，如果按下 SB3，先接通 KM2（启动电动机 M2），则将使中间继电器 KA2 吸合，此时如果 KM2 失电，常闭触点 $KM2_4$闭合，通过闭合的 KA2 即会使 KM1 线圈得电，电动机 M1 自动启动运行。直至按下停车按钮 SB3，各继电器和接触器全部失电，系统重新处于备用状态。

不难分析，该电路也允许两台电动机同时处于运行状态。

第三节　选煤厂启停车信号与信号电路

选煤厂集控系统通常应设有预告信号、事故报警信号及运转显示信号。预告信号是由集控室在系统开车前向各信号站发出的一种音响和灯光信号，以通知各岗位操作工回到各自生产岗位以及靠近机器的人员远离即将开车的机器以避免发生人身伤亡事故。事故报警信号是系统发生某种故障时的音响和灯光信号。运转显示信号则是以灯光表示设备的工作状态（运转或停止）。传统的信号系统通过选煤厂集控系统生成和传送，也有一些选煤厂另外单独设置语音通信（广播）系统。

一、预告信号电路

选煤厂集控采用的预告信号分为回答制和禁起制两种形式。

所谓回答制预告方式，是指系统开车前由集控室向各信号站发出约半分钟左右的音响及灯光信号，各岗位操作工听到预告信号后，检查本岗位无故障，发出回答信号同意开车。集控系统在规定的时间内得到全部预定岗位的回答后，自动进入顺序延时启动程序。若某岗位发现故障，或岗位司机脱岗，在规定的时间内无人回答，则在预告时间到后自动撤除预告信号。

如图 9-5 所示，预告按钮 YQA 按下，则预告继电器 YJ 得电并自保；预告延时继电器 KT-Y 得电，开始计时；接通信号站的灯光及电铃电路，各操作岗位及集控室均发出灯亮及铃响的预告信号。

预告信号发出的过程中，岗位司机按动回答按钮，如 1 号岗位按下 HA1，对应本岗位的回答继电器 HJ1 得电自保；HJ1 常闭触点断开，解除本岗位声光报警。当岗位司机在预告期间发现新故障时，允许通过停止回答按钮如 HTA1，重新解除本岗位的“同意”回答，并继续回到预告状态。

当所有岗位回答继电器均得电动作时，触发总回答继电器 HJ 得电动作。当同时满足所有岗位回答继电器均得电动作（HJ 闭合）和计时时间到（KT-Y 闭合）时，选煤流程中的最后一台设备，如入仓精煤胶带 805# 开始启动。同时，整个预警电路失电终止。

所谓禁起制预告方式，是指系统开车前由集控室向各信号站发出约半分钟的音响及灯光信号，各岗位操作工听到预告信号后，无特殊情况则做好开车准备。若系统某部位在检修，检修任务在短时间内难以完成，不准开车，则检修人员可到附近操作岗位向集控室发出禁起信号以撤除预告信号，达到禁止停车的目的。如无禁起信号，则在预告时间到后自动进入设备启动程序，并撤除预告信号。

二、事故报警信号电路

事故报警信号电路是指在现场发现故障时，产生声、光报警信号的电路。故障信号

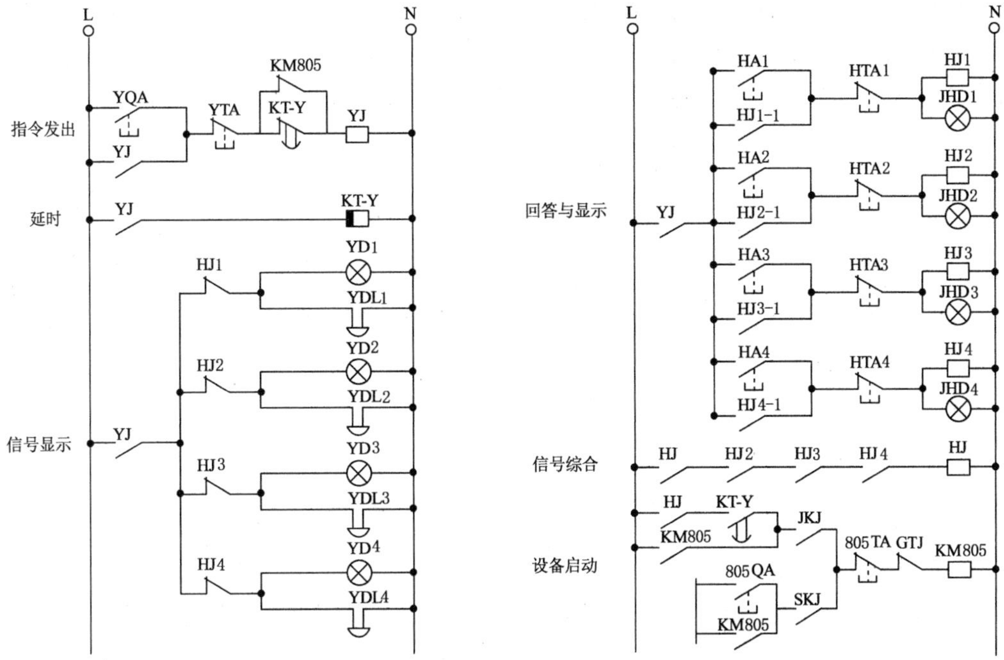

图 9-5　预告信号电路

通常采用旋钮开关，以便复位；故障信号一般在多岗位设置警笛，集控室设指示灯以确认位置。

当岗位司机在生产过程中发现故障时，可以采取报警和/或就地停车两种方式处理。图 9-6 中，通过 GJCA1、GJCA2 等接通故障信号灯及警笛电路，从而发出故障报警信号（警笛响、灯亮）。故障未消除则一直鸣响直至故障消除。故障继电器电路中设置了旋钮开关 GJAC，以便在故障排除后，旋转到断开位停止报警状态。

为避免事故处理过程中故障警报器长时间鸣响，在集控室设置有静音旋钮 JYA。

三、设备状态显示电路

设备状态显示灯在设备运行时亮，表示该设备正在运行。模拟屏上表示设备启停状态的指示灯，通常由控制该台电动机启停的接触器辅助常开触点控制。当接触器得电闭合，设备运行时，其辅助常开触点也闭合，指示灯闪亮；反之，随着接触器失电断开，电动机停止，指示灯也熄灭。

图 9-7 中，KM301 是控制 301# 设备（如水洗系统入料胶带）主电机的接触器；YD301 则是

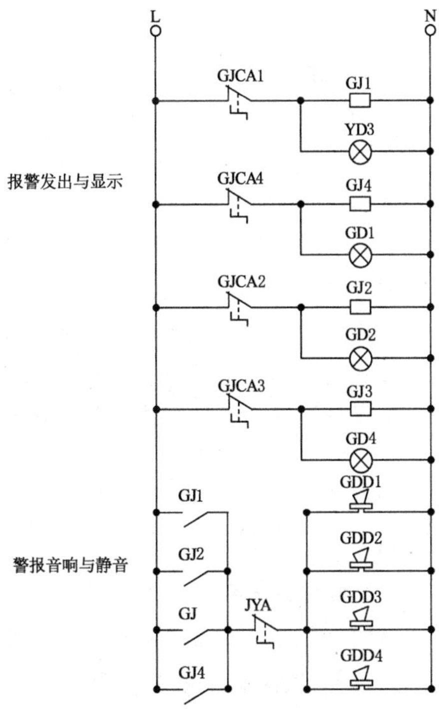

图 9-6　事故报警信号运行状态显示电路

$301^{\#}$设备运行状态显示灯。显示灯的亮灭与控制设备启停的接触器关联，因此，指示灯的亮灭状态就代表了相应设备的启停。

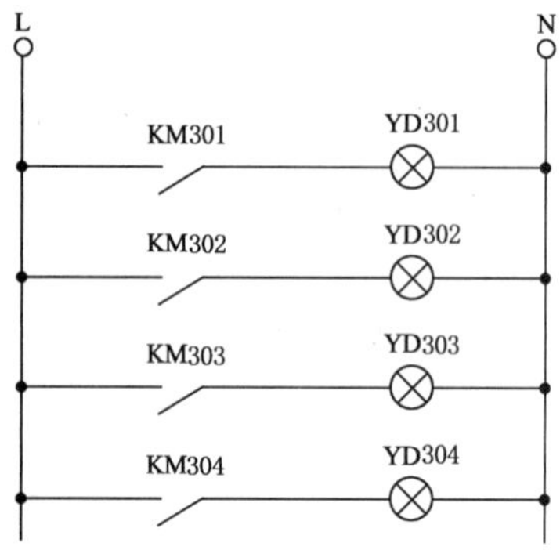

图 9-7 设备运行状态显示电路

第四节 选煤厂继电器逻辑控制回路

一、选煤厂控制方式

连续生产系统通常采用以下 4 种工作方式。

① 集控联锁工作方式；

② 集控(遥控)解锁工作方式；

③ 就地联锁工作方式；

④ 就地解锁工作方式。

集控方式通过电路或计算机程序实现延时启/停车，就地方式由人工控制延时间隔。联锁方式是指将生产系统中相关联的设备，如运输系统的先后转运胶带，相互关联起来，当后续设备因故停车时，其来料设备自动停车，以防因物料堆积而发生事故；解锁方式是指解除设备之间的联锁关系，以便可以启/停任意一台或多台设备。

集控联锁工作方式通常用作正常生产运行，而就地解锁工作方式通常用作处理临时故障和维检修时进行单机试运转。在目前选煤厂设计中，常将集控联锁工作方式和就地解锁工作方式作为两种基本控制方式，并能在不同控制方式之间方便地进行转换。

选煤厂不同的工作方式通常采用控制方式选择旋钮及控制方式继电器电路来实现。控制方式继电器通常设有集控电器 JKJ 和手动就地控制继电器 SKJ。它们的动作与否由转换开关进行控制，其触头接在接触器和时间继电器电路(图 9-8)，以形成不同控制方式下的控制电路。

二、延时启车电路

以图 9-8 所示 4 台顺序转运的胶带运输机为例。延时启车电路就是要保证逆煤流顺序启车过程中，依次避开相邻启动电机的启动电流。图中 KM1、KM2、KM3、KM4 分别为控制 $1^{\#}$、$2^{\#}$、$3^{\#}$、$4^{\#}$胶带启停的接触器的辅助触头。

在集控条件下，图中集控继电器 JKJ 的常开触点闭合。当工作状态旋钮切换至联锁启动

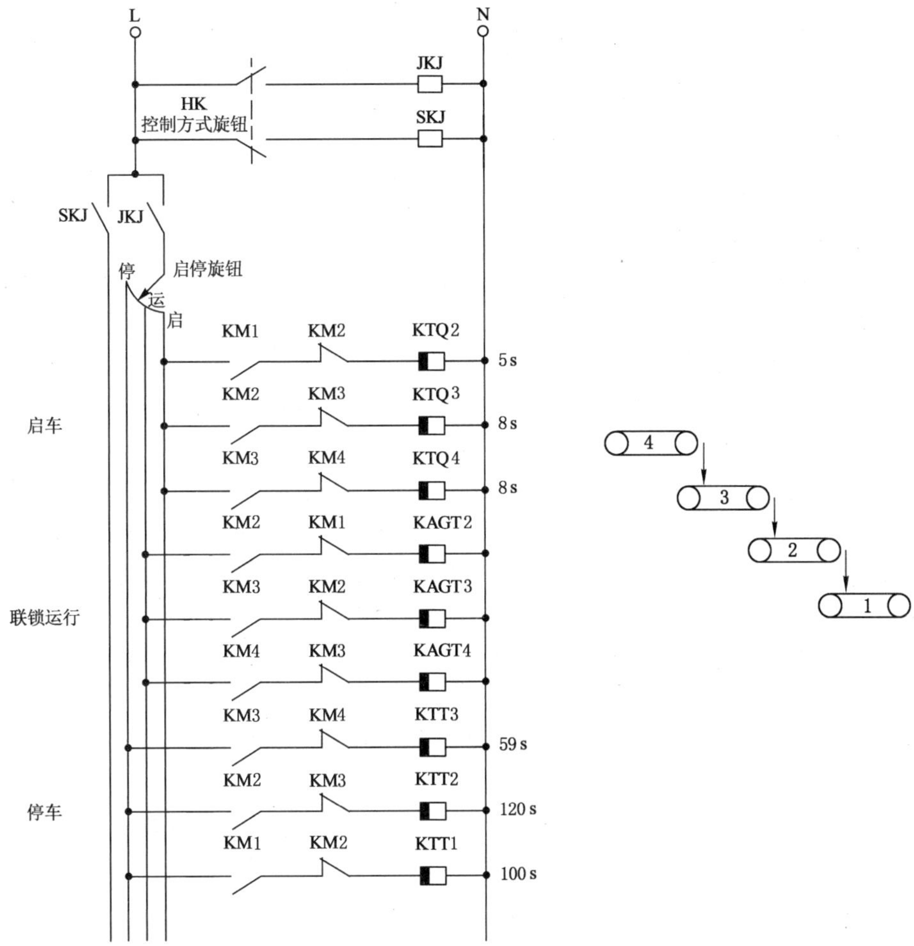

图 9-8　继电器逻辑控制电路

状态，如果此时排在流程最后的胶带启动(通常由预告信号电路最后触发)，KM1 闭合，由于 2# 胶带未运行(KM2 闭合)，KTQ2 时间继电器得电开始计时，经设定好的延时(例如 5 s)，其位于接触器电路的延时闭合触头 KTQ2 闭合(见接触器电路)，使 2# 胶带启车；同时位于时间继电器 KTQ2 线圈电路上的常闭触点 KM2 断开，KTQ2 失电复位。这时接触器电路中 KTQ2 又断开，但因 $KM2_2$ 常开触头已起自保作用，不会导致停车。

2# 胶带启动后，KM2 闭合，KTQ3 时间继电器开始计时，并最终启动 3# 胶带；然后是 KTQ4 时间继电器开始计时并启动 4# 胶带，以此类推。

三、联锁运行逻辑电路

当选煤厂全部设备都顺序启动后，工作状态旋钮切换至中间的联锁运行状态。按照联锁关系的要求，当流程中某一设备因故停车时，其来料方向的设备也要依次停车以防物料堆积造成事故。

此时，联锁运行逻辑电路中，所有常开触点处于闭合状态，所有常闭触点处于断开状态，故障继电器 KADT2、KAGT3、KAGT4 都处于失电状态。

假设图中 2# 胶带在系统运行过程中发生故障停车，处于断开状态的常闭触点 KM2 恢复到闭合状态，故障继电器 KAGT3 得电，在接触器电路中与停止按钮串联的 KAGT3 常闭触点断开，3# 胶带自动停止。此后，图 9-8 联锁运行回路中因 KM3 恢复到闭合状态，故障继电器 KGT4 得电，引起 4# 胶带自动停止。由此，使位于故障停车设备来料方向的所有设备相继联锁自动停车。

四、延时停车电路

延时停车电路与联锁运行电路相似。工作状态旋钮切换至联锁停车状态，并停止全流程第一台设备时，延时停车电路同样通过停车继电器串联在接触器电路上的常闭触点，相继断开接触器线圈电路，实现顺煤流依次停车。所不同的是，由于采用了时间继电器作为停车继电器，可以为每台设备停止后到下一台设备停止之间设定必要的间隔时间。

图 9-8 停车逻辑电路中，在设备全部处于运行状态下，所有常开触点处于闭合状态，常闭触点处于断开状态，延时停车继电器线圈均断电。

在流程第一台设备，如图中 4# 胶带停止后，KM4 失电闭合，停车时间继电器 KTT3 得电开始计时，等待 3# 胶带上物料全部运送完毕，位于接触器电路上的时间继电器触点 KTT3 延时断开，实现 3# 胶带的延时停车。同理，3# 胶带停车后，图 9-8 中，联锁停车线路中 KM3 失电闭合，激发 KTT2 得电计时，并实现 2# 胶带延时停车；然后是 KM2 失电闭合，激发 KTT1 得电计时，并实现 1# 胶带延时停车。

第五节　选煤厂接触器电路

接触器电路是最终控制电动机启停的电路。根据集中控制的基本要求，接触器电路应满足下列功能：

① 集控方式时，应主要由集控继电器逻辑电路，按程序决定接触器的开合；但就地停止按钮应有效，以便紧急情况下就地停车。

② 就地方式时，应由设备附近的开关决定该设备的启停，不得自动启车。

③ 有紧急信号时，应能实现全部设备(同时)立即停车。

如图 9-9 所示，在就地方式下，接触器电路通过 SKJ 供电。通过手动启动按钮 KBQ2 等可以直接接通接触器电路，启动单台设备，在启动按钮处并联一个自保触点，在接触器线圈串联停止按钮，构成典型的单机控制回路。

在集控方式下，接触器电路通过 JKJ 供电。以延时启动时间继电器的延时闭合的常开触点，如 KTQ2 替代人工启动按钮，实现自动启动；在接触器线圈电路中再串联一个延时停车时间继电器的延时断开的常闭触点，如图中的 KTT2，实现自动延时停车。此时，由于停车按钮仍串联在接触器线圈电路中，故就地停车仍然有效。

串联在接触器线圈上的故障继电器触点 KAGT2、KAGT3 等用于联锁停车。

选煤厂遇到紧急情况不能就地停止设备解决的报送到集控室，操作工可通过按下紧急停车按钮 KBJT1 和 KBJT2，给出急停信号(图 9-10)，使急停车继电器 KAJT 得电动作。于是串在各接触器 KM 线圈电路中的 KAJT 常闭触头全部断开，全线急停。为防止生产中出现按下紧急停车按钮导致全厂意外停车，紧急停车按钮可设置成两个按钮串联，当且仅当两个按钮同时按下时，才执行全厂紧急停车。

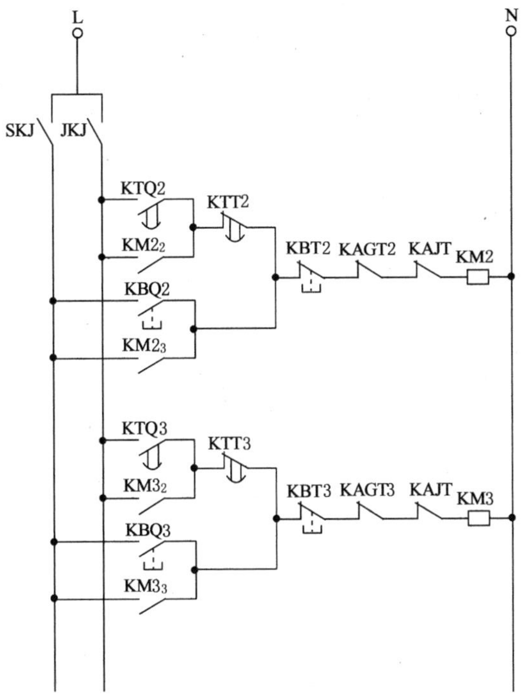

图 9-9　接触器电路

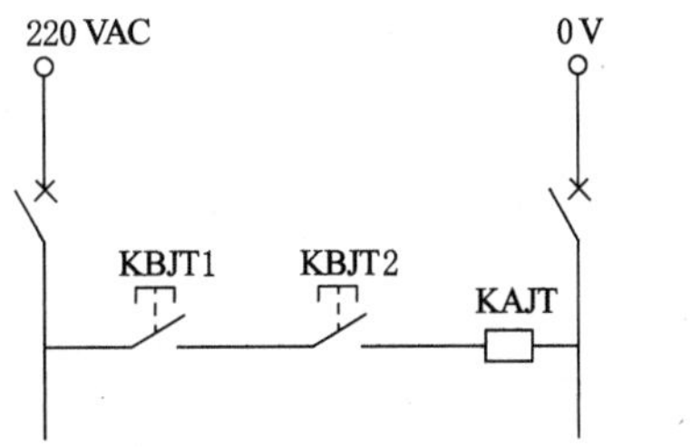

图 9-10　紧急停车电路

复习思考题

一、填空题

1. 接触器-继电器集中控制是指______________________________的集中控制系统。

2. 选煤厂集中控制系统一般由_________、_________、_________等 3 部分电路组成。

3. 选煤生产系统通常采用_________、_________、_________、_________等 4 种控制方式。

4. 选煤厂信号电路主要包括_________、_________、_________等 3 种信号。

二、问答题

1. 试简述选煤厂集中控制的目的和意义。

2. 试简述选煤厂集中控制的基本要求。

三、作图题

1. 试画出选煤厂集中控制系统无干扰切换的电气原理图，并说明其工作过程。

2. 选煤厂常用离心机包括一台主电机和一台油泵电机，要求启动时先启动油泵电机，5 s 后启动主电机；停机时先停主电机，30 s 后再停油泵电机。试画出其电气控制原理图，并说明其工作过程。

3. 试画出两台胶带运输机按选煤厂运输工艺要求串联工作的电气原理图，并说明其工作过程。

第十章　选煤厂计算机集中控制

第一节　计算机硬件基础

以美籍匈牙利数学家约翰·冯·诺依曼(1903—1957)为首的研制小组提出的“存储程序控制”的计算机结构，奠定了现代计算机的体系结构。其主要内容包括：计算机硬件由运算器、控制器、存储器、输入设备和输出设备五大基本部件组成；计算机内部采用二进制来表示指令和数据；计算机将编好的程序和原始数据事先存入存储器中，然后再执行程序。计算机硬件结构如图 10-1 所示。

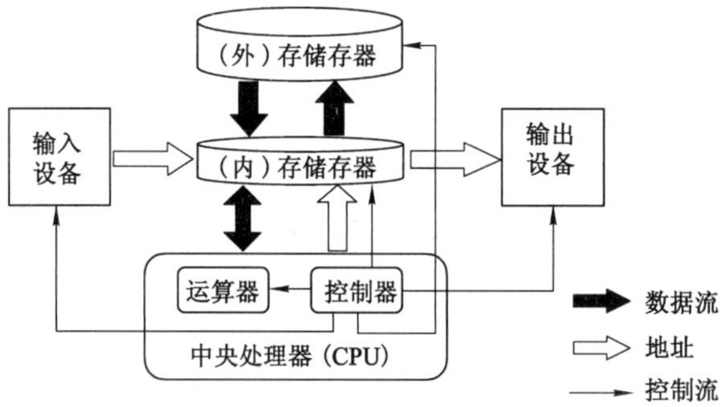

图 10-1　计算机硬件结构

一、计算机的基本物理架构

计算机的内部设备构成计算机主机。计算机主机通常由电源、CPU、存储器、主板、I/O 接口等几部分组成。

计算机的存储器包括内部存储器和外部存储器两部分。内部存储器包括存储芯片组工作程序的只读存储器(Read Only Memory，ROM)、存储主板组态程序的可擦除只读存储器(Erase-Possible Read Only Memory，EPROM)以及存储用户程序及运行参数的随机存储器(Random Access Memory，RAM)。外部存储器用于永久存储用户程序和数据，如硬盘。

主板是计算机中各个部件工作的一个平台。计算机通过总线将其内设和外设连接起来，并在相互间传递信息。一条总线可能连接多个功能部件或外部设备。当两个部件或设备同时请求向总线发送信息时，总线按照预定的优先级将使用权交给其中的一个，未选中的外设则将其 I/O 电路与数据总线隔离，也即令这些电路对总线呈现高阻悬空状态，以免发生冲突。这一功能通常由挂接在总线上的“总线控制器”或“总线主控器”来完成。与 CPU 相似，总线也有自己的主频，称为总线频率。主频越高，数据在总线上的传输速率也越高。

计算机通过 I/O 接口与外部设备连接。计算机通过一些专用 I/O 接口与常见的外部设施进行连接，如，通过声卡连接音箱，通过显卡连接显示器，而调制解调器将计算机上处理的数字信号转换成电话线传输的模拟信号；网卡的作用是充当计算机与网线之间的桥梁，它是用来建立局域网的重要设备之一。此外，还有磁盘驱动器、光盘驱动器、USB 接口等。计算机正是通过 I/O 接口与被控设备连接的。

计算机外部输入输出设备也称为计算机外部设备，简称外设，是用户与计算机之间进行信息交流的主要设备。输入设备用来向计算机内部输入信息，输出设备用来将计算机运行结果转化为用户或其他设备能够识别的形式。普通家用、商用计算机的输入设备包括字符输入设备（键盘、光笔）、图形输入设备（鼠标器、操纵杆、条形码阅读器）、图像输入设备（数码相机、扫描仪）、语音输入设备（语言模数转换识别系统）等 4 类。常见的输出设备有显示器、打印机、绘图仪和语音输出系统等。

二、工业控制计算机的特点与分类

广义的工业控制计算机简称工控机，是一种采用总线结构，对生产过程及机电设备、工艺装备进行检测与控制的工具总称。从处理对象的数量来分，工控机可以由单个主机为核心，构成对数个至数十个参数的简单控制系统，也可以将每个工控机的机器 I/O 组件作为工作站，通过适宜的网络构建成具有大范围、全因素的复杂控制系统（图 10-2）。

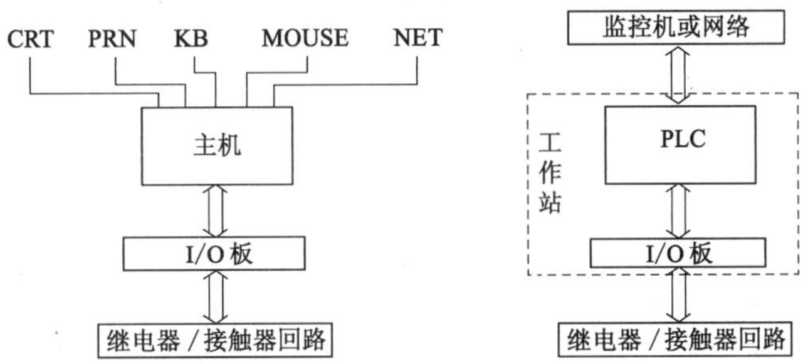

图 10-2　工控机系统硬件结构

1. 工控机的特点

与普通商用或家用计算机相比，工控机具有以下特点：

① 可靠性强，抗干扰能力强。工控机通常用于控制连续的生产过程，工控机发生任何故障都将对生产过程产生严重后果。因此要求工控机具有很高的可靠性，即具有抗电磁干扰能力的机箱；配有高度可靠的工业电源，有过压、过流保护；设有“看门狗”定时器，在因故障死机时，无须人的干预而自动复位，具有自诊断功能。

② 控制的实时性好。工控机对生产过程进行实时控制和监测，要求它必须实时地响应控制对象各种参数的变化，当发生异常时能及时处理和报警。因此需要配有实时操作系统和中断系统。

③ 环境适应性强。工控机一般来说都安装在控制现场，所处的环境往往比较恶劣。这就要求工控机具有防尘、防潮、防腐蚀、耐高温以及抗振动等性能。工控机采用模块化设计技术，CPU 及各功能模块皆使用插板式结构，并带有压杆软锁定，提高了抗冲击、抗振动性能。

④ 输入和输出通道配套好，与用户设备连接方便。工控机要具有丰富的输入和输出通道配套模块，如开关量、模拟量、脉冲量、频率量等输入和输出模块，可视需要选配 I/O 模块。

⑤ 系统的扩充性好。随着工厂自动化水平的提高,控制规模不断地扩大,要求工控机具有灵活的扩充性。可配置实时操作系统,便于多任务的调度和运行。

⑥ 具有丰富的控制软件功能包。工控软件包要具备人机交互方便、画面丰富、实时性好等性能。常见工控软件包有系统组态和系统生成软件包、实时和历史的趋势记录与显示软件包、实时报警及事故追忆软件包、控制算法软件包等。

⑦ 系统通信功能强。有了强有力的通信功能,工控机便可以构成更大的控制系统,所以要求工控机具有串行通信和网络通信功能。

目前,工业上应用的控制计算机主要有可编程序逻辑控制器(Programmable Logic Controller,PLC)、数控计算机(Computer Numerical Control,CNC)和工控机(Industrial Personal Computer,IPC)等 3 种形式(图 10-3)。

(a) PLC　　(b) CNC　　(c) IPC

图 10-3　3 种典型的工控机

2. 工控机的分类

(1) 可编程序逻辑控制器

早期的可编程序控制器主要用于代替继电器实现逻辑控制,因此取名"可编程序逻辑控制器"。随着微电子技术和计算机技术的迅猛发展,可编程序控制器更多地采用了微处理器技术,不仅用程序取代了硬件接线逻辑电路,而且增加了数据运算、传送和处理功能,工业控制的能力已经大大超过了逻辑控制的范围,因此,今天这种装置称作可编程控制器(Programmable Controller),简称 PC。但是为了避免与个人计算机(Personal Computer)的简称混淆,所以仍简称 PLC。

如前所述,继电器-接触器控制系统,又称为有触点式控制系统,是通过电器元器件的关联动作和固定接线来实现控制逻辑、完成控制任务的,如图 10-4 所示。

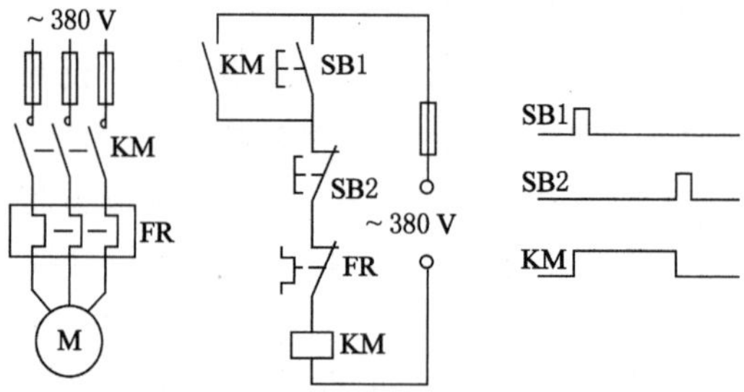

图 10-4　电接触器控制示例

与此相对应,在 PLC 控制系统中,用户根据控制要求编制出相应的控制程序,并写入 PLC 的程序存储器中。系统运行时,PLC 将程序执行结果输出给相应的输出设备,控制被控对象工作，这种控制也称为存储程序控制，如图 10-5 所示。

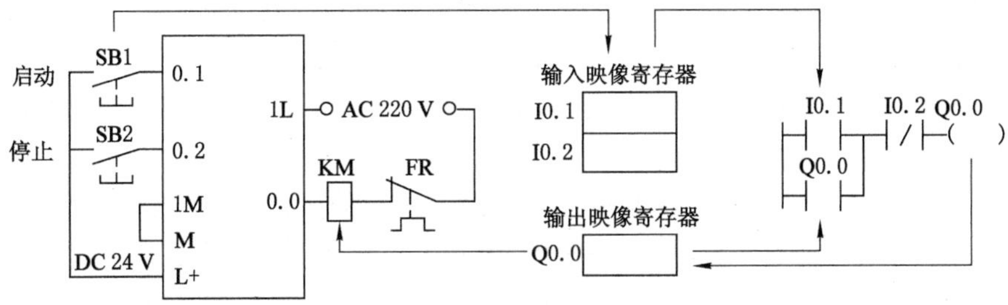

图 10-5 存储程序控制示例

PLC 最主要的工作方式是循环扫描(周期扫描)。扫描工作一般分为：读输入、执行程序、处理通信请求、自诊断检查和写输出等过程，CPU 反复不停地分阶段处理上述各种不同的任务，这种周而复始的循环工作方式称为循环扫描。

执行用户程序只是扫描周期的一个组成部分，用户程序不运行时，PLC 也在扫描，只不过在一个周期中去除了执行用户程序和读输入、写输出的内容。

PLC 在运行工作状态，执行如上所述的一次扫描操作所需的时间称为扫描周期，其典型值为 1～100 ms。扫描周期与用户程序的长短、指令的种类和 CPU 的运算速度有很大的关系。用户程序较长时，指令执行的时间在扫描周期中占相当大的比例。

与传统的继电器-接触器控制方式相比，PLC 控制具有以下特点。

① 控制逻辑：继电器回路的控制逻辑采用硬接线逻辑，利用继电器机械触点的串联或并联及延时继电器的滞后动作等组合成控制逻辑，其连线多而复杂，体积大，功耗大，一旦系统构成后，想再改变或增加功能都很困难。另外继电器触点数目有限，每只一般只有 4～8 对触点，因此灵活性和扩展性都很差。而 PLC 采用存储逻辑，其控制逻辑以程序方式存储在内存中，要改变控制逻辑，只需改变程序，故称为“软接线”，其连线少，体积小，加之 PLC 中每只软继电器的触点数理论上无限制，因此灵活性和扩展性都很好。PLC 由中大规模集成电路组成，功耗小。

② 工作方式：当电流接通时，继电器控制线路中各继电器都处于受约状态，即该吸合的都应吸合，不该吸合的都因受某种条件限制不能吸合。而 PLC 的控制逻辑中，各继电器仅为相应的逻辑关系，不存在实际的吸合或断开状态。

③ 控制速度：继电器控制逻辑依靠触点的机械动作实现控制，工作频率低。触点的开闭动作一般在几十毫秒数量级。另外机械触点还会出现抖动问题。而 PLC 是由程序指令控制半导体电路来实现控制的，速度极快，一般一条用户指令的执行时间在微秒数量级。PLC 内部还有严格的同步，不会出现抖动问题。

④ 限时控制：继电器控制逻辑利用时间继电器的滞后动作进行限时控制。时间继电器一般定时精度不高，且易受环境湿度和温度变化的影响，调整时间困难。另外，时间继电器结构相对复杂，故障率较高而且不便维护。而 PLC 使用半导体集成电路作定时器，时基脉冲由晶体振荡器产生，精度相当高。用户可根据需要在程序中设定定时值，然后由软件和硬件来触发计数器开始或停止定时，定时范围可长达若干分钟甚至更长，定时精度小于 10 ms。

⑤ 计数控制:PLC 能实现计数功能,而继电器控制逻辑一般不具备计数控制功能。

⑥ 设计与施工:使用继电器回路完成一项逻辑控制工程,其设计、施工、调试必须依次进行,周期长,而且修改困难。工程越大,这一点就越突出。而用 PLC 完成一项控制工程,在系统设计完成以后,现场施工和控制逻辑的设计(包括梯形图和程序设计)可以同时进行,周期短,且调试和修改都很方便。

⑦ 可靠性和可维护性:继电器控制逻辑使用了大量的机械触点,连线也多。触点开闭时会受到电弧的损坏,并有机械磨损,寿命短,因此可靠性和可维护性差。而 PLC 采用微电子技术,大量的开关动作由无触点的半导体电路来完成,它体积小、寿命长、可靠性高。PLC 还配备有自检和监督功能,能检查出自身的故障,并随时显示给操作人员,还能动态地监视控制程序的执行情况,为现场调试和维护提供了方便。

⑧ 价格:继电器控制逻辑使用机械开关、继电器和接触器,价格比较便宜。而 PLC 使用中大规模集成电路,早期价格一度比较昂贵。随着芯片生产技术的飞速发展,PLC 的制造成本正快速降低,两者之间的价差已经不是十分明显。

总之,可编程序逻辑控制器具有体积小、组装维护方便、编程简单、可靠性高、抗干扰能力强等特点。目前,在世界上许多先进的工业国家,可编程序逻辑控制器已成为工业控制的标准设备,它的应用几乎涉及了所有的行业,并向微型化、网络化和开放性方向发展。

(2) 计算机数控系统

数控系统是围绕某种设备或系统特定的控制需要,基于微处理器或专用芯片开发的专用控制系统。计算机数控系统由事先存放在存储器里的系统程序(软件)来实现控制逻辑,实现部分或全部数控功能,并通过接口与外围设备进行连接。早期的跳汰机单机控制系统、数控车床等都采用的是计算机数控系统。

随着智能化设备开发的需要,数控计算机的功能越来越强大,系统也越来越复杂。数控计算机配以适当的通信接口与网络相连已经成为当前选煤厂智能化的重要发展方向。

(3) 工控机

工控机是基于 PC 总线的工业计算机。其主要的组成部分为工业机箱、无源底板及可插入其上的各种板卡(如 CPU 卡、内存、I/O 卡等),并有操作系统、网络协议、友好的人机界面,具有明显的个人计算机特征,也称增强型个人计算机。通常采用全钢机壳、机卡压条过滤网,双正压风扇等设计及电磁兼容性(Electromagnetic Compatibility,EMC)技术以解决工业现场的电磁干扰、振动、灰尘、高/低温等问题。IPC 具有较高的可靠性、实时性、扩充性、兼容性等特点。

IPC 因其强大的计算功能,常用于选煤厂过程参数(模拟量)优化控制,如介质密度自动控制系统就常采用 IPC 作为主机,独立于集控系统运行。安装了组态软件的 IPC 目前主要用于工控网络的上位机。

三、工业控制计算机系统

一个独立的计算机工作站就如同一台独立的家用计算机,可以通过网线和服务器构成计算机网络。如同其他计算机局域网一样,通过计算机控制网络同样可以进行数据的传输和远程操作。各工作站的历史数据也可以通过网络按需要进行储存和显示打印。

目前,选煤厂计算机控制系统主要有 3 种网络架构:现场总线控制系统(Fieldbus Control System,FCS)、集散式控制系统(Distributed Control System,DCS)和计算机监督控制系统(Supervisory Computer Control System,SCCS)。

1. 现场总线控制系统

现场总线控制系统的结构模式为“工作站-现场总线智能仪表”二级结构模式,将控制模块、各种输入输出模块置入测控现场,充分利用现场总线设备所具有的数字通信能力,进行信号传输,使安装于现场的测量变送器直接与阀门等执行机构可以脱离位于控制室内的主计算机而工作,直接在现场完成测量与控制信号的传递,实现系统的分散控制。工业上使用的典型现场总线有:FF,Profibus,LONworks,CAN,HART,CC-LINK 等。现场总线控制系统结构框图如图 10-6 所示。

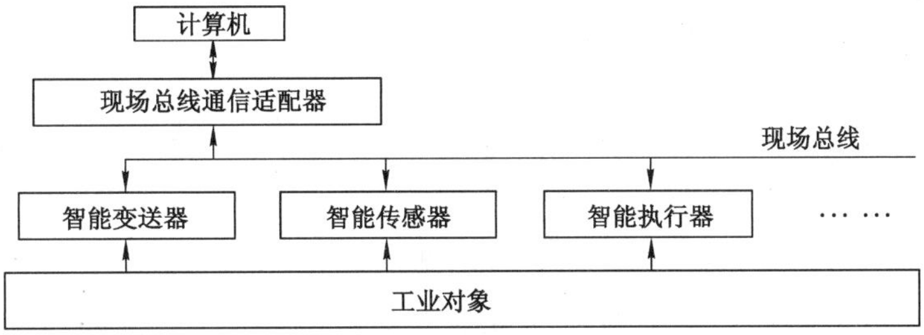

图 10-6　现场总线控制系统结构框图

现场总线控制系统具有以下特点:

① 全数字化。无论是与现场底层的传感器、执行器、控制器之间的信号传输,还是与上层工作站之间的信息交换,系统全部采用数字信号。

② 开放性。开放是指系统对某种标准的一致、公开和对该标准的共同遵守程度。现场总线是开放的,从总线的标准、产品检验到信息发布都是公开的,面向所有的产品制造商和用户。因此,它可以和任何厂商生产的同一标准的系统、设备相连,进行信号传递和通信,用户可以共享网络资源。

③ 智能化。由于现场总线设备具有内置高性能的微处理器,因此它具有测量、变送、信号调理、运算、控制、通信等功能,是一种底层智能设备,可完成自动控制系统的各种功能,且具有逻辑判断能力。

④ 互操作性。不同厂商生产的设备,只要其遵守的是一个协议标准,就可以相互操作,方便了用户。

⑤ 风险分散性。减轻了主计算机的负担和风险,现场单元具有更高的智能特性,因此,简化了结构,提高了可靠性。

⑥ 环境适应性强。工作在生产现场前端,作为工厂网络底层的现场总线,是专为现场环境而设计的,可支持双绞线、同轴电缆、光缆、射频、红外线、电力线等传输介质,具有较强的抗干扰能力,能采用两线制实现供电与通信,可满足安全防暴要求等。

目前,有部分选煤厂采用现场总线控制系统进行全厂集中控制。

2. 集散式控制系统

集散式控制系统起源于 1975 年美国 Honeywell 研制的 TDC-2000 系统。集散式控制系统采用分散控制、集中操作、分级管理、分而自治、综合协调的设计原则,把系统从下到上分为分散过程控制级(Direct Digital Control,DDC)、计算机监督控制级(Supervisory

Computer Control,SCC)和综合信息管理级(Management Information System, MIS),形成分级分布式控制,其结构框图如图 10-7 所示。

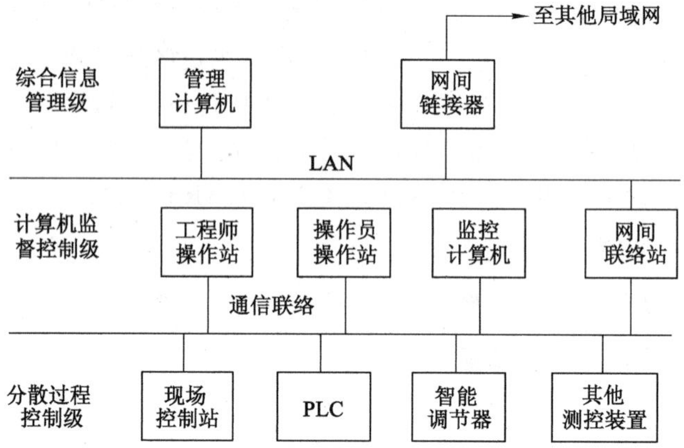

图 10-7　集散式控制系统结构框图

分散过程控制级是 DCS 的基础,用于直接控制生产过程。它由各工作站组成,每一工作站分别完成数据采集、顺序控制或某一被控制量的闭环控制等。分散过程控制级采集到的数据供监督控制级调用,各工作站接收监督控制级发送的信息,并以此工作。

计算机监督控制级的任务是对生产过程进行监控和操作。该级根据生产技术要求和通过分散过程控制级获得的生产过程的数据,对分散过程控制级进行最优控制。从计算机监督控制级能全面地反映各工作站的情况,提供充分的信息,因此本级的操作人员可以据此直接干预系统的运行。

综合信息管理级也称管理信息系统,它是整个系统的中枢,它根据监督控制级提供的信息及生产任务的要求,编制全面反映整个系统工作情况的报表,审核控制方案,选择数学模型,制定最优控制策略,并对下一级下达命令。

在选煤厂,DCS 的分散过程控制级通常按工艺车间或工艺环节分别设置相对独立的工作站,将系统控制任务分散给各个子系统独立完成。每个子系统分别以一台工作站为核心,包括必要的数据存储和传送接口(DIO)、过程参数(模拟量)输入/输出通道(包括 ADC 和 DAC)以及常用的应用程序。每个控制系统都独立完成受控的生产过程数据采集和实时控制任务。对于参数的单环控制而言,如跳汰机风包压力控制,工作站计算机一方面担当了控制器的功能,同时,将风压实时测量结果进行储存或上传。这种分散式的控制体系可以保证局部出现的故障不影响全局的运行,可使"危险分散"开来。而将操作、显示部分高度集中于监控级和管理级的计算机,使得操作人员实现集中监控和生产管理工作。

综上所述,集散式控制系统是指基于计算机网络,按实际功能进行梯阶控制和管理的复杂控制系统。集散式控制系统通常由以下几个部分组成。

① 现场控制站,控制层(底层):包括 CPU 卡(下位机)、I/O 卡、卡笼及机柜等,实现局部控制、数据采集与传送。

② 人机接口,管理层(中层):包括控制站通信卡、操作站(上位机)、工程师站、打印机站、历史服务器等,用于系统编程(组态)、状态监视、操作。

③ 通用计算机接口与通用计算机,工厂层(上层):包括文件服务器、网络服务器等,用

于系统管理、数据输出、打印等。

④ 继电器柜：用于执行下位机的指令，如设备启停等。

⑤ 系统电源柜：用于给整个 DCS 系统提供稳定的电源，通常采用双路冗余设置。

⑥ 数据总线：采用同轴电缆或双绞线，用于数据传输。

⑦ 数字交换机：用于联系上位机和下位机的枢纽。

总之，集散式控制系统采用分级梯阶结构，常分为过程控制级、优化控制级、自适应控制级和工厂管理级；广泛采用微机智能技术和网络通信技术，具备丰富的功能软件包和强有力的人机接口功能；通过提高硬件可靠性，采用冗余配置来实现整个系统的高可靠性。

集散式控制是当前选煤厂生产过程控制的主流形式。

3. 计算机监督控制系统

在计算机监督控制系统中，监督计算机（SCC 计算机）按照生产过程的数学模型及原始工艺信息，计算出最佳给定值送给模拟调节器或以直接数字控制方式工作的计算机（DDC 计算机），最后由模拟调节器或 DDC 计算机控制生产过程，从而使生产过程始终处于最优工况。

计算机监督控制系统有两种结构形式：一种是 SCC＋模拟调节器的控制系统；另一种是 SCC＋DDC 的控制系统。其原理框图如图 10-8 所示。

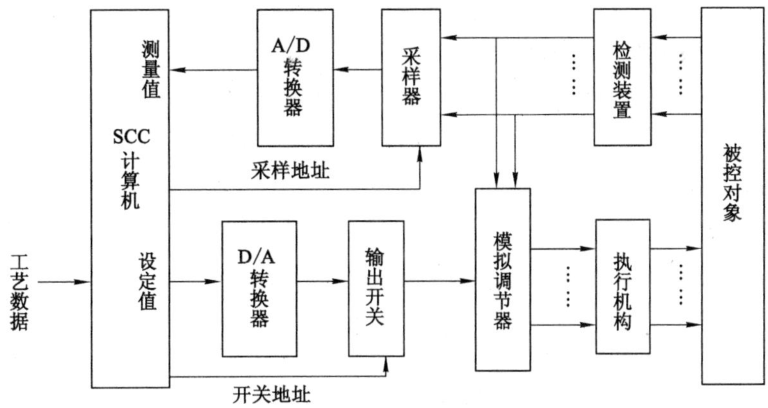

(a) SCC+模拟调节器的控制系统

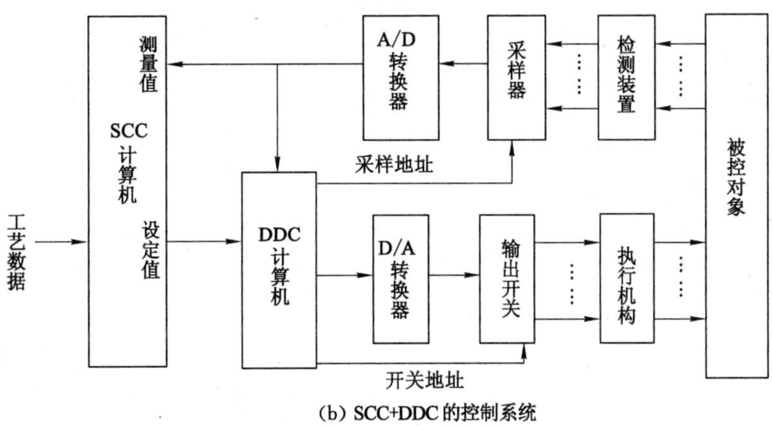

(b) SCC+DDC 的控制系统

图 10-8　计算机监督控制系统构架

(1) SCC+模拟调节器的控制系统

如图 10-8(a)所示。计算机系统对各个信号进行巡回检测,按给定的数学模型及工艺信息计算出最佳给定值并送给模拟调节器,由模拟调节器与检测值进行比较并输出结果,然后输出到执行机构进行控制调节。当 SCC 计算机出现故障时,可由模拟调节器独立完成操作。

(2) SCC+DDC 的控制系统

如图 10-8(b)所示。该系统实际上是一个两级控制系统。SCC 计算机可完成顶级的最优化分析和计算,并给出最佳控制值送给 DDC 级执行控制过程。两级计算机之间通过通信接口进行信息联系。当 DDC 级计算机发生故障时,SCC 级计算机可以完成 DDC 的控制功能,使系统可靠性得到了提高。

国内有少数选煤厂采用的计算机监督控制系统。

第二节　计算机输入/输出(I/O)组件

由计算机控制基本原理可知,在计算机中,所有数据均以高低电平(有电、无电)表示,所有数据存在位置都以地址表示,计算机通过指定地址(包括接口位置)对数据进行读、写和运算处理。

一、计算机 I/O 组件的主要功能

在计算机控制系统中,对被控设备节点进行地址编排和信息传递的中间环节称为输入/输出(Input/Output),简称 I/O 组件。I/O 组件具有以下功能。

1. 与外围设备连接

外围设备的每一个开关信号(数字量)或电流/电压值(模拟量)可以通过一个接点与计算机交换,这个接点称为 I/O 端子。根据通过信号的不同, I/O 端子分为 DIO 和 AIO 两类。

计算机的 I/O 组件通常做成数量不等的模块。在一个 I/O 模块中可以设置多个输入输出电路,即一个 I/O 上可以有多个端子:转换关系简单的 DIO 通常有 16 个或 25 个端子,而转换关系复杂的 AIO 通常有 4 个或 8 个端子。

2. 信号的隔离与转换

计算机与外设可以有不同的电位或电势基准,同时,为防止干扰信号或故障电压影响计算机运行,必须对进出计算机系统的信号进行隔离。同时,计算机只能处理数字信号,而外界设备则可能有模拟量和数字量两种信号,也需要经过转换才能相互识别。

计算机接口常用信号隔离方法有:继电器隔离、变压器隔离、光电管隔离等几种形式。

图 10-9 为典型的 DIO(无源开关量)信号光电隔离电气原理图。无源输入信号,如继电器或接触器的触点可以简化为一个开关量,当开关闭合时,直流输入回路导通,构成光电管的发光二极管发出光亮,照亮光电管的另一部分即光敏管,使光敏管导通,相当于使计算机端子与公共端(COM 端子)导通,输入为“1”;当开关断开时,直流输入电路断开,光电管没有输入电流,不发光,光敏管部分处于高阻抗阻塞状态,计算机输入为“0”。

与此类似,当计算机输出为 “1”时,通过光电管使直流输出回路导通,经直流放大带动

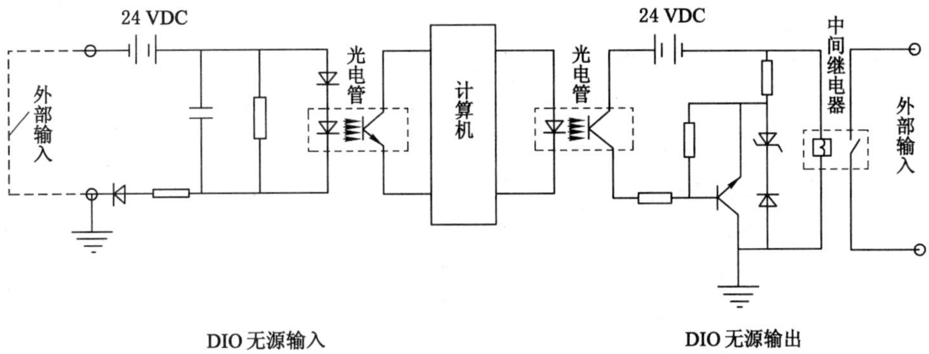

图 10-9　DIO 信号光电隔离电气原理图

干式继电器动作，使外部输出电路导通。

3. 与计算机连接

I/O 接口与计算机的连接称为 I/O 通道，将从被控制对象采集的参量变换成计算机所要求的数字量的形式，送入计算机。I/O 接口和 I/O 通道都是为实现主机和外围设备之间信息交换而设的器件，其功能都是保证主机和外围设备之间能方便、可靠、高效率交换信息。因此，接口和通道紧密相连，在电路上往往结合在一起(图 10-10)。

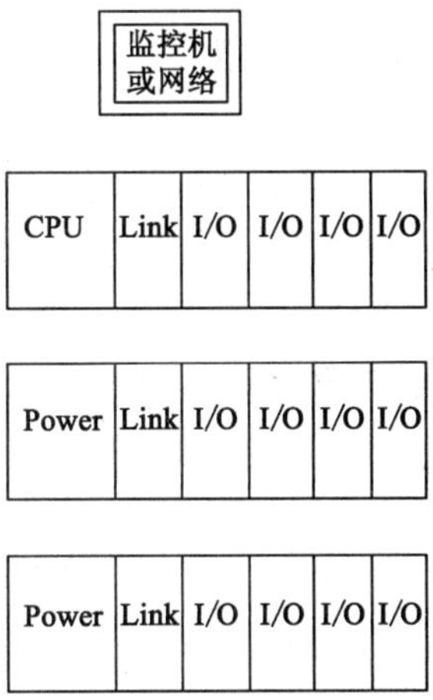

图 10-10　计算机与外接 I/O 通道的连接

二、计算机与外设的通信方式

计算机和外部交换信息又称为通信。按数据传送方式，计算机与外设的通信方式分为并行通信和串行通信两种基本方式。

1. 并行通信

并行通信就是把传送数据的 n 位数用 n 条传输线同时传送。其优点是传送速度快、信息率高，但缺点是用的通信线多、成本高，故不宜进行远距离通信。计算机或 PLC 各种内部总线就是以并行通信的方式传送数据的。过去，计算机与打印机通常也采用并行口 LPT1 连接。在 PLC 底板上，各种模块之间通过底板总线交换数据也以并行通信的方式进行。

2. 串行通信

串行通信是指使用一条数据线，将数据一位一位地依次传输，每一位数据占据一个固定的时间长度。串行通信只需要少数几条线就可以在系统间交换信息，特别适用于计算机与计算机、计算机与外设之间的远距离通信。接鼠标、外置 Modem 等设备就是通过串行口 COM1、COM2 与计算机连接的。串行通信依据所需线的根数和数据排列方式又分为：全双工方式（除公共地线外，有两根数据传输线，串行接口可以同时输入和输出数据，计算机可同时发送和接收数据）、半双工方式（除公共地线外，只有一根数据传输线，某一时刻数据只能一个方向传送）、同步通信（将许多字符组成一个信息组，通常称为信息帧）、异步通信（数据以字符或者字节为单位组成字符帧传送。字符帧由发送端逐帧发送，通过传输线被接收设备逐帧接收。发送端和接收端可以由各自的时钟来控制数据的发送和接收，这两个时钟源彼此独立，互不同步）。个人电脑（Personal Computer，PC）中的 RS232 接口就是采用的异步串行通信。

在计算机通信过程中，需要对数据格式、同步方式、传送速度、传送步骤、检纠错方式以及控制字符定义等问题做出统一规定，这种规范就被称为通信协议。目前，选煤厂计算机系统常用的通信协议有 TCP/IP 协议、MODBUS PLUS 协议、以太网协议、RS-232 协议和 RS-485 协议。

TCP 协议（Transmission Control Protocol），中文翻译为“传输控制协议”包括上百个各种功能的具体协议内容，是目前最广泛使用的互联网协议，通常用于选煤厂管理网络及与外部网络的互联。

MODBUS PLUS 协议是一种异步半双工通信的对等网络协议，物理接口是 RS485。该协议提供了 3 种连接：人机接口计算机、现场 PLC 控制器和现场变频器等智能化设备。不附加其他设备时，最大支持 32 个接点，支持双绞线 1 800 m 或光纤 3 km 传输，主要应用于工业实时控制网络。与此相关的还有 PROFIBUS（PROcess FIeld BUS）现场总线标准，由德国西门子公司等 14 家公司及 5 个研究机构从 1987 年开始推广应用。

以太网（Ethernet）是使用最广泛的局域网技术，具有系统简单、成本低、可扩展性强、与 IP 网能够很好地结合等特点，常用于选煤厂生产过程控制网络。以太网协议包含了许多可以在以太网中广泛认可的协议，如 PROFINET（过程现场网络）协议、适合各种自动化应用的 POWERLINK 协议等。

RS-232 协议是 PC 机与通信工业中应用最广泛的一种串行接口，其传送距离最大为 15 m，最高速率为 20 kb/s，常用于台式机与本地设备之间的通信。

RS-485 协议是另一种常用的串行通信协议，接口的最大传输距离可达 3 km，数据最高传输速率为 10 Mb/s 。

三、选煤厂集中控制系统的硬件连接

如前所述，选煤厂计算机集中控制系统是在继电器-接触器集中控制系统基础上构建起来的。其中，计算机主要承担复杂的逻辑关系和不同的延时处理、数据传送、处理等功能。

选煤厂计算机集中控制系统通常包括输入继电器回路、可编程控制器 PLC、输出继电器回路以及接触器回路等几个部分，如图 10-11 所示。

控制方式选择、系统启停等指令通过按钮触发输入继电器动作。接触器输出端子与计

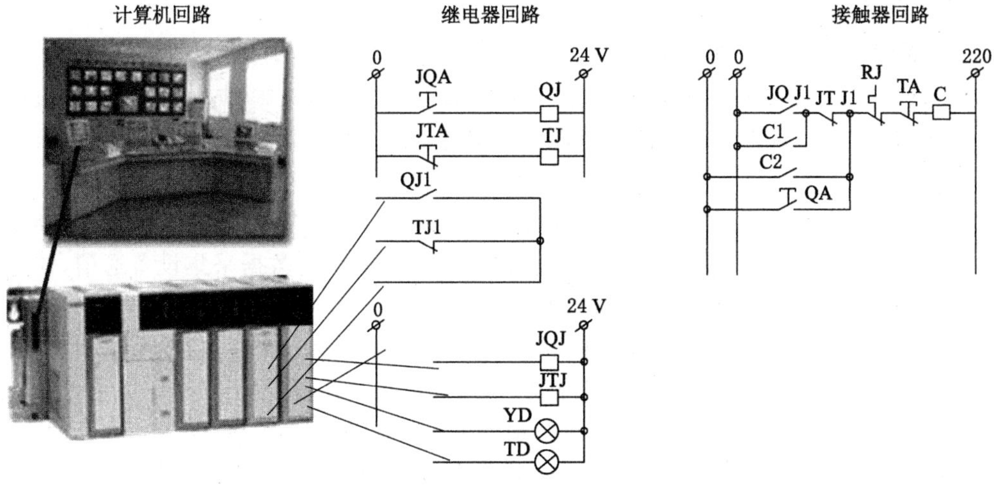

图 10-11　选煤厂计算机集中控制系统硬件连接原理图

算机 I/O 模块的输入端子及公共端(COM 端子)共同构成输入回路，在开关量输入的同时实现了电位的有效隔离。

计算机的输出通过图 10-11 所示的 DIO 输出模块转换为干式继电器线圈电路的高低阻抗。阻抗的高低决定输出继电器回路是否导通。这些输出继电器就如继电器-接触器集控系统一样，以其节点的通断决定设备接触器的开合。

可见，在计算机集中控制系统中，接触器回路以及就地解锁控制回路与继电器-接触器式集中控制是相同的。

第三节　计算机控制系统的组态与编程

一、计算机控制系统的组态软件

组态软件，又称组态监控软件、系统软件、数据采集与监视控制软件。作为二次开发平台，使用灵活的组态方式(而不是编程方式)，可以为用户提供快速构建工业自动控制系统监控功能的通用软件工具以及良好的开发界面和简捷的使用方法。

组态软件具有组态和监控两方面功能。组态的含义是配置、设定、设置等，是指用户通过简单组装方式来完成自己所需要的软件功能。监控即监视和控制，是指通过计算机信号对自动化设备或过程进行监视、控制和管理。

1. 通用组态软件的主要特点

① 延续性和可扩充性。用通用组态软件开发的应用程序，当现场(包括硬件设备或系统结构)或用户需求发生改变时，无须做很多修改就可以方便地完成软件的更新和升级。

② 封装性。对于用户，无须掌握太多的编程语言技术(甚至不需要编程技术)，就能很好地完成一个复杂工程所要求的所有功能。

③ 通用性。每个用户根据工程实际情况，利用通用组态软件提供的底层设备(PLC、智能仪表、智能模块、板卡、变频器等)的 I/O 驱动程序、开放式的数据库和画面制作工具，就能完成一个具有动画效果、实时数据处理、历史数据和曲线并存、具有多媒体功能和网络功

能的工程，不受行业限制。

2. 组态软件的主要功能

① 强大的界面显示组态功能。目前，工控组态软件大都运行于 Windows 环境下，图形功能完善，界面美观，具有可视化的规范界面和丰富的工具栏，操作人员可以直接进入开发状态，节省时间。

② 良好的开放性。组态软件能与多种通信协议互联，支持多种硬件设备。开放性是衡量一个组态软件好坏的重要指标。组态软件向下应能与底层的数据采集设备通信，向上应能与管理层通信，实现上位机与下位机的双向通信。

③ 丰富的功能模块。提供丰富的控制功能库，方便用户完成实时监控、生成功能报表、显示历史曲线、提供报警等功能；有利于构建良好的人机界面，易于操作；可以方便地构建单机集中式控制、DCS 分布式控制以及带远程通信能力的遥控系统。

④ 强大的数据库。配有实时数据库，可存储各种数据，如模拟量、离散量、字符型等，实现与外部设备的数据交换。

⑤ 可编程的命令语言。有可编程的命令语言，用户可根据自己的需要编撰程序，增强图形界面。

⑥ 周密的系统安全防范。对不同的操作者，赋予不同的操作权限，保证整个系统的安全可靠运行。

⑦ 仿真功能。提供强大的仿真功能使系统并行设计，从而缩短开发周期。

3. 常用组态软件简介

(1) InTouch HMI 软件

Wonderware 公司开发的 InTouch HMI 软件是最早进入我国的工控软件。该软件提供了以工厂和操作人员为中心的可视化人机界面环境，并集成了操作人员所必需的各种信息，这些信息可以在工厂内部和各工厂之间共享；支持用户快速建立和部署实时工业生产过程的图形显示方案；支持用户为他们的过程快速、方便地开发定制的图形视图。其快速切换功能允许应用开发者通过点击按钮在运行时和开发环境之间快速切换。该软件还提供了数以百计的 I/O 服务器驱动程序，支持用户连接所有流行的工业自动化控制设备。InTouch HMI 界面如图 10-12 所示。

(2) iFIX 组态软件

由 GE Fanuc 开发的 iFIX 组态软件为生产操作者提供了过程可视化、数据采集和数据监控功能。通过 iFIX 软件可以精确地监视、控制生产过程，并优化生产设备和企业资源管理。iFIX 界面如图 10-13 所示。

(3) 组态王软件

组态王软件是一款由北京亚控科技发展有限公司开发的国产组态软件。该软件搭载了自主研发的工业实时数据库，可以为用户提供一个生产流程数据汇总、分析及管理的有效平台，使企业能够及时有效地获取信息，及时地做出反应，以获得最优化的结果。组态王界面如图 10-14 所示。

组态王软件也为试验者提供了可视化监控画面，有利于试验者实时现场监控。它能充分利用 Windows 的图形编辑功能，方便地构成监控画面，并以动画方式显示控制设备的状态，具有报警窗口、实时趋势曲线等，可方便地生成各种报表。它还具有丰富的设备驱动程

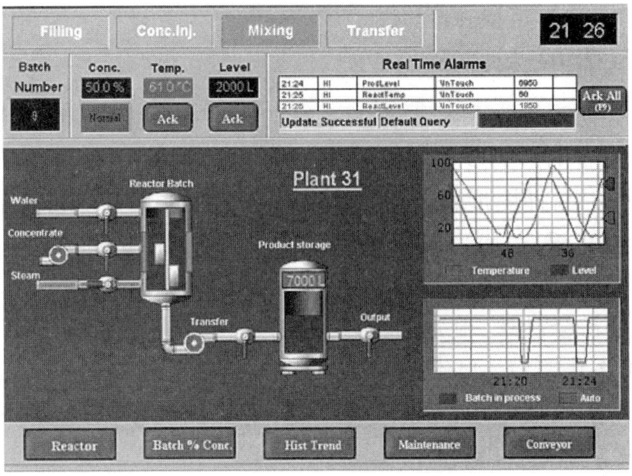

图 10-12 InTouch HMI 界面

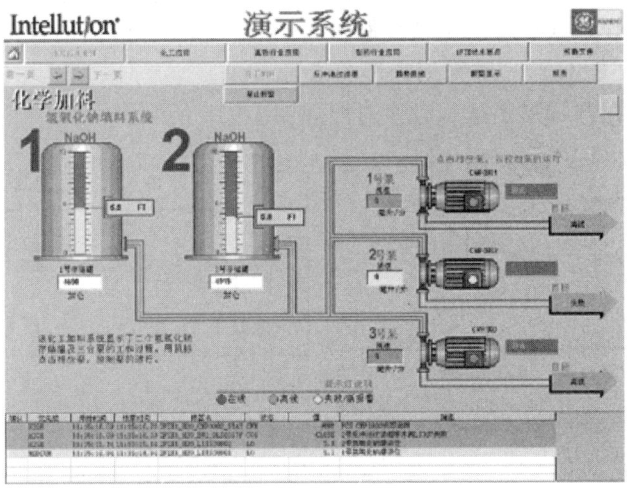

图 10-13 iFIX 界面

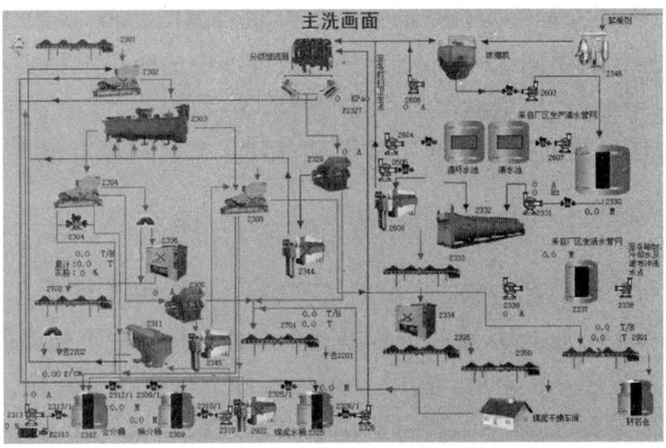

图 10-14 组态王界面

序和灵活的组态方式、数据链接功能。

二、PLC 控制系统的编程语言

PLC 的用户程序是设计人员根据控制系统的工艺控制要求，通过 PLC 编程语言编制设计的。PLC 编程语言的形式多种多样，不同的生产厂家、不同型号的 PLC 采用的语言形式不同，但大致分为两类，即图形表达和字符表达。为满足工业现场技术人员的习惯要求，PLC 通常不采用计算机语言，而采用直观、形象与电气控制线路或工艺流程图相像的语言表达式。

根据国际电工委员会（IEC）制定的工业控制编程语言标准（IEC1131-3），PLC 编程语言包括以下 5 种：梯形图语言（Ladder Diagram，LD）、指令表语言（Instruction List，IL）、功能模块图语言（Function Block Diagram，FBD）、顺序功能流程图语言（Sequential Function Chart，SFC）、结构化文本语言（Structured Text，ST）。

1. 梯形图语言

梯形图语言是 PLC 程序设计中最常用的编程语言。它是与继电器线路类似的一种编程语言。由于电气设计人员对继电器控制较为熟悉，因此，梯形图语言得到了广泛的欢迎和应用。目前，大多数 PLC 产品都采用梯形图语言。

典型控制电路图与梯形图语言程序对照如图 10-15 所示。

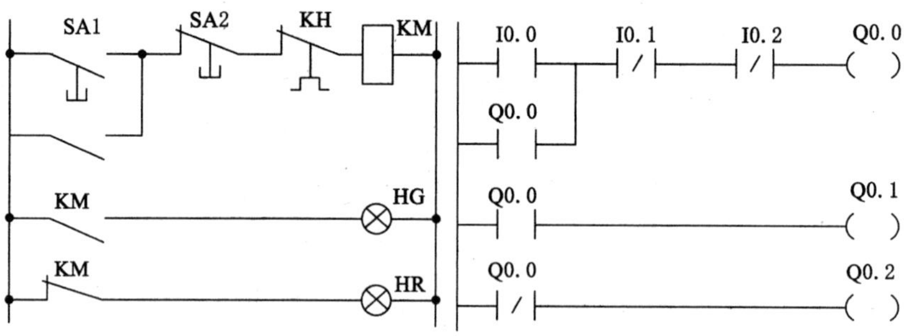

图 10-15　典型控制电路图与梯形图语言程序对照

由此可见，梯形图语言程序与传统的继电器控制原理图相似，具有直观性和对应性，电气设计人员易于掌握。其不同点在于，梯形图语言程序中的能流不是实际意义的电流，内部的继电器也不是实际存在的继电器而是相应的逻辑关系，因此，理论上梯形图中的线圈可以带无数多个常开触点以及无数多个常闭触点，应用时，需要与原有继电器控制的概念区别对待。

2. 指令表语言

指令表语言是与汇编语言类似的一种助记符编程语言，和汇编语言一样由操作码和操作数组成。可以采用小巧的 PLC 手持编程器或个人计算机对用户程序进行编制。同时，指令表语言又与梯形图程序一一对应，在 PLC 编程软件下可以相互转换。通常情况下，用户可以利用梯形图语言进行编程，然后再将所编程序通过编程软件或人工的方法转换成指令表输入到 PLC 中。

指令表语言程序示例如图 10-16 所示。

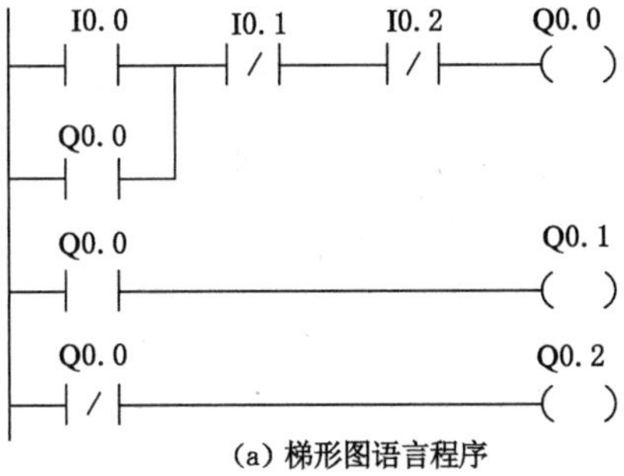


```
LD    I0.0
O     Q0.0
AN    I0.1
AN    I0.2
=     Q0.0
LD    Q0.0
=     Q0.1
LDN   Q0.0
=     Q0.2
```

(a) 梯形图语言程序　　(b) 指令表程序

图 10-16　指令表程序与对应的梯形图语言程序

指令表语言的特点为：采用助记符来表示操作功能，容易记忆，便于掌握；在手持编程器(HHM)的键盘上采用助记符表示，便于操作，可在无计算机的场合进行编程设计；与梯形图有一一对应关系。其余特点与梯形图语言基本一致。

3. 功能模块图语言

功能模块图语言是与数字逻辑电路类似的一种 PLC 编程语言。采用功能模块图的形式来表示模块所具有的功能，不同的功能模块有不同的功能。

功能模块图语言程序示例如图 10-17 所示。

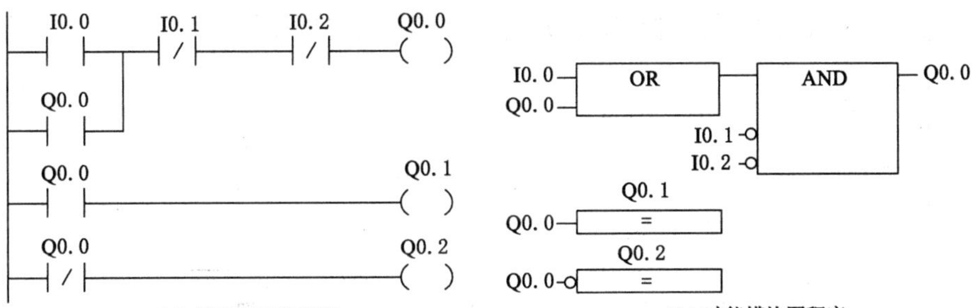

(a) 梯形图语言程序　　(b) 功能模块图程序

图 10-17　功能模块图程序与对应的梯形图语言程序

功能模块图语言的特点为：以功能模块为单位，分析理解控制方案简单容易；功能模块是用图形的形式表达功能，直观性强，对于具有数字逻辑电路基础的设计人员很容易掌握；对规模大、控制逻辑关系复杂的控制系统，由于功能模块图能够清楚表达功能关系，使编程调试时间大大减少。

4. 顺序功能流程图语言

顺序功能流程图语言是为了满足顺序逻辑控制而设计的编程语言。在顺序功能流程图语言中通常通过调用或嵌套别的语言，来编制顺序进行的各个分项过程。对于目前大多数 PLC 来说，顺序功能流程图语言只是作为组织编程的工具使用(与高级语言的流程图相似)，还需用其他的编程语言将它转换成 PLC 可执行的程序。

顺序功能流程图语言有 3 种主要元件：步、转换和动作。编程时将顺序流程动作的过程分成步和转换条件，根据转换条件对控制系统的功能流程顺序进行分配，一步一步地按照顺序动作。每一步代表一个控制功能任务，用方框表示。在方框内含有用于完成相应控制功能任务的梯形图逻辑。这种编程语言使程序结构清晰，易于阅读及维护，大大减轻了编程的工作量，缩短了编程和调试时间。用于系统规模较大、程序关系较复杂的场合。

顺序功能流程图语言程序示例如图 10-18 所示。

顺序功能流程图语言的特点为：以功能为主线，按照功能流程的顺序分配，条理清楚，便于对用户程序理解；避免梯形图语言或其他语言不能顺序动作的缺陷，同时也避免了用梯形图语言对顺序动作编程时，由于机械互锁造成用户程序结构复杂、难以理解的缺陷；用户程序扫描时间也大大缩短。

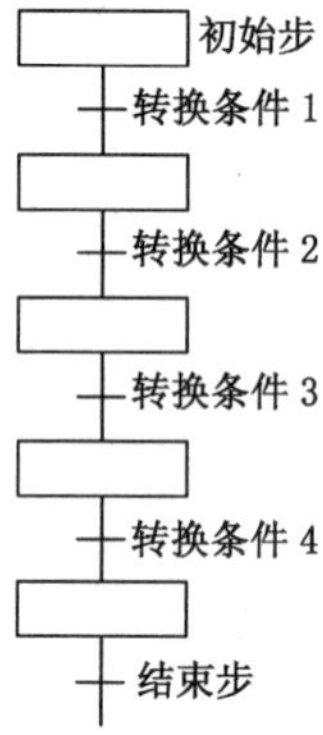

图 10-18　顺序功能流程图语言程序示意图

5. 结构化文本语言

结构化文本语言是用结构化的描述文本来描述程序的一种编程语言。它是类似于高级语言的一种编程语言。在大中型的 PLC 系统中，常采用结构化文本语言来描述控制系统中各个变量的关系。该语言主要用于其他编程语言较难实现的用户程序编制。

大多数 PLC 制造商采用的结构化文本语言与 BASIC 语言、PASCAL 语言或 C 语言等高级语言相类似，但为了应用方便，在语句的表达方法及语句的种类等方面都有所简化。

结构化文本语言程序示例如图 10-19 所示。

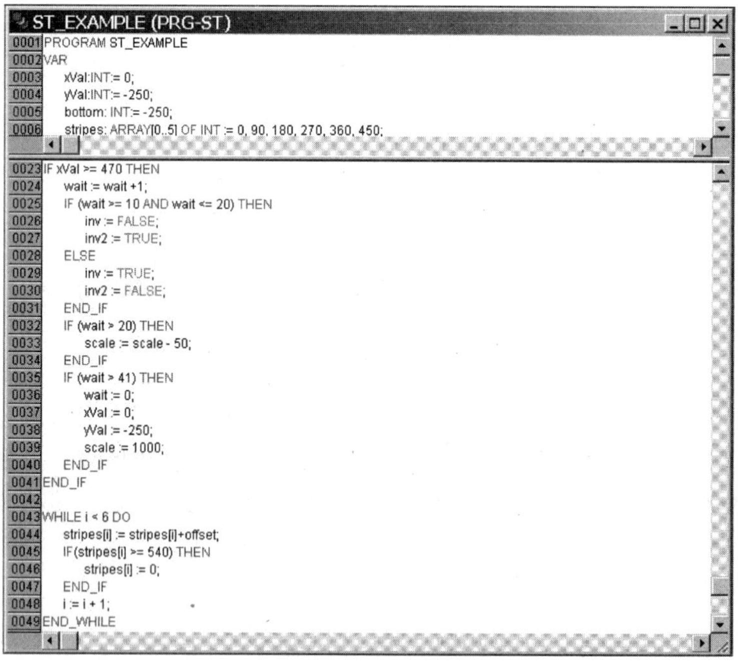

图 10-19　结构化文本语言程序示例

结构化文本语言的特点为：采用高级语言进行编程，可以完成较复杂的控制运算；需要有一定的计算机高级语言的知识和编程技巧，对工程设计人员要求较高；直观性和操作性较差。

第四节　电动机启停过程 PLC 控制设计

本节以三菱 FX 2N 系列 PLC 为例，介绍几种典型的电动机启停过程控制方案。其他型号的 PLC 可能在具体接线和程序表达方式上有一些差异，但基本原则大同小异。

一、电动机的启停控制

1. 控制思路

工业用电动机的额定电流较大，需要通过交流接触器来控制主电路的通断。为保证计算机输出有足够大的能量驱动接触器，通常采用继电器输出方式。所有与该电动机启停逻辑相关的参数或状态都需要通过 I/O 端子将信号接入。

2. 主电路

与继电器-接触器式控制相同，主电路通常由电源开关、接触器、热继电器等 3 部分组成。电源开关可以是带有熔断器的刀开关（刀熔开关），也可以采用带有短路保护、断相保护功能的空气断路器。连续运移电动机启停控制主电路如图 10-20 所示。

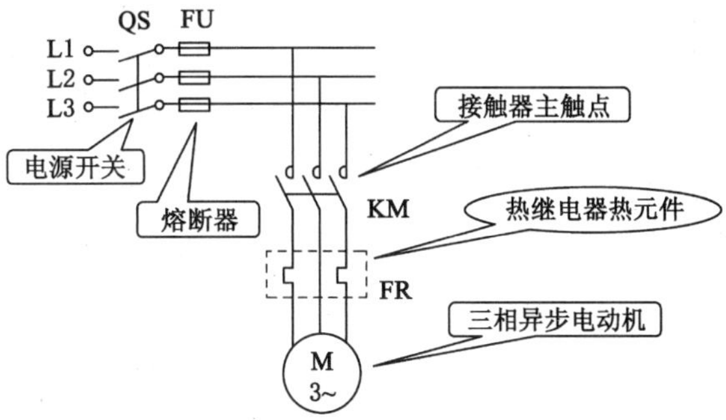

图 10-20　连续运转电动机启停控制主电路

3. I/O 接线图

所有与该电动机启停逻辑相关的状态通常都采用无源信号方式接入 I/O 端子。位于主电路上的热继电器的输出触点通常也作为输入信号以便实现过载保护将信号接入。与继电器-接触器式控制相似，也有一些设计者习惯于将其设置在 PLC 的输出电路中。如图 10-21 所示。

4. 梯形图程序及指令表程序

梯形图程序以图形方式给出了接触器闭合的逻辑条件，不满足相应条件立即断开。指令表程序则按照先自左向右、再自上向下的顺序与梯形图程序一一对应。连续运转电动机启停控制的两种程序如图 10-22 所示。

二、电动机的正反转控制

采用继电器作为逻辑元件的电动机正反转控制电路如图 8-23 所示。

电动机正反转控制 I/O 端子电路及梯形图语言程序见图 10-23。用两个启停逻辑分别控制电动机的正转和反转。Y0、Y1 的常闭触点分别与对方线圈串联，保证它们不会同时为 ON，形成（输出）逻辑互锁。X0、X1 的常闭触点接入对方的回路，形成按钮（输入）逻辑互锁。设电动机在正转，改成反转时，可不按停止按钮 SB1，直接按反转按钮 SB3，X1 常闭触点断开 Y0 线圈。

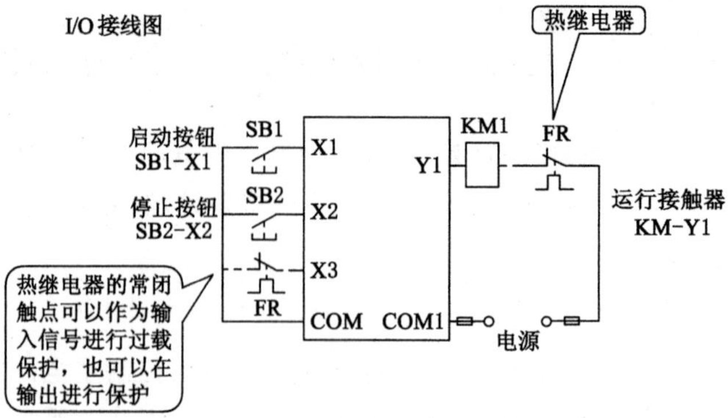

图 10-21 连续运转电动机启停控制 I/O 接线原理图

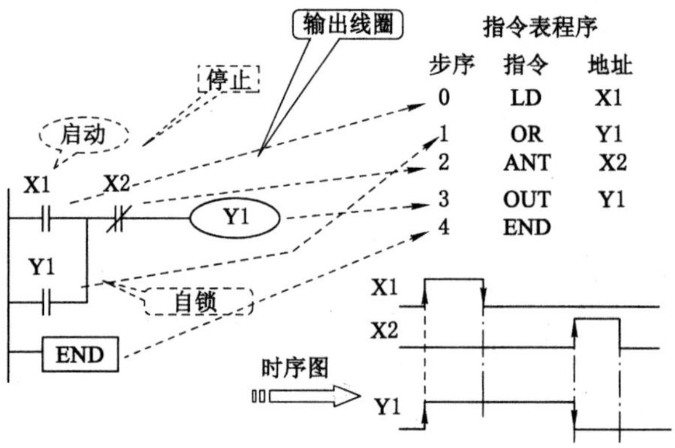

图 10-22 连续运转电动机启停控制的两种程序

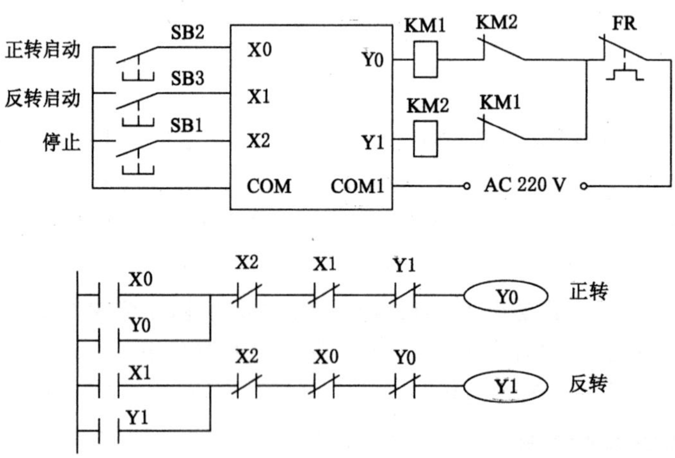

图 10-23 电动机正反转控制 I/O 端子电路及梯形图语言程序

梯形图中的互锁和按钮互锁电路只能保证输出模块中与 Y0、Y1 对应的硬件继电器的触点不会同时接通，但不能保证控制电动机的主触点由于电弧熔焊等故障，不能正常断开时，造成三相短路的事故。

三、多台电动机的顺序闭锁启停控制

1. 主电路

在电力拖动系统中，电动机的主电路基本相同。多数电动机都通过电源开关直接接到配电室的母线上，也有一些小型电动机几台共用一个电源开关，如图 10-24 所示。

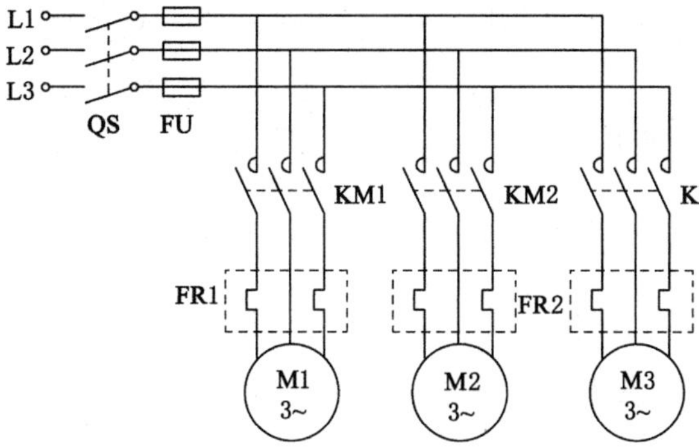

图 10-24 多电动机顺序控制主电路

2. I/O 接线图

多电动机顺序控制 I/O 端子电路如图 10-25 所示。

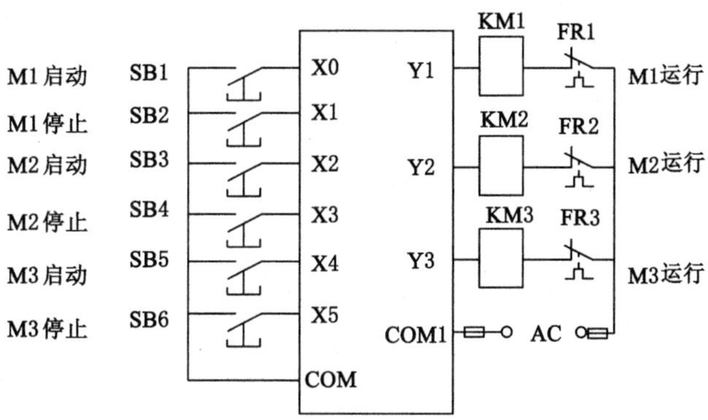

图 10-25 多电动机顺序控制 I/O 端子电路

3. 梯形图语言程序

所谓顺序闭锁启停，是指后台电动机的启动运行以前台电动机的运行为条件。本例中，只有在 Y1 运行的前提下才能启动 Y2，只有在 Y2 运行的前提下才能启动 Y3(图 10-26)。

应该注意的是虽然在梯形图中已经有了软继电器的互锁触点(X1 与 X0、Y1 与 Y0)，但在 I/O 接线图的输出电路中还必须使用 KM1、KM2 的常闭触点进行硬件互锁。因为 PLC 软继电器互锁只相差一个扫描周期，而外部硬件接触器触点的断开时间往往大于一个扫描周期，来不及响应，且触点的断开时间一般较闭合时间长。例如 Y0 虽然断开，可能 KM1 的触点还未断开，在没有外部硬件互锁的情况下，KM2 的触点可能接通，引起主电路短路，因此必须采用软硬件双重互锁。采用双重互锁，同时也可避免因接触器 KM1 或 KM2 的主触点熔焊引起电动机主电路短路。

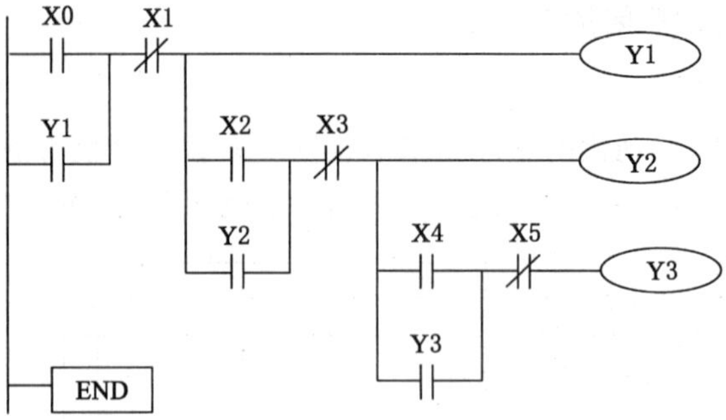

图 10-26　多电动机顺序控制梯形图程序

四、多台电动机的延时启/停控制

PLC 可以方便地利用主机时钟构建计时器，实现延时启动/停止功能。如图 10-27 所示。

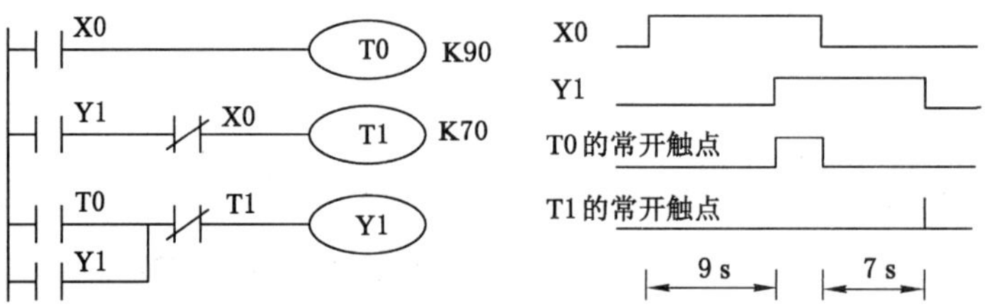

图 10-27　延时启/停程序及其执行时序

延时启动：X0 控制 Y1，X0 的常开触点接通后，T0 开始定时，9 s 后 T0 常开触点接通，Y1 变为 ON。

延时停止：X0 为 ON 时其常闭触点断开，使 T1 复位，X0 变为 OFF 后，T1 开始定时，7 s 后 T1 的常闭触点断开，使 Y1 变为 OFF，T1 被复位。

不难看出，如果在本例中将 X0 设为另一台电动机的启停状态，则可以实现两台设备的延时自动启停功能。

五、异步电动机 Y/△启动控制

基于继电器的异步电动机 Y/△降压启动主回路如图 8-17 所示。PLC 的 I/O 接线原理图见图 10-28，梯形图语言程序见图 10-29。图中 SB1 为停止按钮，SB2 为启动按钮，FR 为热继电器的常开触点，KM1 为主电源接触器，KM2 为△形运行接触器（图 8-17 中的 KM△），KM3 为 Y 形启动接触器（图 8-17 中的 KMY）。

工作过程为：按下启动按钮 SB2 时，输入继电器 X0 的常开触点闭合，并通过主控触点（M100 常开触点）自锁，输出继电器 Y1 接通，接触器 KM3 得电吸合，接着 Y0 接通，接触器 KM1 得电吸合，电动机在 Y 形接线方式下启动；同时定时器 T0 开始计时，延时 8 s 后 T0 动作，使 Y1 断开，Y1 断开后，KM3 失电，互锁解除，使输出继电器 Y2 接通，接触器 KM2 得电，电动机在△形接线方式下运行。

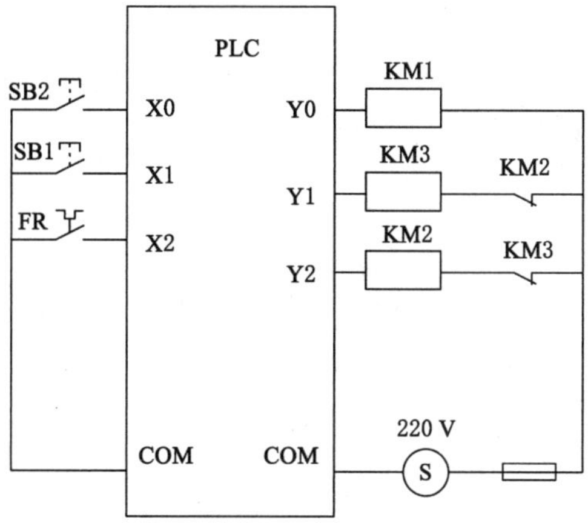

图 10-28　电动机 Y/△启动控制的 I/O 接线原理图

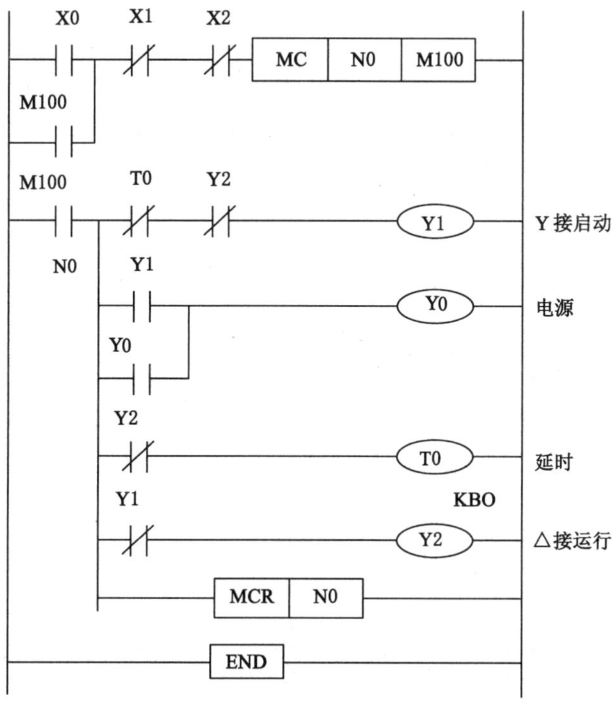

图 10-29　电动机 Y/△启动控制梯形图语言程序

第五节　选煤厂计算机集控案例

本节简要介绍陈四楼选煤厂集控自动化系统。

陈四楼选煤厂隶属于河南能源化工集团有限公司，于 1997 年 11 月投产。陈四楼选煤厂集控自动化系统包括自动控制系统、工业电视系统、广播系统三个部分。

一、自动控制系统

自动控制系统采用PLC400＋ET200M框架，采集所有设备的控制信号，并通过PLC实现对设备的逻辑控制，分布在图10-30中的33PD。

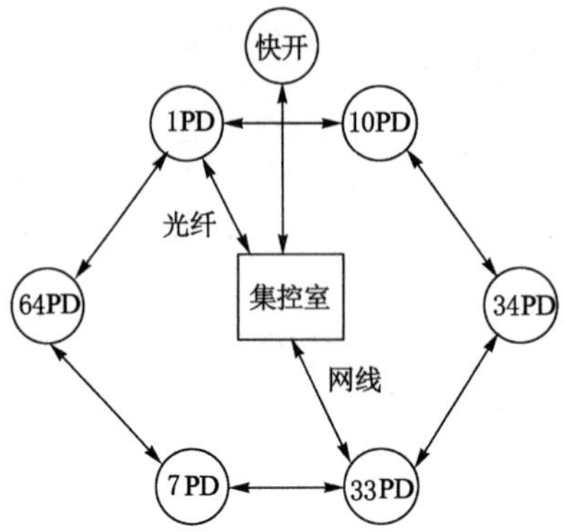

图10-30　陈四楼选煤厂控制环网

采用德国赫斯曼电子公司生产的RS20系列交换机构建百兆工业光纤环网数据传输平台，用于传输全厂设备的控制信号(包括设备的控制信号、故障信号、生产数据采集信号等)，以充分发挥光纤通信抗干扰能力强、稳定性高的特点，并且单条网络通信中断不影响整个系统的通信。

系统包含DP和以太网两种通信模式。现场层采用PROFIBUS-DP高速数据传送(图10-31)，主站周期地读取从站的输入信息并周期地向从站发送输出信息。总线循环时间必须要比主站(PLC)程序循环时间短。除周期性地传输用户数据外，还提供非周期性通信以进行组态、诊断和报警处理。基于IEEE 802.3的强大的工业以太网，在实现各车间PLC环网通信的同时，通过SIMATIC NET提供了一个无缝集成到新的多媒体世界的途径(图10-32)。向上连接到企业内部互联网、外部互联网以及国际互联网。

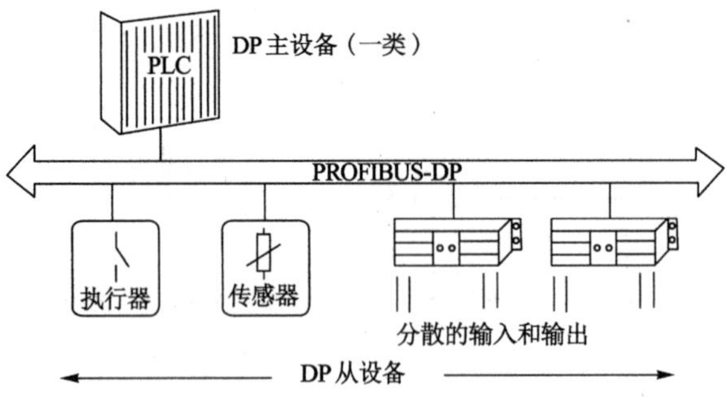

图10-31　现场层PROFIBUS-DP高速数据通信

采用梯形图语言和顺序流程图语言编制的各设备单机逻辑控制程序(图10-33)，以及设备启停顺序与闭锁控制(图10-34)，为用户提供了在线可视化环境。所有参与集控的设备采用逆序启车、顺序停车的集控方式，逆序启车即从202或203开始自动逆煤流依次启动上级设备，在任意一台设备出现故障无法启动时，其上级设备禁止启动，若正常工作时，设备

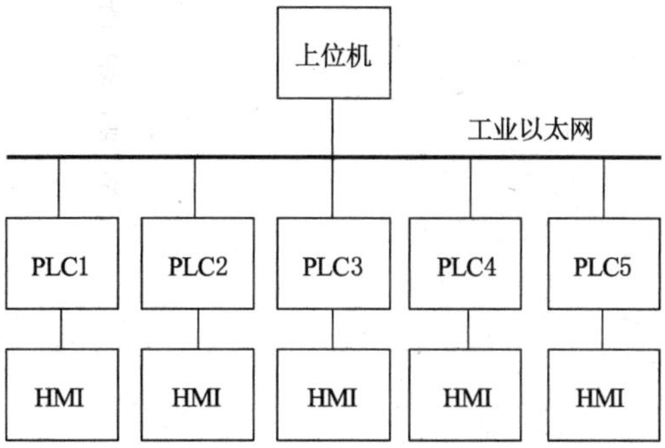

图 10-32　工控层工业以太网

由于故障导致停机，其上级设备立即停车，禁止启动。顺序停车即从 1001 或 1002 设备开始自动顺煤流依次停机，停车时间根据自身设备情况，在保证设备上原煤处理完的情况下设定。

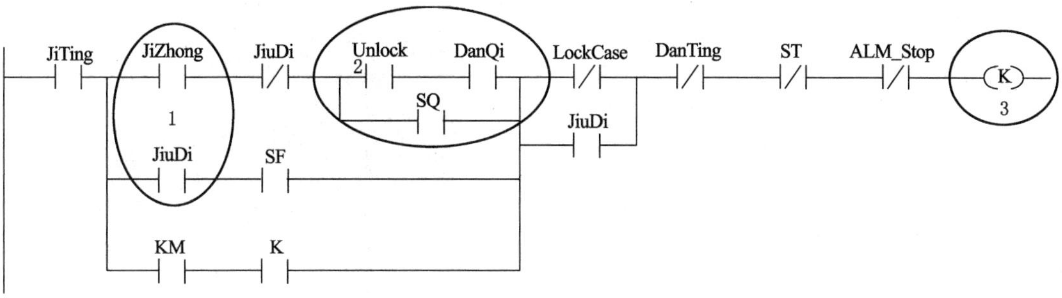

图 10-33　单机逻辑控制程序

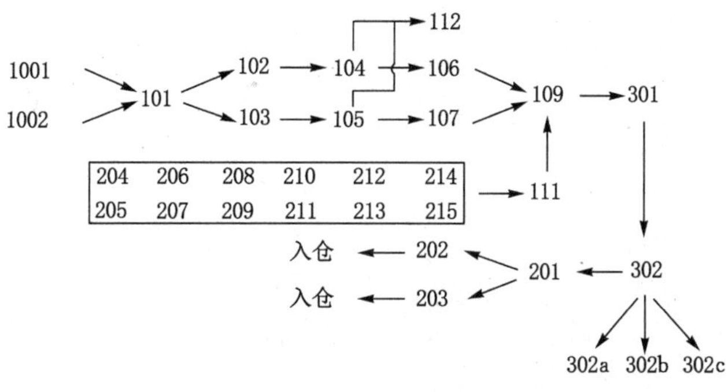

图 10-34　设备启停顺序与闭锁控制

采用 SIMATIC WinCC 编制的选煤厂过程控制系统提供液位、仓位信息的采集传输与控制(图 10-35)。系统同时兼容了第三方(设备厂家)开发的单机自动化控制系统作为子控制系统，例如快开压滤机单机自动控制系统(图 10-36)、跳汰机单机自动控制系统等。

集控室采用分屏显示方式，通过大屏显示系统运行状态。陈四楼选煤厂控制系统工艺操作界面如图 10-37 所示。

图 10-35　液位、仓位信息的采集传输与控制

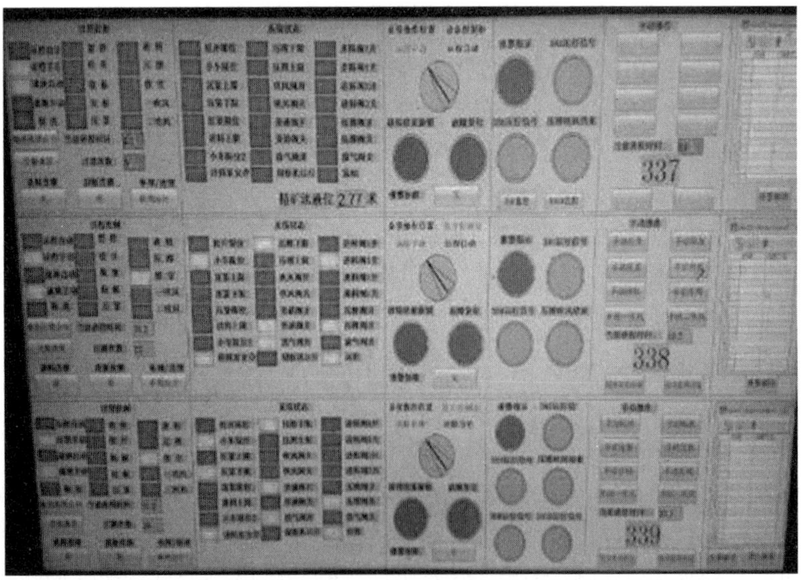

图 10-36　快开压滤机单机自动控制系统

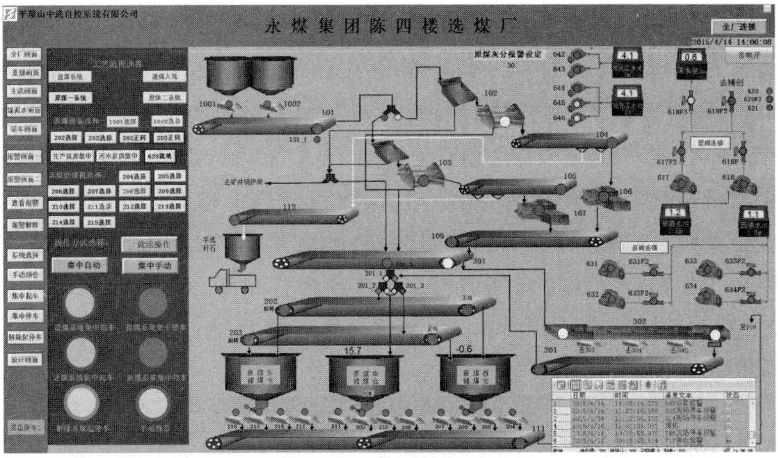

（1） 原煤子系统

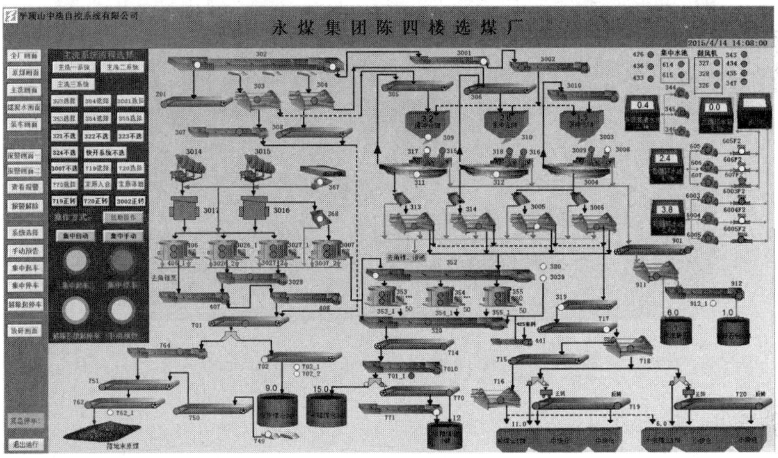

（2）水洗子系统

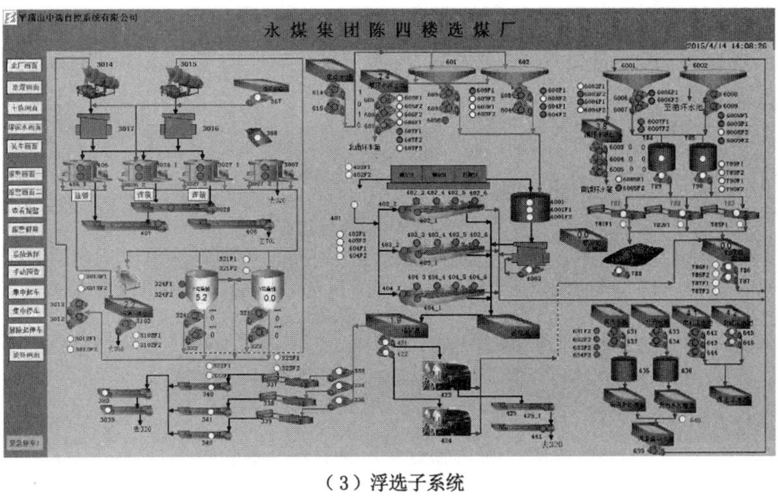

（3）浮选子系统

图 10-37　陈四楼选煤厂控制系统工艺操作界面

二、工业电视系统

采用工业电视系统实现了对全厂重要岗位的实时监控、录像回放、大屏显示，同时视频监控系统与PLC集控系统实现了联动的功能，便于无人岗位的集中监控和检修人员的集中调度。

工业电视系统由位于现场的前端摄像机、云台以及位于选煤厂集控中心的集中交换机、解码器、电视墙、选煤厂调度中心的DID大屏幕、硬盘录像机、服务器等组成。通过百兆以太网光纤网络平台传输网络摄像机实时监控画面。上位机通过提取下位机设备的报警信号作为触发信号，直接访问该设备摄像头的IP并完成大屏显示，实现视频联动。陈四楼选煤厂生产调度控制中心如图10-38所示。

图10-38　陈四楼选煤厂生产调度控制中心

三、广播系统

选煤厂按生产环节分为原煤、主洗、快开、装车四个子区域，兼备预警/报警功能。广播系统可完成区域内的独立广播和全厂的整体广播。广播系统与有线电话系统融合，可以适应选煤厂工人巡岗制的流动特点，满足生产调度的应急通信需要。陈四楼选煤厂应急广播通信系统如图10-39所示。

图10-39　陈四楼选煤厂应急广播通信系统

复习思考题

1. 简述工业控制用计算机的特点。

2. 与传统继电器-接触器式控制相比，PLC 控制具有哪些特点？

3. 试简述现场总线控制系统的特点。

4. 试简述集散式控制的特点。

5. 简述工业控制系统 I/O 组件的主要功能。

6. 简述计算机接口常用信号隔离方法及其基本原理。

7. 试述通用组态软件的主要特点及主要功能。

8. 试描述可编程序控制器的 5 种标准编程语言。

9. 简述选煤厂电动机启停典型过程(正反转、顺序启停、降压启动、延时启停)PLC 控制硬件系统设计与关键过程梯形图语言编程。

第十一章　选煤过程参数测试技术

过程参数的检测按表达参数大小的信号类型分为电气式检测仪表和非电式检测仪表两大类。按照电气与电子工程师协会(Institute of Electrical and Electronics Engineers，IEEE)的标准，电气式检测仪表采用直流 1～5 V 或 4～20 mA 作为模拟量，来模拟参数的大小，或采用一定格式(如 RS-232 格式或 RS-485 格式)的数字量来表达参数的大小；非电式检测仪表则采用指针、液柱高等形式来表达参数的大小。

本章先简要介绍参数检测的相关概念，然后分别介绍选煤厂常用的压力、流量、物位、质量、水分、密度、灰分、磁性物含量和温度等过程参数的测试技术。

第一节　参数检测的基本概念

参数检测就是获取被测参数状态或现象的过程。参数检测必须具有选择性和客观性，即检测结果反映且仅反映被测参数的信息，检测结果不依赖于任何检测者。

一、检测系统的构成与分类

参数检测方法很多，按参数获取的途径，参数检测可分为直接测量与间接测量，如矿浆的密度可以用密度计进行直接测量；浮选入料干煤泥量则通过检测矿浆流量和矿浆浓度再相乘，这就是间接测量。按传感器与被测物料是否直接接触，参数检测可分为接触测量与非接触测量。很显然，非接触测量不会受到被测物料的腐蚀性、磨蚀性以及压力、温度等的影响，具有一定的优越性。按测量时物料是否处于正常的流程变化状态，参数检测可分为静态测量与动态测量，或离线测量与在线测量。

参数检测仪表通常包含三部分功能：① 传感功能，将参数转化为特定的信号；② 变换功能，将上述信号变换为可以用线路(电信号)或管道(气信号)等方式传输的标准信号；③ 显示功能，以人类方便识别的形式表达被测参数的状态。

图 11-1 为参数检测系统构成示意图。图中，被测参数压强经过单管测压计转换为位移，再经过变阻器转换为电信号。这种由敏感元件和信号变换元件组成的部分，称之为传感器。由传感器得到的电信号往往不是标准信号也不能为人类感知，需要远传到适宜的环境转换和显示打印。

由此可见，电气式检测仪表通常由一次仪表和二次仪表两部分组成。一次仪表也叫传感器，其作用是将被测参数转化为电参数，部分传感器还包含对微弱信号进行初步处理的前置放大器。二次仪表的作用主要是对传感器得到的信号进行放大和转换处理，输出标准电流、电压信号，或数字通信信号，并将检测结果以适当的方式(通常是数字方式)显示出来。智能型二次仪表还设有自检、单位转换、标定、数据存储等功能。

一些以电阻、电压方式输出的传感器(如远传压力表、热电阻、热电偶等)有时也省去二次仪表，直接由后续的控制器或显示器完成普通二次仪表的功能。

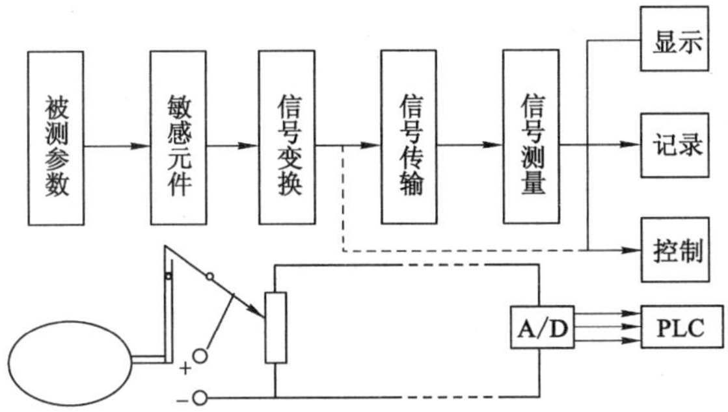

图 11-1　参数检测系统构成示意图

二、检测精度与检测误差

1. 精密度、准确度与精确度

检测结果与被测参数的符合程度常用检测精度来描述。除简单计数外，所有测量值都是对真值的近似，这种差异称为误差(error)。误差不能简单看作是错误。对检测仪表而言，相关描述有精密度、准确度和精确度(图 11-2)。

精密度是指仪表检测微小参数变化的能力，即对同一变量进行多次测量，测量值的重现性程度称为精密度。准确度是指对同一变量进行多次测量，其平均结果与真值的接近程度。精密而准确的程度称为精确度。

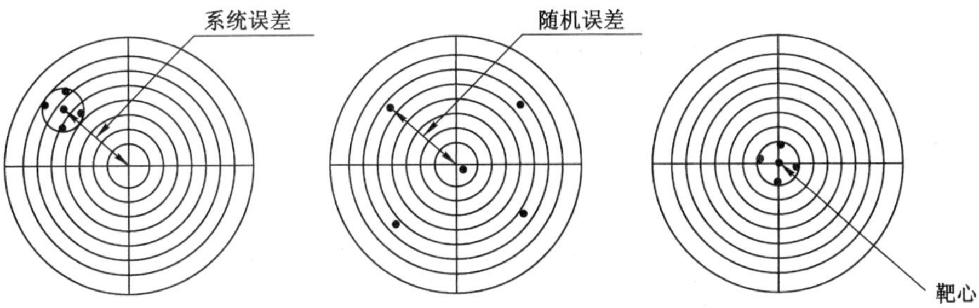

图 11-2　精密度、准确度与精确度示意图

2. 系统误差、随机误差与粗大误差

检测结果的精度通常用误差来定量表示。检测结果的误差按其来源分为系统误差、随机误差和粗大误差 3 类。

系统误差是由检测方法或检测仪表引起的检测误差，其主要来源有错误校准、阻抗不匹配、响应时间误差、非线性、仪表故障、环境改变、加料方式不合理等。系统误差的特点是偏差总向同一个方向。减小系统误差的有效途径是采用不同的检测方法或仪表进行检测，并对相关仪表进行技术校准。准确度取决于仪器的系统误差。

随机误差是由未知的随机因素引起的误差。其主要来源有电噪音、电磁干扰、机械振动、信号放大时的变形、零点漂移等。随机误差的特点是偏差满足正态分布。减小随机误差的最佳途径是进行多次检测，以多次检测的平均值作为检测结果。随机误差的大小在很大程度上取决于检测仪表的精密度。

粗大误差是指明显超出规定条件下预期的误差。粗大误差的特点是误差数值大,明显歪曲了测量结果。通常采用数理统计方法剔除测试结果的粗大误差数据。因此,有效的测量结果中仅包含系统误差和随机误差。

3. 绝对误差、相对误差与允许误差

测量值与被测量真值之差称为绝对误差,而绝对误差与被测量真值之比称为相对误差。由于被测量真值的不可知性,常用绝对误差与仪表指示值之比来代替相对误差,称为示值相对误差。对检测仪表而言,常用绝对误差与仪表量程之比来表达相对误差的大小,称为引用相对误差。仪表标称的误差即允许误差,是指仪表允许的最大引用相对误差。

三、测量仪表的主要性能指标

1. 灵敏度、灵敏限与分辨率

灵敏度是指仪表的指示位移变化量与被测参数变化量之比。

灵敏限是指能引起仪表指针发生位移变化的被测参数的最小变化量。

分辨率是指测试仪表数字显示器的最末位数字间隔所代表的被测参数变化量。

2. 量程与精度等级

量程是指仪表具有一定检测精度的测量范围。

仪表的精度等级用仪表最大引用相对误差的百分数表示,并标示在仪表盘上。常用仪表的精度等级有 0.005,0.02,0.05,0.1,0.2,0.5,1.0,1.5,2.0,2.5,5.0 等,其中 0.005,0.02,0.05 三个等级仪表常作为“标准表”,用于校核其他仪表;工业上使用的仪表等级通常为 1.0 级到 5.0 级,以降低建厂成本。

3. 线性度与反应时间

线性度是指测量仪表在全量程范围内实际校准值与理论对应值的吻合程度。检测仪表的反应时间是指显示值变化相对于实际值变化的滞后时间。

4. 漂移与重复性

输入量不变时,经过一段时间输出量产生的变化称为漂移。其中,当输入量为零时,输出量随时间的漂移称为零点漂移。对零点漂移进行调整是仪器校准的重要手段。

对同一变量进行多次测量,测量值的相互吻合程度称为仪表的重复性。

第二节 压力测量

工程上所谓的压力一般是指压强。在选煤生产中,压力是重要的操作参数之一,如旋流器的入口压力、加压过滤机的工作压力等都需要进行测量。如果压力不符合要求,不仅会影响生产效率,降低产品质量,还有可能引起安全事故,造成人身和经济损失。

压力有表压、绝对压力、负压或真空度之分。工程上所用的压力指示值除特别注明为绝对压力计指示值外,大多为表压。表压是指绝对压力与大气压之差。当被测压力低于大气压力时,一般用负压或真空度表示,为大气压与绝对压力之差。

一、弹性式压力计

弹性式压力计使用各种形式的弹性元件作为感受件,其原理是以弹性元件受压后产生的反作用力与被测压力平衡。此时，弹性元件的变形为被测压力的函数，这样用测量变形的方法就可以测得压力的大小。

弹性式压力计使用的弹性元件主要有：弹簧管、膜片、膜盒、膜盒组和波纹管等(图 11-3)。由于弹簧管同波纹管、膜片、膜盒等相比，有着精度高、测量范围宽等优点，因此弹簧管式压力计是应用最为广泛的一种压力计。

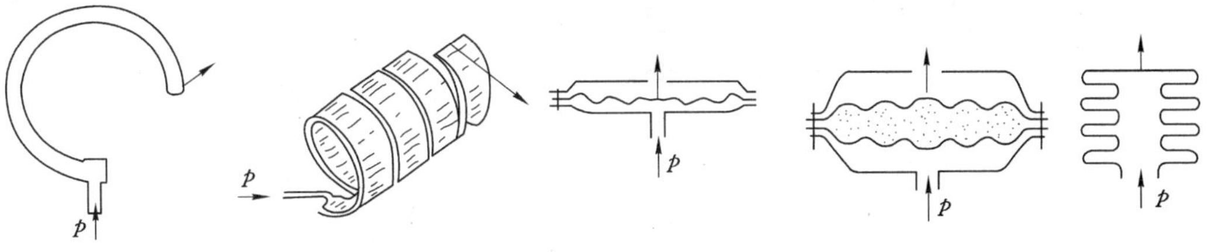

(a) 单圈弹簧管　(b) 多圈弹簧管　(c) 膜片　(d) 膜盒组　(e) 波纹管

图 11-3　弹性元件示意图

弹簧管式压力计(图 11-4)在被测压力的作用下，扁圆或椭圆形截面的弹簧管有变圆的趋势，并迫使弹簧管的自由端发生相应的弹性变形，这个变形借助于拉杆，经齿轮传动机构予以放大，最终由固定在小齿轮上的指针将被测值在刻度盘上指示出来。在弹性范围内，弹簧管自由端的位移与被测压力之间近似线性关系，因此通过测量自由端的位移可直接测得相应的被测压力的大小。

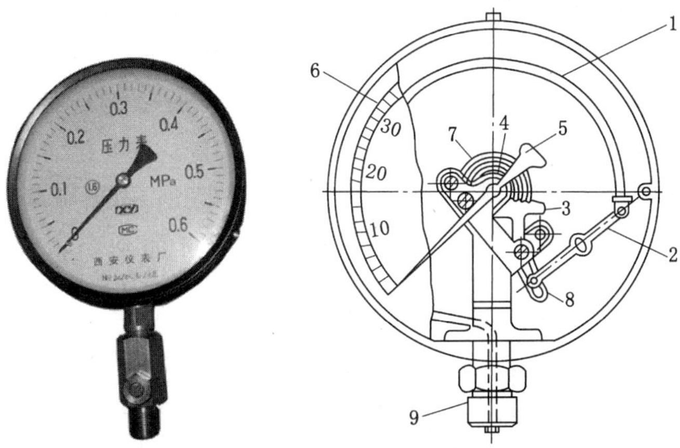

1—弹簧管；2—拉杆；3—扇形齿轮；4—中心齿轮；5—指针；6—面板；7—游丝；8—调整螺钉；9—接头。

图 11-4　弹簧管式压力计

游丝用来克服因扇形齿轮和中心齿轮间的传动间隙而产生的仪表变差。移动调整螺钉的位置可改变机械传动的放大系数，实现压力计量程的调整。

弹簧管式压力计结构简单，在工业和试验领域得到了广泛的应用。但其检测结果不能远传或直接用于过程控制。在选煤生产中，常常需要对压力限定正常范围，这时就需要采用带有报警或控制触点的压力计，如图 11-5 所示。

压力计指针上装有动触点，面板上另有两根可拨动的指针，上面装有静触点，分别指向压力的下限和上限。当压力高出正常范围时，动触点和静触点 4 接触，信号灯 b 的电路接

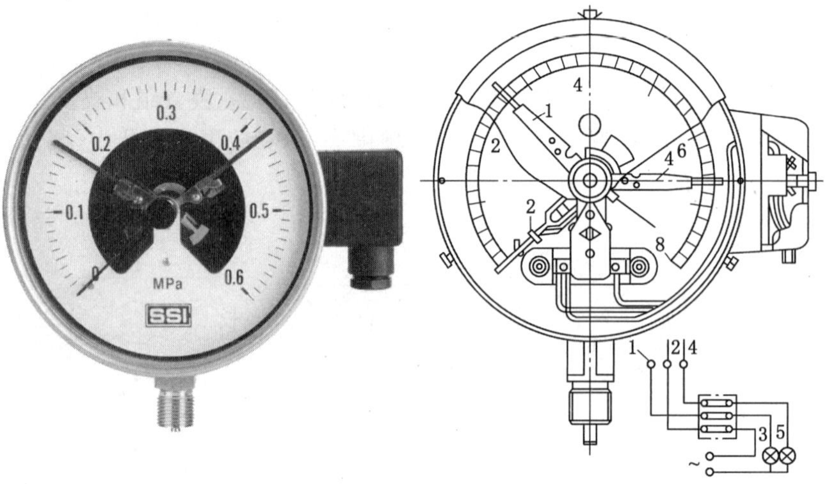

1,4—静触点;2—动触点;3—信号灯 a;5—信号灯 b。

图 11-5　带触点的弹簧管式压力计

通,亮灯报警。当压力低于正常范围时,动触点和静触点 1 接触,信号灯 a 的电路接通,亮灯报警。压力范围可通过拨动指针灵活调节。

二、电气式压力传感器

电气式压力传感器按其工作原理分为应变式压力传感器、压阻式压力传感器、压电式压力传感器、电感式压力传感器、电容式压力传感器、霍尔片式压力传感器。

1. 应变式压力传感器

应变式压力传感器利用金属应变片或半导体的电阻随应变变化的原理工作。被测压力使应变片产生应变,当其被压缩时,阻值减小,反之被拉伸时,阻值增大。应变片阻值的变化,再通过桥式电路输出,如图 11-6 所示。

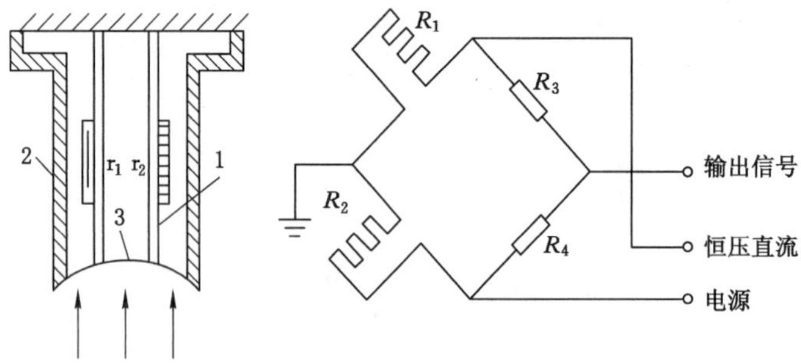

1—应变筒;2—外壳;3—密封膜片。

图 11-6　应变式压力传感器原理图

r_1 沿应变筒轴向贴放,作为测量片;r_2 沿径向贴放,作为温度补偿片。应变片与筒体之间不发生相对滑动,并且保持电气绝缘。当被测压力 p 作用于膜片而使应变筒作轴向受压变形时,沿轴向贴放的应变片 r_1 也将产生轴向压缩应变 ε_1,于是 r_1 的阻值 R_1 变小;而沿径向贴放的应变片 r_2,由于本身受到横向压缩将引起纵向拉伸应变 ε_2,于是 r_2 阻值 R_2 变大。若

对电桥加上恒流源 U_i，输出端便有对应于所加压力的电压信号输出 U_o，其关系如下：

$$U_o = AU_i(R_2R_3 - R_1R_4) \tag{11-1}$$

式中，A 为常系数。

系统常采用等臂电桥，即

$$R_1 = R_0 + K\varepsilon_1 + f(T) \tag{11-2}$$

$$R_2 = R_0 + K\varepsilon_2 + f(T) \tag{11-3}$$

$$R_3 = R_0 \tag{11-4}$$

$$R_4 = R_0 \tag{11-5}$$

代入，得

$$U_o = KAR_0U_i(\varepsilon_2 - \varepsilon_1) = K_1\Delta p \tag{11-6}$$

式中　K，K_1——常数；

Δp——压力变化。

测得电压 U_o的大小，即可知道待测压力的大小。

2. 压阻式压力传感器

压阻式压力传感器（图 11-7）是根据半导体的压阻效应来工作的。这种压力传感器通常以单晶硅为基体，按特定的晶面，根据不同的受力形式加工成弹性应变元件，并在弹性应变元件的适当位置，用集成电路技术扩散出 4 个等值的应变电阻，组成惠斯登电桥，电路原理与应变式压力传感器类似。不受压力作用时电桥处于平衡状态，当受到压力作用时，一对桥臂的电阻变大，另一对变小，电桥失去平衡。单晶硅材料的弹性性能很好，其转换的滞后与蠕变很小，所以转换精度较高。

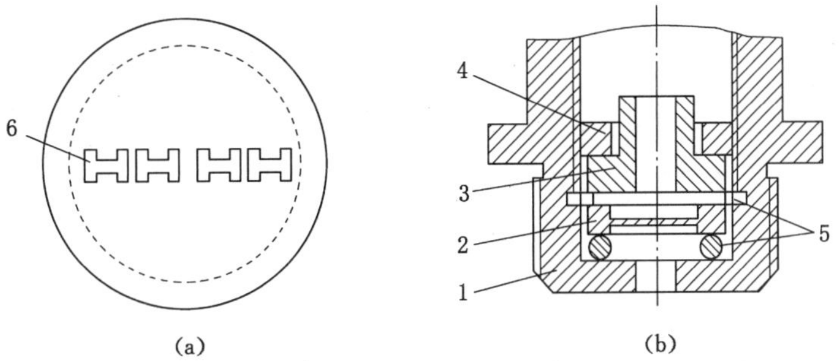

1—基座；2—单晶硅片；3—导环；4—螺母；5—密封垫圈；6—等效电阻。

图 11-7　压阻式压力传感器

3. 电容式压力传感器

电容式压力传感器先将压力变化转换为电容量的变化，再转换为电流或电压信号。如图 11-8 所示。

当被测压力 p_1、p_2分别加于左右两侧的隔离膜片时，通过硅油将压差传递到测量膜片上，使其向压力小的一侧弯曲变形，引起中央动极板与两边固定电极间的距离发生变化，因而两电极的电容量不再相等，而是一个增大，另一个减小，电容的变化量通过引线传至测量电路，通过测量电路的检测和放大，输出一个 4～20 mA 的直流电信号。

电容式压力传感器的结构可以有效地保护测量膜片，使其不易损坏，过载后的恢复特性

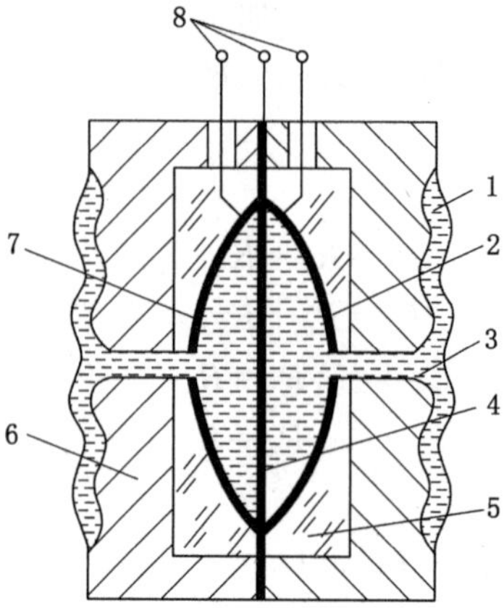

1—隔离膜片;2,7—固定电极;3—硅油;4—测量膜片;5—玻璃层;6—底座;8—引线。

图 11-8　电容式压力传感器

很好,抗过载能力强。由于没有机械传动机构,电容式压力传感器尺寸小,密封和抗振性好,可靠性和测量精度都比较高。

4. 压电式压力传感器

压电式压力传感器是利用某些晶体的压电效应来测量压力的。压电效应是指晶体在承受压力(或拉力)时,表面产生电荷的特性,如图 11-9 所示。石英、酒石酸钾钠、钛酸钡及锆酸、钛酸等多晶体烧结而成的陶瓷都具有压电效应。目前常使用石英作为压电式压力传感器的压电元件。

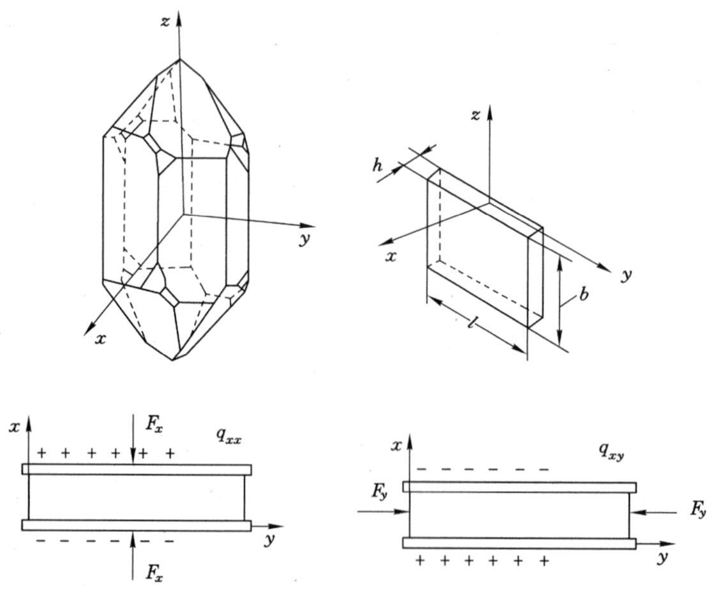

图 11-9　石英晶体压电效应原理图

如图 11-9 所示的石英晶体,沿 x 轴方向切片,然后将两块电极板放在垂直于 x 轴的两面上,施以 F_x 和 F_y 的力时,电极板就会产生大小相等、方向相反的电荷 q。该电荷的大小与受到的压力成正比，而与石英晶体的尺寸无关，关系式为：

$$q=dSp \tag{11-7}$$

式中　d——压电系数；

　　p——作用在表面上的压力；

　　S——作用面的面积。

可见，测出电荷量的大小就可以得到压力的大小。

压电式压力传感器尺寸小、重量轻、精度高、工作可靠、测量范围宽，可测 100 MPa 以下的压力。它的不足之处是对于振动和电磁场很敏感，且由于压电元件存在电荷泄漏，不适宜测量缓慢变化的压力和静态压力。

5．电感式压力传感器

电感式压力传感器是用电感线圈电感量变化来测量压力的仪表。常见的有变气隙式和差动变压器式两种结构形式。变气隙电感式压力传感器的工作原理如图 11-10 所示。磁路的磁阻与磁路间隙直接相关，因此，当衔铁位置发生变化时，线圈的电感大小也随之变化，这样，就把位移的变化转换成了电感的变化。

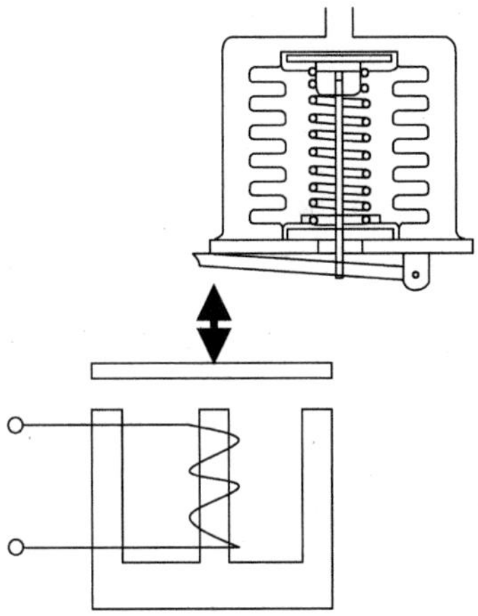

图 11-10　变气隙电感式传感器的工作原理

差动变压器电感式压力传感器（图 11-11）的弹性元件带动连接在弹簧管末端的铁芯移动，使差动变压器的两个对称的和反向串接的次级绕组失去平衡，输出一个与被测压力成正比的电压。也可以输出标准电流信号与电动单元组合仪表联用构成自动控制系统。两个次级线圈反相串联，当初级绕组加以激励电压 U 时，根据变压器的工作原理，在两个次级绕组 W_{2a} 和 W_{2b} 中便会产生感应电势 E_{2a} 和 E_{2b}。

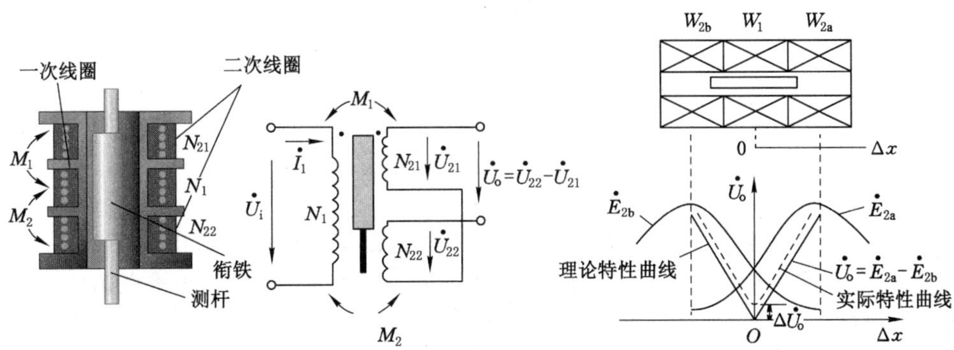

(a) 差动变压器结构示意图　(b) 差动变压器原理图　(c) 差动变压器的输出特性

图 11-11　差动变压器电感式压力传感器

如果工艺上保证变压器结构完全对称，则当活动衔铁处于初始平衡位置时，必然会使两互感 $M_1=M_2$。根据电磁感应原理，将有 $E_{2a}=E_{2b}$。由于变压器两次级绕组反相串联，因而 $U_o=E_{2a}-E_{2b}=0$，即差动变压器输出电压为零。

当活动衔铁向上移动时，由于磁阻的影响，W_{2a}中磁通将大于W_{2b}，使$M_1>M_2$，因而E_{2a}增加，而E_{2b}减小。反之，E_{2b}增加，E_{2a}减小。因为$U_o=E_{2a}-E_{2b}$，所以当E_{2a}、E_{2b}随着衔铁位移x变化时，U_o也必将随x而变化。

6. 霍尔式压力传感器

霍尔式压力传感器采用弹性元件，如波纹管，将压强大小转化成位移，再用霍尔原理检测位移的大小。

磁场中有一个霍尔半导体片，恒定电流I从A到B通过该片。在洛仑兹力的作用下，I的电子流在通过霍尔半导体时向一侧偏移，使该片在CD方向上产生电位差，这就是所谓的霍尔电压，即

$$U_H=R_HBI$$

式中，R_H为霍尔常数，它与半导体材质有关；I为霍尔元件的偏置电流；B为磁场强度。改变磁场的正对面积或改变磁场强度B（如改变电感线圈的磁间隙）都可以改变霍尔电压的大小；反之，可以用霍尔电压大小来反映位移。将位移部件与反映压强大小的弹性元件结合，即构成霍尔式压力传感器，如图11-12所示。

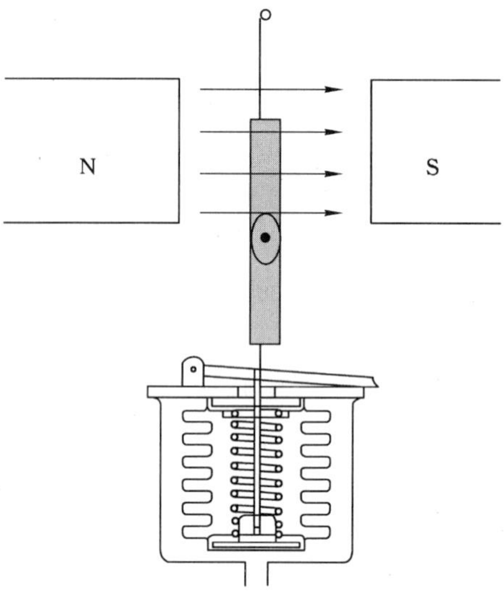

图11-12　霍尔式压力传感器

一个霍尔元件一般有4个引出端子，其中2个是霍尔元件的偏置电流I的输入端，另2个是霍尔电压的输出端。霍尔电压值很小，通常只有几个毫伏，但经集成电路中的放大器放大，就能使该电压放大到足以输出较强的信号。如果两输出端构成外回路，就会产生霍尔电流。为了达到高的灵敏度，有的霍尔元件的传感面上装有高磁导率的镀膜合金。

三、压力传感器的选用

压力传感器种类很多，形式各异（图11-13）。压力传感器的选型一般要考虑量程、精度、介质、检测原理、抗（振动、电磁等）干扰性能、接口方式与接口尺寸等方面。

1. 压力传感器的类型和材质选择

按照使用环境和测量介质的性质选择压力传感器的材质。

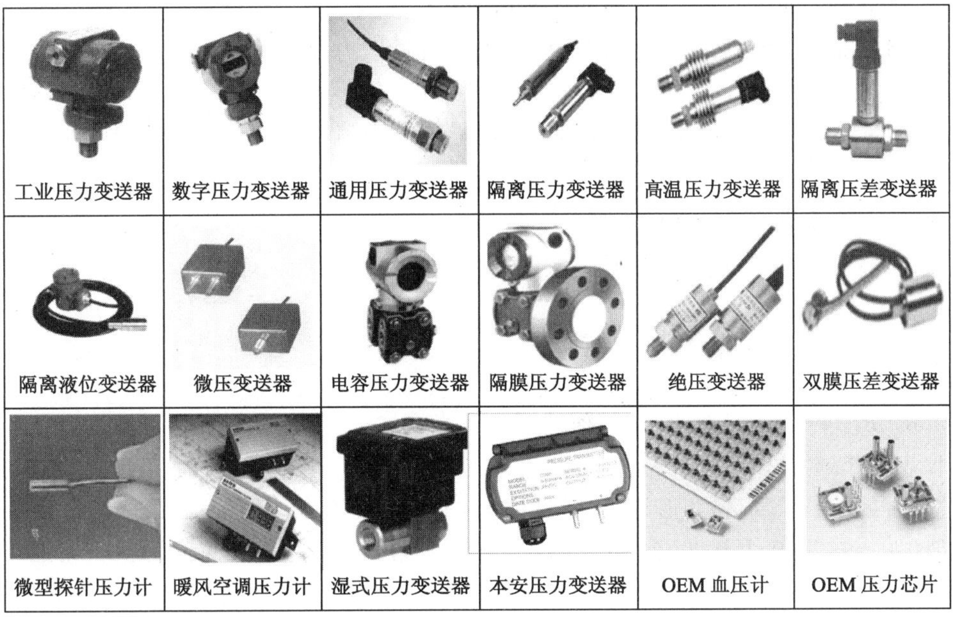

图 11-13　常用压力传感器的外形

① 在大气腐蚀性较强、粉尘较多和易喷淋液体等环境恶劣的场合，应根据环境条件，选择合适的外壳材料及防护等级。

② 对一般介质的测量，压力在－40～ 40 kPa 时，宜选用膜盒压力计；压力在 40 kPa 以上时，一般选用弹簧管式压力计或波纹管式压力计；压力在－100～2 400 kPa 时，应选用压力真空表；压力在－100～0 kPa 时，宜选用弹簧管真空表。

③ 对稀硝酸、醋酸及其他一般腐蚀性介质的测量，应选用不锈钢压力计或不锈钢膜片压力计。

④ 对稀盐酸、盐酸气、重油类及其类似的具有强腐蚀性、含固体颗粒、黏稠液等介质的测量，应选用膜片压力计或隔膜压力计。其膜片及隔膜的材质必须根据测量介质的特性选择。

⑤ 对结晶、结疤及高黏度等介质的测量，应选用法兰式隔膜压力计。

⑥ 在机械振动较强的场合，应选用耐振压力计。

⑦ 在易燃、易爆的场合，如需电接点信号时，应选用防爆压力控制器或防爆电接点压力计。

⑧ 对高、中压力或腐蚀性较强介质的测量，宜选择壳体具有超压释放设施的压力计。

⑨ 某些测量介质应选用专用压力计，如气氨、液氨选用氨压力计、真空表、压力真空表；氧气选用氧气压力计；氢气选用氢气压力计；氯气选用耐氯压力计、压力真空计；乙炔选用乙炔压力计；硫化氢选用耐硫压力计；二氧化碳选用二氧化碳压力计。以氧气计为例，氧气计是禁油表，也就是在装配压力计的最后校验时是通过气体或者水来校验仪表压力的，而普通压力计是通过油来校验的。因为氧气虽然不能自燃，但它可以助燃，所以要禁油。

⑩ 测量差压时，应选用差压压力计。

2. 压力传感器的量程选择

按照被测值大小选择测量范围。

① 测量稳定的压力时，正常操作压力值应在仪表测量范围上限值的 1/3～2/3。

② 测量脉动压力(如泵、压缩机和风机等出口处压力)时，正常操作压力值应在仪表测量范围上限值的 1/3～1/2。

③ 测量高、中压力(大于 4 MPa)时，正常操作压力值不应超过仪表测量范围上限值的 1/2。

3. 压力传感器的精度等级选择

仪表的精度等级用引用相对误差表示。仪表的允许误差定义为：

$$\delta = \pm \frac{\Delta_{max}}{R_h - R_l} \times 100\% \tag{11-8}$$

式中 Δ_{max}——仪表允许的最大绝对误差值；

R_h、R_l——测量范围上、下限值。

仪表的 δ 越大，表示它的精度越低，反之则表示它的精度越高。将仪表的允许相对误差去掉"±"号及"%"号，便可以用来确定仪表的精确度等级。目前常用的精确度等级有 0.005，0.02，0.05，0.1，0.2，0.4，0.5，1.0，1.5，2.5，4.0 等。精度越高的仪表制造难度越大，价格也越高。0.05 级以上的仪表，常用来作为标准表，工业现场用的测量仪表，其精度大多在 0.5 以下。

选择压力检测仪表时，应根据生产工艺、经济实用、检测方法等提出的要求，按被测压力最小值所要求的允许误差来确定精度等级。

4. 压力计的外形与压力传感器的接口选择

指针式压力计一般按照阅读需要及整体美观选择外形尺寸。指针式压力计盘面大小一般按以下方法选择：

① 在管道和设备上安装的压力计，表盘直径为 100 mm 或 150 mm。

② 在仪表气动管路及其辅助设备上安装的压力计，表盘直径为 60 mm。

③ 安装在照度较低、位置较高或示值不易观测场合的压力计，表盘直径为 150 mm 或 200 mm。

电子式压力传感器选择时还要注意接口的适配性。传感器接口包括机械接口和电气接口。压力传感器与被测容器通常用螺纹连接，选型时要注意管径和螺纹与容器接口的一致性。压力变送器的电气接口信号目前多为标准的 4～20 mA 电流信号或 1～5 V 电压信号(DDZⅢ系列)，也有 0～20 mA、0～5 V 等其他信号；气动仪表通常采用 20～100 kPa 气压信号。

总之，对于压力计/传感器类型的选择主要是根据被测对象的性质、状态以及压力计/传感器的现场工作环境来确定。介质的腐蚀性、温度的高低、现场的振动、电磁场的强度等环境因素，都会影响压力计/传感器的使用。选择压力计/传感器一定要充分考虑这些因素，以适应介质的要求。同时还应注意测量的其他要求，如要求远传，自动记录或要求报警等。压力计/传感器量程的选择要根据被测压力的范围，再加上一定的富裕度。压力计/传感器精度的选择是根据实际需要而定的。通常是在满足生产要求的前提下，选用尽可能廉价的压力计/传感器。同时，应注意到由于测压系统和测压条件所带来干扰而产生的附加误差的影响。例如：弹性式压力计对环境温度的适应范围较小，如果测量现场的温度不符合要求，就会使压力计/传感器的测量产生附加误差。

第三节　流量测量

流量是指单位时间内流过某一截面的流体数量的多少。流量可以用体积来表示，称为体积流量，用符号 q_V 来表示；也可以用质量来表示，称为质量流量，用符号 q_m 来表示。

流体流量检测仪表种类很多。按测量途径可以分为三类：① 速度式流量计，通过测量过流速度，用过流面积换算成流量；② 容积式流量计，采用固定容积空间逐次衡量过流容积；③ 质量流量计，计量可压缩流体的质量通过量。选煤厂煤泥水流量的检测通常采用速度式流量计，而药剂量的检测常用容积式流量计（如齿轮油泵、计量泵等）。这里主要介绍速度式流量计的结构和工作原理。

速度式流量计根据测速方法的不同，又可以分为以下几类：压差式流量计、转子流量计、涡轮流量计、堰式流量计、电磁流量计、超声波流量计。其中，压差式流量计、转子流量计、涡轮流量计、堰式流量计主要用于清水或低浓度循环水的检测；电磁流量计和超声波流量计则具有更广泛的适应性，因而得到了普遍的应用。

一、压差式流量计

压差式流量计是基于节流原理来进行流量测量的。其原理是：当充满管道的流体流经节流装置时，流束收缩，流速提高，上游侧静压力增加，下游侧静压力下降，在节流装置的前后就产生了一定的压差。这个压差的大小与流量有关，根据流量与压差之间的关系即可得到流量的大小。

压差式流量计的核心部件是节流装置，它包括：节流元件、取压装置以及其前后管段。常用的节流装置有孔板、喷嘴和文丘里管等，一般多采用孔板。节流装置的取压方式通常有角接取压和法兰取压，其中角接取压又可分为钻孔取压和环室取压。一般说来角接取压既可用于孔板装置又可用于喷嘴装置，而法兰取压一般只用于孔板装置。孔板节流示意及压力、流量关系如图 11-14 所示。

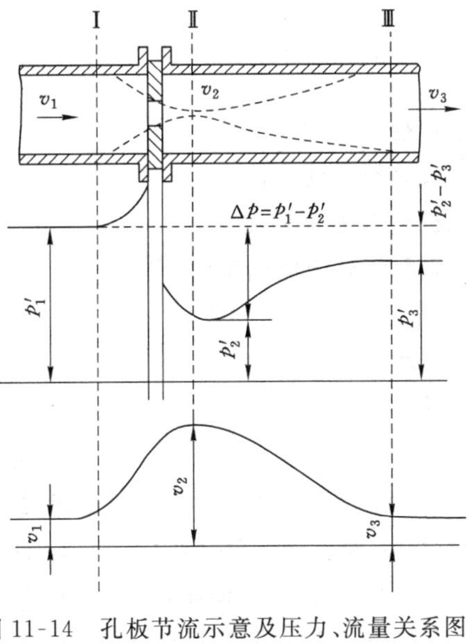

图 11-14　孔板节流示意及压力、流量关系图

对于不可压缩流体，根据伯努利方程，有

$$\frac{v_1^2}{2}+\frac{p'_1}{\rho_1}=\frac{v_2^2}{2}+\frac{p'_2}{\rho_2} \tag{11-9}$$

由流体连续方程，得

$$\rho v_1 F_1=\rho v_2 F_2=q_m \tag{11-10}$$

令

$$\mu=\frac{F_2}{F_0},m=\frac{F_0}{F_1},\beta=\frac{d}{D} \tag{11-11}$$

则

$$v_2=\frac{1}{\sqrt{1-\mu^2 m^2}}\sqrt{\frac{2}{\rho}(p'_1-p'_2)} \tag{11-12}$$

由于要准确测量 p'_1 和 p'_2 比较困难，定义压力修正系数为：

$$\xi=\sqrt{\frac{p'_1-p'_2}{p_1-p_2}} \tag{11-13}$$

则

$$q_m=\frac{\mu\xi}{\sqrt{1-\mu^2 m^2}}F_0\sqrt{2\rho(p_1-p_2)} \tag{11-14}$$

可定义流量系数为：

$$\alpha=\frac{\mu\xi}{\sqrt{1-\mu^2 m^2}} \tag{11-15}$$

则质量流量为：

$$q_m=\alpha F_0\sqrt{2\rho(p_1-p_2)} \tag{11-16}$$

体积流量为：

$$q_V=\alpha F_0\sqrt{\frac{2(p_1-p_2)}{\rho}} \tag{11-17}$$

截面Ⅰ处流体未受节流元件的影响，流体充满管道，截面Ⅱ处是流束在节流后收缩到最小时的截面。

式中 D——截面Ⅰ处流束直径；

p'_1、p'_2——截面Ⅰ处、截面Ⅱ处流体压力；

v_1、v_2——截面Ⅰ处、截面Ⅱ处平均流速；

ρ_1、ρ_2——截面Ⅰ处、截面Ⅱ处流体密度，可认为其值相等，均为 ρ；

F_1、F_2——截面Ⅰ处、截面Ⅱ处流体面积；

p_1、p_2——取压点的压力；

F_0——孔板开孔截面积；

μ——流束的收缩系数。

为了方便使用，差压式流量计的节流装置目前已经标准化。一般情况下，此类流量计使用范围为：管径为 50～1 000 mm，流体雷诺数在 10^4～10^5 以上，流体清洁，充满全部管道，不发生相变。其测量范围为 1.5～100 000 m^3/h，精度为±(1%～2%)。其对安装使用要求较高，否则误差显著增加。安装时一定要注意节流装置方向正确，并且在使用中还应特别注意不能使节流装置出现沉淀、结焦、堵塞等现象，以免引起过大的测量误差。孔板的进口边缘应尖锐，严格直角，不可有毛刺、划痕。如果孔板的边缘变钝，就会造成 Δp 变小，从而引起测量误差。对管道、取压装置、导压管、压差变送器等的安装、使用都有一定的要求。在进行流量测量时，一定要遵守有关规定。孔板流量计如图 11-15 所示。

二、转子流量计

转子流量计(图 11-16)适宜于小管径、低雷诺数的流体流量测量，可小到每小时几升。它由一个锥形管和一个可在锥形管中上下自由运动的转子两个基本部分组成。当被测流体通过锥形管时，流体从转子与锥形管的环隙中流过，转子受到一个向上的力而浮起。当转子在流体中受到的向上作用力与转子在流体中的重力相等时，转子就静止在某一高度上。这样通过转子的重力、浮力求得转子两边的压差后，可以根据压差求得流体通过环隙的速度，进而求得所测的流量。与压差式流量计不同，转子流量计采用的是恒压降、变节流面积的测量方法。

图 11-15　孔板流量计

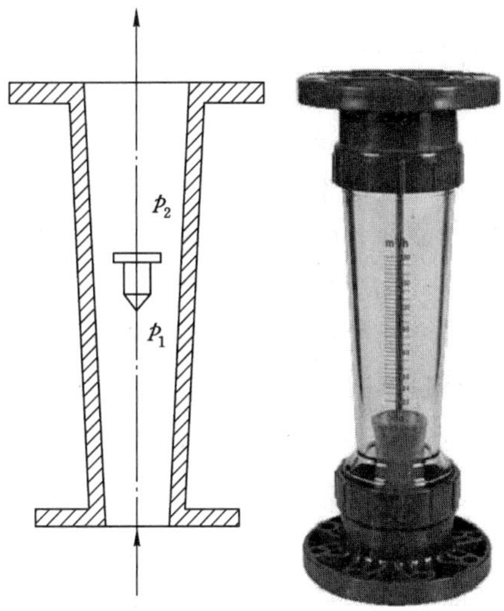

图 11-16　转子流量计

由力平衡方程得

$$G_1\frac{\rho_1-\rho}{\rho_1}=(p_1-p_2)F \tag{11-18}$$

流体流过环隙的流速为

$$c=K\sqrt{\frac{2(p_1-p_2)}{\rho}} \tag{11-19}$$

则质量流量为

$$q_m=KF_1\sqrt{2G_1\frac{\rho}{F}\left(\frac{\rho_1-\rho}{\rho_1}\right)} \tag{11-20}$$

其中，

$$F_1=\frac{\pi}{4}[(d_0+nl)^2-d^2] \tag{11-21}$$

式中　G_1——转子所受的重力；

ρ_1——转子材料的密度；

ρ——所测流体的密度；

F——转子的最大过流面积；

F_1——环形过流面积；

p_2、p_1——转子上、下表面所受的总压力；

d_0——在刻度尺零点处的锥形管内径；

n——锥形管内径的变化率；

l——转子由零点上升的高度；

d——转子的最大直径。

对一定的仪表，与转子形状及介质黏性有关的系数 K 是一个常数。因此，流量只与环形过流面积 F_1 有关，也即与转子的位置有关。

转子流量计在出厂时通常是按照空气作为被测介质标定的。如果被测介质不是空气，其密度与空气密度不同，则应重新进行标定。

转子流量计的优点主要有：可测小流量，结构简单，维修方便，压力损失小，价格低廉等。但是也有许多的缺点限制了它在工业中的应用。首先转子流量计采用机械传递信号，仪表性能和准确度都难以提高。此外，转子本身也有很多问题，如流量大小发生突变时，或是仪表有垂直度偏差时，转子容易卡死；有时即便没有卡死，但它与内壁产生摩擦，影响转子上下运动，也会造成很大的测量误差。

通过差动变送器将转子的位移信号转变为电信号，从而实现远距离传送，称为远传式转子流量计。一般情况下，此类流量计的管径范围是 4～150 mm，测量范围是 0.001～3 000 m^3/h，精度为±(1%～2.5%)。

三、电磁流量计

电磁流量计由电磁流量变换器和二次仪表两部分组成。电磁流量变换器(一次仪表)由激磁线圈、绝缘流道和内置电极等几部分组成。绝缘短管装有一套励磁绕组，产生一个与导管方向垂直的磁场。在短管内部装有一对电极，直接与流体接触。当有导电的流体通过磁极之间的管道时，流体相当于是一个长度为管道内径的导体在切割磁力线，这时就会产生电动势 E_x。电磁流量计及其工作原理如图 11-17 所示。

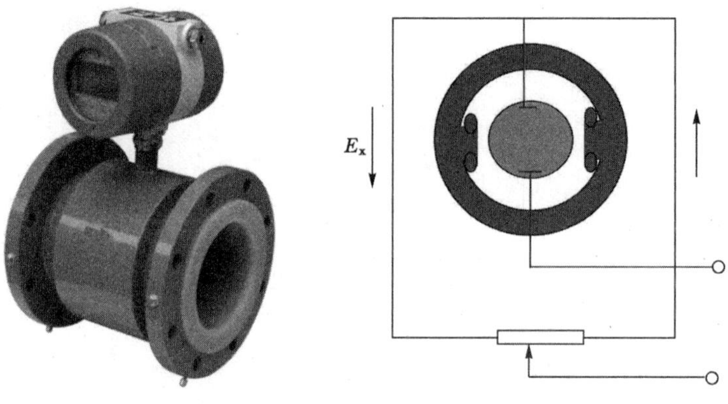

图 11-17　电磁流量计及其工作原理图

根据法拉第电磁感应定律(右手定则)有

$$E_x = kBDv \tag{11-22}$$

体积流量 Q 与流速 v 的关系为

$$Q = \frac{1}{4}\pi D^2 v \tag{11-23}$$

则

$$E_x = \frac{4kB}{\pi D}Q \tag{11-24}$$

式中　k——比例系数；

B——磁感应强度；

D——管道直径。

在磁感应强度 B、管道直径 D 确定不变后，感应电动势的大小与体积流量之间具有线性关系，因而仪表具有均匀刻度。

电磁流量变换器产生的微弱电势信号通过导线传送到二次仪表。二次仪表由前置放大、主放大、相敏检波、功率放大、霍尔反馈(克服电源波动)、电源等部分组成。其作用是提供激磁电源，将变换器输出的微弱电势信号进行放大，并输出相应的电流信号。电磁流量计的二次仪表通常带有数码显示器，通过适当设定相关参数，可以按规定单位显示流量值。输出的 4～20 mA 标准信号既可以驱动显示仪表、控制器等，也可以经过 D/A 转换，用于计算机系统的数据采集。

采用电磁流量计应满足以下几方面条件：① 被测流体的导电率不小于纯水的导电率；② 管内充满流体，无大气泡存在；③ 流体运动平稳，传感器与上游弯头、三通、变径等变流管件的距离不小于 5 倍的管径；④ 传感器周围无强电磁干扰源。

电磁流量计的优点在于：① 不受流体压力、温度、黏性、密度、电导率等因素影响；② 测量范围宽，适用于管径在 6～900 mm 之间、测量范围为 0.1～20 000 m^3/h、精度为±1%流量测量；③ 测量中没有压降，不会对流动造成损失，也不受流动方向影响，广泛适用于含杂质液体以及强酸、强碱及盐类等腐蚀性液体的测量。

电磁流量计的缺点在于：① 容易受外界电磁干扰影响，对安装和调试要求高；② 黏性物或沉淀物容易附着在电极上，从而带来测量误差。

四、超声波流量计

超声波流量计是指采用超声波的多普勒效应检测运动物质的速度并进而获得流量的仪表。所谓多普勒效应是指当一束波射向移动的物质并产生散射时，其散射波的频率会产生变化(频移)。

设声波频率为 f_0，颗粒随流体运动速度为 v，声波与颗粒运动方向夹角为 θ，则颗粒接收到的声波频率 f_1 为

$$f_1 = f_0 \frac{c + v\cos\theta}{c} \tag{11-25}$$

当该颗粒将 f_1 频率的声波反射回去时，接收器收到的声波频率 f_2 为

$$f_2 = f_1 \frac{c}{c - v\cos\theta} = f_0 \frac{c + v\cos\theta}{c - v\cos\theta} \tag{11-26}$$

声波接收器和发生器间的多普勒频移 Δf 为

$$\Delta f=f_2-f_0=2f_0\frac{v\cos\theta}{c-v\cos\theta}\approx 2f_0\frac{v}{c}\cos\theta \tag{11-27}$$

流体体积流量为

$$Q_V=\frac{Ac}{2f_0\cos\theta}\Delta f \tag{11-28}$$

式中 c——声波速度；

θ——声波发射方向与管道夹角；

A——管道截面积。

超声波流量计一次探头通常为可移动式防水结构，通常包含两个探头，每个探头独立完成发射和接收工作。用于超声波发射和接收的两个探头的安装方式有夹装式、插入式和管段式，安装在不同内径(10～2 200 mm)的管道上。超声波流量计的三种常见安装方式如图 11-18 所示。

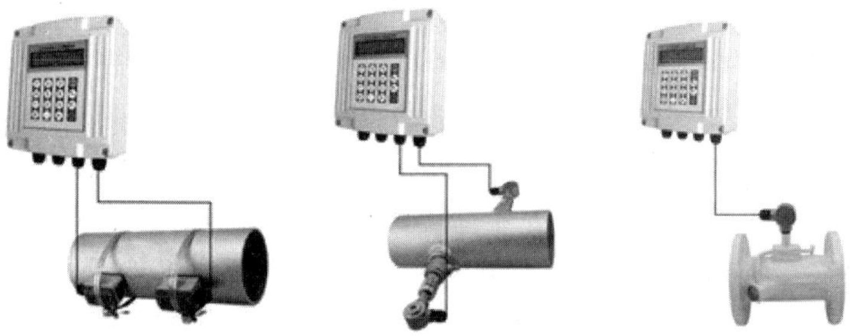

(a) 夹装式 (b) 插入式 (c) 管段式

图 11-18 夹装式、插入式和管段式超声波流量计

夹装式安装方便，且探头与被测物料不直接接触，广泛用于磨蚀性、腐蚀性物料的检测。当管道本身为含有气孔等吸声材质(如铸石)时，散射波强度会大幅度降低，甚至没有信号，导致无法检测，此时应选择插入式或管段式安装。

超声波流量计的二次仪表包括高频振荡发射电路、差频放大电路、频谱分析电路、I/O 传输与转换电路、时间累积电路、显示电路和开关电源电路等。按外形结构分为固定(防爆)式、便携式和手持式几种。由于二次仪表输出的标准信号和显示值通常代表管内流速的平均值，用户可根据管道内径自行换算。少数智能化的超声波流量计允许用户直接输入流道管径、流量单位等参数，直接按要求输出相应的流量值。

二次仪表采用指针式显示时，通常采用旋钮设定流速量程，而指针显示实际流速占量程的百分比，两者相乘即为实际流速。为了提高测量精度，通常通过适当调整流量量程值，使指针显示在 50%～70%之间。将按流速量程值计算的流量与仪表时间累积值相乘，即可获得相应时间内的累计流量。

超声波流量计采用非接触式测量，可以不受流体的腐蚀性、磨蚀性、压力等工艺参数的影响，因而，在全国各大选煤厂得到越来越广泛的应用。但在使用超声波流量计测量流体流量时，需要有能散射超声波的固体颗粒或气泡，因而用于测量油类及纯水时往往效果不很理想。

超声波流量计在使用中所遇到的大多数问题是由于探头安装不当、安装位置选择不好引起的。为了保证测量结果的稳定性和一定的精确度，要求管内充满流体；传感器与上游弯头、三通、变径等变流管件的距离不小于 5 倍的管径；安装时需要彻底清除管道表面铁锈，并在管壁和探头之间涂超声波传导胶。DN500 mm 以下的小直径管道，两个超声波探头对面安装在管道直径方向；大直径管道可安装在两个夹角 30°～60°的半径方向。

五、流量计的选用

在选用流量计时首先要考虑流体的性质和状态，如腐蚀性、黏稠度、磨损性、电导率、温度等，根据原理选择合适的流量计种类，如电磁流量计可测量各种酸、碱、盐等腐蚀液体，各种易燃、易爆介质，各种工业污水、纸浆、泥浆等，但不能用于测量气体、蒸气以及含有大量气体的液体，不能用来测量电导率很低的液体介质，不能用于测量高温高压流体；转子流量计可以用来测量液体、气体以及蒸汽的流量，特别适宜低流速小流量的介质流量测量；超声波流量计一般用于测量 200 ℃以下的流体流量，包括强腐蚀性、非导电性、放射性及易燃易爆介质的流量测量。

其次要考虑工艺允许的压力损失、最大最小工作压力和额定流量、测量精度的要求等。同时应注意使用场合的特点，如安装地点、工艺管道尺寸、接口方式等。最后还要考虑仪表的显示方式、通信方式等。

六、计量泵

计量泵也称定量泵或比例泵，属于往复式容积泵。用于精确计量的计量泵，误差不超过 ±1%，流量可以在 0～100%范围内无级调节。选煤厂常用计量泵输送煤用药剂，特别是稀释到不同浓度的絮凝剂、凝聚剂。

图 11-19 为选煤厂常用的液压隔膜计量泵。电动机经联轴器带动蜗杆并通过蜗轮减速使主轴和偏心轮做回转运动，由偏心轮带动连杆在导筒内做往复运动。周期开始时，连杆拉动柱塞向电动机端运动，通过单向阀的作用使泵腔内逐渐形成真空，吸入阀打开，吸入液体。接着，当柱塞向泵端运动时，吸入阀关闭，排出阀打开，液体在膜片的推动下排出。柱塞的往复循环工作形成连续有压力、定量的液体排放。可以通过改变柱塞的移动行程来决定流量的大小。

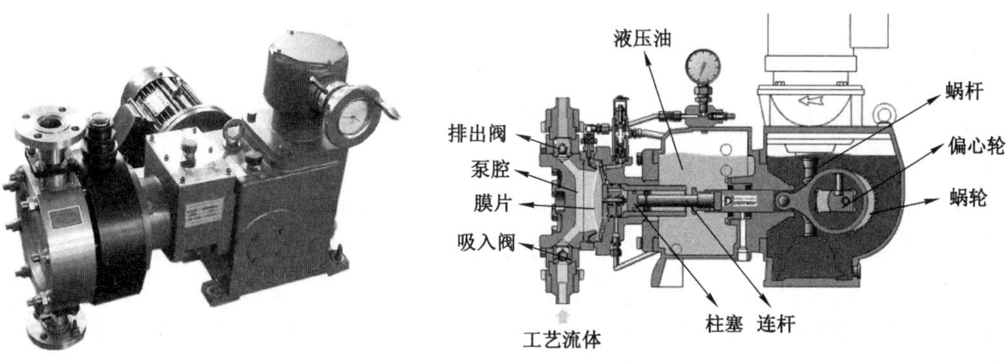

图 11-19　液压隔膜计量泵

计量泵除了液压隔膜式外，还有柱塞、活塞式和机械隔膜式，能输送高黏度介质、磨蚀性浆料和危险性化学品，流量可达每小时几十立方米，压力最大可达 350 MPa。

第四节 物位测量

选煤厂经常需要对浮选机液位、介质桶液位、煤仓储煤高度等进行测量。按被测物料不同分为液位计和仓位计(料位计)两种,按测量原理不同分为浮子液位计、静压液位计、电容物位计、超声波物位计等几种。

一、浮子液位计

1. 浮子液位计原理

浮子液位计是利用漂浮在液面上的浮子来实现测量的。浮子因浮力作用漂浮在液面上,其位置代表了液面的位置。当液面变化时,浮子随液面一起运动,从而产生位移。与滑轮相连的变阻器在额定电压下产生与液位相关的电流信号,通过传递、放大,可以显示出液面高度和液位的变化。浮子液位计如图 11-20 所示。

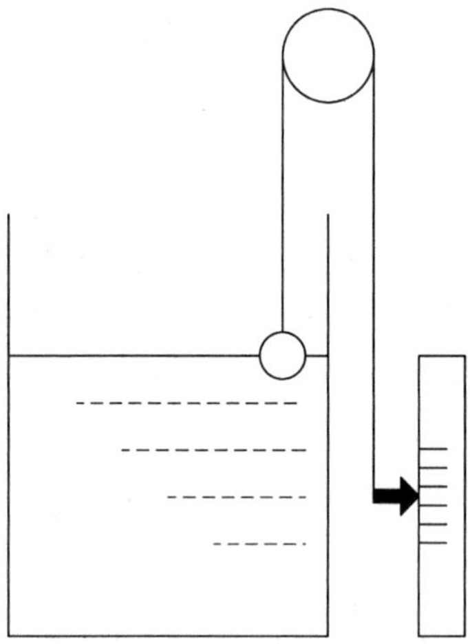

图 11-20 浮子液位计示意图

2. 浮标装置

在选煤厂跳汰选煤过程中,一般用浮标装置确定重产物床层厚度。浮标装置由浮标和其他部件组成,如图 11-21 所示。

浮标是中空而密封的容器,具有一定的密度,一般装在排料口前 200 mm 左右。浮标随水流的脉动而脉动,它在床层中所处位置的高低,基本上反映了重产物床层厚度的变化。改变浮标上的配重还可以跟踪不同密度层的位置。浮标的外形为流线型,一般在跳汰机的第一段多采用高度较大、底面积较小的浮标。这类浮标对跳汰机负荷和用水量都不太敏感,受机械力作用大,精度较差,如圆筒形浮标。在第二段可采用高度较小、底面积较大的浮标,它对跳汰机负荷较为敏感,如椭圆形浮标、纺锤形浮标等。浮标的材质一般采用碳钢、不锈钢或尼龙等合成材料。

浮标与其他部件构成浮标装置,这些部件有检测并发送浮标位移的装置,如电感线圈、差动变压器、超声波等无触点装置,当然也可以用位移传感器。另外还有保证浮标克服机械束缚自由上下运动的部分。在实际测量时,床层是上下脉动的,只有浮标在每个周期的最低

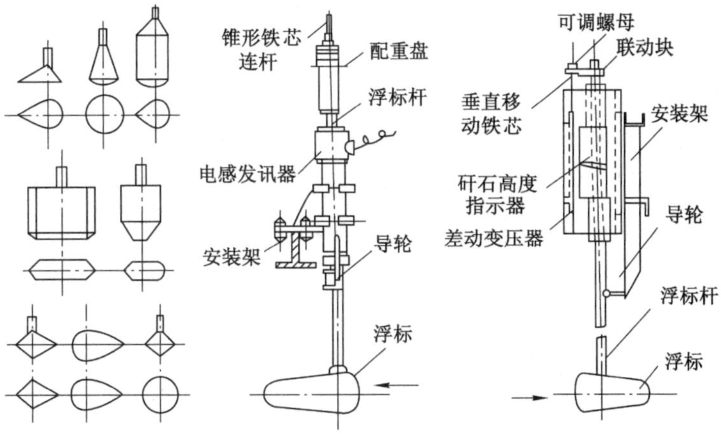

图 11-21　浮标及浮标装置

位置才表征相应床层厚度，有二次仪表进行相应的变换。

二、静压液位计

静压液位计是根据液体内某点的压强与液位高度成正比的原理进行测量的，如图 11-22 所示。

$$\Delta p = p_1 - p_2 = \gamma H \quad 或 \quad p_1 = p_a + \gamma H \tag{11-29}$$

式中　p_1、p_2——液面及液下某点的压强；

Δp——液面及液下某点的压差；

H——液位；

γ——液体的重度。

当流体重度 γ 不变时，密闭容器中液下某点与液面的压差 Δp 或开口容器液下某点的表压与液位成正比。

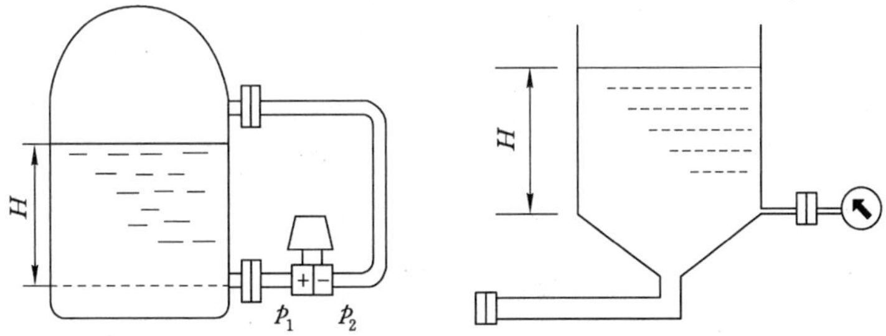

图 11-22　静压液位计

按照测压元件的不同，压力传感器分为电容式、电阻应变式和半导体压敏电阻式等几种。其中，半导体压敏电阻式压力传感器具有体积小、安装方便、故障少、运行可靠等突出优点，是当前液位测量的主流压力传感器。该传感器在不同的压强条件下，产生不同的电阻值（1 200～6 000 Ω），在 24 V 直流电源供电下，就产生 4～20 mA 标准电流信号。

当被测液体具有腐蚀性、易沉积（如重介悬浮液）、黏度大或易凝固的特点时，引压管线会有腐蚀、堵塞的风险，常在导压管入口处加隔离膜盒，充以硅油或纯净水作为传压介质，使得被测介质不与毛细管及仪表接触。

三、电容液位计

电容液位计测量原理如图 11-23 所示。两个半径分别为 D 和 d、高为 L 的同轴金属圆筒组成电容器，当两筒之间充满介电常数为 ε_0 的介质(如空气)时，则两筒间电容量可由下面公式表述：

$$C_0=\frac{2\pi\varepsilon_0 L}{\ln\frac{D}{d}} \tag{11-30}$$

当其中高为 H 的区域被介电常数为 ε 的介质取代时，电容为：

$$C=\frac{2\pi\varepsilon H}{\ln\frac{D}{d}}+\frac{2\pi\varepsilon_0(L-H)}{\ln\frac{D}{d}} \tag{11-31}$$

则

$$\Delta C=C-C_0=\frac{2\pi(\varepsilon-\varepsilon_0)}{\ln\frac{D}{d}}H \tag{11-32}$$

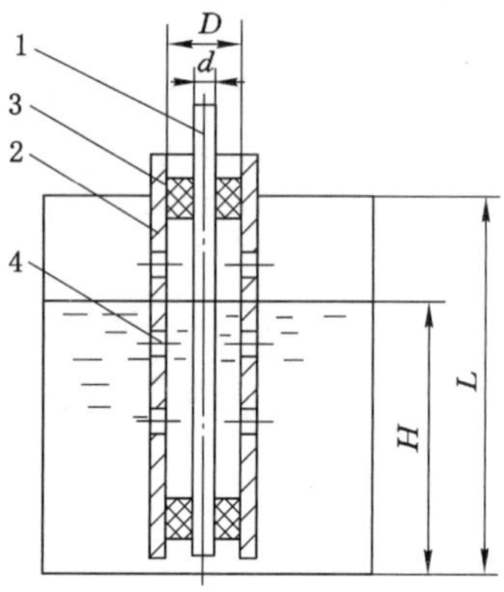

1—内电极；2—外电极；
3—绝缘套；4—流通小孔。

图 11-23 电容液位计测量原理

可见，在两筒直径不变、物料性质基本恒定的情况下，电容的变化量 ΔC 与液位 H 成正比。二次仪表的作用就是将电容变化转换为标准的电压或电流参数。

电容物位计也可以测量固体物料的料位。由于固体间摩擦较大，容易“滞留”，所以一般不采用双电极式电极，而是用电极棒或电极绳与容器壁构成电容器的两极来测量非导电固体的料位。

四、超声波物位计

超声波物位计是利用声波在空气中的传导速度(约 340 m/s)基本不变进行检测的。当超声波从一种介质向另一种介质传播时，在两种密度不同的介质分界面一部分被反射，另一部分折射到相邻介质中。超声波物位计原理如图 11-24 所示。

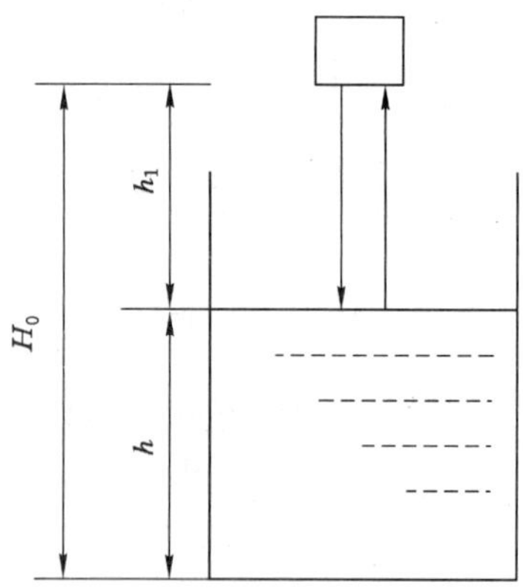

图 11-24 超声波物位计原理图

传感器从发射超声波到接收到反射回的超声波之间的时间差与高度 h_1 的关系为：

$$t=\frac{2h_1}{v} \tag{11-33}$$

即

$$h_1=\frac{1}{2}vt \tag{11-34}$$

则液位高度 h 为：

$$h=H_0-h_1=H_0-\frac{1}{2}vt \tag{11-35}$$

超声波物位计没有可动部件，采用非接触式测量，对液体、固体的料位都可测量，是选煤厂桶位、仓位测量较为理想的仪器。

超声波物位计(图 11-25)的机械接口有螺纹和法兰两种，现场显示有端显示和侧面显示两种形式。电气接口多为标准的 4～20 mA 电流或 1～5 V 电压信号。超声波物位计的测量范围取决于超声波的发射功率，测量范围较大的物位计需要有较大的发射功率。

图 11-25　超声波物位计

超声波物位计的常见故障主要与安装位置和落料形式等有关。由超声波发生器产生的超声波以一定的散射角在圆锥形范围内向前传播，当该区域内遇到仓壁或落料时，就会产生反射信号，影响测量结果。选煤厂煤仓表面的堆积形状也会影响最终测量效果，特大型煤仓(槽仓)需要安装多个料位探测器(探头)以更精确地测量仓面各点的高度，提高总仓储量的测量精度。此外，液面上漂浮的泡沫对超声波的吸收作用，也会使检测仪表失去信号。

第五节　质 量 测 量

选煤厂入选原煤和出厂的最终产品都需要称量，包括对煤仓物料的静态称量和对胶带运输机中移动物料的动态称量。目前常用称量装置有胶带秤、轨道衡、称重仓等。

胶带秤是选煤厂常用的内部计量仪表，可以在生产过程中对胶带运输机的运输量进行连续监测，也可以显示某段时间内通过物料的总质量。胶带秤通常由测重传感器、测速传感器和二次仪表三部分组成。根据测重传感器测量方法的不同，目前，工业上使用的胶带秤分为电子胶带秤和核子秤两大类。

一、电子胶带秤

电子胶带秤由秤架、测重传感器、测速传感器和二次仪表等部分构成，如图 11-26 所示。

一次仪表包括秤架、测重传感器以及测速传感器等几部分。

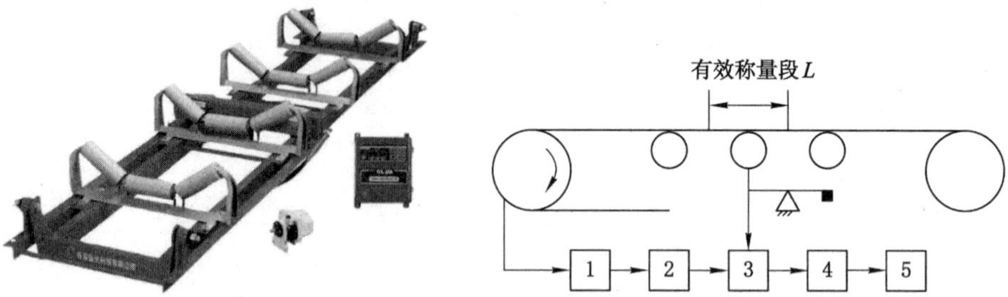

1—测速传感器；2—频率-电流转换器；3—测重传感器；4—放大器；5—二次仪表。

图 11-26　电子胶带秤及其工作原理

秤架结构如图 11-27 所示，其中平衡重块的作用是抵消无负载时胶带、托辊与秤架自身的重量。

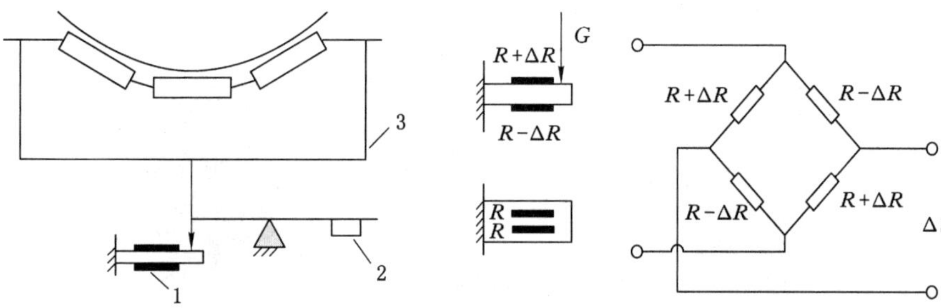

1—测重传感器；2—平衡重块；3—托辊与秤架。

图 11-27　秤架结构与称重电桥

电子胶带秤采用应力应变方法测量行进中胶带运输机一定长度上物料的质量。载有物料的胶带依靠托辊支承，托辊附近物料量越多，支承力越大。将支承托辊安置在弹性元件上，则产生与支承力相对应的应变。通过粘贴在弹性元件上的应变片转换为电阻变化，进而获得相应的电流信号。

胶带运输机有效称量段 L 上质量为 G 的物料通过秤架作用在测重传感器应变梁的自由端使之发生弹性形变。在应变梁上下各贴有两片电阻应变片，阻值均为 R。用这 4 个电阻构成等臂电桥，电桥的电源由测速传感器经频率-电流转换器供给。当空载时，电桥平衡，输出电压为零。当自由端受压弯曲时，上部电阻应变片被拉伸，电阻值增大 ΔR，下部应变片受压缩，电阻值减小 ΔR，电桥不再平衡，输出电压 ΔU。同时，电桥还起到了温度补偿的作用。

应变片 ΔR 值与应变梁的应变量成正比，即和应变梁受力 G 的大小成正比，则

$$\Delta R = K_1 \cdot G \tag{11-36}$$

胶带速度 v 由测速传感器获得，是与转速成正比的频率信号，经过频率-电流转换器转换成对应的电流 I，则

$$I = K_2 \cdot v \tag{11-37}$$

电桥输出 ΔU 为：

$$\Delta U = \Delta R \cdot I = K_1 K_2 \cdot G \cdot v = K \cdot G \tag{11-38}$$

式中，K、K_1 和 K_2 都是系数，一旦设备确定下来都是不变的。可见，当胶带运转速度恒定时，电桥输出电压 ΔU 与电子胶带秤单位时间输送物料质量 G 成正比。

电桥输出电压 ΔU 经过放大器放大，送给二次仪表即可显示出胶带运输机的瞬时输送量和一段时间内运送物料的累计质量。

电子胶带秤的测速传感器通常安装在胶带运输机尾轮(从动轮)中心轴的一端。一般采用测速发电机进行检测。交流测速发电机在不同的转速下可以产生不同频率的交流电，通过分频计数可以获得转速信息；直流测速发电机在不同的转速下可以产生不同的电压。少数电子胶带秤采用涡流传感器测量胶带运输机速度：在胶带运输机尾轮(从动轮)中心轴的一端沿圆周粘贴数个永磁铁片，当轴旋转时，逐个经过涡流传感器，并产生电流脉冲信号，通过分频计数可以获得转速信息。

将称重传感器测得的单位质量值与测速传感器测得的胶带运输机运行速度值相乘，即可获得胶带运输机单位时间运输量；将单位时间运输量按时间累加(积分)可以得到累计运输量。这部分功能由电子胶带秤的二次仪表实现。

电子胶带秤的使用精度与其所在的胶带工作状况有关。因此，通常仅作为厂内生产计量使用，不作为商业计量仪表。

二、核子胶带秤

核子胶带秤是利用辐射穿透物质后强度减弱的原理测量传送胶带上物料质量的，如图 11-28 所示。将射源安置在胶带运输机上方，全断面照射物料。辐射通过物质时，由于被物质吸收和散射，其辐射强度减弱，即

$$I=I_0 e^{-\mu d \rho} \tag{11-39}$$

式中　I——穿过物质后的 γ 射线强度；

I_0——穿过物质前的 γ 射线强度；

μ——物质对 γ 射线的质量吸收系数，对确定的物质和一定能量的 γ 射线，其值为常数；

d——吸收物质的几何厚度；

ρ——吸收物质的密度。

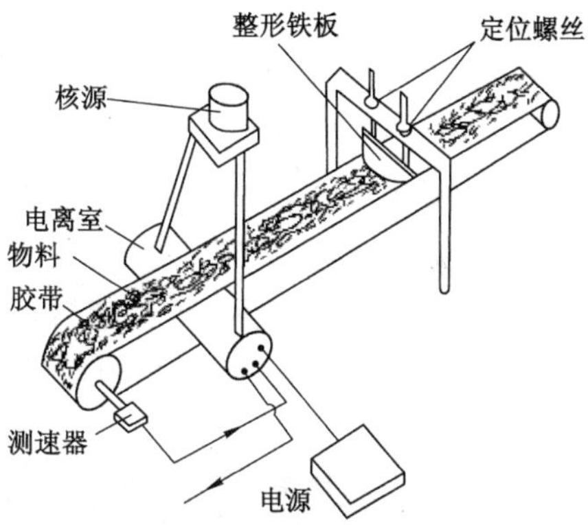

图 11-28　核子胶带秤示意图

由式(11-39)得

$$d \cdot \rho=K_1 \ln \frac{I}{I_0} \tag{11-40}$$

若胶带速度为 v，胶带上物料宽度为 s，则单位时间通过的物料质量为：

$$G=v \cdot s \cdot d \cdot \rho=K \cdot \ln \frac{I}{I_0} \cdot v \tag{11-41}$$

通过对瞬时物料量 G 累加可得到物料的总质量。核子胶带秤是一种非接触式测量仪表，不受胶带颠簸、超载、滚轮偏心、胶带张力变化和刚度变化等因素的影响，能在高温、粉尘等恶劣环境下工作，但应注意辐射安全，并及时到公安机关申请办理使用许可证。

三、轨道衡

称量铁路货车载重的衡器称为轨道衡，分为静态轨道衡、动态轨道衡和轻型轨道衡 3

种。选煤厂使用的轨道衡以静态轨道衡为主,又分为机械式、机电结合式和电子式3类。

1. 机械式静态轨道衡

机械式静态轨道衡由承重台、杠杆系统和示值装置3部分构成。称量时,机车以低于3 km/h的速度将货车准确停止在承重台上,脱钩后,司秤员移动计量杠杆上的大、小游砣使杠杆平衡,按大、小游砣在主、副杠杆上的示值之和读出称量数值。它具有准确度较高、性能稳定、经济实用等优点。其缺点是操作复杂、效率低、不宜安装在列车出入频繁的线路上。机械式静态轨道衡构造如图11-29所示。

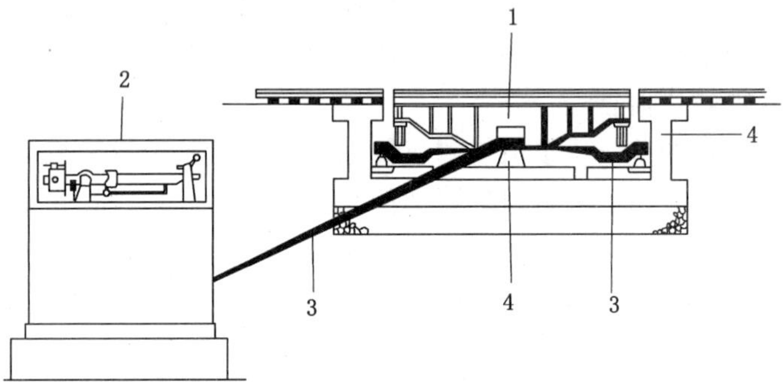

1—称重装置;2—读数装置;3—杠杆系;4—坑基。

图11-29 机械式静态轨道衡构造示意图

2. 机电结合式静态轨道衡

机电结合式静态轨道衡是机械式轨道衡的改进型,其结构原理与机械式相同,但在传力杠杆连接处装有一个称重传感器,并由称重显示器自动显出称量数值。

3. 电子式轨道衡

电子式轨道衡由承重台、传感器、称重显示仪表和数字打印机4部分组成,如图11-30所示。它能自动显示称量数值和打印记录,具有远传信息、连续计量等特点。

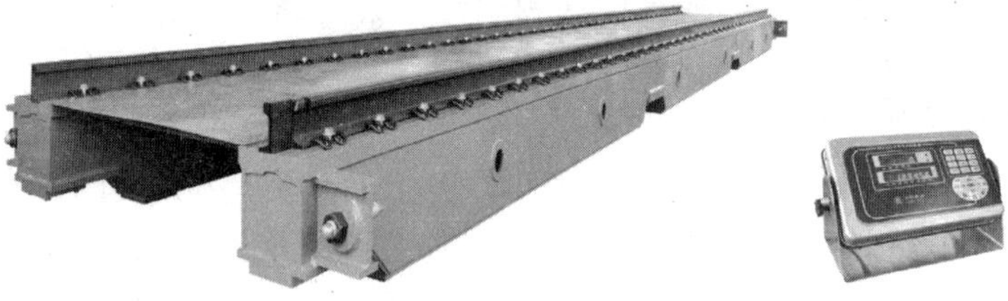

图11-30 电子式轨道衡

电子式静态轨道衡将火车车厢的质量通过一定长度的铁轨和其下的杠杆机构传递到弹性元件上,产生相应的应变,再经过应变片转换为电信号。电子式动态轨道衡长度较短,一次测定一组车轮传过来的重力。电子式轨道衡通常采用柱式传感器,在测量过程中重力作用于弹性体上从而产生形变,这一应变(正或负)被粘贴在弹性体上的应变片转化为电子信号。传感器除了包括必不可少的应变片和弹性体外,通常还包括保护应变片的外壳、密封元件等。应变电阻通过桥式电路进行测量和输出。目前,工业上使用的电子轨道衡通常都具有显示、打印、自动去皮、数字量通信等功能。

该类产品计量准确，能自动显示重量，自动记录称量结果，还可以将称重数据传至管理控制中心进行数据处理。其最大称量可达 150 t，分度值一般为 20 kg。

轨道衡在选煤厂主要用于铁路运输的原煤和产品的称重。机械式静态轨道衡和电子式轨道衡都可以作为商业结算的依据。

四、称重仓与定量装车

铁路运输对装车量有严格的限制，超过车皮额定装载量将对车辆和铁路造成损害，相反，车皮装载量不足又浪费火车的运输能力。实现定量装车是降低选煤厂产品运输成本的有效途径。

称重仓是定量装车的有效环节。称重仓通常采用钢结构形式，仓体多为圆柱形，在支座下部安装有 3 个或 4 个称重传感器，如图 11-31 所示。通过传感器上的应力应变原理来确定料仓内物料的多少。

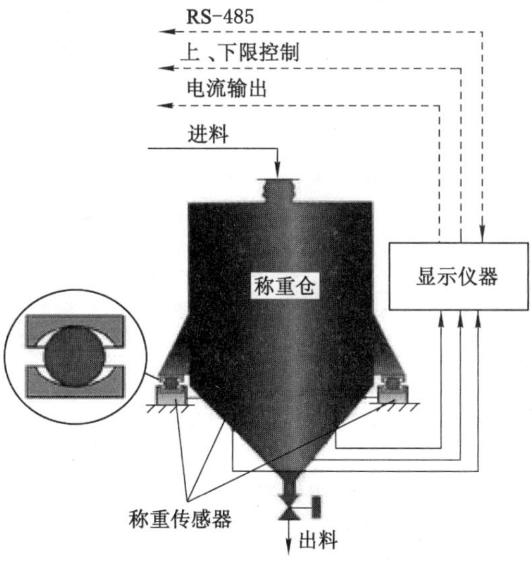

图 11-31　称重仓结构原理图

在装车过程中，通过称重传感器对仓中的煤进行实时测量，当煤达到所预定的质量之后，便可关闭来料系统，进而使静态精确测量得以实现。经过准确称重后，通过称重仓下的装车溜槽装入对应车厢内，并将车厢内的煤刮平。

在选煤厂定量装车系统中，除一次称取整节车煤量方案外，还可以与轨道衡配合，采用初装—轨道衡称重—称重仓定量补量的方式实现快速定量装车。

第六节　水 分 测 量

煤中含水量是选煤厂重要技术指标和计价质量指标，超过规定指标时不但要从煤中扣除多余水分的质量，而且产品单价也要降低。我国北方冬天寒冷，煤炭运输要严格控制煤中水分含量，以免发生冻车。为了得到合格的产品，需要准确测量煤的水分。

一、中子水分仪

中子水分仪是利用含氢物质对快中子的慢化作用进行检测的。当较高能量的快中子通过含氢的物质(如水等)时,中子与质子(氢原子核)碰撞,中子将大部分能量传给质子,本身的速度减慢。与之相比,介质中比其较重的核对慢化的贡献可以忽略不计,并在标定中可作为本底计数加以扣除。当被测物料中氢原子仅存在于水分子中时,一定数量的快中子穿过后,其中转变为慢中子的数量与含水量有关,通过检测透过物料的慢中子数,就可确定物料中的水分含量。

中子水分仪具有以下特点:非接触式测量,无须取样,不损伤被测物质的结构;测量范围宽,保证测量值接近实际值;可实现连续地实时在线测量;测量时间短,一般在数秒或数十秒内即可完成;与温度、压力、pH 值及物料颜色无关;安装简单,可安装在容器内(内装式)或容器外(外装式),也可安装在物料传送带上。

传送带上的中子水分测量系统(图 11-32)一般需同时配装一套透射式伽马密度测量系统作为密度厚度补偿,传送带上的物料通常还要进行整形(刮平)。

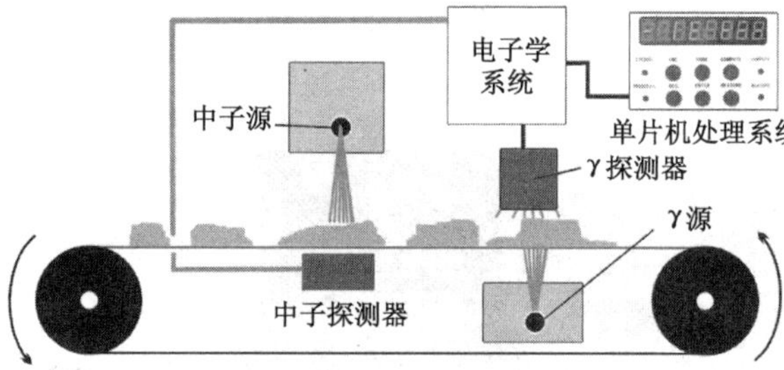

图 11-32　动态物料在线中子水分测量系统

中子水分仪使用的中子源的强度很弱。传送带式采用 11 100 MBq(300 mci)的中子源强为每秒 7.5×10^5 个中子,在 113 cm 处产生的剂量当量率为 7.5 μSv/h。传送带式中子水分仪均装有辐射防护屏蔽体,装置外的剂量当量率接近自然本底。

二、微波水分仪

微波是一种波长在 1 m 以下、频率在 30 MHz 以上的电磁波。用微波测定物料水分的仪表分为在线水分仪和离线水分仪。

1. 微波在线水分仪

微波是一种高频电磁波,微波透射介质时产生的衰减、相位改变主要由介质的介电常数、介质损耗角正切值决定。水是一种极性分子,水的介电常数和介质损耗角正切值都远高于一般介质,因此,含水介质的介电常数和损耗角正切值的大小主要由它的水分含量决定。用微波测水就是把含有一定水分的煤作为微波传输通路上的电介质,由于煤和水的介电常数和介质损耗系数不同,两者相差较大,因此煤中水分含量变化显著影响微波能量损耗值,含水越多,能量损耗越大。

如图 11-33 所示,微波从位于输送胶带下方的 UM 微波水分仪 C 型框架下臂的微波发射源发射出来,透过胶带及物料后被胶带上端的位于 C 型框架上臂的微波接收器接收。根据微波功率的衰减和相位移的改变,即可计算物料中的水分含量。

图 11-33　在线微波水分检测仪

由于微波完全穿透过程物料，所以所有的物理性水分都能被测定。这不仅适用于表面水分的测定，而且也适用于内部水分的测定。因此，微波水分仪具有很高的测量准确度，物料的粒度和表面结构也不会影响测量结果。

2. 微波离线水分仪

众所周知，水属于极性分子，在微波作用下可以得到选择性加热，直至以蒸汽形式挥发出去。微波离线水分仪就是将待测物料放置在玻璃称量瓶中，炉内磁控管发射微波，使水分子超高速振动，并迅速蒸发。称量出加热前后的质量损失即可计算出物料水分。

第七节　密度测量

悬浮液的密度是重介质选煤工艺过程中最重要的技术参数。用于悬浮液密度检测的仪表主要有接触式的滴水平衡密度计、双管压差密度计和非接触式的 γ 射线(同位素)密度计等几种。目前常用的是 γ 射线(同位素)密度计和双管压差密度计。

一、γ 射线密度计

放射性同位素产生的 γ 射线在穿过物质时，一部分粒子因克服阻力和碰撞而消耗动能被吸收，另一部分则穿透介质，辐射强度被衰减。

根据吸收定律，有：

$$I=I_0 e^{-\mu L\rho} \tag{11-42}$$

即

$$\rho=\frac{1}{\mu L}(\ln I_0-\ln I) \tag{11-43}$$

式中　I_0——γ 射线的入射强度；

I——γ 射线的透射强度；

L——待测物质的厚度；

μ——待测物质的质量吸收系数；

ρ——待测物质的密度。

对于一定的射源，其射线强度随时间呈规律性衰减，当测量年限远远小于射源半衰期时，可以认为是常数，在管壁材质和厚度不变的条件下，最终进入被测悬浮液的射线强度 I_0 也是常数；在悬浮液化学组成基本一定时，其物质的质量吸收系数 μ 也近似为常数。当被测物料厚度（管道直径）不变时，上式可改写为：

$$I=K\cdot e^{-\rho} \tag{11-44}$$

可见，穿透被测物质后的射线强度仅随被测物质的密度变化而变化，因此只要测出穿透物质的射线强度，就可求出介质密度。

目前，选煤厂常用的 γ 射线密度计（图 11-34）一般采用 $^{137}_{55}Cs$（半衰期为 30 年）作为放射源。利用 γ 射线测量矿浆密度时，要确保被测液体充满整个管道，且流动平稳，无湍流和气泡，否则就不满足厚度 L 为常数的检测条件，会带来很大的测量误差。

(a) 一次仪表图　　(b) 二次仪表图

图 11-34　γ 射线密度计

选煤厂常用 γ 射线密度计一次仪表由 γ 射源、特制屏蔽防护铅罐、射线探测器、前置放大器等部分组成。γ 射源被置于铅罐中，并用金属铍堵塞罐口，称为铍窗。射线的有效照射范围为铍窗正对的约 12°的锥形区域，其余区域因铅罐保护，应为安全范围（通常由生产商提供有效检测证明）。γ 射源罐在铍窗口设置铅盖，在运输和检修期间由人工将其调至关闭状态。仅在安装就位后调试运行时从侧面将其调至开启状态。

透射射线的强度通过射线探测器进行测量。射线探测器有电离室和闪烁计数器两种，其作用都是将接收到的射线强度转换为相应的电脉冲密度（即单位时间内的电脉冲数），再经过前置放大传送到二次仪表。

二次仪表将射线探测器传送来的电脉冲信号进行放大、整形和变换，得到标准 4～20 mA DC 模拟量信号。二次仪表允许用户对测量系统的相关参数进行设定、修改和标定，对测试结果进行实时显示。

二次仪表中的工业级电源，采用稳压、屏蔽、浮空等多种措施，增强了对工业现场环境的适应性。二次仪表具有掉电保护、上电自动复位、数据永久保存等功能；二次仪表的补偿功能可以对现场环境温度下、Y 源的衰减变化进行自动补偿；二次仪表的转换功能可以实现瞬时密（浓）度变化信号远传或 485 通信。

选煤厂 γ 射线密度计一次仪表通常采用管道卡装式安装，二次仪表可以采用盘面安装或壁挂式安装。

γ 射线密度计作为一种非接触式测量仪表，具有结构紧凑、体积小、安装方便等优点。但因含有对人体有害的放射源，必须采取适当的防护措施。为保证放射性同位素仪表的安全性，应根据不同的物料和穿透厚度，选择不同强度的射源。安装位置通常应选择在楼板下方附近，一般操作维修人员很少活动的区域。

二、双管压差密度计

双管压差密度计是依据流体在管道中不同高度的位置产生压差的原理来测量密度的。

$$\Delta p=\gamma\cdot H=\rho g H \tag{11-45}$$

因此

$$\rho=\frac{\Delta p}{gH} \tag{11-46}$$

密度计的压力部分由两个压力传感器和差压变送器组成，当两个压力传感器安装在不同高度时，被测介质的高、低压力就会对测量传感器产生不同的压力，介质密度的大小与压力成正比，两个压力传感器将产生的压力传送到差压变送器，差压变送器输出与差压值呈线性关系的电压信号，经过放大转换后送给二次仪表显示。

可以选择管道式法兰安装于上料管，也可以选择介质桶、浮选机侧壁双法兰安装，或单法兰介质桶、浮选机顶装和侧装。选煤厂悬浮液上料管的流速一般都比较快，会造成大的测量误差和测量的不稳定性，甚至无法测量，所以，需要控制好流速，才能稳定测量。可以考虑旁通安装，这样便于选择小管径的密度计，节约投资经费。管道式在线压差密度计如图 11-35 所示。

图 11-35　管道式在线压差密度计

在分散剂(水)和分散剂(煤泥)密度一定的情况下，矿浆的密度与浓度具有一一对应关系，即

$$q=\frac{(\rho_x-\rho_0)\rho}{\rho-\rho_0}\times 1\ 000 \tag{11-47}$$

式中　q——矿浆浓度，g/L；

ρ_x——被测矿浆密度，g/cm^3；

ρ_0——水的密度，g/cm^3；

ρ——矿浆中固体密度，g/cm^3。

因此，密度计也可以显示浓度，成为浓度计。

第八节　煤的灰分在线测量

选煤厂的精煤灰分始终是用户最关心的产品质量指标之一。普通燃烧方法测量煤的灰分，往往需要一个小时左右时间，远远不能满足工业生产中快速测控的要求。

从煤的元素组成来看，煤中可燃体主要由碳、氢、氧、氮、硫等元素组成，其平均原子序数约为 6；煤中成灰物质(不可燃体)主要由硅、铝、钙、镁、铁等元素组成，其平均原子序数约为 13。理论研究结果表明，低能 γ 射线与物质的相互作用，主要是光电效应和康普顿效应。其中，光电效应吸收系数和原子序数的四次方成正比。当煤中成灰物质比例增加，即灰分增加时，γ 射线的散射强度也加大。

低能 γ 射线照射煤样时，其射线衰减的大小除了与煤中灰分有关外，还与煤样的水分、粒度组成、松散度等有关。为了尽可能消除这些影响，一般采用散射法。煤的灰分 A_d 与散射强度 N 有如下关系：

$$A_d=\frac{N_0-N}{K_0}=A-B\cdot N \tag{11-48}$$

式中 A_d——被照射煤样的灰分；

N——γ 射线散射强度；

N_0——γ 射线入射强度；

A,B,K_0——与样品性质、测量条件、测量仪表相关的常数。

对于以一定时间脉冲数表示的 γ 射线散射强度，式(11-48)可以变换为：

$$A_d=K(V_0-V_m n\tau) \tag{11-49}$$

式中 A_d——被照射煤样的灰分；

n——单位时间脉冲数；

V_0——仪表的给定值；

V_m——信号脉冲的幅值；

τ——电路时间常数；

K——仪表的量程。

需要特别指出的是，由于铁的原子序数(26)较大，对 γ 射线散射的影响也较大。因此，对于采用重介质分选工艺生产的产品煤，用普通 γ 射线测灰仪检测灰分，会受到煤中带介量的巨大影响。此时，应选择双射源测灰仪以消除加重质磁铁粉的影响。

双 γ 射线透射法是利用两种可放射不同能量射线的放射源构成“双透射通道”来进行测量灰分的。

第一透射通道采用镅(Am241)源，镅放射源发出的 γ 射线能量较低，物质的原子序数越大，对镅放射的 γ 射线的吸收越强(穿透煤被探测器探测到的 γ 射线越少)。

第二透射通道采用放射较高能量 γ 射线的铯(Cs137)源，其强度损失主要反映煤的厚度、松散度等，与原子序数关系不大。

按一定比例对两个通道检测的结果进行差减，就可以修正其他性质变化引起的射线衰减变化，精确求出煤中高原子序数元素的含量，从而求出煤灰分。在线双 γ 射线灰分测量仪如图 11-36 所示。

图 11-36 在线双 γ 射线灰分测量仪

第九节 矿浆磁性物含量测量

磁性物含量计是测量重介质悬浮液中磁性物含量的在线仪表。在选煤厂，它可与密度计配合，用于检测悬浮液中的磁铁矿粉和煤泥的含量，以保证生产所需的最佳悬浮液特性，提高分选效果，稳定产品质量。它还可用于磁选系统检测尾矿损失，减少介质损耗，此外在磁铁矿选矿厂，也可用于检测矿浆品位，控制选矿指标。

均匀分布有磁铁矿粉的悬浮液通过传感器时，线圈的电感量可由下式给出：

$$L=\frac{\mu_0 \mu_r n^2 S}{l} \tag{11-50}$$

其中　μ_0——真空磁导率；

μ_r——线圈内介质相对磁导率；

n——线圈匝数；

S——线圈横截面积；

l——线圈长度。

当线圈的匝数、横截面积、长度确定后，线圈的电感量与其中介质的相对磁导率 μ_r 成正比。

重介质选煤时，实际悬浮液由磁铁矿、粉煤泥和水三部分组成。其中水和煤泥是非磁性物质，其磁导率接近真空磁导率，相对磁导率约为 1。而磁铁矿粉的磁导率比真空磁导率高两个数量级以上。因此，当重介质悬浮液流经一个感应线圈时，其相对磁导率 μ_r 仅随磁性物的含量而变化，故线圈的电感量也将与铁磁物质的含量成正比。

目前选煤厂在用的磁性物含量计测量范围多为 0～1 000 g/L，测量精度±1%左右。一次仪表由非金属耐磨导管和其外壁上的电磁线圈构成。导管的规格有 ϕ100 mm、ϕ150 mm、ϕ200 mm 三种，与被测管路用法兰连接。小直径管路可直接串联在系统中。当被测管路直径较大时，可作为旁路管道并联在介质上升管路中，如图 11-37 所示。

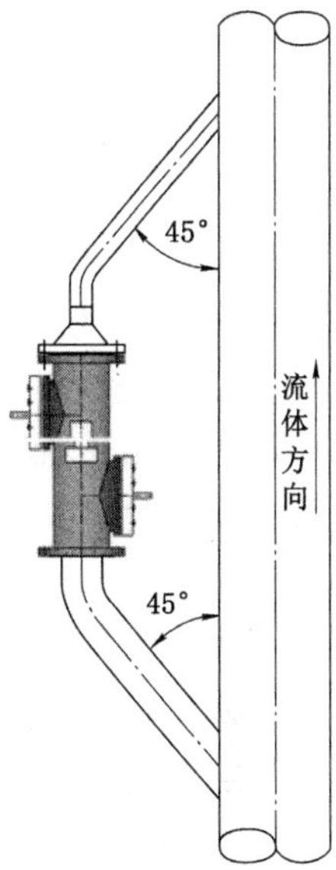

图 11-37　磁性物含量计示意图

二次仪表由振荡电路、检测电路、电流输出电路和电源等几部分组成，对信号进行放大、转换和线圈温度补偿。仪表输出信号有 0～10 mA、0～20 mA、4～20 mA 三种，以适配不同的控制器或显示仪表。二次仪表本身通常带有数码显示器，可用于参数的设定和检测结果的显示。

第十节　温度检测

温度检测的方法很多，在选煤厂常在设备轴承或润滑油箱预埋热电阻或热电偶来检测润滑情况，在供电仪表（如空气断路器、热继电器等）中则主要采用双金属温度计与电热元件配合，检测异常大电流。近年来，笔式光电温度计逐渐用于设备运行状况的巡检。温度检测方法分类如图 11-38 所示。

一、热电阻与热敏电阻传感器

热电阻是中低温区最常用的一种温度传感器。金属的电阻与其温度相关，因此，通过检测金属电阻的变化即可反映其温度的大小。热电阻测温就是基于金属导体的电阻值随温度的增加而增加这一特性来进行测量的。

金属热电阻的电阻值和温度一般可以用以下的近似关系式表示，即

- 温度计
  - 接触式
    - 膨胀式
      - 玻璃液体：−50～600 ℃
      - 双金属：−80～600 ℃
    - 压力式
      - 液体：−30～600 ℃
      - 气体：−20～600 ℃
      - 蒸汽：0～250 ℃
    - 热电偶
      - 铂铑-铂：0～1 600 ℃
      - 镍铬-镍硅：−50～1 000 ℃
      - 镍铬-考铜：−50～600 ℃
    - 热电阻
      - 铂：−200～600 ℃
      - 铜：−50～150 ℃
  - 非接触式
    - 辐射式
      - 热辐射：400～2 000 ℃
      - 光辐射：700～3 200 ℃
      - 比色：900～1 700 ℃
    - 红外线
      - 光电式：0～3 500 ℃
      - 热电式：200～2 000 ℃

图 11-38　温度检测方法分类

$$R_t = R_{t0}[1+\alpha(t-t_0)] \tag{11-51}$$

式中　R_t——温度为 t 时的电阻值；

R_{t0}——温度为 t_0（通常 $t_0=0$ ℃）时对应的电阻值；

α——温度系数。

热电阻大都由铂、铜、镍、锰和铑纯金属材料制成，目前应用最多的是铂，主要是因为其温度系数 α 比较稳定。金属热电阻一般适用于−200～500 ℃范围内的温度测量，其特点是测量准确、稳定性好、性能可靠，因此在工程控制中的应用极其广泛。

热敏电阻是一种特殊的半导体，多为金属氧化物的混合物。

半导体热敏电阻的阻值和温度关系为：

$$R_t = Ae^{B/t} \tag{11-52}$$

式中　R_t——温度为 t 时的电阻值；

A、B——常数，取决于半导体材料的结构。

按照温度系数 B 的不同，热敏电阻分为正温度系数热敏电阻（PTC）和负温度系数热敏电阻（NTC）。相比较而言，热敏电阻的温度系数更大，常温下的电阻值更高（通常在数千欧以上），但互换性较差，非线性严重，测温范围只有−50～300 ℃，大量用于家电和汽车的温度检测和控制。

二、热电偶传感器

1821 年，德国物理学家塞贝克发现，两种不同成分的材质导体组成闭合回路，当两端存在温度梯度时，回路中就会有电流通过，此时两端之间就存在电动势——热电动势。两种不同成分的均质导体为热电极，温度较高的一端为工作端，温度较低的一端为自由端，自由端通常处于某个恒定的温度下。热电偶原理如图 11-39 所示。

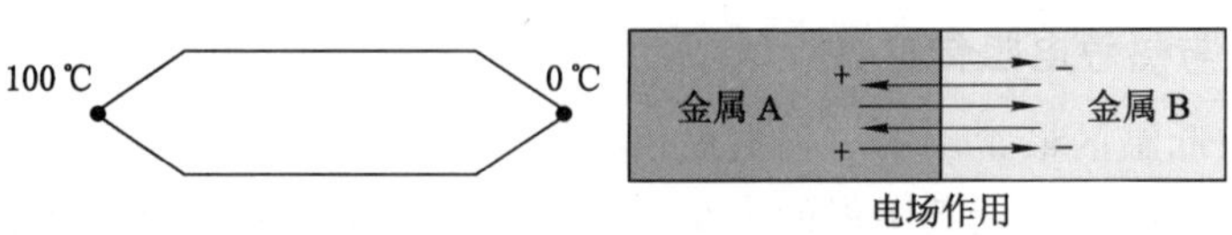

图 11-39　热电偶原理

$$E_t = e_{AB}(t) + e_{BC}(t_0) + e_{CA}(t_0) \tag{11-53}$$

$$0 = e_{AB}(t_0) + e_{BC}(t_0) + e_{CA}(t_0) \tag{11-54}$$

$$E_t = e_{AB}(t) - e_{AB}(t_0) \tag{11-55}$$

当冷端 t_0 恒定，热电偶产生的热电动势只随热端（测量端）温度的变化而变化，即一定的热电动势对应着一定的温度。我们只要用测量热电动势的方法就可达到测温的目的。自由端温度在 0 ℃时热电动势与温度的函数关系称为热电偶分度表，不同的热电偶具有不同的分度表。

在热电偶回路中接入第三种金属材料时，只要该材料两个接点的温度相同，热电偶所产生的热电动势将保持不变，即不受第三种金属材料接入回路中的影响。因此，在热电偶测温时，可接入测量仪表，测得热电动势后，即可知道被测介质的温度。热电偶测量温度时要求其冷端（测量端为热端，通过引线与测量电路连接的端称为冷端）的温度保持不变，其热电势大小才与测量温度呈一定的比例关系。若测量时，冷端（环境）的温度变化，将严重影响测量的准确性。在冷端采取一定措施补偿由于冷端温度变化造成的影响称为热电偶的冷端补偿。使用热电偶时应注意，与测量仪表连接用专用补偿导线。

三、光电温度计

在自然界中，一切温度高于绝对零度的物体都在不停地向周围空间发出红外辐射能量。物体的红外辐射能量的大小及波长的分布与它的表面温度有着十分密切的关系。绝对黑体的辐射强度按波长分布曲线如图 11-40 所示。

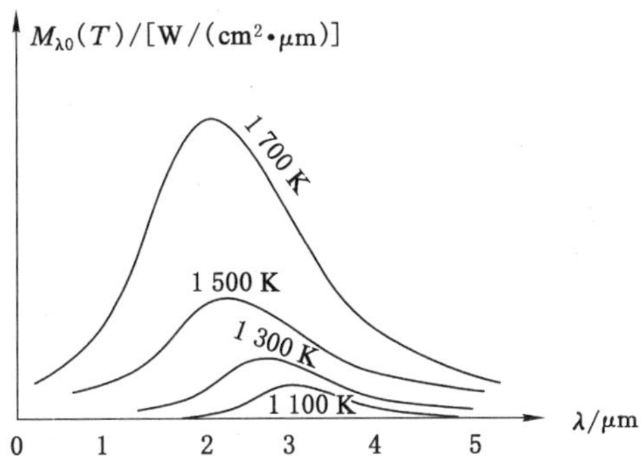

图 11-40　绝对黑体的辐射强度按波长分布曲线

普朗克黑体辐射定律的表达式如下：

$$M = 2\pi hc^2 \lambda^{-5} \frac{1}{e^{\frac{hc}{k\lambda T}} - 1} \tag{11-56}$$

式中　M——黑体的辐射强度；

λ——波长，μm；

T——绝对温度，K；

k——玻耳兹曼常数。

在常用温度和波长范围内，通常用维恩公式来近似表示物体的辐射强度，即

$$M_{\lambda 0}(T) = C_1 \lambda^{-5} e^{-\frac{C_2}{\lambda T}} \tag{11-57}$$

则有

$$\frac{1}{T_0}-\frac{1}{T}=\frac{\lambda}{C_2}\ln\frac{1}{\varepsilon} \tag{11-58}$$

式中 ε——实际物体的发射率；

T——实际物体的真实温度；

C_1、C_2——第一、第二辐射常数；

T_0——黑体温度。

在已知波长为 λ 的物体发射率后，测得对应的黑体温度 T_0，利用式(11-58)求出实际物体的真实温度 T，即

$$T=\frac{1}{\frac{1}{T_0}-\frac{\lambda}{C_2}\ln\frac{1}{\varepsilon}} \tag{11-59}$$

比起接触式测温方法，红外测温有着响应时间快、非接触、使用安全及使用寿命长等优点。

复习思考题

一、名词解释

精密度，准确度，精确度，系统误差，随机误差，粗大误差，绝对误差，相对误差，允许误差，灵敏度，灵敏限，分辨率，零点漂移。

二、简答题

1. 电气式压力传感器按其工作原理分为哪几种？
2. 试简述常用电磁流量计的工作原理。
3. 试简述几种常用物位计的工作原理及其在选煤厂的用途。
4. 试比较电子胶带秤与核子胶带秤的异同。
5. 试述煤炭水分在线测量的方法及工作原理。
6. 试述悬浮液密度测量方法及工作原理。
7. 试述煤炭灰分在线测量的基本原理。
8. 试述矿浆磁性物含量计的基本原理及仪表各部分功能。
9. 试述常用温度检测方法及工作原理。

第十二章　选煤厂过程参数控制

第一节　过程控制的基本概念

被控制量为工艺过程参数(流量、液位等)的自动控制系统称为过程控制系统。

一、过程控制系统的构成与分类

1. 过程控制系统的基本构成

过程控制系统通常由参数的检测仪表、控制器、执行器等三个基本部分组成(图 12-1)。有些控制系统还附带有显示仪表和记录仪表,对工艺参数进行适当方式的显示、记录和存储。

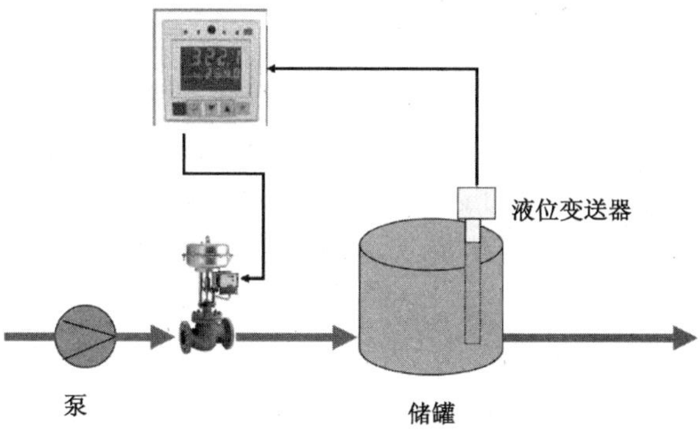

图 12-1　过程控制系统示意图

检测仪表将被测参数转换为特定信号(电流信号或气压信号),通常包括传感器和变送器两部分,或一次仪表和二次仪表两部分。

控制器又称调节器,将传感器或变送器送来的信号与其内部的工艺参数给定值进行比较,再根据比较结果按照一定的运算规律计算出控制信号,并将控制信号传送给执行机构。

执行器包括执行机构和控制机构两部分,执行机构接收控制器送来的控制信号,转化为相应的直线位移或角位移,并向控制器反馈当前的位移值;控制机构则直接作用于被控对象,将位移值转化为对工艺参数的调节动作。

2. 过程控制系统的分类

过程控制系统按信号种类分为气动控制系统和电动控制系统两大类。气动控制系统将被测参数转化为气压值(20～100 kPa),并进而推动气阀动作。电动控制系统将被测参数转化为电流(4～20 mA,DC)或电压(1～5 V,DC)值,并进而驱动电动机动作。电动控制系统按电信号的形式又分为模拟量控制系统和数字量控制系统。

过程控制系统按控制目标分为定值控制(被控参数尽可能趋近某个确定值)、随动控制(被控参数按一定规律跟随另一参数变化)和程序控制(被控参数的给定值按预先设定的程序随时间变化)三类。

过程控制系统按信号来源(系统结构)分为前馈控制系统、反馈控制系统、复合控制系统(图12-2)以及程序控制系统四类。

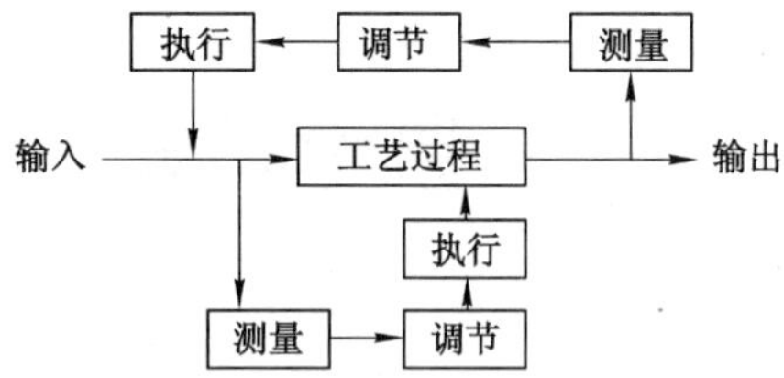

图 12-2　前馈控制系统与反馈控制系统

前馈控制系统:检测进入过程的干扰(包括外界干扰和设定值变化),并按其信号产生合适的控制作用去改变操纵变量,使受控变量维持在设定值上。前馈控制系统控制结果的好坏不会对控制作用产生影响,也称为开环控制系统。

反馈控制系统:比较工艺系统输出值与目标值之间的偏差,并通过调节操纵边框以消除偏差。在反馈控制系统中,既存在由输入端到输出端的信号前向通路,也包含从输出端到输入端的信号反馈通路,两者组成一个闭合的回路。因此,反馈控制系统又称为闭环控制系统。

在反馈控制系统中,只有在干扰造成一定后果时,才能发挥调节作用降低干扰的影响。为了克服这种滞后导致的影响作用,在干扰信号进入系统的同时,插入一个前馈控制作用,使其抵消干扰对控制变量的影响,这种控制系统称为复合控制系统。

以浮选过程中捕收剂的添加量控制为例。前馈控制策略就是捕收剂添加量随干煤泥量的变化而变化。即检测入料煤泥量的变化,以一定的药比添加捕收剂。

另一种控制策略是基于精煤灰分进行捕收剂添加量控制。浮选工艺知识表明,随着捕收剂添加量的增加,不仅精煤上浮量增加,浮精的灰分也会随之增加。因此,可以通过检测精煤灰分来与目标的精煤灰分进行比较,从而判断和调整捕收剂添加量,这就构成了反馈控制方案。系统调节的结果又以新的精煤灰分被检测和判断,直至两者基本一致,可见,反馈控制系统是一种闭环控制系统。

复合控制就是将两者结合在一起,先检测入料流量和浓度,计算出干煤泥入浮量,按照一定的药比决定捕收剂的添加量;调节结果的好坏通过检测浮选精煤灰分来进行判断。当浮选精煤灰分高于目标值时,适当降低药比;反之,则提高药比,直到精煤灰分满足控制精度要求。浮选过程控制系统结构如图 12-3 所示。

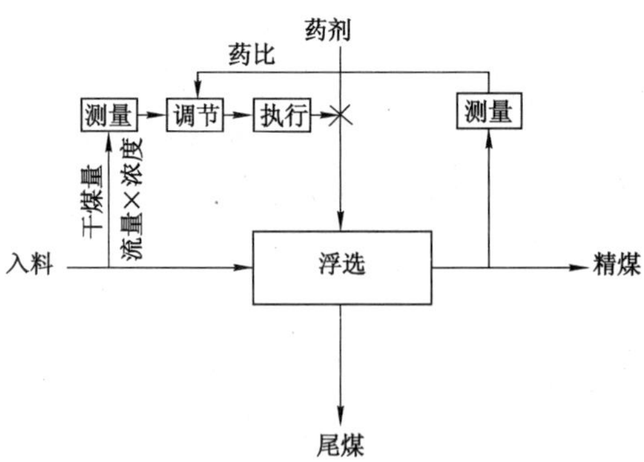

图 12-3　浮选过程控制系统结构

由此可见,浮选前馈控制可以有效降低入料干煤泥量变化(包括入料流量变化及入料浓度变化)对浮选作业的影响;反馈控制可以在入选干煤泥量和给药量都不变的情况下,消除入料可浮性变化对精煤灰分的影响。当两种干扰因素都较强时就需要采用复合控制系统。

二、控制系统的调节方法

1. 位式控制

位式控制又称通断式控制,是将测量值与设定值相比较,依据比较结果对调节对象进行开或关控制的调节。

如图 12-4 所示,当测量值与设定值的偏差超过设定的上限 δ 时,输出一种状态 $p_{\max}$,如阀门开启,以减小输出;当测量值与设定值的偏差超过设定的下限 $-\delta$ 时,输出一种状态 $p_{\min}$,如阀门关闭,以增加输出。

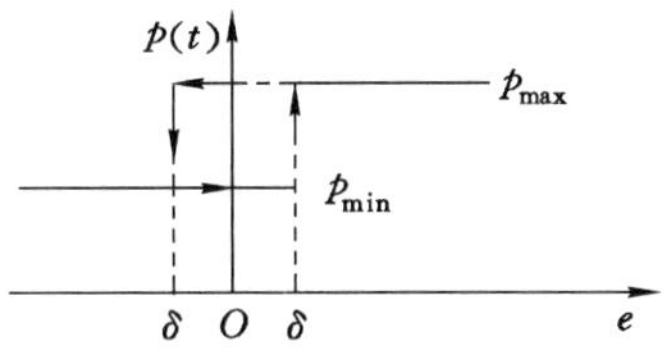

图 12-4　位式控制输入输出参数

用数学方式表示为:

$$p(t)=\begin{cases}p_{\max} & e>\delta \\ p_{\min} & e<-\delta\end{cases} \tag{12-1}$$

位式控制的优点是结构简单,造价便宜;缺点是系统一直处于高、低限之间的振荡变化状态,无法达到稳定平衡。因而,使用有限。

2. PID 调节

所谓 PID 调节就是指通过对测量值和设定值之差进行比例、积分、微分运算,获得输出信号的一种调节方法。根据调节器参数设置的不同,该类调节器可以形成 P 调节(纯比例调节)、PI 调节(比例积分调节)、PD 调节(比例微分调节)、PID 调节(比例微分积分调节)四种调节规律。

四种调节规律可以分别用以下 4 个公式来表示:

P 调节
$$m=K_{\mathrm{P}}\varepsilon \tag{12-2}$$

PI 调节
$$m=K_{\mathrm{P}}\varepsilon+K_{\mathrm{I}}\int\varepsilon\cdot\mathrm{d}t \tag{12-3}$$

PD 调节
$$m=K_{\mathrm{P}}\varepsilon+K_{\mathrm{P}}T_{\mathrm{D}}\frac{\mathrm{d}\varepsilon}{\mathrm{d}t} \tag{12-4}$$

PID 调节
$$m=m_{\mathrm{P}}+m_{\mathrm{I}}+m_{\mathrm{D}}=K_{\mathrm{P}}\left(\varepsilon+\frac{1}{T_{\mathrm{I}}}\int\varepsilon\cdot\mathrm{d}t+T_{\mathrm{D}}\frac{\mathrm{d}\varepsilon}{\mathrm{d}t}\right) \tag{12-5}$$

式中　m——调节器输出;

$m_{\mathrm{P}}, m_{\mathrm{I}}, m_{\mathrm{D}}$——调节器的比例、积分、微分输出分量;

K_{P}——比例常数;

T_{I}——积分时间;

T_{D}——微分时间;

t——时间参数。

比例常数 K_P 也称为系统的增益。与此相关的参数是比例度 δ，即能使执行机构满刻度调节的偏差值，常用检测仪表量程的百分数表示。两者之间的关系为：

$$\delta=\frac{100}{K_P}\cdot\frac{V_{max}-V_{min}}{L_{max}-L_{min}} \tag{12-6}$$

式中 δ——比例度；

V_{max}，V_{min}——被控变量的最大值与最小值；

L_{max}，L_{min}——操纵变量的最大值与最小值。

三、多因素复合控制

当被控变量或操纵变量不止一个，且又相互关联时就构成复合控制系统。目前常用的两因素复合控制系统主要有串级控制、比例控制、选择性控制、均匀控制等。

1. 串级控制

串级控制系统是指在对象滞后较大、干扰作用强烈而且频繁的主控制系统中，对局部参数(副参数)进行预先控制以提高系统总体控制水平的复合控制系统。串级控制如图 12-5 所示。

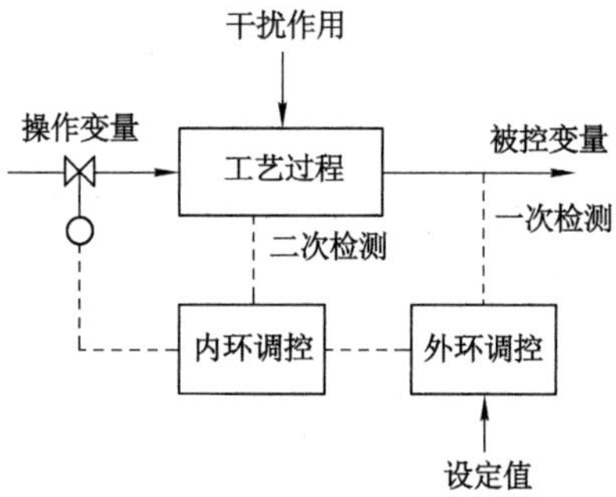

图 12-5　串级控制框图

串级控制的特点是：有一个操纵变量、两个(及以上)被控变量、内外两个闭路循环。

外循环也称为主回路或一次回路，其控制器的输入为被控变量检测结果，设定值由操作员给定，并将输出传递给内循环。

内循环也称为副回路或次级回路，检测影响被控变量的另一个变量，以外循环的输出为其设定值。内循环输出调节操纵变量。

串级控制的突出优点是：通过内循环控制使干扰作用在影响外循环前，就通过内循环进行适当的调节。串级控制尤其适用于内循环能够快速消除主要干扰作用的情形。

在设置时应注意使内外循环有一定的内在联系，使内循环包含主要干扰因素和较多的次要干扰因素，同时注意内外回路的时间匹配，减少内循环的滞后时间，防止“共振”。为此，内循环采用纯比例控制，外循环则采用比例积分或比例微分积分(PID)控制以降低调节余差。

2. 比例控制

比例控制是指实现两个或两个以上参数符合一定比例关系的控制。比例控制方案有开环比例控制系统(以一个参数的测定值控制另一个参数)、单闭环比例控制系统(以一个参数的测定值计算出另一个参数闭环控制的设定值)、双闭环比例控制系统(以一个单闭环参数的测定值计算另一个参数闭环控制的设定值)以及变比例控制系统(以第三个参数的大小决定上述控制系统的比值)。

3. 选择性控制

选择性控制的特点是只有一个检测变量(被控变量),却有两个或两个以上操纵变量。控制信号被分为几个部分,每个部分对应一个操纵变量。系统通过控制多个操纵变量协同作用对被控变量进行同向调节。

分程控制是最典型的选择性控制。分程控制是将一个调节器的输出信号分成若干段,每段信号对应地去控制一个执行器,若干个执行器分段接续完成同一个任务。分程控制主要用于带有逻辑关系的多种控制手段而又具有同一控制目的的系统中,是为协调不同控制手段的动作逻辑而设计的。它也适用于一个对象特性非线性严重、需采取逐段逼近的方式进行精确控制的系统。

如图 12-6 所示,通过反应物的给入阀及生成物排出阀来控制反应器内的压力。

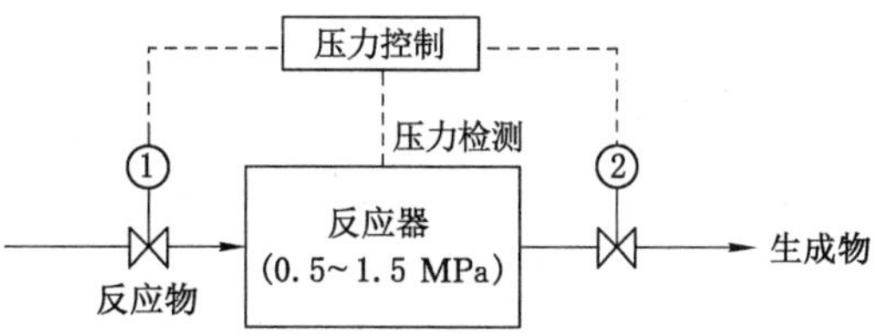

图 12-6　选择性控制系统示例

在本例中,要将反应器的压力控制在 0.5～1.5 MPa,则控制策略为:

如果压力小于 0.5 MPa,则阀门 1 全开,阀门 2 全闭;

当压力在 0.5 ～1.0 MPa 之间时,阀门 1 全开,阀门 2 随着压力的加大逐渐打开;

当压力在 1.0 ～1.5 MPa 之间时,阀门 1 随着压力的加大逐渐关闭,阀门 2 全开;

如果压力大于 1.5 MPa,则阀门 1 全关,阀门 2 全开。

4. 均匀控制

当系统中具有两个相互关联的参数,其中一个参数的稳定必然导致另一个参数的大幅度变化,而工艺上需要两者兼顾时,可采用均匀控制。均匀控制的目标为:两个参数都是变化的,且变化缓慢;两个参数的变化范围都要尽可能小。

双变量均匀控制通常采用以下三个途径实现:

① 采用简单控制系统,选择适宜的控制参数,降低单个参数的控制精度,包括减小放大倍数,延长积分时间,不用微分控制等。

② 串级均匀控制,通过两个参数的控制制约调和两个参数的矛盾。串级均匀控制的主、副回路一般都采用低精度快反应的纯比例控制。要求高精度时可适当加入积分作用。

③ 采用双冲量均匀控制。双冲量均匀控制是以两个被控变量信号(如液位和流量)之差(或和)为被控变量来达到均匀控制目的的。

四、控制系统的品质指标

描述控制系统品质的指标很多,工业上常采用系统受到单位阶跃输入后的响应曲线(又称过渡过程曲线)的相关参数进行评价。

所谓控制系统的过渡过程是指在给定值变化或被控对象受干扰作用使被控变量偏离给

定值时，调节系统发挥作用，使被控变量回复到给定值附近一定范围的过程。

控制系统的过渡过程分为非周期衰减过程、衰减振荡过程、等幅振荡过程和发散振荡过程 4 种形式，如图 12-7 所示。

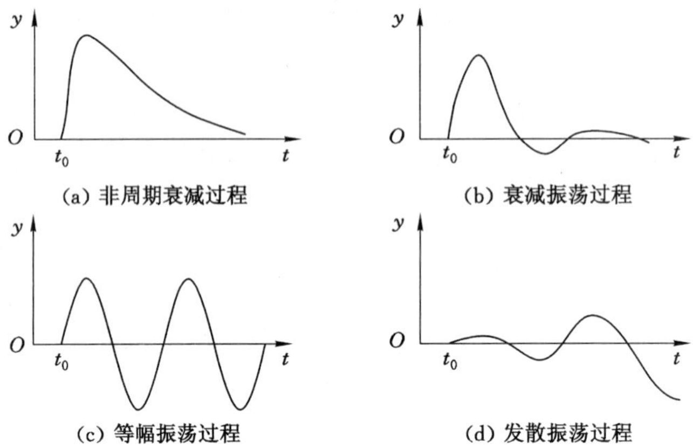

图 12-7　控制系统的过渡过程

上述 4 种过渡过程中，衰减振荡过程和非周期衰减过程能使被控变量在受到干扰作用后重新趋于稳定，为过程控制的两种目标过程。其中，衰减振荡过程具有调节速度快、调节过程相对平稳等优点，在系统允许在一定范围内双向波动的条件下为优选的调控过程。

控制系统在调控过程中的调节性能可以用动态特性和静态特性来描述。控制系统的动态特性是指被控参数向给定值变化过程的特性；控制系统的静态特性是指经过调节作用后，被控参数处于稳定范围时的特性。

描述衰减振荡过程的品质指标有最大偏差（超调量）、衰减比、振荡周期、回复时间、余差等（图 12-8）。

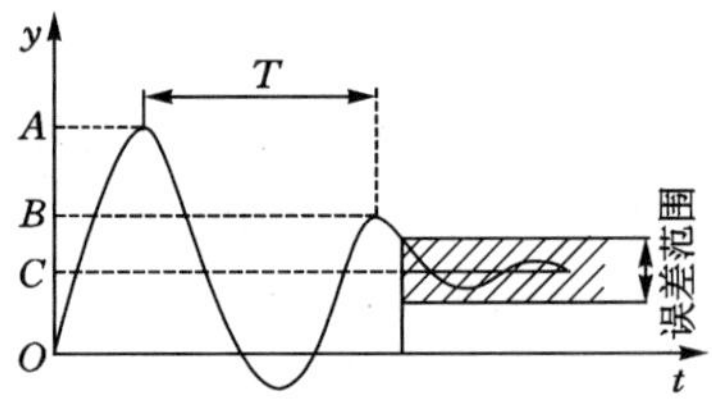

图 12-8　衰减振荡过程的品质指标

1. 最大偏差 A 或超调量 σ

对定值控制系统而言，最大偏差是指过渡过程中被控变量第一个峰值与给定值的差。如重介质系统在介质密度为 1.40 kg/L 运行时，将设定密度调整为 1.5 kg/L，在自动调节作用下，介质密度逐渐升高。在理想的衰减振荡过程中，介质密度将快速升高到设定密度以上，并围绕该设定值进行几次减幅振荡，最后才能稳定在设定值左右。此间，系统第一次达到的密度最大值与设定值 1.5 kg/L 之差即为最大偏差 A。很显然，密度的最大偏差越大，产品的质量偏差就越大。为了提高最终产品的合格率，需要严格控制最大偏差值。在随动控制系统中，如灰分回控系统中，常采用最大偏差与要求值之比（相对偏差）的百分数作为质量指标，称为超调量 σ。

2. 衰减比

过渡过程曲线上，同方向相邻两个波峰之比称为衰减比，一般用 $n:1$ 表示。

$$n = \frac{A - C}{B - C} \tag{12-7}$$

从便于操作管理、过程又有适当的调节速度两方面考虑，一般希望衰减比在 4∶1～10∶1 之间，多采用 4∶1。

3. 振荡周期 T

过渡过程的第一个波峰与相邻第二个波峰之间的间隔时间称为振荡周期 T，其倒数为振荡频率。

4. 回复时间 t_s

回复时间 t_s 也称过渡时间，是指从受到单位阶跃输入后，经过过渡状态，回复到新的平衡状态的时间间隔，即整个过渡过程所经历的时间。在相同的衰减比条件下，振荡周期与过渡时间成正比。

从理论上说，被控变量要完全达到新的稳定状态需要无限长的时间，但通常在被控变量进入新的稳定值允许范围内不再超出时，就认为被控变量已经达到新的稳定值。也有人将被控变量进入新稳定值的 5%范围内不再超出时，称为被控变量达到了新的稳定值。对于动力煤重介质分选系统密度控制而言，人们习惯于将介质密度进入设定值的±0.1 kg/L 范围以内，就认为系统进入新的平衡状态；而对于炼焦煤重介质分选系统而言，只有当介质密度进入设定值的±0.05 kg/L 范围以内，才认为系统进入新的平衡状态。

5. 余差 ε

当系统过渡过程(调节过程)终了时，被控变量新的稳定值与设定值之差称为系统调节余差。就重介质密度控制系统而言，余差就是指当系统达到新的平衡状态以后，其平均密度与密度设定值之差。

余差是控制系统最为重要的静态指标之一。在控制系统中，余差反映了系统的控制精度。余差越小控制精度越高，控制质量就越好，但系统动作频度加大，动作精度提高，在工艺和控制两方面成本加大。因此，在实际控制系统中，余差的大小以基本满足生产工艺要求为好。

第二节 电动组合控制系统(DDZ 控制)

自动控制仪表按物理结构分为基地式仪表和单元组合仪表。

基地式仪表是指将测量、显示、控制等各部分集中组装在一起，形成一个整体，构成可就地安装的一类仪表。基地式仪表将多个功能结合在一起，测量和输出的管线很短，但每项功能的拓展都受到一定的制约，因而功能较简单，不便于组成复杂的调节系统，在一定程度上限制了基地式仪表的应用范围，目前已很少使用。

自动控制仪表的另一个发展方向是将测量、调节、执行等控制系统功能单元分别制成的仪表，再将各单元仪表组合起来构成一个系统，完成一定的控制任务。这类仪表统称为单元组合仪表。

单元组合仪表按通信信号的不同又分为气动单元组合仪表(QDZ)、电动单元组合仪表(DDZ)和智能化仪表等几类。其中以电动单元组合仪表使用最为普遍。

电动单元组合仪表将被测参数转化为一定的电信号,经过电量变换,采用执行电器进行操作调节。我国在1960年前后开始研制电动单元组合仪表,采用电子管和磁放大器为主要放大元件,称为DDZⅠ系列仪表。后改用晶体管作为主要放大元件,称为DDZⅡ系列仪表。

目前广泛应用的是DDZⅢ系列电动单元组合仪表,采用集成电路作基本元件,具有较强的抗干扰能力;以直流24 V集中供电,单元仪表无须单独设置电源;具有本安(本质安全)性能;现场仪表用直流4~20 mA,控制室仪表用直流1~5 V作为统一信号标准,信号电流与电压的转换电阻为250 Ω。这种通信信号与国际电工委员会(IEC)规定的标准通信信号一致,因而具有兼容性。

在前一章我们已经单独介绍了选煤厂常用的各种检测仪表,本节主要介绍过程控制中常用的DDZⅢ系列调节器和执行机构以及系统工程整定基本方法。

一、DDZⅢ系列PID调节器

在自动控制系统中,调节器的作用是将被控变量的测量值与该参数的设定值(要求值)进行比较,得出偏差值,再根据这一偏差值按照一定的调节规律产生输出信号,以推动执行器工作。

目前选煤厂使用的电动调节器分为基型PID调节器、阀门控制器和数字控制器三类。其中阀门控制器兼具阀门驱动功能,与电动阀配套使用,直接对流体流量进行调节;数字控制器内部采用数字电路运行,输入输出为模拟量。

基型PID控制器由比较环节、放大器、反馈环节、电源等几部分组成(图12-9)。比较环节的作用是将测量值与设定值进行比较(电流、电压、气压相减),产生偏差信号;放大器的作用是将偏差信号、反馈信号、载波信号叠加后进行放大,再滤波,并转换为标准信号输出;反馈环节的作用是将输出信号通过一定的运算关系反馈到放大器的输入端,以实现比例、积分、微分等控制规律;控制器的开关电源可以为控制回路的其他仪表,主要是测试仪表提供统一的24 V直流稳压电源。

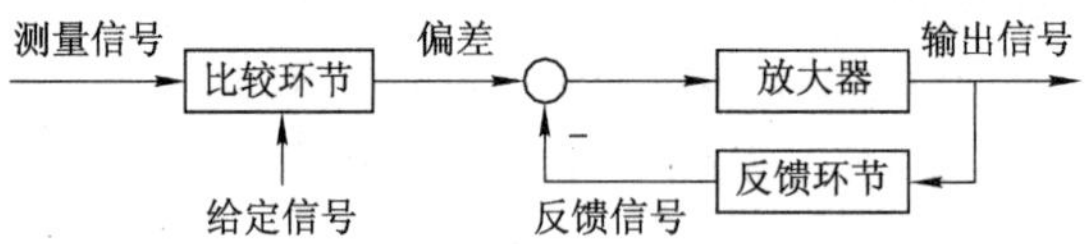

图12-9　基型PID调节器工作原理

目前国内普遍使用DDZⅢ系列电动单元组合仪表中,调节器主要采用DDZⅢ系列PID调节器,在上述基型PID调节器的基础上得到进一步完善,其结构如图12-10所示。

早期的DDZⅢ系列PID调节器如图12-11(a)所示,随着数字化技术的快速发展,目前已被数字PID调节器所取代,如图12-11(b)所示。数字PID调节器在信号的输入与输入环节设置A/D、D/A转换,实现模拟量与数字量之间的相互转化,而其中的计算和显示通过数字化芯片实现,大幅度降低了仪表的复杂程度和造价。

DDZⅢ系列PID调节器具有三方面的基本功能。

(1) 控制功能

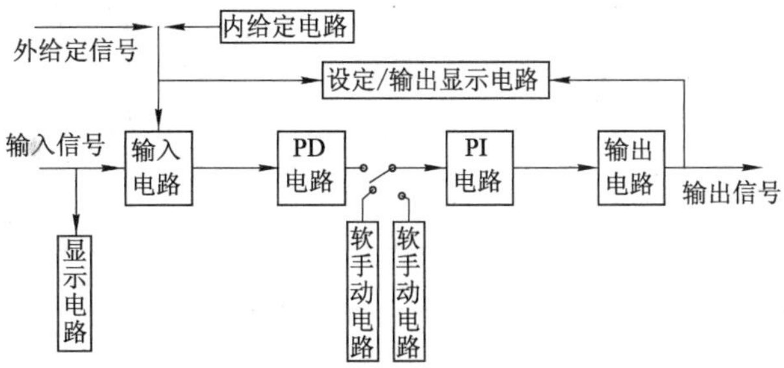

图 12-10　DDZⅢ系列 PID 调节器结构原理图

图 12-11　DDZⅢ系列 PID 调节器

包括自动控制功能和手动控制功能。自动控制功能是针对测量值与给定值的偏差，按PID 控制规律，自动计算出输出值。控制系统的设定值可以通过操作键盘按钮由内部电路(内给定电路)生成，也可以由外部直接给入。事实上，像随动控制、比例控制、串级控制、上位机给定等功能都可以通过外给定电流的传递来实现。

手动控制功能是由操作人员通过按键直接设定输出值。也就是说，通过控制器可以实现操作人员对执行器的遥控操作。手动控制功能还可以选择软手动或硬手动。所谓软手动是指当按下增加或减少按钮时，控制器的输出从当前值开始，随时间按一定的速度增加或减少，放开按钮，则输出保持当前值不变的控制方式。所谓硬手动是指拨动控制滑块，控制器的输出值瞬间直接与滑块的相对位置对应调节的控制方式。由于执行机构的动作往往比较迟缓，控制器输出值的快速变化有可能对执行器产生冲击作用。因此，除非工艺上需要紧急处理，一般情况下，应尽可能不采用硬手动操作。

(2) 显示功能

设备具有主显示窗口、辅助显示窗口和报警灯，可以分别显示输入值、设定值、手动给定值、输出值以及进行限位报警。

(3) 参数调整功能

通过面板按键，可以进行内给定值设定，也可以对 PID 参数值 K_P、T_I、T_D进行工程整定。

二、DDZⅢ控制系统的工程整定

控制系统物理搭建完成后，需要对控制器进行整定才能开始工作。控制器参数的工程整定就是选择适宜的比例常数 K_P(或比例度 δ)、积分时间 T_I和微分时间 T_D。

控制器的整定可以分为理论计算法和工程整定法。理论计算法是通过理论计算，寻找控制关系；工程整定法则通过实际试验或经验规律选择控制参数。

PID 控制器的工程整定方法有：临界比例度法、衰减曲线法和检验凑试法等。

1. 临界比例度法

在纯比例控制（$T_I=0$，$T_D=\infty$）条件下，调整比例常数 K_P（或比例度 δ），使系统出现等幅振荡，通过试验获得临界比例常数 K_m（临界比例度 δ_m）和振荡周期 T_m；再根据表 12-1 所列经验公式计算实际参数值。

表 12-1 临界比例度法 PID 参数整定经验公式

调节规律	调节器参数			
	比例常数 K_P	比例度 δ	积分时间 T_I	微分时间 T_D
P	$0.5\times K_m$	$2\times\delta_m$	—	—
PI	$0.45\times K_m$	$2.2\times\delta_m$	$0.85\times T_m$	—
PID	$0.6\times K_m$	$1.7\times\delta_m$	$0.5\times T_m$	$0.125\times T_m$

临界比例度法广泛应用于放大倍数较小，即控制器输出范围较小的系统。当然，使用临界比例度法必须是工艺系统允许短时间振荡的情形。

2. 衰减曲线法

在纯比例控制（$T_I=0$，$T_D=\infty$）条件下，调整比例常数 K_P（或比例度 δ），使系统呈现 4∶1 和 10∶1 的衰减比；再根据所得的比例度和衰减周期通过经验公式计算实际参数 K_P（或比例度 δ）、T_I、T_D值。

衰减曲线法适用于干扰作用的规律性较强且作用不太频繁的系统。衰减曲线法整定调节器参数通常会按照 4∶1 和 10∶1 两种衰减方式进行，两种方法操作步骤相同，但分别适用于不同工况的调节器参数整定。

(1) 4∶1 衰减曲线法整定 PID 参数

第一步，将调节器积分时间设定为无穷大、微分时间设定为零（即 $T_I=\infty$，$T_D=0$），比例度适当取值，调节系统按纯比例作用投入。系统稳定后，逐步减小比例度，根据工艺操作的许可程度加 2%～3%的干扰，观察调节过程变化情况，直到调节过程变化达到规定的 4∶1 衰减比为止，得到 4∶1 衰减情况下的比例度 δ_s和衰减操作周期 T_s。

第二步，根据 δ_s 和 T_s 的值，按表 12-2 所列经验公式计算出调节器整定参数。

表 12-2 4∶1 衰减曲线法 PID 参数整定经验公式

调节规律	调节器参数			
	比例常数 K_P	比例度 δ	积分时间 T_I	微分时间 T_D
P	K_s	δ_s	—	—
PI	$5\times K_s$	$0.2\times\delta_s$	$0.5\times T_s$	—
PID	$1.3\times K_s$	$0.8\times\delta_s$	$0.3\times T_s$	$0.1\times T_s$

第三步，将比例度放在比计算值略大的数值上，逐步引入积分和微分作用。

第四步，将比例度降至计算值上，观察运行，适当调整。

(2) 10∶1 衰减曲线法整定调节器参数

10∶1 衰减曲线法整定调节器参数步骤和 4∶1 衰减曲线法完全一致，仅采用的整定参数和经验公式不同(表 12-3)。

表 12-3　10∶1 衰减曲线法 PID 参数整定经验公式

调节规律	调节器参数			
	比例常数 K_p	比例度 δ	积分时间 T_I	微分时间 T_D
P	K_s	δ_s	—	—
PI	$5\times K_s$	$0.2\times\delta_s$	$0.5\times T_s$	—
PID	$1.3\times K_s$	$0.8\times\delta_s$	$0.3\times T_s$	$0.1\times T_s$

3. 检验凑试法

检验凑试法首先根据一般经验选择适宜的控制参数 δ、T_I、T_D，再在实际运行过程中对参数进行适当的调整，通过反复调整尝试，直到控制质量符合要求为止。常见工艺 PID 控制参数经验值见表 12-4。

表 12-4　常见工艺 PID 控制参数经验值

物理量	工艺特征	比例度 δ	积分时间 T_I	微分时间 T_D
液位	反应灵敏，允许有静差	1.25		
压力	滞后不大，调节范围较宽	1.4～3.5	0.4～3	
温度	通常有加大的滞后，容易过调	1.6～5	3.0～10	0.5～3
流量	时间常数小，并有噪音	1.0～2.5	0.1～1	

在实际过程中，主要按照 3 个参数大小的作用来确定调整方向。如，比例常数 K_P 过大(或比例度 δ 过小)，则调节作用过于灵敏，容易出现短周期振荡；反之，比例常数 K_P 过小，则调节作用不明显，调节时间过长。积分作用用于缩小调节时间，积分时间越短则积分作用越强，过强的积分作用也会导致调节作用过强而引起振荡。微分作用用于防止大滞后系统的过度调节，微分时间 T_D 越大，微分作用越强，但微分时间 T_D 过大则会导致高频振荡。

检验凑试法适用于有类似工程设置经验的工程技术人员，以及干扰作用频繁且干扰作用规律性较差的系统，是目前最广泛使用的整定方法。

三、选煤厂常用电动执行器

执行器由执行机构和调节机构组成。执行机构是指根据调节器控制信号产生推力或位移的装置，而调节机构是根据执行机构输出信号去改变能量或物料输送量的装置，选煤厂最常见的有调节阀、分流箱等。

执行器按执行机构的能源形式分为气动，电动和液动三大类。

1. 气动执行器

气动执行器的执行机构是以压缩空气为动力的执行机构，过去常用于气动控制系统中。气动执行机构用于将气压大小转化为位移大小，再驱动控制机构产生相应的动作。气动执行机构有薄膜式和活塞式两类(图 12-12)。活塞式行程长,薄膜式行程较小。

(a) 薄膜式气动执行器　　(b) 活塞式气动执行器

图 12-12　薄膜式气动执行器与活塞式气动执行器

气动执行机构由于具备安全防爆等优点,在化工、炼油等对安全要求较高的生产过程中有广泛的应用。但在电动控制系统中,需要将控制器输出的电信号(操纵变量)转化为气压信号,增加了系统的复杂性,在选煤行业应用较少。

2. 电动液压执行器

电动液压执行器简称电液执行器,以三相交流电动机为原动力,液压缸为动力机构的位置伺服机构。电动液压执行机构(图 12-13)通过控制齿轮油泵将液压油从液压缸的两个腔之间相互泵送,带动连杆产生往复运动。在电动控制系统中,电控部分通过控制电磁阀的开闭操纵液压系统运动。

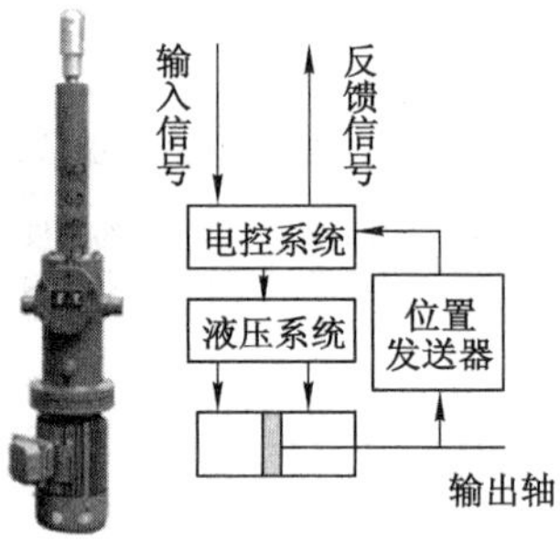

图 12-13　电动液压执行机构及其构成

电动液压执行器的特点是作用力大,但比较笨重,在选煤厂主要应用于大型浆液阀的控制,也用于溜槽翻板、刮板运输机出料插板的调节。

3. 电动执行器

电动执行器的执行机构和调节机构一般是分开的两部分。电动执行机构分角行程和直行程两种,都是以单相交流电动机为动力的位置伺服机构,作用是将输入的直流电流信号转换为位移量(直线位移或角位移)。电动执行机构的缺点是安全防爆性能相对偏差,且在行程受阻或阀杆被扎住时电动机容易受损。尽管如此,电动执行机构仍然在选煤厂得到了最广泛的应用。

目前国产电动执行机构的种类和生产厂家很多,其中以 DKZ 系列直线行程电动执行机构、DKJ 系列角行程电动执行机构应用最为广泛。

(1) DKZ 系列直线行程电动执行机构

DKZ 系列直线行程电动执行机构(图 12-14)是一个以单相低速同步电动机为执行电动机的交流位置伺服系统,由伺服放大器、同步电动机、减速器、位置发生器等几部分组成。

当输入端加载某一数值的电流信号时,首先与输出轴相连的位移发生器产生的反馈信

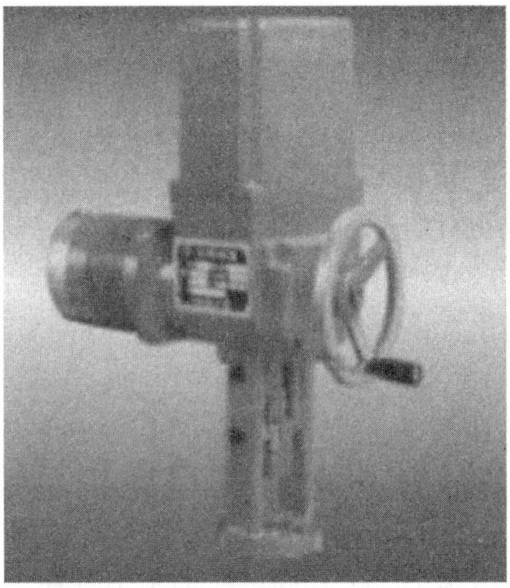

图 12-14　DKZ 系列直线行程电动执行机构

号进行比较，比较结果经放大后控制伺服电机运转，直到两者的差值为零。例如，当信号输入端输入 4 mA 直流电流信号时，执行机构输出轴运行到起点位置，位置反馈信号与输入信号相等时也为 4 mA，此时放大器输入为 0，电动机停转。输入信号与位置反馈信号的差值有正有负，通过放大器驱动电动机做相应正反转，直到位置反馈信号与输入信号相等为止。

部分型号的直线行程电动执行机构，允许外接操作器，直接操纵电动机正反转，从而使输出轴伸出或缩回。这种操作器一般用作人工远程操控执行机构动作(此时，自动控制处于旁路状态)。

(2) DKJ 系列角行程电动执行机构

DKJ 系列角行程电动执行机构(图 12-15)与 DKZ 系列直线行程电动执行机构的结构和工作原理基本相同，主要区别在于减速器输出轴的运动方式不同，DKJ 系列角行程电动执行机构的行程范围一般为 0～90°，部分型号的执行机构允许在 0～270°范围内调整。

图 12-15　DKJ 系列角行程电动执行机构

选煤厂常用控制机构有调节阀、分流箱、分叉溜槽、刮板运输机插板阀。

小型调节阀通常将执行机构与控制机构做成一体，构成电动调节阀。阀门控制器与电动调节阀配套是流程性工业最常用的控制方案。大型调节阀需要有很大的驱动力和行程，通常采用电动液压执行机构来驱动和调节。

分流箱将来料流体按比例分成两部分，可以采用角行程电动执行机构带动翻板按倾角不同调节分流比；也可以采用直线行程电动执行机构带动来料软管在两个料箱之间运动，以来料管中心线的相对位置调节分流比。

分叉溜槽通常用来调节物料的不同流向，多数为两个状态选其一。可以用角行程电动执行机构驱动，也可以采用电动液压执行机构实现大位移驱动。

刮板运输机可以在不同位置设置底部抽板，实现分点配料。底部抽板通常用电动液压执行机构驱动。

第三节　常用选煤过程控制系统举例

选煤厂工艺过程通常是由多个工艺共同组成的复杂过程。选煤过程的参数自动控制也往往由各工艺分别控制组成，习惯上称为单机自动化。选煤厂单机自动化一般包括跳汰机自动化、重介质悬浮液自动控制、浮选自动化以及脱水设备自动化等。

一、跳汰选煤过程的自动控制

跳汰选煤过程是一个多参数的选煤过程。影响跳汰分选过程的主要参数有风压与风量、水压与水量、跳汰周期与跳汰频率、床层厚度、给料量、产品灰分、入料性质等。尽管跳汰选煤方法在工业上已经应用了百余年，分选了数十亿吨的煤炭，但跳汰过程精确的理论模型至今还没能建立。这就为跳汰过程的自动化控制和参数优化带来了较大的困难。目前，跳汰过程自动化控制是在经验基础上，对多个参数分别进行控制。

1. 跳汰机风压控制

一般选煤厂都是几台跳汰机共用一个风源。风机的供风能力是按所有跳汰机全部投入工作所需的最大风量选型的。由于风机的负荷是风压与风量的乘积，在风机负荷能力一定的情况下，用风量的减小必将导致风压的升高。也就是说，一台跳汰机的停止将会影响到其余跳汰机的工作参数。所以，早期的风压控制主要通过人工启停适当台数的风机以及风包放风来实现。系统选用电动液压阀，以适应大直径放风管道的控制。该方法虽然可以有效地将风压控制在一定范围内，但显然使风机做了大量的无用功。

随着大功率变频调速技术的发展，目前主要通过改变风机旋转速度来调节风包压力，如图 12-16 所示。风机变频调压系统由压力传感器 1、PID 调节器 2、变频调速器 3 组成。系统工作原理为：压力传感器将风压转换为 4～20 mA 直流电信号；PID 调节器将该信号与设定值进行比较，并对比较结果（偏差 ε）进行比例、微分、积分运算，将运算结果以 1～5 V 电压形式送到变频调速器。

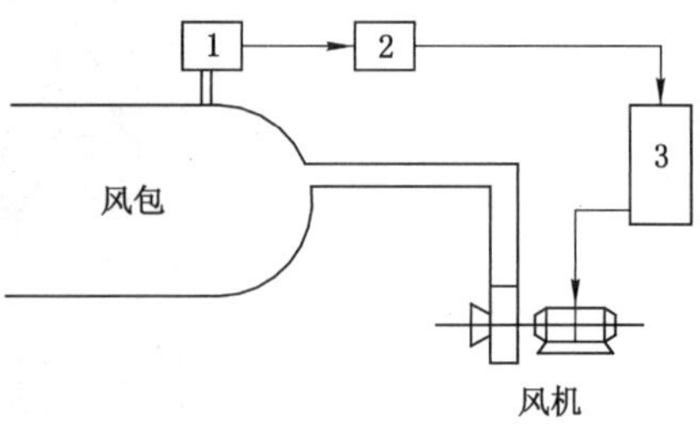

1—压力传感器；2—PID 调节器；3—变频调速器。

图 12-16　风机变频调压系统结构原理

作为风机动力源的鼠笼式电动机转速与电源频率成正比。电动机与风机之间采用直联传动。这样，风包风压与其设定值的差就直接与风机转速相关联：风压偏高，则降低风机转速；反之，风压偏低，则增加风机转速。

目前，选煤厂使用的鼓风机的风压控制系统多数采用这种控制方案。而选煤厂活塞式压风机则采用自动启停驱动电动机的方法来控制压力。

在风源风压一定的条件下，跳汰机的风阀控制决定了跳汰周期的特征。目前工业上使用的数控风阀主要有盖板风阀和碟形风阀两类，如图 12-17 所示。盖板风阀产生标准型脉动波和方形脉动波，碟形风阀产生标准型（正弦波）脉动波，两种都通过压缩空气控制。

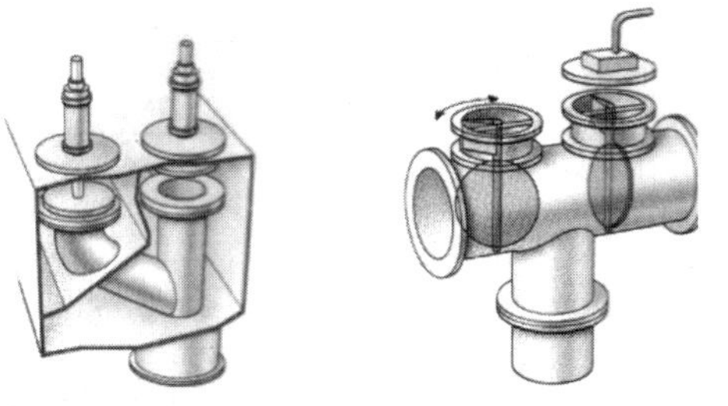

(a) 盖板风阀　　(b) 碟形风阀

图 12-17　跳汰机的两种数控风阀结构

2. 跳汰机自动排料控制

从工艺角度看，跳汰机自动排料的目的，是通过适当控制跳汰机床层厚度，从而控制分选密度。因此，控制系统需要检测的参数是床层的厚度，而系统的操纵变量为重产物的排放量。

常用的跳汰机床层厚度测量方法有两种。一种是筛下水反压力测量法。即通过检测排料口附近筛下水的反压力作为跳汰机床层厚度信号。由于跳汰机筛下水反压力不仅受到床层厚度的影响，还受到筛上物料的性质、鼓风压力、给水压力等因素的影响，因而，其代表性较差，目前已很少有人使用。

跳汰机床层厚度检测的第二种方法，也是最常用的方法是浮标法。人们普遍接受的跳汰理论都认为，相同密度的物料在跳汰作用过程中将逐渐趋于相同的层位和运动状态。因此，在排料口放置的浮标将随其等密度物料一起运动。当浮标的密度与分选密度相当时，其位置就代表了分选层的位置，也代表了床层厚度。实践证明，采用浮标杆的高度作为床层厚度指标，所受干扰因素少，反应灵敏准确。浮标法床层厚度检测系统如图 12-18 所示。

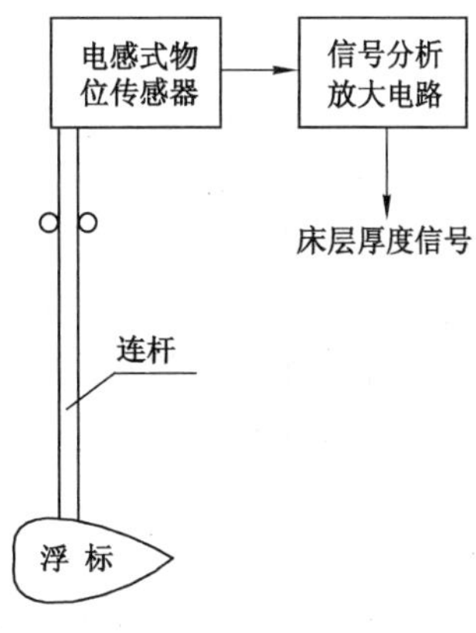

图 12-18　浮标法床层厚度检测系统

采用浮标法检测床层厚度的关键技术在于：一方面，如何有效地防止浮标对跳汰机床层运动的影响，正确体现床层的实际厚度；另一方面，如何准确地把浮标杆的高度转换成对应的电信号，并过滤掉由于浮标跟随床层跳动而产生的交流信号分量，获得反映床层厚度微小变化的直流分量电信号。前者主要通过改变浮标的形状和体积或配重来实现。人们普遍认为，流线型浮标对跳汰床层和水流的影响较小，能更好地反映床层实际厚度。目前，无论是引进德国的巴达克跳汰机，还是国产的 X 系列、SKT 系列跳汰机都采用了流线型的浮标。

不同系列跳汰机的信号处理与转换方法有一定的区别。如，巴达克跳汰机床层厚度检测电路由差动变压器、相敏整流、取样保持、直流放大四部分组成；SKT 系列跳汰机床层厚度检测电路则由空心变压器、交流放大、整流滤波、差动放大等几部分组成。最终床层厚度信号均采用标准直流信号输出。

跳汰机的排料控制机构分为两大类：闸板式排料机构（包括直闸板、扇形闸板和弧形闸板）和叶轮式排料机构，如图 12-19 所示。

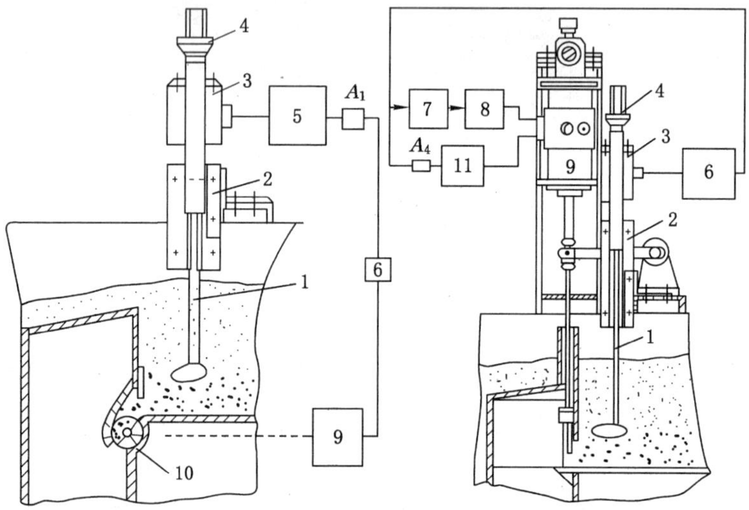

(a) 闸板式排料机构　　(b) 叶轮式排料机构

1—浮标；2—导架；3—位移传感器；4—调节手轮；5—床层厚度转换器；6—PID 调节器；7—伺服放大器；8—操作器；9—电动机；10—排料轮；11—位置反馈电路。

图 12-19　跳汰机排料执行机构

闸板式排料机构是通过调节闸板位置，从而控制重产物排放口大小来调节重产物排放速度的。根据闸板形状的不同，可以采用直线行程电动执行机构或角行程电动执行机构推动。闸板式排料机构结构简单，制造安装方便，特别适用于末煤跳汰机。

叶轮式排料机构是在跳汰机重产物排料口安装一个叶轮式排料机，通过调节叶轮的旋转速度来控制重产物的排放速度。在早期的跳汰机自动排料系统中，多采用他激直流电动机驱动叶轮并实现调速。也有采用交流电动机和滑差离合器组成调速电动机来驱动叶轮的。随着变频调速技术的快速发展和推广，目前基本上都采用变频调速电动机直接驱动排料叶轮。

除上述两种常见的排料机构外，还有少数跳汰机采用电振式排料机构。其原理是将跳汰机排料端附近的一段筛板换成无缝钢板，物料在钢板上由于没有脉动水流的作用，不能自动向前移动。当筛板具有前倾振动时，则如同在普通振动给料机上运动一样，其排料速度完全取决于筛板的振幅。

3. 跳汰机给料量自动调节

跳汰机在风水压力一定的情况下，能托起筛上物料（床层）的重量也基本一定。如果入料量变化过大，风水压力就不能使物料正常跳动，从而降低跳汰机的分选效率和产品质量。因此，确保跳汰机给煤量稳定，对提高跳汰机的分选效率和产品质量具有重要意义。

选煤厂跳汰机的给料机有电磁振动给料机、往复给料机、甲带给煤机等。

电磁振动给料机给料时，通常通过给定给料机振幅，辅助以手动调节给料闸阀开度等方法来调节给料量。往复式给料机可以通过设置不同的振幅，辅之以给料阀开度进行调节。甲带给煤机主要通过变频调速来调节给料量。

值得注意的是，在振幅和频率一定的情况下，原料煤的水分、粒度组成、形状等因素都会对给料量产生影响，在实际生产过程中要密切注意。

尽管如此，到目前为止，国内外跳汰机使用给料量自动调节的并不多。其主要原因在于给料量检测困难。人们为此提出了多种方案：

① 在缓冲仓下设一转载胶带，通过胶带秤测量给料量。该方案投资大，结构不紧凑，不易为人们所接受。

② 用跳汰机筛下水压力作为给料量信号。在多数选煤厂水源压力不稳的情况下，该方法测得的信号误差较大。

③ 用排矸量(矸石斗子的负荷)作为给料量的信号。

④ 用排矸闸门高度或排矸轮转速作为给料量信号。

后两种方法在很大程度上受到原料多变的矸石含量的影响。

4. 跳汰精煤灰分自动控制

精煤灰分是选煤过程最重要的工艺指标之一，也是选煤厂最重要的产品质量指标。从一定程度上可以认为，只有实现了精煤灰分反馈控制，才是真正意义上的跳汰过程自动化控制。然而，目前，跳汰精煤灰分遇到两个重要问题至今没有彻底解决：一方面，跳汰精煤灰分的测量相对滞后。跳汰精煤首先要经过脱水，才能测量其灰分，而且，占精煤比例较大的－13 mm 粒级还需要经过离心机二次脱水，再加上几种不同粒级产品的混合运输，即使采用快速的同位素灰分测定仪，也需要有数分钟的滞后时间。另一方面，就跳汰过程本身而言，影响最终产品质量和分选精度的因素很多，至今还没有形成普遍公认的跳汰过程数学模型。要采用前馈控制抑制所有的干扰因素是不可能的，采用精煤灰分进行反馈控制也是十分困难的。

在实际选煤过程工业性控制中，有人曾采用最终精煤测灰仪的输出来控制跳汰机中煤排料(亦即控制跳汰二段床层厚度)的方法进行回控。该方法目前还没有得到广泛的推广。多数选煤厂还只是将块灰或精煤测灰仪的输出在跳汰岗位显示输出，供跳汰机司机操作时参考。

精煤灰分反馈控制是跳汰机智能化控制研究的重要目标之一。

二、重介过程的自动控制

重介质选煤方法是目前工业化的分选精度最高的选煤方法，已经成为除煤泥以外的主要选煤方法。重介质选煤的特点之一就是易于实现自动化控制。几乎所有重介质分选系统都配有不同程度的自动化调控系统。

影响重介质选煤过程的主要操作参数有悬浮液的密度、悬浮液的黏度、介质桶的液位、分选机介质入口压力等。其中悬浮液密度的高低直接决定重介质系统的分选密度，并进而决定产品的质量(灰分),因而是最重要的操作参数,其他参数则主要影响系统的分选精度和稳定性。几乎所有重介质选煤厂(车间)都必须设置相关的控制系统。为了简化控制,一般以调节悬浮液密度参数为主,而其他工艺参数采取限位控制,限制其波动范围。

1. 悬浮液密度的检测与控制

重介质系统的悬浮液通常包括密度远高于分选密度的"浓介质"、密度与分选密度相当用于实际分选的"合格介质"、经喷水稀释了的低密度"稀介质"。其中需要进行检测与控制的主要是对分选有直接影响的合格介质密度。部分选煤厂也对浓介质的密度进行检测,用作系统调节时参考。

尽管有许多方法可以改变悬浮液的密度,实际工业上用于自动调节悬浮液的方案不外乎三种。

(1) 通过改变高密度介质添加量调节悬浮液密度

早期的重介质选煤厂(系统)通常设置浓介桶或介质浓缩机,系统新补加介质和磁选机精矿全部或部分进入浓介系统,再由泵送到合格介质系统,如图 12-20 所示。

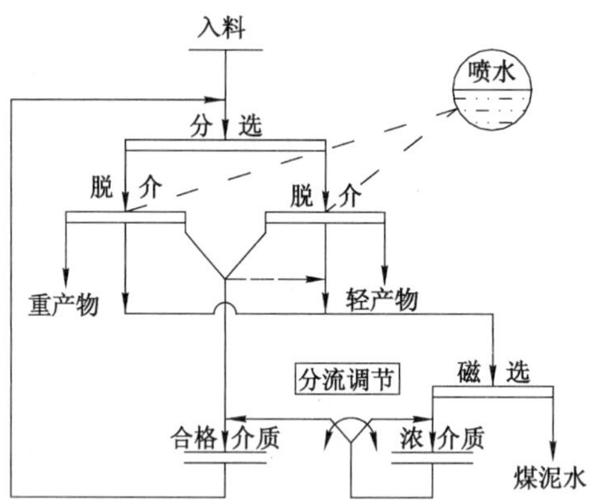

图 12-20 介质密度调节方案一

脱介筛上被物料带入二段(稀介段)介质的密度要高于合格介质悬浮液的密度,导致回到合格介质桶悬浮液的密度要小于合格介质密度,其差值要靠高密度浓介质来平衡。当浓介质添加量较大时,合格介质密度上升;反之,当浓介质添加量较小或停止添加时,合格介质密度下降。

在工业性生产系统中,为了防止高密度浓介质沉淀,通常在生产过程中用泵进行连续循环,同时通过分流箱向合格介质系统进行补加。

该方案需要有连续运行的浓介质系统,当系统出现介质剩余时(在介耗很低时,时常会出现),可以暂时储存在浓介质系统中,也就是说,对加重质具有一定的缓冲作用。其缺点是,在实际工业性应用中,常出现因浓介质沉淀而不能正常运行的现象。

(2) 通过调节合格介质分流量调节悬浮液密度

该方案使部分密度略低于要求密度的悬浮液分流到磁选机中,脱除其中大部分水和煤泥,形成的高密度磁精矿(浓介质)再回到合格介质桶中。通过调节分流比来调节系统排出水量,从而控制合格介质密度(图 12-21)。

该方案由于省略了浓介质桶,避免了浓介系统故障;同时,进入磁选机的磁性物量适中,

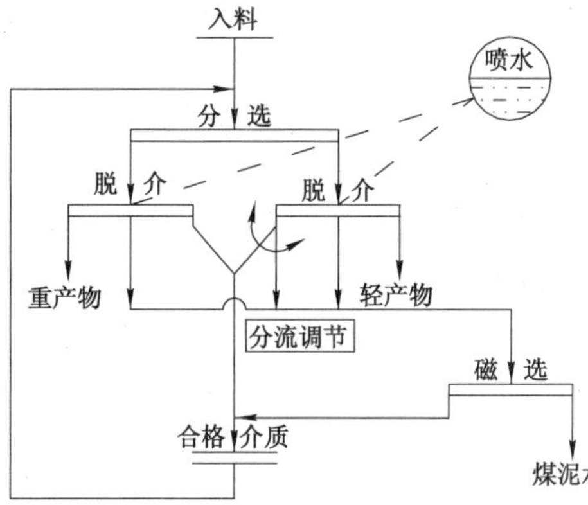

图 12-21　介质密度调节方案二

降低了损耗。该方案曾在国内外重介质选煤厂设计中得到了广泛的应用。但分流调节与安装在合格介质主管道(合格介质桶出口管道)上的密度检测之间的长时间的滞后给自动控制系统的设计和参数整定带来了一定的困难。

(3) 通过调节补加水量调节悬浮液密度

在采用分流量调节介质密度时，如果分流量过大，就会有过量的水被排出合格介质系统，导致循环介质具有上升的趋势。当控制系统检测到密度偏高时，可以通过向合格介质主管道中直接添加适量的稀释水，以使最终进入分选机的悬浮液密度稳定(图 12-22)。

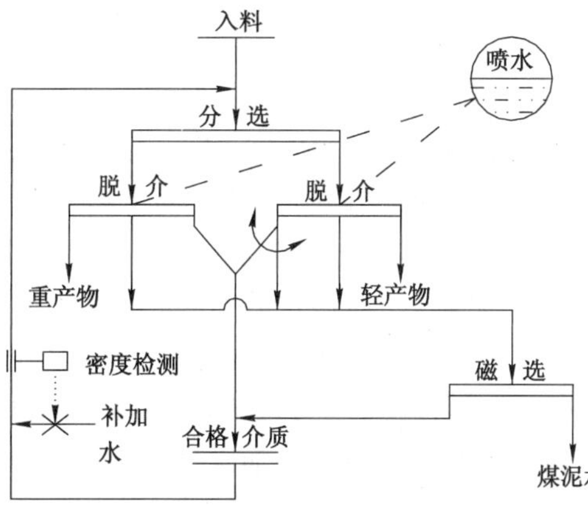

图 12-22　介质密度调节方案三

该方案的最大优点是调节与检测之间几乎不存在滞后时间，因而大幅度提高了控制精度。系统采用较大的分流比，可以及时排出入料带入的煤泥，特别适用于原料不脱泥入选的选煤厂。该方案的缺点是进入磁选机的悬浮液量较大，需要磁选机具有较高的回收率，否则就会增加系统的介质消耗量。

2. 悬浮液流变特性的检测与控制

从选煤工艺的角度来说，悬浮液的流变特性(黏度)需要保持在一定的范围内，才能保证悬浮液在分选机中不会过度浓缩，满足系统正常分选的需要。

在悬浮液密度一定的情况下，影响悬浮液流变特性的主要因素是悬浮液的体积浓度，也即悬浮液中固体煤泥的含量。

悬浮液流变特性的直接在线测量是比较困难的。鉴于上述关系，工业上一般通过检测悬浮液中非磁性物（煤泥）的相对含量来间接获得其流变特性指标。

具体做法是：采用射线密度计或压差密度计检测悬浮液全密度，同时，在介质主管道上用电感线圈测量其中的磁性物量——磁性物密度；全密度与磁性物密度之差即为非磁性物密度——可作为悬浮液流变特性的相对指标。

重介质悬浮液中多余的非磁性物一般通过适当比例的合格介质分流，由磁选机排出。因此，在调节介质密度的同时，也对合格介质的非磁性物含量及悬浮液的流变特性进行了调节。

如上所述，通过控制分流量就可以控制系统中煤泥的排出速度，从而控制悬浮液的流变特性。但调节合格介质分流量将显著影响悬浮液的密度。所幸在工业性生产条件下，悬浮液中的煤泥含量允许在一个较宽的范围内波动。只有当煤泥含量超过一定范围后才对工艺系统进行相应的调整——通常是配套改变补加水的大小或调整预先脱泥筛的分级效率。也就是说，选煤厂重介质悬浮液的流变特性一般只进行宽范围的限位监控，很少进行自动调节。

3. 分选机入口压力及介质桶桶位的检测与控制

选煤厂重介质分选机入口压力调节方法之一是用压力传感器的输出直接控制离心泵扬程闸门开度大小。该方案的优点是控制系统造价低廉，缺点是工艺系统功率消耗大，阀门及管道磨损严重，故障率高，目前工业上使用较少。

选煤厂重介质分选机入口压力的另一种自动调节方法是，将压力传感器的输出通过变频器，直接控制介质泵的转速，调节介质泵扬程。该方案虽然增加了变频调速器，但可以有效地降低介质泵的实际功耗，且故障率很低，从长远看，其经济效益是明显的。

重介质系统的介质桶，作为一种缓冲容器，其液位的平衡主要依赖于系统流量的平衡。合格介质桶的桶位调节方法通常与所采用的悬浮液密度控制方法相关联。考虑到两个参数的重要性差异，一般仅对介质桶的桶位进行限位调节：最低桶位时要保证介质泵不会因液位过低而吸入空气，最高桶位时要保证突然停车矿浆回流时不会产生大量溢流。

对采用浓介质补加方法调节悬浮液密度的系统，通常采用补加水量作为合格介质桶限位控制操纵变量；当密度采用合格介质分流或补加水调节时，通常用新介质补加量作为合格介质桶限位控制操纵变量。

随着技术的进步，人们对重介质系统工况点的选择越来越精确，为保证能依赖离心泵的扬程特性自动使稀介质桶桶位稳定在一定的范围内，通常需要在系统调试时预先对喷水阀门开度进行适当的预调。浓缩旋流器入料桶桶位，通常采用改变旋流器组投入的旋流器台数来对桶位进行粗调，同时利用离心泵的扬程特性实现细调。

三、浮选过程的自动控制

1. 浮选入料控制

在选煤生产流程中，浮选入料量通常难以控制，但不同的浮选设备对入料煤浆浓度的要求不同，达到或是接近浮选设备的入料要求，是保障浮选效果的有效途径。直接浮选的浓度取决于入料的煤泥含量与脱泥作业喷水量的相对比例。可行的控制方案包括基于入料粒度组成分析的前馈控制和基于入浮浓度检测的反馈控制。

前馈控制方案：在选煤厂入选原煤胶带运输机上设置图像采集系统，通过煤样图像分割统计方法，获得包括原生煤泥含量在内的原煤粒度组成实时资料，按照原煤入选量和粒度组成计算出适宜的脱泥喷水量，控制喷水闸门的开度大小。

反馈控制方案：在矿浆准备器或浮选机入料管处安装矿浆浓度计、矿浆流量计，实时监测煤浆浓度和流量；在浓度计的前端安装补水管路和调节阀门，两者联动调节入料的浓度。

2. 浮选柱(机)液位控制

浮选作业中，对浮选槽液位和气泡厚度检测非常重要，但由于有大量的三相气泡的存在，加大了浮选槽的液位和充气量检测的难度。尤其对槽式浮选机而言，泡沫层相对较薄，加之矿浆性质复杂，具有很强的黏滞性，对检测设备的材质提出了很高的要求。目前真正投入工业性应用的液位控制系统较少。尝试的解决方案有电容式界面高度计和浮子式界面高度计等。其技术关键在于采用特殊的表面处理方法，确保电容器工作面或浮球表面不黏附矿浆。

浮选柱和槽式浮选机的液位都是通过控制尾矿排出速度的方法来调节的。煤用浮选柱通常采用U形管方式排出尾矿，通过控制尾矿管高度来调节矿浆液位；槽式浮选机通常采用改变尾矿闸板高度的方法来控制液面高度。

3. 浮选加药自动控制

煤炭浮选作业通常仅添加捕收剂和起泡剂两种药剂。决定捕收剂添加量的因素主要有入料干煤泥量(入料流量与入料浓度的乘积)、浮选精煤灰分等。如前所述，可以采用前馈控制、反馈控制以及符合控制等策略进行加药量调节。

浮选起泡剂的添加量决定气泡的粒度和黏性以及由此而导致的气液固三相矿浆的平均密度。槽式浮选机由于泡沫层薄，气液固三相矿浆稳定区小，很难进行检测，通常按一定比例随捕收剂添加量进行调节。必要时进行适当的人工干预(改变药比设定值)。

研究结果表明，旋流微泡浮选柱静态逆流浮选段的气含率与充气量及起泡剂用量相关。在充气量基本不变的条件下，检测静态逆流浮选段一定高度的压差，计算出气含率，可以作为起泡剂调节的辅助依据。

由于流量较小，药剂纯度不高，给浮选药剂的添加带来一定的困难。人们尝试了多种不同的自动添加方法。有选煤厂采用电容式微差压变送器＋孔板节流装置来控制药剂流量；还有一些选煤厂将操纵变量变换为电磁阀的闪开频率，进而调节浮选药剂的时均添加量；也有选煤厂采用专门设计的轮斗加药装置进行加药量调节；更多的选煤厂采用变频调速器带动齿轮泵、隔膜泵或蠕动泵来调节浮选药剂的添加量。

加药位置可以是一点也可以是多点，对于难浮煤泥或者浮选活性较高的药剂应该采用后者。药剂总量的60％～70％加入矿浆准备器(矿浆预处理器)中，其余加到浮选机的中矿箱或搅拌机构中。依据入浮干煤泥量、入浮煤浆浓度、入浮煤泥粒度、浮精灰分、浮尾矿浆性质等多个参数，使用小流量浮选剂的自动测量和分散多点自动添加，可以使浮选剂添加量更加合理。

复习思考题

一、名词解释

前馈控制,反馈控制,串级控制,比例控制,选择性控制,均匀控制

二、简答题

1. 简述 PID 控制规律。
2. 选煤厂常用执行机构有哪些?
3. 简述 DDZⅢ系列 PID 调节器结构原理图。
4. 过程控制系统品质指标有哪些?

三、论述题

1. 试述跳汰过程参数的自动控制。
2. 试述重介质过程参数的自动控制。
3. 试述浮选过程参数的自动控制。

第十三章　选煤厂智能化

智能化是指由现代通信与信息技术、计算机网络技术、行业技术、人工智能技术、智能控制技术汇集而成的针对某一个方面的应用。一般认为，选煤智能化是以现代信息技术和人工智能技术为手段，以集成和利用全流程信息资源为起点，开发选煤智能化工具，全生产链依靠智能控制实现精准分离，依靠大数据智能分析实现精细管控，依靠智能装备保障提升生产系统的可靠性，最终实现企业状态与效益最优。

智能化引入选煤行业很短，关于智能选煤的目标、功能，直至底层的物理架构都还处在探索阶段。本章重点介绍与选煤厂智能化相关的背景知识，智能选煤系统的基本构成，并通过实例，介绍选煤厂典型工艺过程的智能化及全厂智能化应用概况。

第一节　人工智能的基本组成

一、人工智能的本质

人工智能在本质上不同于自然智能，前者是一种采取人工手段来模仿的人造智能。人工智能与其他许多新兴学科一样至今尚无统一的定义。人类的许多活动，诸如玩飞行棋、猜谜语、编写计算机程序等，都需要"智能"。如果机器能够执行这种任务，就可以认为机器已具有某种性质的"人工智能"。

人工智能是智能科学中涉及研究、设计及应用智能机器和智能系统的一个分支，而智能科学是一门与计算机科学并行的学科。人工智能是机器或计算机设备从数据中学习信息，建立模型，进行预测分析，从而模仿人类行为活动的能力。人工智能在多个行业应用，包括医疗保健、汽车、游戏和语音识别等。例如设计配备有熟练知识的专家系统，能够熟练地获取、显示、解释并证明其操作的合理性。

二、人工智能的发展历程

1956 年以前是人工智能的孕育时期。邱奇、图灵和其他一些人关于计算本质的思想，提供了形式推理概念与即将发明的计算机之间的联系。

1956—1970 年是人工智能的形成时期。1956 年夏季，麦卡锡、明斯基、罗切斯特和香农在美国的达特茅斯大学举办了一个长达 2 个月的研讨会。会上，由麦卡锡提议正式使用"人工智能"这一术语。1965 年，费根鲍姆所领导的小组开始研究专家系统，为人工智能的应用研究做出开创性贡献。1969 年召开了第一届国际人工智能联合会议，标志着人工智能作为一门独立学科登上国际学术舞台。

1966—1974 年是人工智能的暗淡时期。在形成期和后面的知识应用期之间，交叠地存在一个人工智能的暗淡期，在这个时期，人工智能遇到一些困难和问题。1970—1988 年是人工智能的知识应用时期，1986—2010 年是人工智能的集成发展时期。20 世纪 80 年代后期以来，机器学习、计算智能、人工神经网络和行为主义等研究深入开展。

2011年至今为人工智能的融合发展时期。进入21世纪后，迎来了第二次机器革命的新时期和人工智能的新时代。这个新时代的重要特征是：初步形成人工智能产业化基础，人工智能企业数量大幅增大；国家出台先进工业与科技政策助推人工智能发展，人工智能行业发展机遇空前。

三、人工智能的要素

人工智能的发展是新的科技革命的重要组成部分。从人工智能学科发展的角度看，人工智能主要包含4个要素，即知识、数据、算法和算力(计算能力)，这些要素共同推动着人工智能往更高层次发展。

1. 知识

知识是人工智能之源。知识是人们通过体验、学习或联想而认识的世界客观规律性。人工智能源于知识，并依赖知识；知识是人工智能的重要基础，专家系统、模糊计算等知识工程都是以知识为基础而发展起来的。人工智能研究知识就是研究知识表示、知识推理和知识应用问题，而知识获取是知识工程的瓶颈问题。

知识的发展途径：对于知识表示包括从表层知识表示到深层知识表示、从语言(图)表示到语义表示、从显式表示到隐式表示、从单纯知识表示到知识＋数据表示等方法的发展。对于知识推理，涉及从确定性推理发展到不确定性推理和从经典推理发展到非经典推理等。而对于知识应用，则是从传统知识工程发展到知识＋数据全面融合，如知识库、知识图谱、知识挖掘、知识发现等。

2. 数据

数据是人工智能之基。数据是事实或观察的结果，指所有能输入计算机并被程序处理的数字、字母、符号、影像信号和模拟量等各种介质的总称。

计算智能取决于数据而不是知识，神经计算、进化计算等计算智能都是以数据为基础而发展起来的。人工智能与数据库技术是计算机科学的两大重要领域，越来越多的研究成果表明，这两种技术的相互渗透将会给计算机应用带来更广阔的前景。

数据已从神经网络的计算智能数据迅速发展到互联网带来的海量数据。如百度等互联网公司，能够通过用户输入的信息及时获取用户的一手数据。通过特定技术，就能提高客户的体验。从终端收集数据，然后用数据训练模型，这样就可以用模型提高用户体验，用户端又会重复产生数据，这就形成了闭环的数据反馈循环。

数据的发展经历了从经典数据到大数据、从大数据到活数据、从互联网到物联网及两网发展带来的海量数据、从监督学习和半监督学习到无监督学习和增强学习以及通过新的计算架构(GPU及其并行计算、可编门阵列、云计算、量子计算、专业人工智能芯片等)获取等。5G网络使数据传输速度更快、时延更小、应用更广泛与有效。新一代数据将为人工智能的发展做出更大贡献。

3. 算法

算法是人工智能之魂。算法是解题方案准确而完整的描述，是一系列求解问题的清晰指令，代表着用系统方法描述问题求解的策略机制。简而言之，算法是问题求解的指令描述，深度学习算法、遗传算法等智能算法是算法的代表。

现有算法，如深度学习算法等已经解决了很多实际问题，但认知层的算法研究进展甚微，有待突破。伴随着人类社会数字化程度的不断提升，算法已经成为影响世界运行的基础性规则。以机器学习算法为代表的第三次人工智能发展浪潮的兴起，更是突破了“波拉尼悖论”所揭示的人类表达能力的局限，使得算法实现了自我生产，通过基于大数据集的自我学习过程形成规则集并应用于不同场景下的感知和决策。算法性能的提升及应用的普及极大地提高了人类社会的运行效率。

算法的发展模式主要为数据＋知识、深度学习与知识图谱、逻辑推理、符号学习相结合，从非结构化或未标记的数据进行无监督学习，开发认知计算、认知决策层算法和类脑计算，发展普适计算与普适算法以及进化计算与基于群体迭代进化思想的进化算法等。

4. 算力

算力，即计算能力，是指机器在数学上的归纳和转化能力，即把抽象复杂的数学表达式或数字通过数学方法转换为可以理解的数学式的能力，它是人工智能之力。算力的发展主要是创建新的计算架构，包括研发新芯片，如 GPU、FPGA 专业人工智能芯片和神经网络芯片等；开拓新计算，如云计算系统、量子计算机、并行计算等，其中并行计算使得数据计算速度大幅度提升，提高了数据的处理能力。目前，CPU＋GPU 架构已经成为大部分企业的首选。FPGA 的性能功耗比使得它有很大的市场，如，百度采用 FPGA 打造百度大脑专用 AI 芯片，微软基于英特尔 Stratix 10 FPGA 芯片打造了 Brainwave 平台。计算能力的不断增强和计算速度的不断提高，极大地促进人工智能的发展，特别是人工智能产业化的蓬勃发展。

第二节 人工智能系统分类

人工智能领域中有多种技术，例如语言学，视觉，机器人技术，自然语言处理，决策科学等。人工智能的主要分支包括机器学习、神经网络、机器人技术、专家系统、模糊识别、自然语言处理等，按照这些分支的作用原理可将人工智能系统分为下列几种系统。

一、专家系统

专家系统（Expert System，ES）是人工智能和智能系统应用研究最活跃和最广泛的领域之一。自从 1965 年第一个专家系统 DENDRAL 在美国斯坦福大学问世以来，经过 20 年的研究开发，到 20 世纪 80 年代中期，各种专家系统已遍布各个专业领域，取得很大的成功。现在，专家系统得到更为广泛的应用，并在应用开发中得到进一步发展。

专家系统已广泛应用于故障诊断、工业设计和过程控制。专家系统一般由知识库、推理机、控制规则集和算法等组成。专家系统所研究的问题一般具有不确定性，是以模仿人类智能为基础的。

1. 专家系统的基本结构

专家系统通常由推理机、解释器、人机交互界面、知识库、综合数据库、知识获取等 6 个部分构成。其中知识库是决定专家系统质量的关键所在，即知识库中知识的质量和数量决定着专家系统的质量水平。一般来说，专家系统中的知识库与专家系统程序是相互独立的，用户可以通过改变、完善知识库中的知识内容来提高专家系统的性能。人工智能中的知识表示形式有语意网络、产生式、框架等，而在专家系统中一般运用得较为普遍的知识是产生式规则。在这里,产生式规则的理解非常简单:如果前提条件得到满足,就产生相应的动作或结论。产生式专家系统的知识库中包含了大量的规则。推理机针对当前问题的条件或已知信息,反复匹配知识库中的规则,获得新的结论,以得到问题求解结果。人机界面是用户与系统进行交流时的界面。通过该界面用户可以输入基本信息、回答系统提出的相关问题、输出推理结果及相关的解释等。

2. 专家系统的建立

专家系统是通过有机结合专家系统技术和方法,尤其是工程控制论的反馈机制而建立的。专家系统的建立必须遵循一定的程序逐步进行。一般来说,首先要确认欲解决的问题有哪些,根据这些特定的需求找出相关的知识将其概念化,并将这些概念加以组织整理成一个有系统的知识结构,如此便能初步形成一个知识库。其次,制定一些涵盖上述知识的规则,这其中包含了推论技术与算法的选择、转译、推演等程序。必须特别注意的是经由测试而往前回馈的循环,测试可以指出在前面的各个阶段的缺失,而在发展的过程中,需求、概念、组织结构与规则都是易变动的,因此必须不断地重新组织并加以精炼化。专家系统的开发小组通常是由一群学科领域专家及知识工程师组成,其中知识工程师在专家系统的建立中通常扮演着中枢的角色,其经由访问专家,以决定系统内之决策法则与知识,并不断测试、修正,以开发一个有效的专家系统。许多专家皆指出,撰写专家系统最困难的部分就在于知识工程的层面,包括知识取得及知识表示。知识不但需要有知识工程的专业知识、各方面广泛的背景知识,同时亦应具备良好的沟通协调能力。

3. 专家系统的工作流程

专家系统的基本工作流程如图 13-1 所示,用户通过人机界面回答系统的提问,推理机将用户输入的信息与知识库中各个规则的条件进行匹配,并把被匹配规则的结论存放到综合数据库中。最后,专家系统将得出最终结论呈现给用户。在这里,专家系统还可以通过解释器向用户解释以下问题:系统为什么要向用户提出该问题,计算机是如何得出最终结论的。专家系统主要开发工具:Gensym G2, CLIPS,Prolog,Jess,MQL 4。

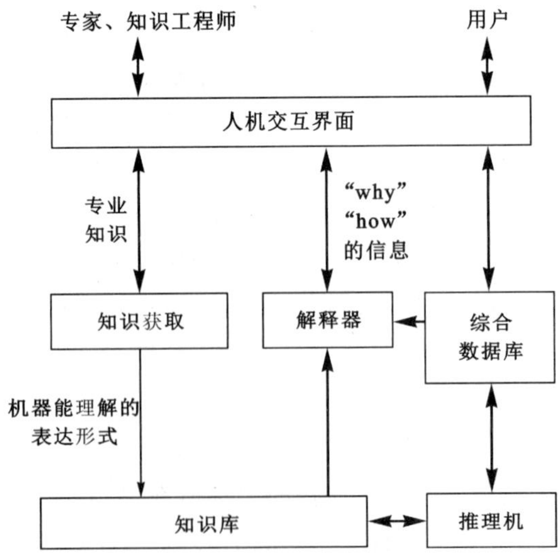

图 13-1 专家系统工作流程

4. 专家系统的分类

按知识表示技术可分为：基于逻辑的专家系统、基于规则的专家系统、基于语义网络的专家系统和基于框架的专家系统。

按任务类型可分为：

解释型：可用于分析符号数据，进行阐述这些数据的实际意义。

预测型：根据对象的过去和现在情况来推断对象的未来演变结果。

诊断型：根据输入信息来找到对象的故障和缺陷。

调试型：给出自己确定故障的排除方案。

维修型：指定并实施纠正某类故障的规划。

规划型：根据给定目标拟定行动计划。

设计型：根据给定要求形成所需方案和图样。

监护型：完成实时监测任务。

控制型：完成实施控制任务。

教育型：诊断型和调试型的组合，用于教学和培训。

5. 专家系统的应用领域

最初的专家系统只是人工智能的一个应用，但由于其重要性及相关应用系统的迅速发展，它已是信息系统的一种特定类型。专家系统一词系由“以知识为基础的专家系统”而来，此种系统应用计算机中储存的人类知识，解决一般需要用到专家才能处理的问题，它能模仿人类专家解决特定问题时的推理过程，因而可供非专家们用来增进解决问题的能力，同时专家们也可把它视为具备专业知识的助理。由于在人类社会中，专家资源相当稀少，有了专家系统，则可使此珍贵的专家知识获得普遍的应用。

近年来专家系统技术逐渐成熟，广泛应用在工程、科学、医药、军事、商业等方面，而且成果相当丰硕，甚至在某些应用领域，还超过人类专家的智能与判断。

二、模糊逻辑系统

扎德(L. Zadeh)于 1965 年提出的模糊集合理论成为处理现实世界各类物体的方法，意味着模糊逻辑技术的诞生。此后，对模糊集合和模糊控制的理论研究和实际应用获得广泛开展。1965—1975 年间，扎德对许多重要概念进行研究，包括模糊多级决策、模糊近似关系、模糊约束和语言学界限等。此后十年许多数学结构借助模糊集合实现模糊化。这些数学结构涉及逻辑、关系、函数、图形、分类、语法、语言、算法和程序等。

模糊逻辑系统是指利用模糊概念和模糊逻辑构成的系统。当它被用来充当控制器时，就称为模糊逻辑控制器。由于在选择模糊概念和模糊逻辑上的随意性，可以构造出多种多样的模糊逻辑系统。最常见的模糊逻辑系统有三类：纯模糊逻辑系统、高木-关野模糊逻辑系统和具有模糊产生器及模糊消除器的模糊逻辑系统。

模糊逻辑系统的价值可从两个方面来考虑：一方面，模糊逻辑系统提出一种新的机制用于实现基于知识(规则)甚至语义描述的表示、推理和操作规律。另一方面，模糊逻辑系统为非线性系统提出了一个比较容易的设计方法，尤其是当系统含有不确定性而且很难用常规非线性理论处理时，更是有效。模糊逻辑系统已经获得十分广泛的应用。

1. 模糊逻辑系统的工作原理

(1) 纯模糊逻辑系统

纯模糊逻辑系统是其他类型模糊逻辑系统的核心部分，它提供了一种量化语言信息和在模糊逻辑原则下利用这类语言信息的一般化模式，其基本框图如图 13-2 所示。

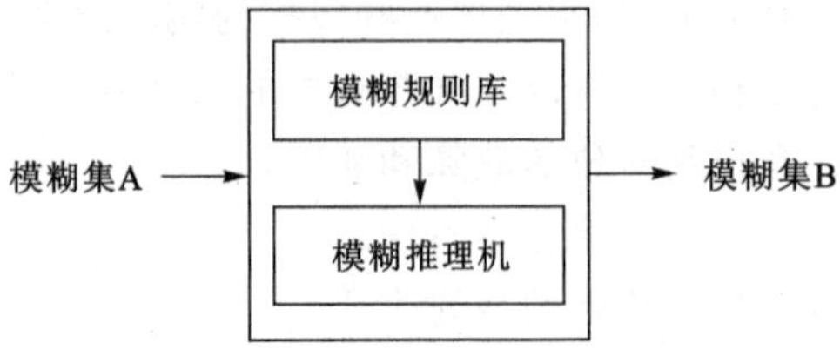

图 13-2 模糊推理过程框图

纯模糊逻辑系统也可以解释为一个映射关系，其结构图中的中间部分具有类似于线性变换中变换矩阵的映射功能，输入 A 映射为输出 B。纯模糊逻辑系统的缺点就在于它的输入和输出均为模糊集合，这不利于工程应用。但是，它为其他具有应用价值的模糊逻辑系统提供了一个基本的样板，由此出发可以构造出其他具有实用性质的模糊逻辑系统。

(2) 高木-关野模糊逻辑系统

高木-关野模糊逻辑系统（简称 T-S 模糊逻辑系统）是将纯模糊逻辑系统中的每一条模糊规则的后件（即 THEN 以后的部分）加以定量化后形成的，也就是说，T-S 模糊逻辑系统中的模糊规则，其前件是迷糊的，后件是确定的，其结构如图 13-3 所示。

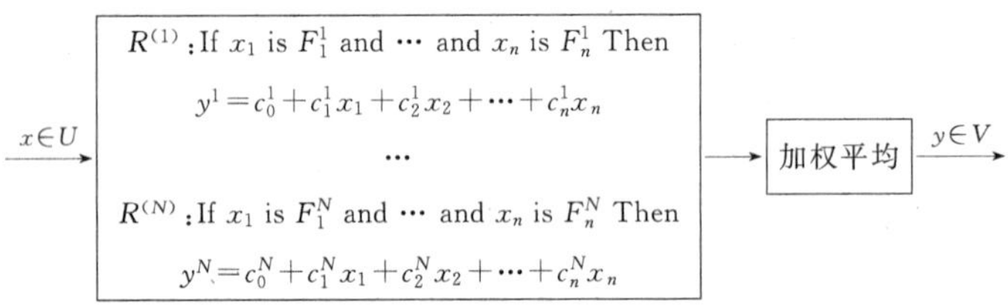

图 13-3 高木-关野模糊逻辑系统结构图

这种模糊逻辑系统已经在许多实际问题中得到成功的应用，它的优点是模糊逻辑系统的输出为精确值，其中的参数也可以用参数估计、适应机构等方法加以确定。但是，由于模糊规则后件的确定性，T-S 模糊逻辑系统不能方便地利用更多的语言信息和模糊原则，限制了其应用的灵活性。

(3) 具有模糊产生器及模糊消除器的模糊逻辑系统

具有模糊产生器及模糊消除器的模糊逻辑系统的基本框图如图 13-4 所示。

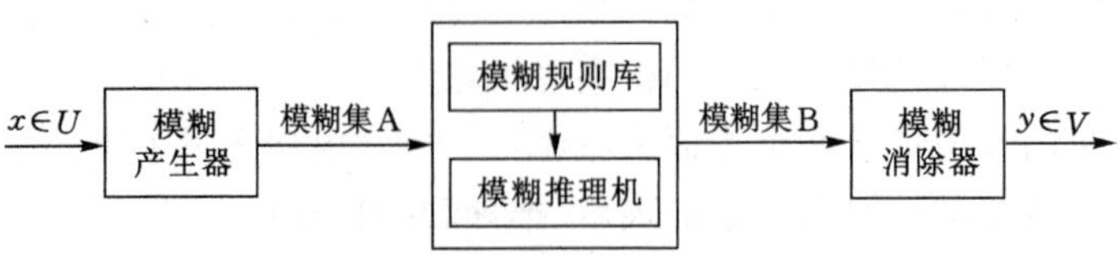

图 13-4 具有模糊产生器及模糊消除器的模糊逻辑系统

它是把纯模糊逻辑系统的输入端和输出端分别接上模糊产生器和模糊消除器后构

成的。

具有模糊产生器及模糊消除器的模糊逻辑系统具有以下三方面的显著优点：

① 这种模糊逻辑系统为我们提供了一种描述领域专家知识的模糊规则的一般化方法。

② 使用者在设计其中的模糊产生器、模糊推理机和模糊消除器时具有很大的自由度，因此可以根据实际情况，找到一个最适合的模糊逻辑系统。

③ 因为其输入、输出均为精确值，因此特别适合在工程领域中应用。所以，这类模糊逻辑系统得到了更广泛的应用，特别是当采用单点模糊化、乘积推理、中心解模糊和高斯型隶属函数构造这种系统时，其输出可以逼近有界闭集上任意给定的连续函数。

这种模糊逻辑系统是由 Mamdani 首先提出的，而且已经在许多工业过程和商业产品中得到成功应用。

2. 案例分析：为什么需要模糊逻辑？

在模糊系统领域，有一个著名的"沙堆问题"，如图 13-5 所示。从一堆沙子里拿走一粒沙子，这还是一个沙堆吗？常识告诉我们应该回答"是"，那么问题来了，如果回答"是"，这样顺推下去就会掉入陷阱：从上次剩下的沙堆里再拿走一粒沙子，剩下的还是一个沙堆，那么如此反复，直到只剩下两三粒沙子甚至没有一粒沙子时，这也还是一个沙堆？这显然有问题。

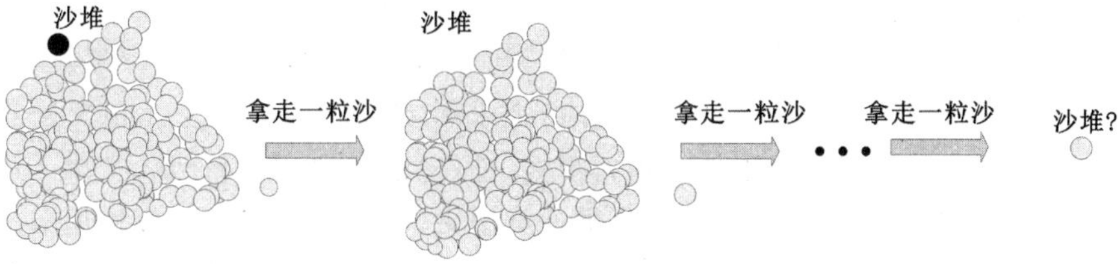

图 13-5　模糊系统的沙堆问题

这里的问题就在于"沙堆"这个概念是模糊的，没有一个清晰的界限将"沙堆"和"非沙堆"分开。我们没有办法明确指出，在这个不断拿走沙子的过程中，什么时候"沙堆"不再是"沙堆"。同样，与"沙堆"相似的模糊概念还有"年轻人""小个子""大房子"等，这种在生活中常见的模糊概念，在用传统数学方法处理时，往往会出现问题。

消除这些概念的模糊性，例如：规定沙堆只能由 10 000 粒以上的沙子组成，在数学上没有任何问题，然而，从 10 000 到 9 999 粒沙子，仅仅取走微不足道的一粒沙子，就将"沙堆"变为"非沙堆"，这又不符合我们日常生活中的思维习惯，因此，在企图用纯数学处理生活中的问题时，精确的数学语言和模糊的思维习惯就产生了矛盾，模糊逻辑就是用来解决这一矛盾的工具之一。

三、神经网络系统

麦卡洛克和皮茨曾于 1943 年提出一种叫作"似脑机器"的思想，为后期人工神经网络(Artificial Neural Networks，ANN)的研究奠定了基础，ANN 建模基于生物神经元的互联特性，这就是早期的神经学网络概念。20 世纪 70 年代，格罗斯伯格和科霍恩以生物学和心理学证据为基础，提出了几种非线性动态系统结构和自组织映射模型。70 年代，沃博斯开发了一种反向传播算法。霍普菲尔德在神经元交互作用的基础上引入一种递归型神经网络(霍普菲尔德网络)。80 年代中叶，帕克和鲁梅尔哈特等重新发现了反向传播算法。近十多年来，神经网络，特别是分层神经网络，已在从家用电器到工业对象的广泛领域找到了用武之地，主要应用涉及模式识别、图像处理、自动控制、机器人、信号处理、管理、商业、医疗和军事等领域。

近年来，人工神经网络的研究取得了很大进展，已被广泛地应用于图像识别、语音识别、模式识别、信号处理、组合优化等方面，并且取得了良好的效果。神经网络通过训练数据调整系统，以解决问题。对于那些因问题太复杂或没有人类专家又没有规则的问题，神经网络则得心应手。神经网络具有提供一些人类解决问题特征的潜力，而这些特征很难用专家系统的逻辑分析技术和标准软件技术模仿。例如，神经网络能在规则未知的情况下，分析大量数据以建立有关模式和特征，并在很多情况下能利用不完全的或含有噪声的数据。

1. 神经网络系统的基本原理

神经网络系统最主要的特征是大规模模拟并行处理信息的分布式存贮、连续时间非线性动力学、全局集体作用、高度的容错性和鲁棒性、自组织自学习及实时处理。它可直接输入范例，信息处理分布于大量神经元的互联之中，并且具有冗余性，许多神经元的“微”活动构成了神经网络总体的“宏”效应，这些也正是它与传统的 AI 的差别所在。

神经网络用大量神经元的互联及对各连接权值的分布来表示特定的概念或知识。在进行知识获取时，只需提供范例及相应的解，通过特定的学习算法对样本进行学习，经过网络内部自适应算法不断修改权值分布以达到要求，把求解实际问题的启发式知识和经验分布到网络的互联及权值分布上。对于特定输入模式，神经网络通过前向计算，产生一种输出模式，其中各个输出节点代表的逻辑概念同时被计算出来，特定解是通过比较输出节点和本身信号而得到的，在这个过程中其余的解同时被排除，这就是神经网络并行推理的基本原理。

神经网络系统一般指神经网络专家系统，其主要目标是利用神经网络的学习、大规模并行分布式处理、连续时间非线性动力学和全局集体作用等功能来实现知识获取自动化、并行联想和自适应推理，提高专家系统的智能水平、实时处理能力和鲁棒性。基于神经网络的专家系统的结构图如图 13-6 所示。

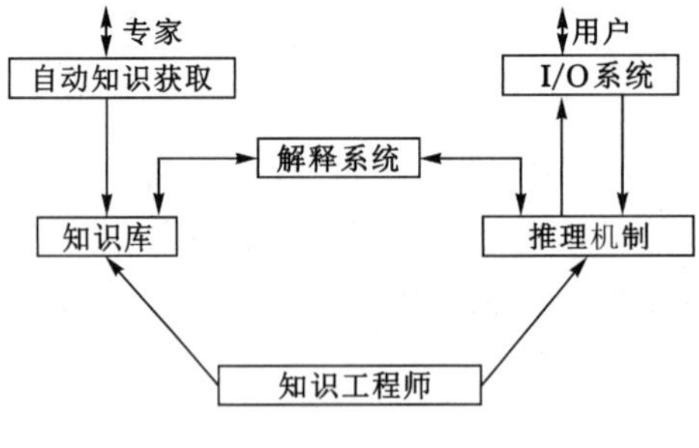

图 13-6　基于神经网络的专家系统结构

其中自动知识获取模块用来研究如何获取专家知识；推理机制提出使用知识去解决问题的方法；解释模块用于说明专家系统是根据什么推理思路作出决策的；I/O 系统是用户界面，它提出问题并获得结果。

2. 神经网络系统的运行

根据模拟神经系统的主要特征，在应用神经网络系统时主要是通过训练网络，并以此为基础调用模型解决工程问题。所以神经网络系统的运行就分为训练网络和调用网络两类。

(1) 训练网络运行

训练网络是在连接加权节中将输入信息经过加工、修改变成输出的过程。所谓训练就是教授处理元素学会如何处理输入激励,模拟的参数如何变成输出的信息。按照网络的处理过程可分为:输出端的响应根据输入激励而定的监督类训练网络;输出响应与输入激励为非协调网络的非监督类训练网络;不计其输入品质要求的加强类训练网络。

(2) 调用网络运行

调用网络就是训练网络的累积,利用训练完成的网络系统解决实际中的求解问题。最简单的网络形式是层与层之间没有反馈连接。较为复杂的网络在各层之间具有一定的反馈连接,输入的信息在层间进行反射,直到它们相互交汇为止。

3. 深度学习

深度学习是一种使用包含复杂结构或多重非线性变换的多个处理层对数据进行高层抽象的算法。深度学习是学习样本数据的内在规律和表示层次,在学习过程中获得的信息对诸如文字、图像和声音等数据的解释有很大的帮助。它的最终目标是让机器能够像人一样具有分析学习的能力,从而能够识别文字、图像和声音等数据。深度学习是机器学习中一种基于对数据进行表征学习的算法,至今已有数种深度学习框架,如卷积神经网络、深度置信网络和递归神经网络,多种框架已被应用在计算机视觉、语音识别、自然语言处理、音频识别与生物信息学等领域并获取了极好的效果。

深度学习是一个用数学知识与计算机算法构建起来的整体架构,其原理是结合尽可能多的训练数据以及计算机的大规模运算能力来调节优化内部学习参数,从而尽可能地逼近问题目标,是一种半理论、半经验的建模方式。

深度学习是一类模式分析方法的统称,就具体研究内容而言,主要涉及三类方法:

① 基于卷积运算的神经网络系统,即卷积神经网络(CNN);

② 基于多层神经元的自编码神经网络,包括自编码以及近年来受到广泛关注的稀疏编码两类;

③ 以多层自编码神经网络的方式进行预训练,进而结合鉴别信息进一步优化神经网络权值的深度置信网络(DBN)。

通过多层处理,逐渐将初始的"低层"特征表示转化为"高层"特征表示后,用"简单模型"即可完成复杂的分类等学习任务。故而也可将深度学习理解为"特征学习"或"表征学习"。

通常传统的机器学习用于现实任务时,描述样本的特征需由人类专家来设计,这一过程称为"特征工程"。众所周知,特征的好坏对泛化性能有至关重要的影响,人类专家设计出"好特征"也并非易事;深度学习,即特征学习(表征学习),则通过网络模型本身来产生"好特征"。

深度学习的概念源于人工神经网络的研究,含多个隐藏层的多层感知器就是一种深度学习结构。深度学习通过组合低层特征形成更加抽象的高层表示属性类别或特征,以发现数据的分布式特征表示。研究深度学习的动机在于建立模拟人脑进行分析学习的神经网络,它模仿人脑的机制来解释数据,例如图像、声音和文本等。

深度学习的优势有如下几种:

① 学习能力强。从实际案例的效果来看,深度学习具有很强的学习能力,能够学习特别抽象的特征,在某些识别层面,其学习能力已超过了人类。

② 覆盖范围广，适应性好。深度学习的神经网络层数很多，宽度很广，理论上可以映射到任意函数，所以能解决很复杂的问题。

③ 数据驱动上限高。深度学习高度依赖数据，数据量越大，其表现就越好。在图像识别、面部识别、NLP等部分任务中，效果甚至已经超过了人类的表现。

④ 可移植性好。由于深度学习的优异表现，有很多框架可以使用，例如TensorFlow、Pytorch等，这些框架可以兼容很多平台。

深度学习的劣势有如下几种：

① 计算量大，便携性差。深度学习需要大量的数据和大量的算力，所以成本很高。并且现在很多应用还不适合在移动设备上使用。目前已经有很多公司和团队在研发针对便携设备的芯片。这个问题未来会得到解决。

② 硬件需求高。深度学习对算力要求很高，普通的CPU已经无法满足深度学习的要求。主流的算力都是使用GPU和TPU，所以对于硬件的要求很高，成本也很高。

③ 模型设计复杂。深度学习的模型设计非常复杂，需要投入大量的人力物力和时间来开发新的算法和模型。大部分人只能使用现成的模型。

深度学习常用的4种典型算法：卷积神经网络（CNN）、循环神经网络（RNN）、生成对抗网络（GANs）和强化学习（RL）。

卷积神经网络（CNN）能够将大数据量的图片有效地降维成小数据量（并不影响结果），能够保留图片的特征，类似人类的视觉原理。CNN已广泛应用于图片分类与检索、目标定位检测、目标分割、人脸识别、骨骼识别等领域。

循环神经网络（RNN）是一种能有效地处理序列数据的算法。比如：文章内容、语音音频、股票价格走势等，之所以能处理序列数据，是因为在序列中前面的输入也会影响到后面的输出，相当于有了“记忆功能”。但是RNN存在严重的短期记忆问题，对长期的数据影响很小。于是基于RNN又提出了LSTM和GRU等变种算法，来实现长期信息的有效保留、重要信息的挑选保留和不重要信息的选择“遗忘”等功能。RNN几个典型的应用如下：文本生成、语音识别、机器翻译、生成图像描述和视频标记。

生成对抗网络（GANs）由两个重要部分构成：生成器和判别器。生成器通过机器生成数据（大部分情况下是图像），尽可能地生成足以以假乱真的数据来“骗过”判别器，从而增大样本，提高模型泛化能力。判别器则是判断数据是真实的还是生成器生成的，从而不断地剔除生成的不合格数据，提高模型的稳定性和鲁棒性。

GANs的优势有如下几种：

① 能够计算各种类型的概率密度，从而生成更清晰的图像。

② 理论上，GANs能训练任何一种生成器网络。其他框架的生成器网络有一些特定的函数形式，比如输出层是高斯的。

③ 无须利用马尔科夫链反复采样，无须在学习过程中进行推断，没有复杂的变分下界，避开近似计算棘手的概率神难题。

GANs的劣势有如下几种：

① 难训练，不稳定。生成器和判别器之间需要很好的同步，但是在实际训练中很容易D（判别网络）收敛，G（生成网络）发散。D/G的训练需要精心的设计。

② 模式缺失问题。GANs的学习过程可能出现模式缺失，生成器开始退化，总是生成

同样的样本点，无法继续学习。

强化学习(RL)不像监督学习那样有自己明确的目标，强化学习可以看成是一个记分系统，记住其获得低分和高分的行为，然后不断要求机器能取得高分的同时避免低分。强化学习有如下 4 种元素：

① 策略：环境的感知状态到行动的映射方式；

② 反馈：环境对智能体行动的反馈；

③ 价值函数：评估状态的价值函数，状态的价值即从当前状态开始，期望在未来获得的奖赏；

④ 环境模型：模拟环境的行为。

强化学习与其他算法不同，强化学习更加专注于在线规划，需要在探索(explore 未知领域)和采用(exploit 现有知识)之间找到平衡。强化学习不需要监督者，只需要获取环境的反馈。

四、群体智能系统

群体是某种交互作用的组织或智能体的结构集合。生物群体通过个体间的选择、交叉、变异来适应大自然环境。科学家和工程师们应用数学和科学来模仿自然，包括人类和生物的自然智能。人类智能已激励出高级计算、学习方法和技术。群体智能系统就是模仿与模拟人类和生物行为的智能系统。

群体智能的相关研究早已存在，研究的群体组织主要包括诸如蚁群、蜂群、鱼群、鸟群和狼群等。自 1991 年意大利学者 Dorigo 提出蚁群优化(Ant Colony Optimization，ACO)理论开始，群体智能作为一个理论被正式提出，并逐渐吸引了大批学者的关注，从而掀起了研究高潮。1995 年，Kennedy 等学者模仿鸟群进食习性，提出了粒子群优化算法(Particle Swarm Opti-mization，PSO)，此后群体智能研究迅速展开。目前群体智能研究主要包括智能蚁群算法和粒子群算法。智能蚁群算法主要包括蚁群优化算法、蚁群聚类算法和多机器人协同合作系统。其中，蚁群优化算法和粒子群优化算法在求解实际问题时应用最为广泛。

在这些群体中，个体在结构上是很简单的，而它们的集体行为却可能变得相当复杂，在个体行为和全局群体行为间存在某个紧密的联系，这些个体的集体行为构成和支配了群体行为。另一方面，群体行为又决定了个体执行其作用的条件。这些作用可能改变环境，因而也可能改变这些个体自身的行为和它的地位。

生物群体的生存过程普遍遵循达尔文的物竞天择、适者生存的进化准则。群体中的个体根据对环境的适应能力而被大自然所选择或淘汰。把进化计算，特别是遗传算法机制用于人工系统和过程，则可实现一种新的群体智能计算。

遗传算法是模拟生物界“优胜劣汰，适者生存”这一进化法则简便有效的新型优化技术，其具有高度并行处理能力、强鲁棒性、全局优化易于实现、非线性复杂大系统的优化等特点，这是传统的优化方法所“望尘莫及”的。遗传算法框图如图 13-7 所示。

采用遗传算法的自动控制系统，将遗传算法用于模糊控制规则的优化，原理图如图 13-8 所示。

遗传算法还用于 PID 控制、自适应控制、神经网络控制和最优控制。图 13-9 为一种基于遗传算法的模型参考自适应控制，在参考模型的导引下，利用遗传算法来优化 PID 控制

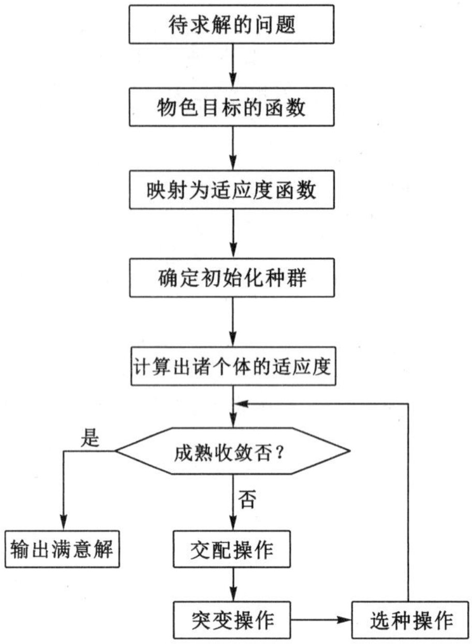

图 13-7　遗传算法框图

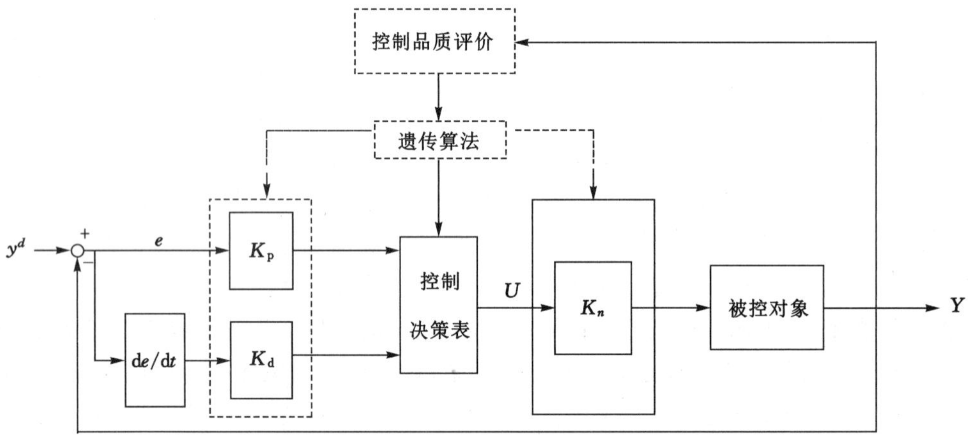

图 13-8　采用遗传算法的自动控制系统框图

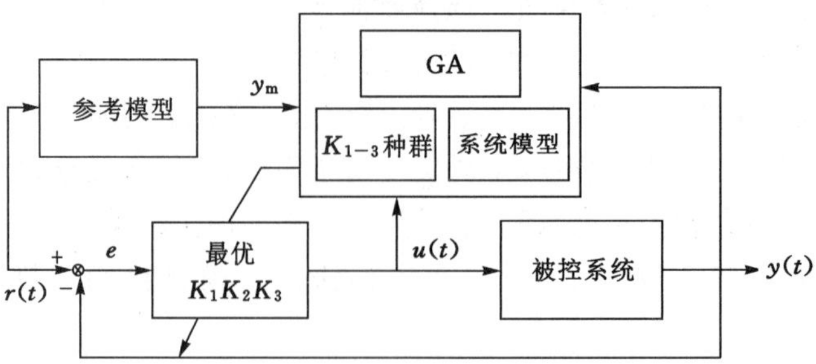

图 13-9　采用遗传算法的 PID 控制系统框图

的三个系数 K_1,K_2 和 K_3,从而实时地优化系统模型。

五、分布式智能系统

分布式系统是建立在网络之上的软件系统。正是因为软件的特性,所以分布式系统具有高度的内聚性和透明性。因此,网络和分布式系统之间的区别更多地在于高层软件(特别是操作系统),而不是硬件。

在一个分布式系统中,一组独立的计算机展现给用户的是一个统一的整体,就好像是一个系统似的。系统拥有多种通用的物理和逻辑资源,可以动态地分配任务,分散的物理和逻辑资源通过计算机网络实现信息交换。通常,对用户来说,分布式系统只有一个模型或范型。在操作系统之上有一层软件中间件负责实现这个模型。一个著名的分布式系统的例子是万维网,在万维网中,所有的一切看起来就好像是一个文档(Web 页面)一样。

分布式人工智能的研究始于 20 世纪 70 年代末期。当时主要研究分布式问题求解(Distributed Problem Solving,DPS),其研究目标是要建立一个由多个子系统构成的协作系统,各子系统间协同工作对特定问题进行求解。在 DPS 系统中,把待解决的问题分解为一些子任务,并为每个子任务设计一个问题求解的任务执行子系统。通过交互作用策略,把系统设计集成为一个统一的整体,并采用自顶向下的设计方法,保证问题处理系统能够满足顶部给定的要求。

计算机技术、人工智能、网络技术的出现与发展,突破了集中式系统的局限性,并行计算和分布式处理等技术(包括分布式人工智能)和分布式智能系统应运而生。可把智能体看作能够通过传感器感知其环境,并借助执行器作用于该环境的任何事物。当采用分布式智能系统进行操作时,其操作原理随着真体结构的不同而有所差异,难以给出一个通用的或统一的分布式智能系统结构。

现代技术日新月异,处理器、通信、传感器都以惊人的速度快速向前发展。在摩尔定律和当代空前强大的计算机处理能力的双重推动下,更小巧、快速和低价的软件产品应运而生。为了提高运算速度,能够将计算机和其他设备以无缝和透明的方式链接在一起的分布式系统成为研究和发展的热点。

分布式智能系统具有分布式系统的许多特性,如交互性、社会性、协作性、适应性和分布性等。分布式智能系统包括移动分布式系统、分布式智能、计算机网络、通信、移动模型和计算、编程语言、安全性、容错和管理等关键技术。

分布式智能系统具有如下特点。

(1) 分布性

整个系统的信息,包括数据、知识和控制等,无论在逻辑上或者物理上都是分布的,不存在全局控制和全局数据存储。系统中各路径和节点能够并行地求解问题,从而提高子系统的求解效率。

(2) 容错性

系统具有较多的冗余处理节点、通信路径和知识,能够使系统在出现故障时,仅仅降低响应速度或求解精度,以保持系统正常工作,提高工作可靠性。

(3) 独立性

系统求解任务归约为几个相对独立的子任务,从而降低了各个处理节点和子系统问题求解的复杂性,也降低了软件设计开发的复杂性。

六、集成智能系统

智能系统是指使用神经网络、计算机、人工智能完成某一智能的系统。这种智能可能是通过自动控制、自动推理对模拟量进行特征抽取，然后用数字显示或存储使系统自寻优搭建智能数据库。一般的智能系统只具有某一单方面的智能，如完全由专家系统技术实现的诊断系统、单一智能数据库实现的各种信息整理与查询、由神经网络技术控制的机器人系统。随着计算机网络、通信、人工智能、专家系统、智能数据库、多媒体、神经网络、遗传算法、神经模糊理论、智能控制、机器人技术的不断发展，尤其是神经网络理论的深入广泛渗透，集成智能系统开始得到广泛的研究和发展，实际上是试图对人进行仿真的一种具体呈现，相距几百米的两个人通过眼睛可进行远程通信，尝试完成类似人所具有的智能，这些智能包括手、脚、眼睛、耳、口、推理、控制、联想记忆，显然这些功能不可能使用某个单一的智能技术来完成，而是需要将多种智能技术集成起来才有可能实现复杂的人的智能。可用具体的框图来描述三大部分：推理、传递、动作。对于人来说，推理部分由人脑中的大量神经元完成，推理结果通过各种神经信号传递到人的手脚等器官，动作是由人的外部器官来进行的，它完成推理所传输的各种命令。

集成智能系统(IIS)是由神经网络、计算机网络、数据库、通信、传感器、机器人等构成的集成式智能分布式控制系统。在较长的一段时间成为智能系统研究与发展的一种趋势。集成能否成功，不仅取决于结合前各系统的固有特性和结合后的“取长补短”或“优势互补”效果，而且也需要经受实际应用的检验。

集成智能系统模式提供了新一代信息系统的基础，这种系统如人一样能想、能推理和判断，能处理模糊、不确定性和不完整性，其操作方式是大规模并发和分布式处理。科学的发展规律是简单到复杂，通过对低等动物的模拟，人类发明了飞机、雷达、机器人等。但由于人的行为活动的复杂性要远远高于低等动物，对人的模拟会出现各种复杂的智能系统。模拟一些六脚爬行动物仅使用某种智能技术(如遗传算法)便可模拟其捕食和逃避行为，但模拟人类的行为却需要使用各种智能技术才能实现。

集成智能系统内部运用多种智能技术，利用图 13-10 所示的结构和技术可进行各种集成，从而生成具有不同功能的混合式智能系统。其中典型的混合式智能系统有神经网络专家系统、机器人系统、智能分布式控制系统、柔性制造系统等。

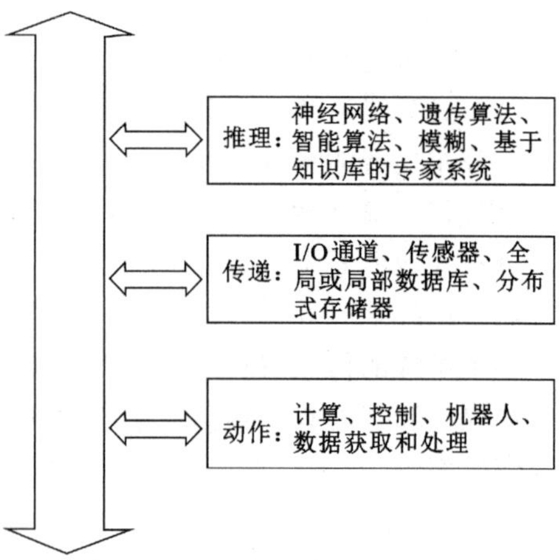

图 13-10 混合式智能系统集成结构

随着社会发展，新的需求不断涌现，工厂管理的范围越来越广。从一开始的 ERP、MES 生产制造管理系统、WMS 仓储管理系统到 OA 管理、财务管理以及各种硬件设备管理系统等，需要使用的系统越来越多。为避免多套系统切换和业务流程重复，工厂升级转型使用一站式管理系统平台成为必然选择。

现代化工厂开始采用集成式智能系统(图 13-11)作为智能工厂的解决方案。

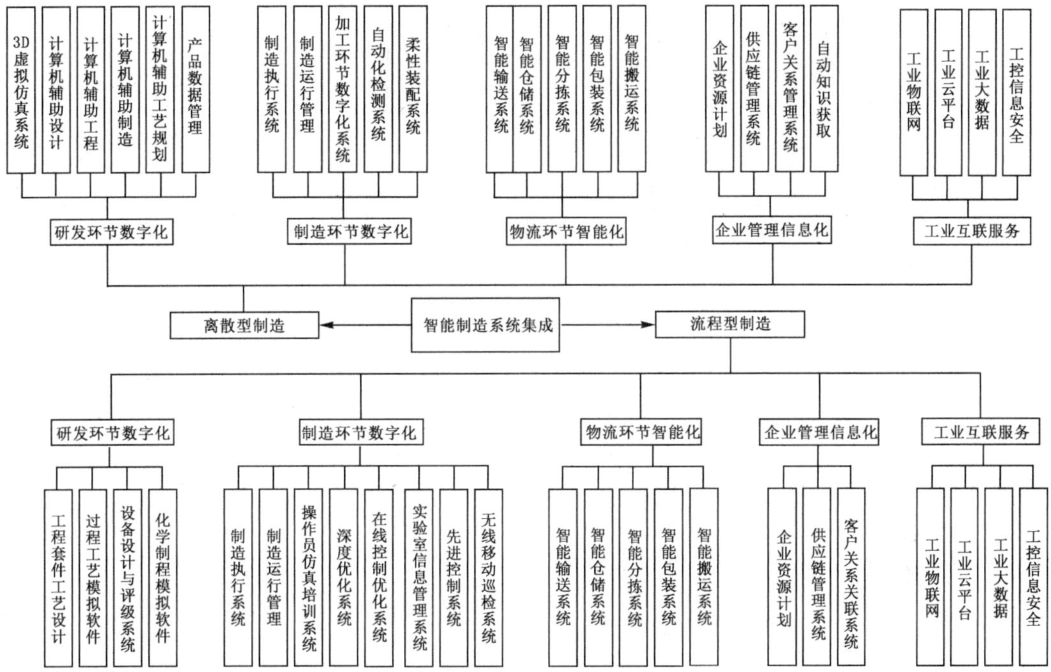

图 13-11　集成式智能工厂系统

企业一体化智能管理系统平台通过统一架构、快速开发、智能扩展等方式，赋予不同行业、不同规模、不同阶段的企业降低成本、提高效率、持续创新的能力。该系统可以全面整合所有业务和数据，让管理者实时监控和跟踪各个环节进度、结果、原因等，以便通过实时数据更快、更准地预测和决策，几乎囊括了企业的所有需求，帮助企业做大做强走向可持续发展的道路。

七、自主智能系统

自主智能系统是 20 世纪 80 年代出现的一种集智能、行动于一体的高性能自动机系统。它能模仿人的智能和行为，在复杂多变的未知环境中主动地执行预定任务；能通过环境感知、决策规划及有计划、有目的地产生智能行为来适应环境，改变现状，从而完成预定的目标任务。自主意味着具有自我管理的能力。自主智能系统是由机械、控制、计算机、通信、材料等多种技术融合而成的复杂系统。自主性和智能性是自主智能系统最重要的两个特征。利用人工智能的各种技术，如图像识别、人机交互、智能决策、推理和学习，是实现和不断提高系统这两个特征最有效的方法。近年来，随着航天技术、深海探测技术、智能制造和智能交通技术的发展，自主智能系统的研发达到前所未有的高度和深度，也促进了人工智能技术的发展。

强化学习是自主智能系统常用的方法之一，是一种与监督学习、无监督学习对等的学习模式，而不是一种具体的计算方法。研究学者发现，生物进化过程中为适应环境而进行学习有两个特点：一是人从来不是静止被动地等待，而是主动地对环境做试探；二是环境对试探动作产生反馈是评价性的，生物根据环境的评价来调整以后的行为，是一种从环境状态到行为映射的学习。具有以上特点的学习就是强化学习，或称再励学习、增强学习。标准的强化学习模型如图 13-12 所示。

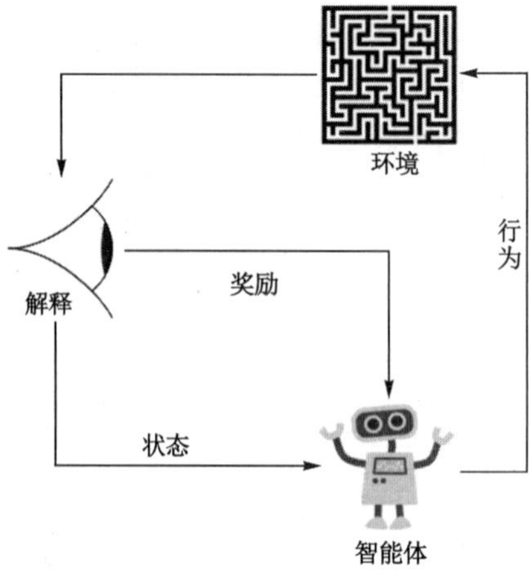

图 13-12 强化学习算法结构图

可以看出，智能体在与环境进行交互时，在每一时刻循环发生如下事件序列：

① 智能体接收上一时刻环境输出的状态与奖励，并从行动集合中选择下一时刻的行动；

② 环境接受当前行动作为输入并输出当前时刻得到的状态与奖励。

强化学习具有如下特点：

① 强化学习是一种弱的学习方式，体现为：智能体通过与环境不断地试错交互来进行学习；强化信号可能是稀疏且合理延迟的；不要求（或要求较少）先验知识；智能体在学习中所使用的反馈是一种数值回报形式，不要求有提供正确答案的教师，即环境返回的强化信号是奖励而不像监督学习中给出的教师信号（状态与动作）。

② 强化学习是一种增量式学习，并可以在线使用。

③ 强化学习可以应用于不确定性环境。

④ 强化学习的体系结构是可扩展的。目前，强化学习系统已扩展至规划的合并、智能探索、监督学习和结构控制等领域。

强化学习系统一般具有以下要素：策略、智能体、行为、环境、奖励。

策略：定义了智能体在给定时刻的行为方式，直接决定了智能体的动作，是强化学习的核心。

智能体：可以采取行动的智能个体。例如，可以完成投递的无人机，或者在视频游戏中朝目标行动的超级马里奥。强化学习算法就是一个智能体。

行动：智能体可以采取的行动集合，智能体在从可能的行动列表中进行选择。在电子游戏中，这个行动列表可能包括向右奔跑或者向左奔跑、向高处跳或者向低处跳、下蹲或者站住不动。在股市中，这个行动列表可能包括买入、卖出或者持有任何有价证券或者它们的变体。在处理空中飞行的无人机时，行动选项包含三维空间中的很多速度和加速度。

环境：指的就是智能体行走于其中的世界。这个环境将智能体当前的状态和行动作为输入，输出的是智能体的奖励和下一步的状态。如果以人类为例，那么人类所处的环境就是能够处理行动和决定你一系列行动结果的物理规律和社会规则。环境是某些强化学习系统的必要组成部分。

状态:一个状态就是智能体所处的具体即时状态。它能够将智能体和其他重要的去失事物关联起来,例如工具、敌人和奖励。

奖励:奖励是衡量某个智能体行动成败的反馈。例如,在视频游戏中,当马里奥碰到金币的时候,它就会赢得分数。面对任何既定的状态,智能体要以行动的形式向环境输入,然后环境会向这个智能体返回一个新状态(这个新状态会受到基于之前状态行动的影响)和奖励(如果有任何奖励的话)。奖励可能是即时的,也可能是迟滞的。它们可以有效地评估该智能体的行动。

环境是能够将当前状态下采取的动作转换成下一个状态和奖励的函数;智能体是将新的状态和奖励转换成下一个行动的函数。智能体的函数是可知的,但是环境的函数是未知的。强化学习相当于利用智能体函数无限逼近环境的函数。

强化学习的基于多步序列决策的知识表示和基于试错的学习机制能够有效地解决知识的表示和获取的问题。谷歌围棋程序 AlphaGo 便是利用强化学习的思想设计而成的。国际象棋程序深蓝,利用穷举法进行设计,然而围棋的复杂度要远超国际象棋,穷举法无法适用于围棋程序的设计。AlphaGo 利用强化学习思想将围棋程序设计为将棋盘局势作为当前状态,寻找最好的下棋点作为动作,最后以获得棋盘上最大的地盘作为目标,进行程序的训练。如图 13-13 所示,AlphaGo 对当前棋盘状态进行评价,在价值最高的落点进行落子。

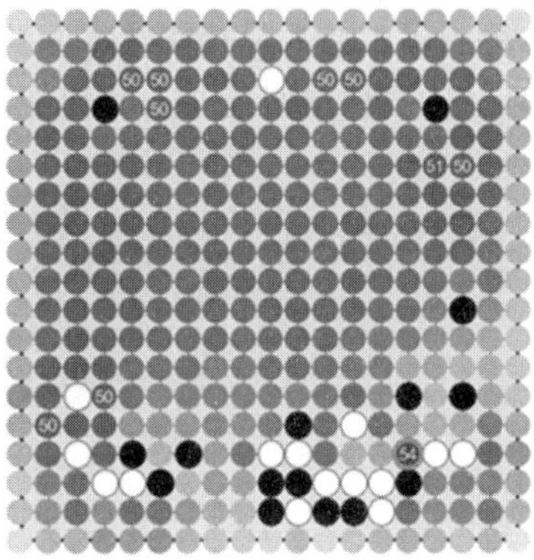

图 13-13 AlphaGo 棋盘估值效果

当前由于强化学习在大空间、复杂非线性系统中具有良好的学习性能,使其在实际中获得越来越广泛的应用。强化学习在解决模型未知的复杂非线性系统最优控制问题中起到重要作用,其与控制理论相结合形成了自适应动态规划理论(Adaptive Dynamic Programming,ADP),其采用 Actor-Critic 结构,以神经网络作为函数逼近器,是一种数据驱动的、具有学习和优化能力的智能控制方法,并在鲁棒控制、最优控制和自适应控制等领域有丰富的理论研究成果。实际应用中,强化学习与 ADP 不仅能控制简单的倒立摆系统,而且在复杂的机器人规划与控制、电力系统、智能交通和工业控制等领域也有大量成功的案例。ADP 算法结构图如图 13-14 所示。

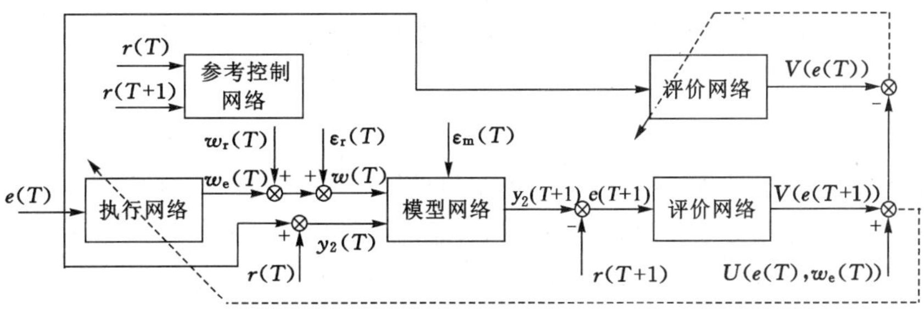

图 13-14 ADP 算法结构图

八、人机协同智能系统

人机协同智能系统通过人机交互实现人类智慧与人工智能的有机结合。人机协同智能是混合智能以及人脑机理研究的高级应用,也是混合智能研究发展的必然趋势。人机协同智能意味着人脑和机器完全融为一体,解决了底层的信号采集、信号解析、信息互通、信息融合以及智能决策等关键技术问题,使人脑和机器真正地成为一个完整的系统。在人机协同智能的研究方法中,人类智慧的表现方式有所不同。有的研究以数据形式来表达,通过使用人类智慧形成的数据训练机器智能模型来达到人机协同的目标。这种协同方式通常采用离线融合的方式,即人类智慧不能实时地对机器智能进行指导和监督。例如,基于互适应脑机接口系统,利用大脑给出奖惩机制进行调节,机器通过强化学习算法自适应调整机械臂控制参数,实现人机协同的机械臂运动控制。这种类型的混合智能将人类智慧集成到人工智能中,弥补了现有人工智能技术的缺陷,并可收集人类的反馈,实现系统不断学习的良性改善循环。人机协同智能与人类智能和人工智能的关系如图 13-15 所示。

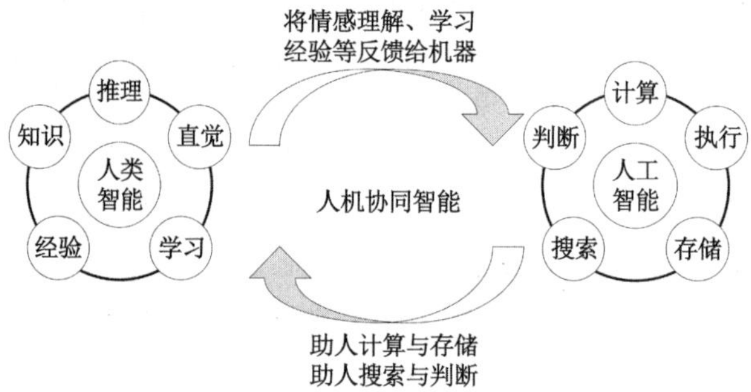

图 13-15　人机协同智能与人类智能和人工智能的关系

人机协同智能系统原理过程如下。

1. 人机系统建模

在不同应用领域的人机系统中,系统建模方式也是不同的。在传统机器人的建模方法中,由于不用考虑人机协作部分,故而只需要对机器人进行动力学和运动学系统建模,如轮式机器人等。在人机协同智能系统中,系统建模不仅要考虑动力学和运动学约束,还需要考虑人体模型。

外骨骼机器人是典型的人机协同智能系统,不但承载穿戴者的重量,还需要带动穿戴者行走或帮助穿戴者负重,这对系统的稳定性产生了很大的影响,而保持平衡的能力在人体行走中至关重要,故在人机系统建模中还需要对人体进行步态分析。

2. 物理人机交互

物理人机交互技术是从机电一体化、控制与规划等多个方向成功演变而来的,在更安全的轻量级机器人设计和交互控制方案中有越来越高的要求。新型机器人更加注重感知物理交互,沿机器人结构呈现顺应行为,规划尊重人类偏好的运动,生成与人类协作及交互计划的能力,在交互安全方面取得了新的进展,应用领域也随之越来越广泛。

3. 认知人机交互

认知人机交互是通过建立认知模型使机器能够识别人的意图、情感、认知等,并从中积累经验不断学习的过程。在认知人机交互中，主要有师生模式和协同模式。协同模式与物理人机交互中的协作学习模式不同，协同模式下机器人能够准确识别人的意图，代替人做出决策，如提取人体生物信号并采用与虚拟现实技术结合的方式来进行外骨骼机器人的控制，通过识别脑电信号在虚拟的键盘中来选取字母等。

4. 脑机接口

脑机接口的历史从 20 世纪 70 年代开始，由美国国防高级研究计划局(DARPA)主导，1994 年，发表在 *Nature* 杂志上的一篇文章介绍了人在运动想象场景和观察运动场景中脑电信号活跃位置的区别，研究表明：当被试者处于观察运动场景中时，活跃的脑电信号主要出现在大脑的视觉皮层位置处，另外也有少量的活跃信号出现在与运动相关的位置(小脑)；当被试者处于运动想象场景中时，与运动相关的大脑皮层非常活跃。

脑机接口可分为两种：一种是植入式脑机接口，这种方式是通过手术，将传感器直接植入到大脑里，可以直接获取精确的脑信号；另一种是非植入式脑机接口，非植入式脑机接口是通过安置在头部外的传感器获取信号并控制机器的。和植入式相比，这种方式的传感器设置简单，对用户的负担低，安全性和可靠性高。现在，因为技术稳定性和可靠性较高，大多数非植入式脑机接口都基于 EEG，也有一些基于近红外等的研究，部分研究将非植入式脑机接口应用到了外骨骼机器人中，但因获取的脑信号需要通过头发、头皮、头盖骨等，导致信号衰减和信号精度的降低。

第三节　人工智能伦理

随着计算机和人工智能科技的发展，各种人工智能产品(如机器人等)进入工业、农业、军事、医疗、家庭服务、社会医疗等领域。飞速发展的科学技术使人类收益，同样也带来各类伦理问题，如生命伦理、核伦理等。人工智能技术的快速发展同样也存在人工智能伦理问题。人工智能伦理学主要包括：机器人学、计算机科学、人工智能、哲学、伦理学、神学、生物学、生理学、认知科学、神经学、法学、社会学、心理学以及工业设计等。从学术价值角度看，人工智能伦理开拓了科技伦理研究新领域，能够加深人类对人、生命、智能、机器的理论与认知；从实践角度看，人工智能伦理有助于构建起人类与智能产品互动的道德观念与规范，实现人与智能产品和谐相处。

上海交通大学杜严勇等提出人工智能伦理研究的基本原则：

① 安全性原则。既包括技术层面的安全性，也包括用户与公众心理层面的安全感，同时还涉及面向未来的安全性。安全性原则是贯彻人工智能伦理的首要原则。

② 主体性原则。人工智能中，人是主体，技术是客体。人类研究和发展科学技术，是为了给人类提供更加幸福的生活，提升人类的自由与尊严。在人与人工智能关系中，人类要能够很好地控制人工智能，人类占据主导地位，这也是安全性原则的前提。

③ 建设性原则。人工智能的应用范围广泛，面向的群体多，不同类型的人工智能产品导致的伦理问题差异大。人工智能伦理研究不仅仅是抽象的理论研究，而应该具体问题具体分析，掌握公众的态度与期望。

2021 年 9 月 25 日，国家新一代人工智能治理专业委员会发布了《新一代人工智能伦理规范》(以下简称《伦理规范》)。《伦理规范》提出了 6 项基本伦理要求。同时，提出人工智能伦理管理、研发、供应、使用等特定活动的 18 项具体伦理要求。

《伦理规范》中提出人工智能的基本伦理规范为：

① 增进人类福祉。坚持以人为本，遵循人类共同价值观，尊重人权和人类根本利益诉求，遵守国家或地区伦理道德。坚持公共利益优先，促进人机和谐友好，改善民生，增强获得感幸福感，推动经济、社会及生态可持续发展，共建人类命运共同体。

② 促进公平公正。坚持普惠性和包容性，切实保护各相关主体合法权益，推动全社会公平共享人工智能带来的益处，促进社会公平正义和机会均等。在提供人工智能产品和服务时，应充分尊重和帮助弱势群体、特殊群体，并根据需要提供相应替代方案。

③ 保护隐私安全。充分尊重个人信息知情、同意等权利，依照合法、正当、必要和诚信原则处理个人信息，保障个人隐私与数据安全，不得损害个人合法数据权益，不得以窃取、篡改、泄露等方式非法收集利用个人信息，不得侵害个人隐私权。

④ 确保可控可信。保障人类拥有充分自主决策权，有权选择是否接受人工智能提供的服务，有权随时退出与人工智能的交互，有权随时中止人工智能系统的运行，确保人工智能始终处于人类控制之下。

⑤ 强化责任担当。坚持人类是最终责任主体，明确利益相关者的责任，全面增强责任意识，在人工智能全生命周期各环节自省自律，建立人工智能问责机制，不回避责任审查，不逃避应负责任。

⑥ 提升伦理素养。积极学习和普及人工智能伦理知识，客观认识伦理问题，不低估不夸大伦理风险。主动开展或参与人工智能伦理问题讨论，深入推动人工智能伦理治理实践，提升应对能力。

第四节　智能选煤的意义与主要内容

一、智能选煤的意义

《中国制造 2025》是中国实施制造强国战略的第一个十年行动纲领。该纲领包括五大工程，分别为：制造业创新中心建设工程、智能制造工程、工业强基工程、绿色制造工程、高端装备创新工程。其中，智能制造是中国从制造大国向制造强国迈进的重要一步。近年来，为主动应对新一轮科技革命与产业变革，支撑服务创新驱动发展，服务国家重点战略需求，教育部积极推进了新工科建设。其中，将智能制造、云计算、人工智能、机器人等用于传统工科专业（如矿业工程等）的升级改造是新工科建设的重要组成部分。

选煤是极其复杂的过程工程，经过百余年的发展，选煤工业过程控制技术不断进步，目前已实现机械化和自动化。随着新工科建设的推进和“碳达峰”“碳中和”目标的提出，选煤过程的智能化发展成为新的挑战。智能选煤的内涵是通过现代信息技术和人工智能技术，以信息资源为起点，依靠智能控制和智能管理技术，实现精准分离、精细管理和增量提效。依靠智能装备提升生产管理系统的可靠性和智能化程度，在保证选煤生产本质安全的前提下，对选煤生产过程、选煤生产信息、选煤生产工艺和选煤过程参数逐步实现透明化、精细化、最优化和智能化管理。通过选煤生产底层设备的升级改造和生产工艺参数的智能优化控制，进一步提升选煤生产效率、提高选煤经济效益以及减少生产过程中的损耗与碳排放。

二、智能选煤的目标和主要内容

2020 年，《智能化选煤厂建设通用技术规范》（以下简称《标准》）发布。《标准》中明确提出了智能化选煤厂的定义，即通过智能化技术在选煤行业的应用，依托选煤大数据与专家知识库，形成全面感知、实时互联、数据共享、综合分析、自主学习、动态预测、协同控制的智能系统，实现选煤厂的智能控制、智能管理、智能决策，逐步做到少人或无人干预，最终达到选煤厂安全、高效、节能、环保。

选煤厂智能化的目标通常包括以下几个方面。

精准分离：根据分离条件和状态，对生产过程能实时分析和精准预测，通过优化分离参数和控制策略，提高分离精度。

精细管理：选煤过程有大量在线实时数据和离线管理信息，通过实时分析和模拟、预测与优化决策，提高管理水平。

增量提效：从生产、管理和营销等业务流程提出整体协调的要求，以经济效益和竞争力为目标，以智能化为手段提高选煤生产的环境、经济、社会效益。

选煤厂智能化通常包含以下 4 个内容。

（1）选煤过程参数智能测控

包括对常规方法无法测量的参数进行检测或智能估计，以及在经典自动控制的基础上，根据分选原料的性质等复杂条件，通过合理分析提出优化操作（参数设置），实现各生产环节整体协调。

（2）选煤装备状态智能监控

包括基于运行时间和故障发生率的装备不定期维检，以及设备故障预测性分析与设备故障应急处置。

（3）选煤厂智能安防

包括但不限于消防隐患测报、人员违章测报、异物隐患测报等。

（4）选煤厂智能化管理

管理部门数据采集、处理、分析与决策的全过程实现智能化。

三、智能选煤系统的架构

《标准》明确了智能化选煤厂基本组成架构（图 13-16），即设备层、控制层、管理层、决策层。设备层主要包括网络设备、机电设备以及检测仪表、保护装置、配电设备等；控制层主要包括基础自动化和智能控制，基础自动化主要包括生产集中控制系统、设备状态监测系统、视频监控系统、调度通信系统、安全监测系统等，智能控制主要包括生产过程智能控制、智能仓储与配煤、智能装车、智能集控、智能视频、智能停送电等；管理层主要包括生产管理、机电管理、安全管理、经营管理、质量管理等；决策层主要包括综合决策、智能分析等。

智能化选煤厂建设的主要内容可以分为基础平台、基础自动化、智能控制、智能管理、智能决策五部分。如图 13-17 所示，基础平台包括基础设施与交互系统，是整个建设体系的支撑；基础自动化包括控制系统与检测装置，为智能化准备硬件条件、执行机构和实时数据；智能控制包括生产系统与辅助系统的智能化；智能管理涵盖了生产管理、机电管理、经营管理等；智能决策是人工智能与选煤专业技术的结合，包括综合分析与智能决策，是智能选煤的集中体现。

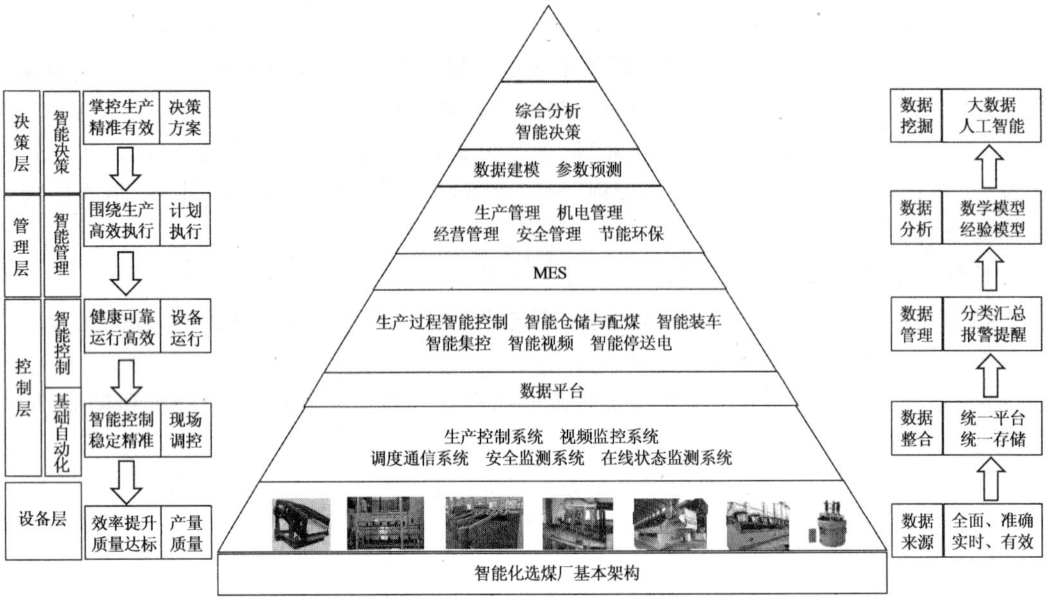

图 13-16　智能化选煤厂基本架构

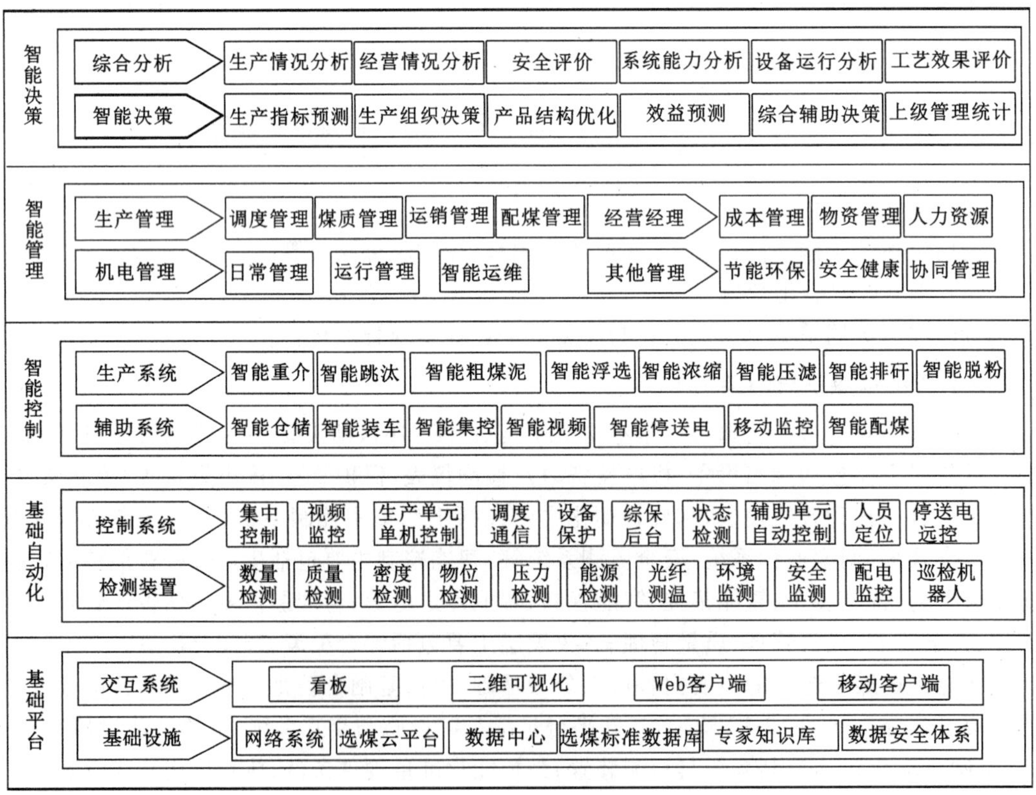

图 13-17　智能化选煤厂建设内容

第五节　选煤过程智能控制案例

一、重介质分选过程智能控制案例

重介质选煤技术经过几十年的不断发展，具有分选效率高、分选粒度范围宽、生产过程中工艺参数易于实现自动控制等优点，逐渐成为我国主流的煤炭分选加工方法。重介质分选系统的智能控制主要包括：通过煤质的在线检测分析，并结合煤质历史数据，建立相关的煤质模型，自主预测分选密度；建立重介质悬浮液密度调控模型，实现悬浮液密度的自动设定与调整；通过产品质量反馈调节分选过程的工艺参数；利用自学习功能自动修正相关模型，达到智能精准控制的目的。重介质分选智能控制系统如图 13-18 所示。

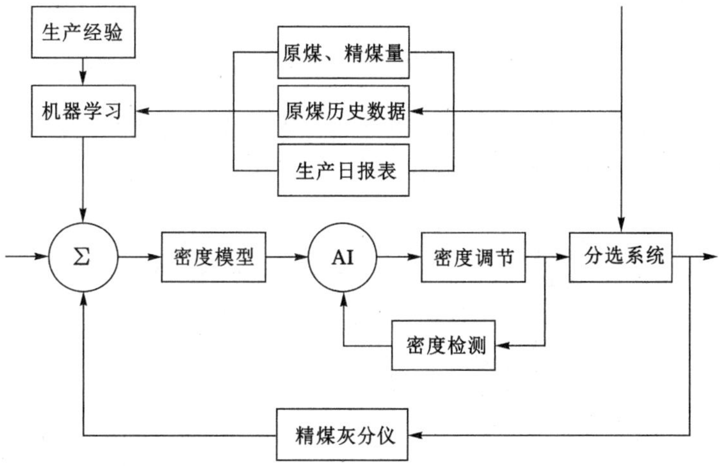

图 13-18　重介质分选智能控制系统框图

重介质选煤过程通常采用由回路控制和运行优化组成的双层结构。运行优化层是面向分选运行过程的，其目标是根据计划调度部门给出的生产运行指标，结合当前生产工况，动态优化重介质悬浮液密度等回路设定值；基础回路控制层是面向密度、流量等回路过程的，其目标是通过 DCS 等工控设备实现回路设定值的快速跟踪与稳定。由于分选运行过程与回路过程分别具有快、慢两种时间尺度特性，因此针对运行优化层与基础回路控制层需要分别设置两种控制周期。因此，重介质选煤过程是一个具有多时间尺度的复杂工业过程。

重介质分选过程智能控制方面，有一种模型数据混合驱动的重介质选煤过程自适应控制算法，通过采用结合了投影辨识和基于 RVFLN 的未建模动态估计的控制器自适应在线更新算法自主学习并更新重介质选煤过程模型参数，分别对应设计了自适应 PI 控制器和数据驱动的虚拟未建模动态补偿器。该算法改善了基础回路闭环控制系统的性能，实现了重介质悬浮液密度对其设定值的快速稳定跟踪。模型与数据混合驱动的自适应控制结构如图 13-19 所示。

针对重介质选煤过程分层结构，采用提升技术将基础回路过程闭环控制系统的动态代入到运行层中，统一了两层之间的时间尺度，构建了广义被控对象，利用 RVFLN 离线训练估计模型，并采用了数据驱动的迭代 ADP 算法优化了回路设定值，进而实现对灰分运行指

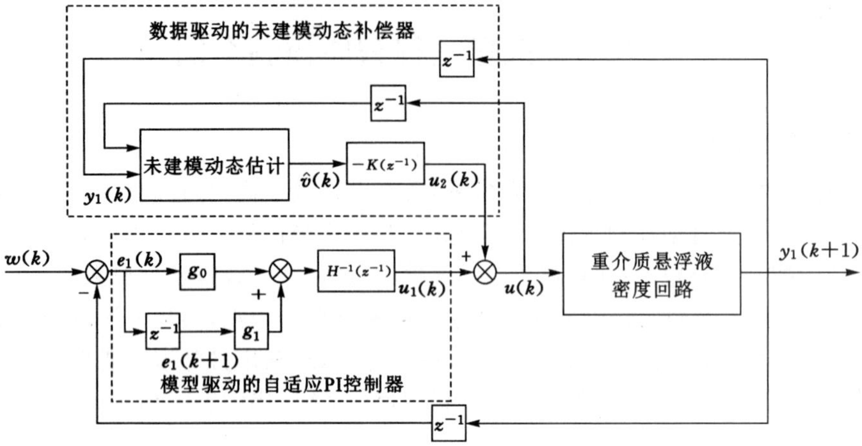

图 13-19　模型与数据混合驱动的自适应控制结构图

标的跟踪。迭代 ADP 算法结构如图 13-20 年示。重介质选煤过程自学习运行优化控制结构如图 13-21 所示。重介质选煤过程结构如图 13-22 所示。

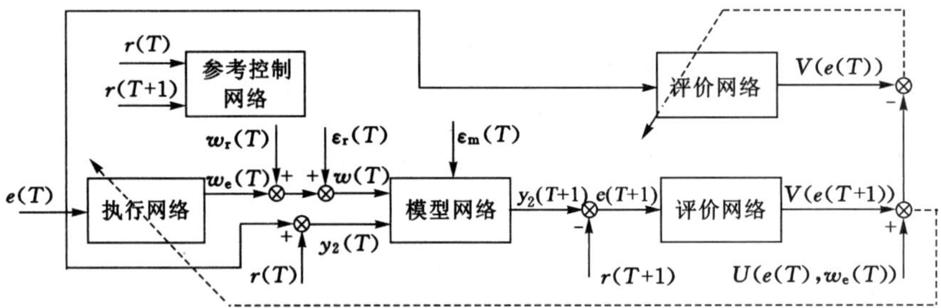

图 13-20　迭代 ADP 算法结构图

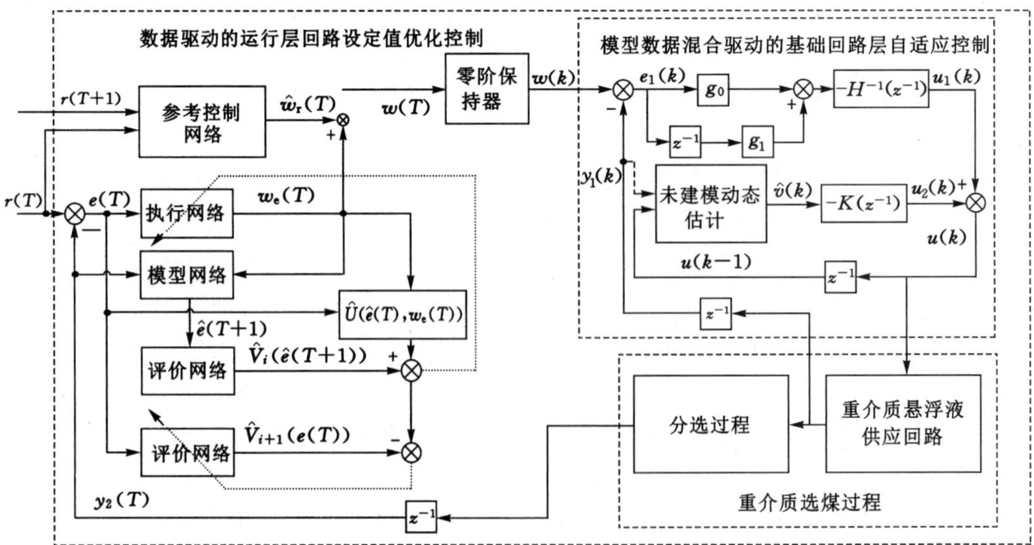

图 13-21　重介质选煤过程自学习运行优化控制结构图

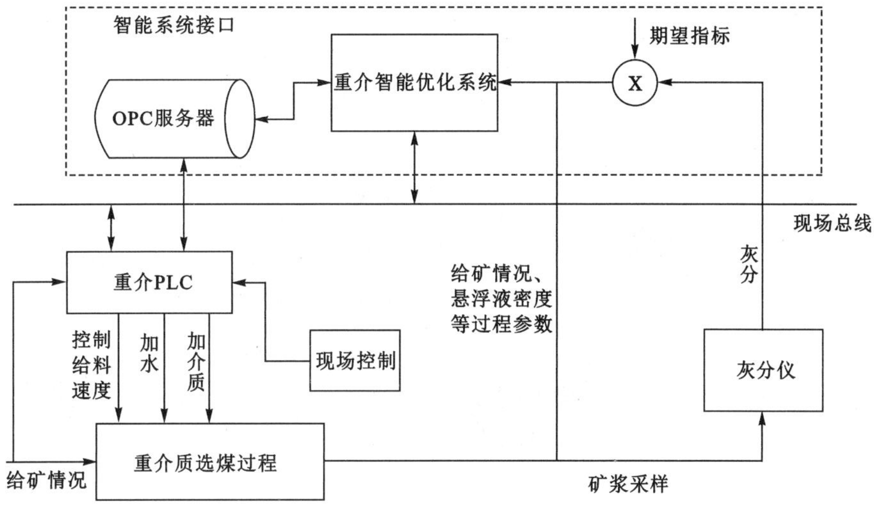

图 13-22　重介质选煤过程结构图

二、浮选过程智能控制案例

智能浮选系统，通过实时检测浮选药剂量、浮选矿浆浓度、矿浆流量、煤泥粒度、浮选泡沫层厚度、精煤灰分、尾煤浓度与灰分等，结合入料性质与产品指标，建立浮选工艺参数间的关联模型，自主预测药剂流量、充气量、产品数质量等。典型的浮选过程智能化控制系统如图 13-23、图 13-24 及图 13-25 所示。

三、跳汰过程智能控制案例

跳汰分选技术适用于易选煤的分选，运行过程中受操作工人的主观判断影响较大。影响跳汰分选效果的因素有很多，主要有：入料原煤特性、跳汰机各室进排气阀工作制度、矸石段排料情况、中煤段排料情况、各室顶水情况、风压、水压等。在跳汰过程的控制过程中，多以床层中重产物的厚度为控制变量，使用 PID 控制器调节排料速度来满足产品的质量要求。跳汰过程的复杂性和检测技术的不成熟导致了跳汰选煤控制效果的不理想。适用于跳汰过程智能控制的专家控制结构如图 13-26 所示。用户接口接收来自生产调度部门的期望指标，结合检测机构与特征辨识器上传参数，在专家知识库中进行运算推演得到最优参数传送给多模态控制器，调节设备参数，实现跳汰的智能控制。

四、神东煤炭集团上湾选煤厂智能控制系统简介

国家能源集团神东煤炭集团上湾选煤厂在智能化建设中，设置了有害气体、厂区环境监测，温度湿度检测，烟雾检测，激光、温度、振动、压力等传感器，用于生产作业现场，在感知环境变化的同时进行越线报警提示。现场除了灰分仪、密度计、胶带秤等常规装置外，增加了智能电表、水表、管道浓度计和在线浓（粒）度监测等装置，大幅提高了系统调节的精准性。通过安装拉线位移传感器、红外激光传感器以及温度振动传感器等装置，精准感知设备的状态，目前全厂安装设备状态感知装置 700 余个。

在重选环节，采用了基于激光雷达测距扫描技术的介质堆表面识别与三维模型构建方法和以路径规划算法为核心的取介点智能定位技术；采用了多维度灰分仪检测优化方法，即在双能量集中透射和多点测灰的基础上，采用扇形准直放射源输出铅罐，优化放射源放置方

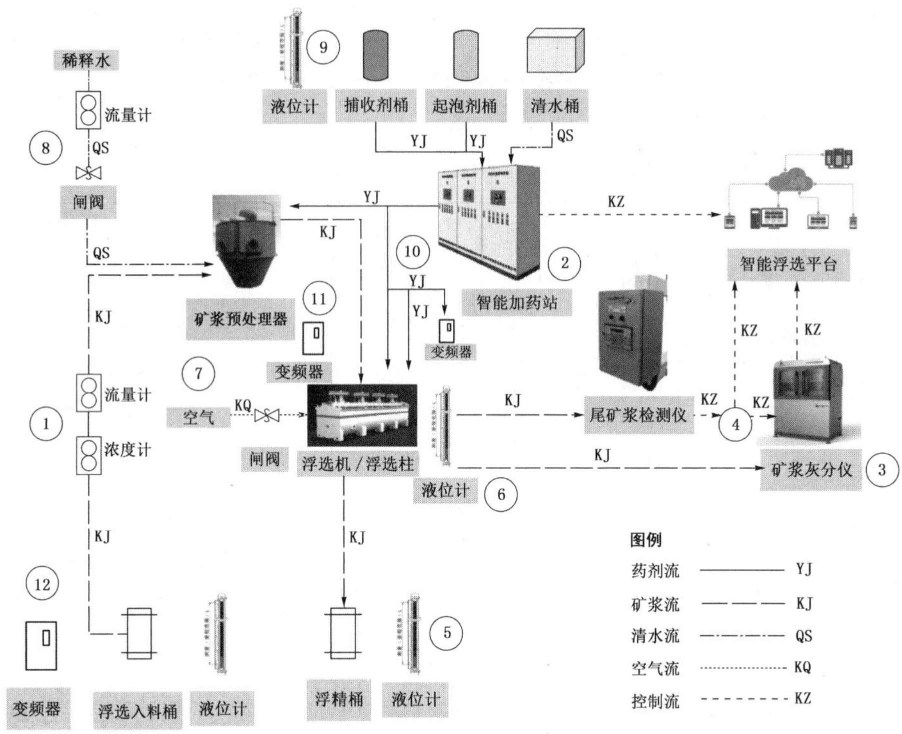

1—入浮量检测；2—药剂制度及药剂量控制；3—浮精灰分检测；4—浮尾灰分、跑粗检测；5—浮精桶液位控制；6—尾矿闸板（泡沫层温度控制）；7—充气量控制；8—入浮浓度控制；9—药剂桶药量控制；10—搅拌强度控制；11—刮泡速度控制；12—入浮量控制。

图 13-23 智能浮选系统设备流程图

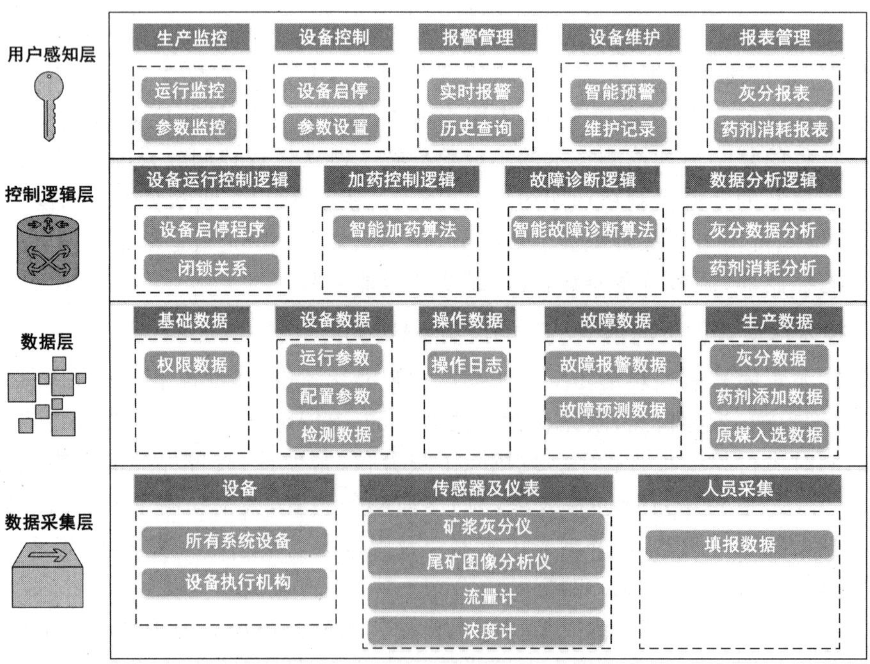

图 13-24 智能浮选系统管控界面

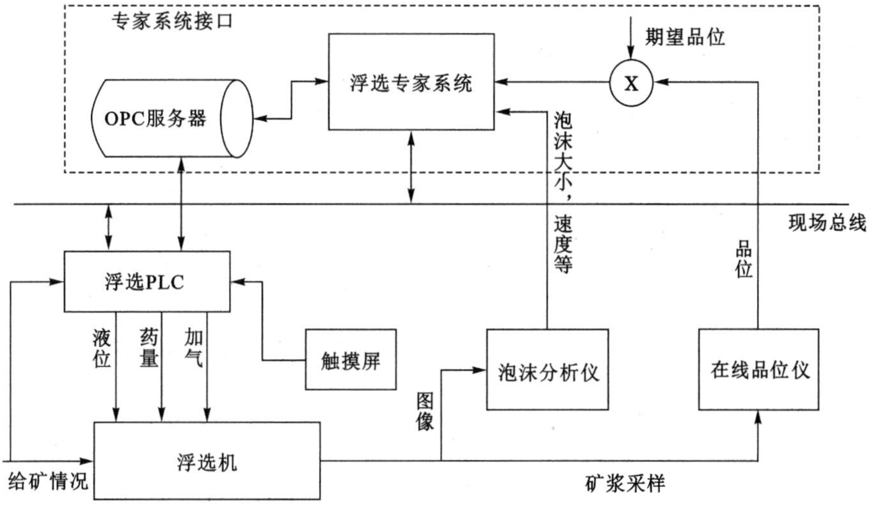

图 13-25　智能浮选系统框图

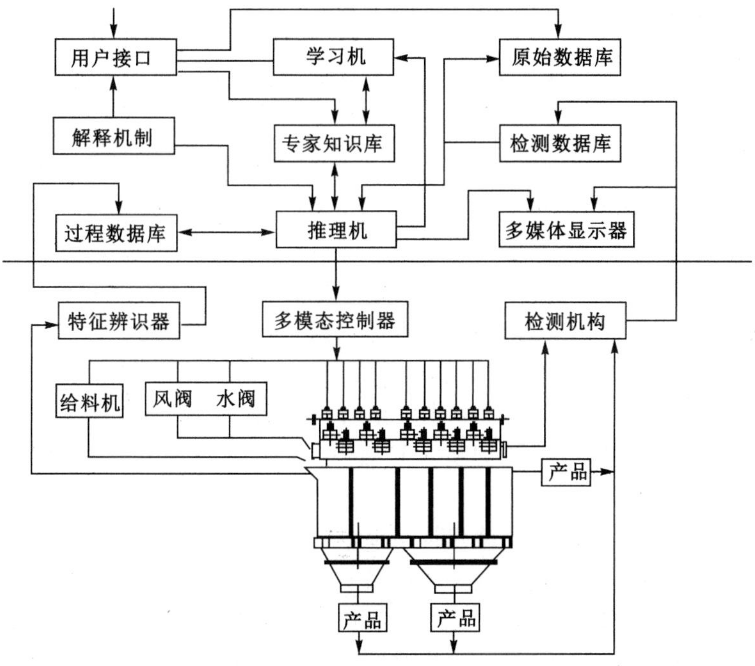

图 13-26　跳汰过程专家控制系统框图

式，探测器中增加铅制射线屏蔽块，另外，通过在线优化算法对灰分仪在线数据进行校正，使灰分仪的校正模型实时性与精度都得到提高，在线灰分仪检测灰分平均绝对误差在±0.3%以内；实现了数据驱动、专家决策支持的重介分选参数在线实时智能给定，即通过对在线、离线的历史数据分析和数据挖掘，构建了分选密度的前馈预测模型，并建立了产品质量与分选密度之间的反馈控制策略，实时给定分选密度，实现了重介质分选过程参数闭环控制；实现了专家知识和模糊控制协同的分选密度精准控制，即构建了包含原煤和产品煤质量数据、历史分选参数数据、选煤专家知识数据在内的重介分选智能控制数据库，在数据基础上，利用机器学习和选煤专家决策支持系统的协同实现了重介分选控制参数的实时智能给定，开发了基于专家知识和模糊控制策略的分选密度精准控制技术。

在煤泥水处理环节，采用了基于硬度和浓度双控策略的煤泥水药剂添加系统、基于沉降界面厚度和溢流水浓度的煤泥水药剂添加系统。系统自动采集煤泥水特性数据，自动分析煤泥水粒度组成，由后台策略机给定，实现煤泥水处理环节的智能精准控制，减少药剂消耗，提高煤泥水处理效率。

在生产管理过程中，利用智能巡检、高清黑光、热成像等摄像头，对生产运行情况进行远程监控，实时查看系统运行状态，同时可监测越线行为、个人安全防护、高温区域、胶带机跑偏、杂物铁器、煤流温度和堆料等情况，实现了全系统的远程监控，代替人工巡检。基于安装在线传感器开发了在线监测分析系统，可实时采集设备运行数据并设定报警越线值，当实时数据超过设定值时，便会触发报警。此外，通过实时数据与历史曲线的对比分析，可提前预判设备存在的隐患并加以针对性维护。开发了智能装车系统，通过光电传感器、雷达测速传感器和车辆识别系统的有效集成，实现了装车过程自动化，减少每班重复操作设备 1 500 余次，工作质量全面提升，杜绝了人为因素造成的超重、偏载等问题。搭建了企业专用网络，实现了有线网络和无线网络的无缝对接；解决了信息孤岛，实现了管理网、监控网、控制网的数据融合；为实现智能感知数据的传输、生产系统移动监控、移动办公与可视化检修提供了网络环境支撑。

在智能停送电方面，传统的停送电操作及指令流程有 10 项，存在 9 个隐患环节，现在通过智能配电系统的判断并推送指令，可有效减少人为执行过程中的安全风险，整套系统运行安全可靠，上线运行两年以来，未发生执行错误的情况。传统的停送电操作及指令流程需要调度员和检修电工填写大量的纸质记录，通过数字配电平台可实现全过程自动跟踪和记录，并最终形成完整的停送电操作记录。该技术已经获得行业的广泛认可，并由中国煤炭加工利用协会编入《智能化选煤厂建设通用技术规范》中。上湾选煤厂生产系统中的 48 个电液闸门、22 个调节阀门，在系统切换或参数调整时，需岗位人员到现场逐个操作，用时长达 30 min，通过一键切换改造，将系统切换时间缩短至 2 min，减轻员工劳动强度的同时节省了电量消耗，生产效率提高了 5%。

从提出智能化选煤厂概念到实施建设至今，国家能源集团神东煤炭集团上湾选煤厂工作模式和管理模式实现了较大的转变。由值长＋巡检工程师的全域巡诊制度代替固定区域巡视制度。按照“精干高效、智能驱动”的原则，优化岗位设置及职责，将生产一线 33 名岗位人员进行了优化和转岗。向“小岗位、大检修”转变，依托大数据智能分析执行系统，实现扁平化管理。通过智能化实施应用，上湾选煤厂年电力消耗减少 8%以上，生产效率提升 5%，日均生产时间缩短 1 h，煤质稳定率提高了 12%，员工接触粉尘、噪声的时间每天减少 240 h，全员工效逐步提升。

五、山西焦煤集团斜沟矿选煤厂智能控制系统简介

山西焦煤集团斜沟矿选煤厂在智能化选煤厂建设过程中，相继推进了智能压滤、智能鼓风、智能报警、智工之眼、智能密控、智能启停车、煤质化验等模块的建设。通过对全厂管理与生产系统的智能化升级改造，降低了员工劳动强度，提高了劳动生产率。

斜沟矿选煤厂在煤泥水处理环节共有压滤机 12 台，以夜班相同原煤入选量为基准进行

统计，在压滤系统全面智能化升级后，每班能够多压滤煤泥 12 板，岗位人员由 6 人减为 3 人，生产效率提高了 15.4%。

通过选煤工艺系统智能化升级，提高生产效率，节能减排，助力“双碳”目标，是智能矿山建设的重要目的之一。斜沟矿选煤厂智能化建设中，在能源消耗管理方面取得了显著成绩。通过能源管理系统将电力消耗管理、介质消耗管理、絮凝剂消耗管理和防冻液消耗管理等融合，建立了能源管理大数据平台，持续地收集系统运行数据，分析相关规律，优化系统参数，不断降低全厂能耗，提高了经济效益。智能化升级改造后，该厂选煤系统启车时间由 40 min 降低至 20 min，单次启车能耗减少约 4 000 kW·h；吨煤介耗由 2016 年的 1.76 kg 降低至 2019 年的 1.67 kg；煤泥水系统中每吨干煤泥的絮凝剂消耗量由 64.95 g 降低至 55.39 g，提质增效、节能减排效果明显。

复习思考题

1. 选煤厂智能化建设的内涵和主要内容有哪些？
2. 人工智能的基本要素是什么？
3. 人工智能系统主要有哪些？
4. 发展智能选煤需要遵守的基本原则有哪些？
5. 选煤过程智能控制的难点有哪些？

参考文献

[1] 贲可荣,张彦铎. 人工智能[M]. 北京:清华大学出版社,2006.

[2] 蔡邠. 电力系统频率[M]. 北京:中国电力出版社,1998.

[3] 蔡方耀. 电动机应用计算指南[M]. 北京:中国计划出版社,1998.

[4] 蔡邻. 电力系统频率:第二分册[M]. 北京:中国电力出版社,1998.

[5] 蔡自兴,贺汉根. 智能科学发展的若干问题[J]. 自动化学报,2002,28(S1):142-150.

[6] 蔡自兴. 中国人工智能 40 年[J]. 科技导报,2016,34(15):12-32.

[7] 陈纯,顾玉泉. 选煤厂电气设备及自动化[M]. 徐州:中国矿业大学出版社,1990.

[8] 陈海波. 电工检修一点通[M]. 北京:机械工业出版社,2010.

[9] 陈培友,高太光. 分布式决策环境下的多议题多相关自动谈判及其应用[M]. 哈尔滨:哈尔滨工程大学出版社,2013.

[10] 陈世福. 人工智能与知识工程[M]. 南京:南京大学出版社,1997.

[11] 陈芝涛. 变电站配电室运行维护管理[M]. 呼和浩特:内蒙古人民出版社,1987.

[12] 戴广平. 电动机变频器与电力拖动[M]. 北京:中国石化出版社,1999.

[13] 邓晓阳,张启林. 选煤厂电气设备安装使用与维护[M]. 2 版. 徐州:中国矿业大学出版社,2013.

[14] 丁根芽,胡保生. 集成智能系统[J]. 自动化博览,1994(5):29.

[15] 丁毓山,雷振山. 中小型变电所实用设计手册[M]. 北京:中国水利水电出版社,2000.

[16] 杜严勇. 人工智能伦理引论[M]. 上海:上海交通大学出版社,2020.

[17] 段建元. 工厂配电线路及变电所设计计算[M]. 北京:机械工业出版社,1982.

[18] 韩建超. 人工智能与数据库技术结合研究[J]. 计算机科学,1992,19(1):60-65.

[19] 韩莉,崔新跃,孙慧峰. 矿用电气设备[M]. 徐州:中国矿业大学出版社,2009.

[20] 何仰赞,温增银. 电力系统分析[M]. 3 版. 武汉:华中科技大学出版社,2002.

[21] 胡虔生,胡敏强. 电机学[M]. 2 版. 北京:中国电力出版社,2009.

[22] 黄立培,张学. 变频器应用技术及电动机调速[M]. 北京:人民邮电出版社,1998.

[23] 贾开. 人工智能与算法治理研究[J]. 中国行政管理,2019(1):17-22.

[24] 金明国,张秀峰. 选煤厂浮选智能化技术研究及应用[J]. 选煤技术,2021(1):155-162.

[25] 匡亚莉,何亚群,陈建云,等. 跳汰床层运动参数的特性分析[J]. 中国矿业大学学报,2003,32(6):678-682.

[26] 匡亚莉,欧泽深. 跳汰过程中水流运动的数学模拟[J]. 中国矿业大学学报,2004,33(3):254-258.

[27] 赖昌干,刘湘元. 地方煤矿供电与电气化[M]. 北京:煤炭工业出版社,1990.

[28] 雷佳,蒋静坪. 基于遗传算法的模型参考自适应控制[J]. 控制理论与应用,1998,15(3):466-468.

[29] 李洋,孙晋,范翠香. 电动机使用与维修[M]. 北京:人民邮电出版社,1995.

[30] 李颖峰.工厂供电[M].2版.重庆:重庆大学出版社,2009.
[31] 李志民,张遇杰.同步电动机调速系统[M].北京:机械工业出版社,1996.
[32] 林海雪.电力系统的三相不平衡[M].北京:中国电力出版社,1998.
[33] 林海雪.电压电流频率和电能质量国家标准应用手册[M].北京:中国电力出版社,2001.
[34] 林育兹,鲍平.可编程序控制器原理及逻辑控制[M].北京:机械工业出版社,2006.
[35] 刘柏青.电力系统及电气设备概论[M].武汉:武汉大学出版社,2005.
[36] 刘涤尘.电气工程基础[M].武汉:武汉理工大学出版社,2002.
[37] 刘介才.工厂供电[M].4版.北京:机械工业出版社,2004.
[38] 马维新.电力系统电压[M].北京:中国电力出版社,1998.
[39] 穆连生,冯文旭,杨贵义.矿山供电设备实习指导书[M].徐州:中国矿业大学出版社,1995.
[40] 濮绍文,濮少文.三相鼠笼式单绕组多速电动机[M].2版.上海:上海科学技术出版社,1996.
[41] 朴在林.变电所电气部分[M].北京:中国水利水电出版社,2002.
[42] 曲泽真渊.电动机的选择和使用方法[M].杨锦元,等译.上海:上海科学技术文献出版社,1986.
[43] 任清晨,赵志文,王丽敏.选煤过程工艺参数自动测控技术[M].北京:煤炭工业出版社,1990.
[44] 孙增圻.计算机控制理论及应用[M].北京:清华大学出版社,1989.
[45] 唐介.电机与拖动[M].2版.北京:高等教育出版社,2007.
[46] 唐志平.工厂供配电[M].北京:电子工业出版社,2002.
[47] 滕福生.电力系统调度自动化和能量管理系统[M].成都:四川大学出版社,2004.
[48] 天津电气传动设计研究所.电气传动自动化技术手册[M].3版.北京:机械工业出版社,2011.
[49] 佟为明,翟国富.低压电器继电器及其控制系统[M].哈尔滨:哈尔滨工业大学出版社,2000.
[50] 涂承媛,涂承宇,冯占英.基于仿生进化的自动控制系统[J].北京联合大学学报,2000,14(3):69-73.
[51] 王丽英.工厂供配电技术[M].北京:中国劳动社会保障出版社,2007.
[52] 王维俭.电气主设备继电保护原理与应用[M].2版.北京:中国电力出版社,2002.
[53] 王文庆.复杂系统自适应鲁棒控制:基于模糊逻辑系统的分析设计[M].西安:西北工业大学出版社,2005.
[54] 王晓丽.供配电系统[M].北京:机械工业出版社,2004.
[55] 王毅,张早校.过程装备控制技术及应用[M].2版.北京:化学工业出版社,2007.
[56] 吴沧浦.智能控制、进化论与人机交互[J].北京理工大学学报,1997,17(3):263-267.
[57] 吴文辉.电气工程基础[M].武汉:华中科技大学出版社,2010.
[58] 武予鲁.电动机及其综合保护装置的工作原理与使用[M].北京:煤炭工业出版社,2004.

[59] 熊信银,张步涵. 电力系统工程基础[M]. 武汉:华中科技大学出版社,2003.
[60] 徐志强,王仁哲. 选煤厂电气设备[M]. 北京:煤炭工业出版社,1993.
[61] 许晓峰. 电机及拖动[M]. 3 版. 北京:高等教育出版社,2007.
[62] 许玉玉. 电机与变压器[M]. 西安:西北工业大学出版社,2008.
[63] 薛维东,殷海宁. 选煤自动化实用技术[M]. 北京:煤炭工业出版社,1996.
[64] 严克宽,张仲超. 电气工程和电力电子技术[M]. 北京:化学工业出版社,2002.
[65] 杨灿军,陈鹰,路甬祥. 人机一体化智能系统理论及应用研究探索[J]. 机械工程学报,2000,36(6):42-47.
[66] 杨宗豹. 电机拖动基础[M]. 2 版. 北京:冶金工业出版社,1999.
[67] 于海生,丁军航,潘松峰. 计算机控制技术[M]. 2 版. 北京:机械工业出版社,2016.
[68] 曾向阳. 智能水中目标识别[M]. 北京:国防工业出版社,2016.
[69] 张建功. 智能化技术在斜沟选煤厂能源管理中的应用[J]. 煤炭加工与综合利用,2021(8):38-41.
[70] 张莹. 工厂供配电技术[M]. 2 版. 北京:电子工业出版社,2006.
[71] 张莹. 工厂供配电技术[M]. 北京:电子工业出版社,2003.
[72] 周定颐. 电机及电力拖动[M]. 2 版. 北京:机械工业出版社,1996.
[73] 周文俊. 电气设备实用手册:上册[M]. 北京:中国水利水电出版社,1999.
[74] 周志华. 机器学习[M]. 北京:清华大学出版社,2016.
[75] BARBARESCHI G,RICHARDS R,THORNTON M,et al. Statically vs dynamically balanced gait:analysis of a robotic exoskeleton compared with a human[C]//IEEE Engineering in Medicine and Biology Society Annual International Conference,Milan,Italy,2015:6728-6731.
[76] CINAR E,SAHIN F. New classification techniques for electroencephalogram (EEG) signals and a real-time EEG control of a robot [J]. Neural Computing and Applications,2013,22(1):29-39.
[77] DAI W,ZHANG L Z,FU J,et al. Dual-rate adaptive optimal tracking control for dense medium separation process using neural networks[J]. IEEE Transactions on Neural Networks and Learning Systems,2021,32(9):4202-4216.
[78] DAI W,ZHANG L Z,FU J,et al. Model-data-based switching adaptive control for dense medium separation in coal beneficiation[J]. Control Engineering Practice,2020,98:104241.
[79] DECETY J,PERANI D,JEANNEROD M,et al. Mapping motor representations with positron emission tomography[J]. Nature,1994,371(6498):600-602.
[80] FRAICHARD T,GARNIER P. Fuzzy control to drive car-like vehicles[J]. Robotics and Autonomous Systems,2001,34(1):1-22.
[81] FU K. Learning control systems and intelligent control systems:an intersection of artifical intelligence and automatic control[J]. IEEE Transactions on Automatic Control,1971,16(1):70-72.
[82] KREPKI R,BLANKERTZ B,CURIO G,et al. The Berlin Brain-Computer Interface

(BBCI)-towards a new communication channel for online control in gaming applications[J]. Multimedia Tools and Applications,2007,33(1):73-90.

[83] MATSUYAMA H, ASAMA H, OTAKE M. Design of differential Near-Infrared Spectroscopy based Brain Machine Interface[C]//The 18th IEEE International Symposium on Robot and Human Interactive Communication, Toyama, Japan, 2009: 775-780.

[84] PADOIS V, FOURQUET J Y, CHIRON P. Kinematic and dynamic model-based control of wheeled mobile manipulators: a unified framework for reactive approaches [J]. Robotica, 2007, 25(2): 157-173.

[85] TRAN H T, CHENG H, LIN X C, et al. The relationship between physical human-exoskeleton interaction and dynamic factors: using a learning approach for control applications[J]. Science China Information Sciences, 2014, 57(12): 1-13.

[86] TSAROUCHI P, MAKRIS S, CHRYSSOLOURIS G. Human-robot interaction review and challenges on task planning and programming[J]. International Journal of Computer Integrated Manufacturing, 2016, 29(8): 916-931.

[87] VIDAL J J. Real-time detection of brain events in EEG[J]. Proceedings of the IEEE, 1977, 65(5): 633-641.

[88] VIDAL J J. Toward direct brain-computer communication[J]. Annual Review of Biophysics and Bioengineering, 1973, 2: 157-180.